普通高等教育“十四五”规划教材

矿物化学处理

（第2版）

李正要　主编

北　京
冶　金　工　业　出　版　社
2022

内容提要

本书系统地论述了矿物原料的焙烧、矿物原料的浸出、固液分离、离子交换与吸附、溶剂萃取、化学沉淀、氰化浸出、氯化浸出和微生物浸矿等的原理、方法及设备，并以难处理铁矿石、难处理金矿石、难选铜矿石、复杂铀矿石等典型实例，介绍了矿物化学处理在生产实践中的应用。

本书既可作为高等院校矿物加工工程专业及相关专业的教学用书，也可供从事复杂难处理矿石加工利用的科技人员使用和参考。

图书在版编目(CIP)数据

矿物化学处理／李正要主编．—2版．—北京：冶金工业出版社，2022.4

普通高等教育“十四五”规划教材

ISBN 978-7-5024-9115-4

Ⅰ.①矿…　Ⅱ.①李…　Ⅲ.①化学—应用—选矿—高等学校—教材
Ⅳ.①TD925.6

中国版本图书馆CIP数据核字(2022)第057551号

矿物化学处理（第2版）

出版发行　冶金工业出版社　　**电　话**　(010)64027926
地　址　北京市东城区嵩祝院北巷39号　　**邮　编**　100009
网　址　www.mip1953.com　　**电子信箱**　service@mip1953.com

责任编辑　高　娜　美术编辑　彭子赫　版式设计　孙跃红
责任校对　范天娇　责任印制　禹　蕊
三河市双峰印刷装订有限公司印刷
2015年5月第1版，2022年4月第2版，2022年4月第1次印刷
787mm×1092mm　1/16；17.5印张；418千字；265页
定价49.00元

投稿电话　(010)64027932　投稿信箱　tougao@cnmip.com.cn
营销中心电话　(010)64044283
冶金工业出版社天猫旗舰店　yjgycbs.tmall.com
(本书如有印装质量问题，本社营销中心负责退换)

第2版前言

《矿物化学处理》第1版自2015年5月出版以来，得到了许多读者的认可和支持，本书是在第1版基础上修订完成的。在本书出版之际，谨向选用第1版的读者致以衷心感谢！

本书在第1版基础上，融入了近年来矿物化学处理的新发展、新应用及编者近年来的教学经验，改进了部分内容的叙述方式，增加了热压浸出、固液两相系统性质、离子交换动力学、气体还原沉淀、含氰废水处理、氯化浸出、微生物浸矿热力学和动力学等内容，并兼顾了高等学校新工科人才的培养要求。

教材以易懂为要，因此本书秉承第1版的写作风格，在内容的组织和讲解方面，力求做到符合教学规律和认知特点，在突出主要概念的同时，更加贴近实用，增强学生对所学知识的系统性、规律性的认识，旨在提高学生的矿物化学处理理论水平，提高其分析问题和解决问题的能力。

本书共10章，涵盖了矿物原料的焙烧、矿物原料的浸出、固液分离、离子交换与吸附、溶剂萃取、化学沉淀、氰化浸出、氯化浸出和微生物浸矿等内容。

本书第1章、第3章、第8章和第10章由李正要编写；第2章、第7章和第9章由邹安华和马巧焕编写；第4章由寇珏编写；第5章由李正要和王辉编写；第6章由傅平丰编写。本书由李正要担任主编，邹安华、马巧焕、傅平丰和寇珏担任副主编。

本书在编写过程中，参阅了国内外同行、工矿企业的相关资料和成果，得到了北京科技大学教材建设经费资助，得到了北京科技大学教务处的全程支持，在此一并表示衷心感谢！

由于编者水平所限，书中不妥之处，恳请读者批评指正。

编　者

2022年2月

第1版前言

矿产资源的开发利用是国民经济和社会发展的重要物质基础，矿物加工工程是矿产资源开发利用的一个重要学科。随着矿产资源的不断开发和利用，易选矿越来越少，“贫”“杂”“细”的难选矿越来越多，常规的物理选矿方法越来越不适用，往往需要通过化学处理的方法才能实现难处理矿石的加工利用。矿物化学处理作为矿物加工领域内复杂难分选矿物物料加工利用的新方法，经过多年的不断研究和实践，得到了迅速的发展，其应用范围越来越广。目前在高等院校矿物加工工程专业的课程设置中，矿物化学处理已成为一门必修课程。为适应矿物化学处理的发展和培养专业技术人才的需要，编者积多年教学和科研实践之经验，编写了这本书，旨在使学生通过学习矿物化学处理的基本原理、方法和工艺等，掌握复杂难处理矿石加工利用的新方法和新技术，培养其分析及解决实际问题的能力。

本书共分9章，内容分别为绪论、矿物原料的焙烧、矿物原料的浸出、固液分离、离子交换和吸附、溶剂萃取、化学沉淀、氰化浸出和微生物浸矿等。文中还针对一些矿物化学处理方法列举了典型的应用实例。

本书第1章、第3章、第5章、第8章和第9章由李正要编写；第2章和第7章由邹安华编写；第4章由寇珏编写；第6章由傅平丰编写。全书由李正要担任主编，邹安华、傅平丰和寇珏担任副主编，负责全文的统一整理和校核。

本书编写过程中编者参阅了许多国内外同行、生产企业的相关资料和成果，本书的编写与出版得到了北京科技大学教材建设基金的资助，在此一并表示衷心感谢！

由于编者水平所限，书中不当之处，诚望读者批评指正。

编　者

2015年3月

第1版前言

目　　录

1 绪　　论

重选、浮选、磁选和电选等（统称为物理选矿）是利用矿物物理性质或矿物表面化学性质进行分离和富集有价元素的方法。物理选矿的共同特点是没有改变待选别矿物的结构或化学组成，且要求待选别矿物要单体解离，因此适合处理嵌布粒度粗、易解离、嵌布状态简单的富矿或易选矿。随着矿产资源的不断开发，富矿和易选矿资源日益减少，而储量大、品位低、嵌布粒度细、结合形态复杂的“难选矿”越来越多。工业生产实践证明，处理这些“难选矿”单独使用重选、浮选、磁选和电选，或这几种方法联合使用，选别指标都不理想，导致大量矿物资源白白损失。尤其从二次资源（尾矿、冶炼渣、烟尘等）中回收有价物质时，物理选矿方法越来越不适用。

一边是世界性矿物资源的短缺，而另一边是难处理的“呆矿”储量巨大，这一矛盾的出现促使科学工作者进行了大量的技术研究。科学研究和工程实践证明，单独采用矿物化学处理的方法或将矿物化学处理与重选、浮选、磁选等方法联合，是有效分离和富集“贫”“杂”“细”矿物原料的重要技术途径。

矿物化学处理是以矿物原料为对象，利用化学方法改变矿物的结构或化学组成，然后采用相应方法使目的组分得以分离和富集的矿物加工方法。

矿物化学处理与物理选矿的处理对象都是矿物原料，目的都是使组分富集、分离及综合利用矿物资源，得到的精矿一般都需送冶炼工段进一步处理。物理选矿是基于矿物物理性质的差异而进行的选别，选别过程中不改变矿物组成（赋存状态）；而矿物化学处理是基于矿物形态组分的化学性质差异，在矿物化学处理过程中，改变矿物的组成。矿物化学处理应用范围比物理选矿法更广，既可以处理难处理矿，还可以处理物理选矿的中间产品等。

矿物化学处理和冶金都是利用化学、物理化学及化工的基本原理解决矿物原料的选冶问题。但一般采用矿物化学处理的矿物原料的有用组分含量低、组成复杂、杂质含量高，加工后的最终产品一般只要满足冶炼工段的要求即可，即和物理选矿一样是为冶炼提供原料。因此，矿物化学处理仍属于富集有用组分的过程，即根据富集有用组分的需要，可与物理选矿法联合使用，可在物理选矿前也可在中间或最后进行，对某些特别难选的矿物原料甚至可以交替使用矿物化学处理和物理选矿。冶炼处理的原料一般是经物理选矿或矿物化学处理后的精矿，其有用组分含量高，精矿组成简单，冶炼的最终产品是可供用户使用的纯金属等。

根据待处理矿物原料的不同，矿物化学处理的方法有很多，如直接浸出、焙烧—磁选、浸出—萃取等。就比较普遍应用的矿物化学处理过程而言，一般包括以下六个主要作业：

（1）原料准备。对物料进行破碎、筛分、磨矿、分级等加工，目的是使物料满足下一作业的粒度要求，有时还可能预先除去一些有害杂质或使目的矿物预先富集等。

（2）焙烧。根据物料情况进行氧化焙烧、还原焙烧或氯化焙烧等，目的是为了改变原料的化学组成或结构，使目的组分转变为容易物理选矿或有利于浸出的形态，为下一作业做准备。焙烧的产物有焙砂、干尘、湿法收尘液和泥浆等。

（3）浸出。浸出阶段是根据物料的性质及工艺要求，选择合适的浸出剂，使有用组分或杂质组分选择性溶于浸出剂中，将有用组分与杂质组分相分离或使有用组分相互分离。为下一工序从浸出液或浸出渣中回收有用组分创造条件。

（4）固液分离。为利于后续工艺处理，采用沉降、过滤和分级等方法处理浸出矿浆，实现固液分离，得到在下一作业中要进行进一步处理的澄清液或含少量细矿粒的溶液等。

（5）净化。常用离子交换吸附法、化学沉淀法或溶剂萃取法等进行净化分离，除去杂质，得到有用组分含量较高的溶液。

（6）制取化学精矿。采用化学沉淀法、金属置换法或电积法等，从浸出液中提取有用组分制备化学精矿。有时也用炭浆法、矿浆树脂法等直接从浸出矿浆中获得有用成分。

图 1.1 是矿物化学处理过程的基本作业示意图。

随着矿物化学处理的不断研究和生产实践，矿物化学处理已成功地用于处理许多金属矿物和非金属矿物原料，如金、银、铜、铅、锌、铁、锰、钨、铝、锡、钽、铌、钴、镍、铀、钍、稀土、铝、磷、石墨、金刚石、高岭土等固体矿物原料。还用于从矿坑水、废水及海水中提取某些有用组分。

一个先进的方法或工艺，除了技术上必须先进外，经济上也必须合理。矿物化学处理虽然在处理低品位、微细粒难选矿物原料等方面是高效的，但也存在着相对成本较高的不足。因而在目前情况下，多是采用矿物化学处理和物理选矿相结合的工艺流程，以期最经济合理地综合利用矿物资源。但随着相关学科（材料、生物化学等）的迅速发展，比如未来耐高温耐腐蚀新材料、超级浸矿微生物（耐高温、耐严寒等）等的出现，矿物化学处理成本相对较高的问题将会得到逐步解决，其应用范围必将更加广泛。

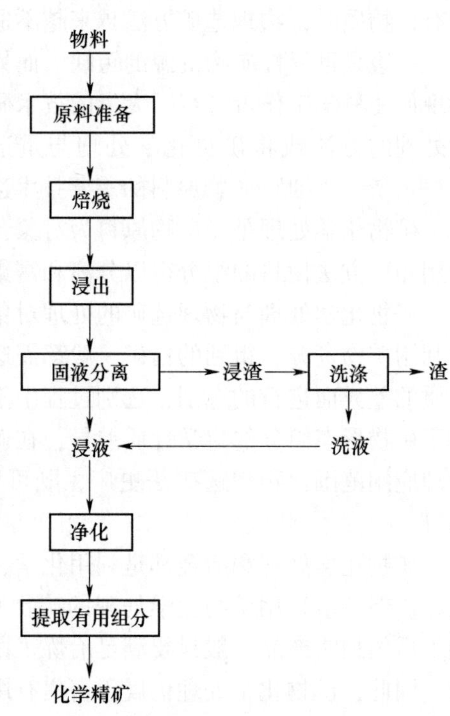

图 1.1 矿物化学处理过程的基本作业示意图

复习思考题

1-1 什么是矿物化学处理？

1-2 矿物化学处理的基本作业有哪些？

1-3 矿物化学处理在工业上应用前景如何？

2 矿物原料的焙烧

2.1 概　　述

矿物原料的焙烧是在适宜的气氛和低于矿物原料熔点的温度条件下，使矿物原料中目的矿物发生物理和化学变化的工艺过程。焙烧多作为矿物选冶的预处理作业，将目的矿物转变为易浸出或易于物理分选的产物。

根据焙烧过程中各种主要化学反应的不同，可将矿物原料的焙烧分为以下类型：

（1）还原焙烧。在还原性气氛中矿物原料在低于其熔点的温度下将金属氧化物转变为相应低价金属氧化物或金属的过程。

（2）氧化焙烧。在氧化性气氛中焙烧硫化矿，使炉气中的氧取代矿物中全部或部分的硫，并最终得到金属氧化物的过程。

（3）硫酸化焙烧。在焙烧过程中使金属硫化矿或氧化矿转变成具有水溶性的金属硫酸盐。

（4）氯化焙烧。在氧化性或还原性气氛中，加热矿物原料使其与 Cl_2 或固体氯化剂发生化学反应，生成可溶性金属氯化物或挥发性气态金属氯化物。

（5）氯化离析。在中性或弱还原性气氛中加热矿物原料，使其中的有价组分与固态氯化剂反应生成挥发性气态金属氯化物，并随即以金属形态沉积于炉料中炭质还原剂表面。

（6）煅烧。矿物物料加热到低于熔点的一定温度，使其除去所含结晶水、二氧化碳等挥发性物质。

（7）加盐焙烧。为从矿物原料中提取钒、钨、铬等有价金属，焙烧过程中加入硫酸钠、氯化钠、碳酸钠等添加剂使其生成可溶性的钒酸钠、钨酸钠和铬酸钠等。

2.2 焙烧的基本理论

焙烧过程在工业上能否顺利实施，一要看在给定条件下焙烧过程的主要化学反应能否发生，若能发生又能进行到什么限度，外界条件和物质组成对于焙烧反应有什么影响；二要看焙烧反应能以多大的速度进行，各种条件对于化学反应速度的影响。前者是化学热力学研究的对象，后者属于化学动力学的范畴。

2.2.1 焙烧过程的热力学

2.2.1.1　给定条件下焙烧化学反应进行的方向与限度

焙烧反应是主要发生于固-气界面的多相化学反应，遵循热力学和质量作用定律，反应过程的自由能变化可用式（2.1）表示：

$$
\begin{aligned}
\Delta G &= \Delta G^{\ominus} + RT\ln Q \\
&= -RT\ln K + RT\ln Q \\
&= RT(\ln Q - \ln K)
\end{aligned}
\tag{2.1}
$$

式中　ΔG——指定条件下的反应过程自由能变化，J/mol；

$\Delta G^{\ominus}$——标准状态下的反应过程自由能变化，J/mol；

R——理想气体常数，$R=8.314\text{J/(K}\cdot\text{mol)}$；

T——绝对温度，K；

Q——指定条件下，反应生成物与反应物的活度熵；

K——反应平衡常数。

由式（2.1）可知：

（1）当 $Q<K$ 时，则 $\Delta G<0$：正反应可自发进行。

（2）当 $Q>K$ 时，则 $\Delta G>0$：逆反应可自发进行。

（3）当 $Q=K$ 时，则 $\Delta G=0$：反应达到平衡状态，即反应可能达到的限度。

若指定始末态的 $Q>K$，此时正反应不能自发进行，但可设法改变这种情况。例如，可主动改变体系的始末状态，减小生成物的活度或增大反应物的活度以减小 Q；或者改变反应温度以增大 K 值。两种方法均能改变 ΔG 值使其成为负值。可见，化学反应热力学能指明化学反应的方向。

2.2.1.2　$\Delta G^{\ominus}$-T 图及其在焙烧过程中的应用

由式（2.1）可知，在等温等压条件下 ΔG 可判别反应在给定条件下自发进行的趋势，ΔG 值愈负则反应自发进行的趋势愈大。同时，ΔG 值中包含了 K 和 Q，其中平衡常数 K 代表物质的本性，而 Q 代表给定的反应初始条件。为了客观地比较各种物质化学亲和力的大小（即物质间发生化学反应的能力），应当撇开人为给定的条件而仅以代表物质本性的指标作为比较的标准，即选择参加反应各物质均处于标准状态下的指标来作为比较的标准，而 $\Delta G^{\ominus}$ 只是温度的函数，表示在指定温度下物质处于标准状态时反应的自由能变化，表示了物质的本性，故可选用 $\Delta G^{\ominus}$ 来比较不同物质在相同条件下自发进行反应的能力。人们已测定了许多稳定单质和化合物的热力学数据，整理并归纳成热力学数据表格，并绘成不同的坐标图以表示其间的函数关系。图 2.1 的氧化物 $\Delta G^{\ominus}$-T 图（也称 Ellingham 图）即是其中之一。由图 2.1 可以看出：

（1）直线的斜率取决于熵变的方向和大小。只要反应物或产物在反应条件下无相变，则 $\Delta G^{\ominus}$-T 曲线都是直线；若有相变，则直线的斜率将改变，即直线出现转折后变为折线。参加反应的金属在熔点处，由固体变为液体，熵变的绝对值和斜率稍有增加，直线稍微向上弯折；而在沸点处由固体变为气体，熵变的绝对值和斜率增加很多，直线明显地向上弯折。但是氧化物在熔点或沸点时，情况相反，折线向下弯折。

（2）在研究的温度范围内（273～2673K）各种氧化物的 $\Delta G^{\ominus}$ 都具有不等的负值。所以除 Au 以外，图 2.1 中所示的各种金属都能自发地被氧气氧化。但是在足以生成氧化物的温度范围内，直线（或折线）穿过 $\Delta G^{\ominus}=0$ 的水平线时，氧化物将同时发生分解。在 $\Delta G^{\ominus}=0$ 时，金属被氧化成氧化物与氧化物分解的趋势相等。氧化物生成线与 $\Delta G^{\ominus}=0$ 交点对应的温度为分解温度，高于分解温度的任何温度都有利于氧化作用的逆反应发生，也就是温度高于分解温度时，氧化物会被还原成金属。

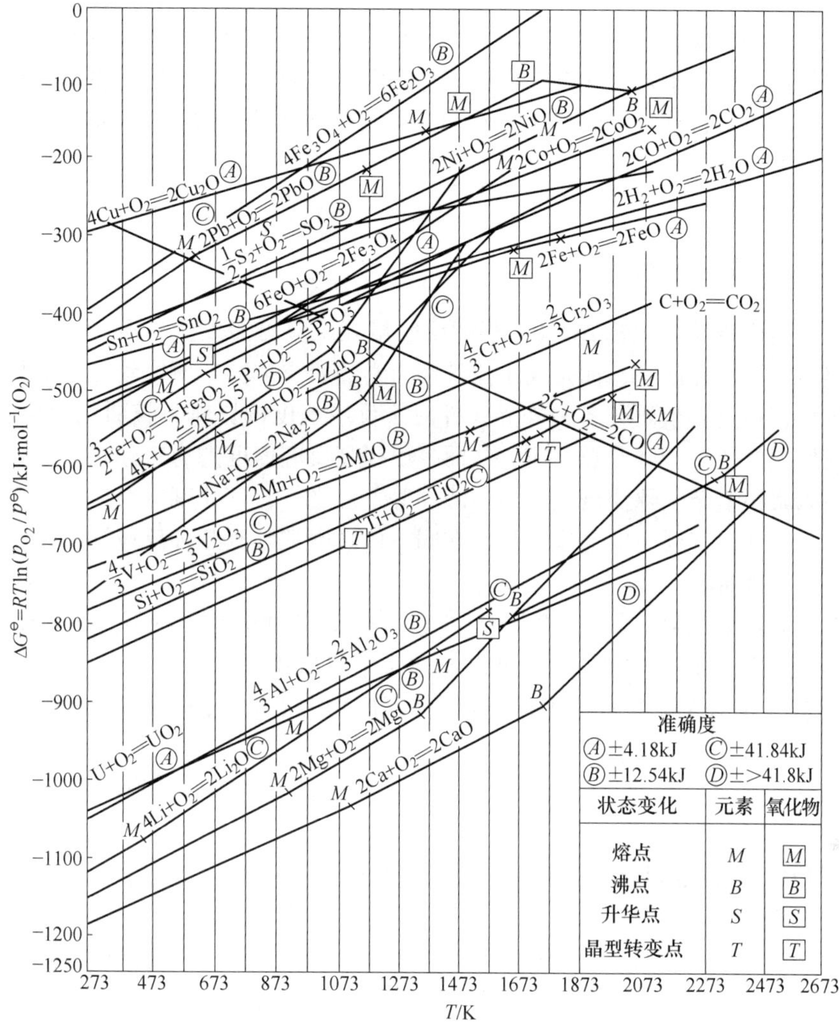

图 2.1 氧化物 $\Delta G^{\ominus}$-T 图

（3）在特定温度下，氧化物生成线靠下的元素可以还原氧化物生成线位于其上面的元素的氧化物，因为位于下面的元素的氧化物的 $\Delta G^{\ominus}$ 更低、更稳定。例如在 1273K 下，铝可以使氧化钒还原，但钒不能使氧化铝还原。

（4）两种氧化物生成线相交于特定温度时，两者在交点两侧不同的温度范围内可以互为还原剂。

（5）图 2.1 左上方氧化物生成线位于 H_2/H_2O 线以上的氧化物都可以用氢作为还原剂。

（6）C/CO 线朝右下倾斜，与一系列金属氧化物生成线相交，对于焙烧有重大意义。凡是其氧化物与 CO 能相交于特定温度的金属，从理论上来说其氧化物都能在温度高于交点对应的温度下，被碳还原成金属。

利用热力学数据，用相同的方法可作出硫化物、氯化物、氟化物等化合物的 $\Delta G^{\ominus}$-T 图。这种图形的优点是，在任何一类化合物中可以直观地看出在相同条件下哪些金属与其他金属相比能生成更稳定的化合物。$\Delta G^{\ominus}$-T 图在焙烧和火法冶炼过程中具有重要意义，可用来查明和估计各种元素及其化合物在反应过程中的行为。其具体应用将在各有关章节中予以讨论。应当指出，确定恒温恒压条件下反应能否自动进行的真正判断标准，是 ΔG 而不是 $\Delta G^{\ominus}$。但是，通过 $\Delta G^{\ominus}$ 可以为人们提供控制反应自动地向着预期方向进行所必须具备的基本条件。

2.2.2 焙烧过程的动力学

在给定的焙烧条件下，若 $\Delta G<0$，只能说明焙烧反应可能发生，但反应实际进行的速度如何，热力学并不能回答，而是属于化学动力学的研究范畴。研究动力学的目的是为了控制生产过程，为此必须研究各种外界条件对于反应速度的影响，查明化学反应的历程，定量地研究反应的各个步骤及总反应，从而找出提高反应速度的有效途径。但是由于影响反应速度的因素很复杂，除温度、压力、浓度等条件之外，催化剂、杂质甚至容器的材质与形状也会显著地改变反应的速度，加之在同一体系中常常有几种反应同时发生而使对于过程的分析更为困难。

矿物焙烧多涉及气-固两相，以下介绍气-固相反应的动力学特征。矿物焙烧过程中气-固相反应的共同特征是整个反应过程包括多个中间步骤：

(1) 反应气体从气流本体通过围绕着固体反应物表面的气膜层扩散到固体的外表面，即外扩散。

(2) 反应气体进一步通过固体反应产物层的孔隙扩散到固体产物-固体反应物之间的界面，即内扩散。

(3) 反应气体在固-固界面上的化学吸附并与固体反应物发生化学反应，然后气体产物从反应界面上解吸。

(4) 气体产物通过固体产物层的孔隙（内扩散）排到固体产物层的外表面。

(5) 反应气体产物通过固体的气膜层扩散到气流本体中去。

在有固体产物生成时，还有结晶化学变化，即化学反应伴随有晶格重建过程。所以，多相反应的动力学是比较复杂的，尤其是在总反应的步骤多且各步骤的速度又相差不大时，每一步骤的速度都对总反应速度有影响。但在通常情况下往往只是某个步骤的速度要比其他步骤速度小得多而成为总反应速度的控制步骤，它决定了总反应的速度。因此必须首先查明在一定条件下的控制步骤，以便采取措施加速总反应速度。

上述诸步骤又可进一步分为两种类型：即气体的扩散和吸附-化学反应。近年来的研究证实，固体反应物与产物的结构参数（如孔隙率、比表面积、微孔的大小与分布等）均对整个焙烧过程的总反应速度有显著影响。

2.3 还原焙烧

还原焙烧是在低于炉料熔点和还原气氛条件下，使矿石中的金属氧化物转变为相应低价金属氧化物或金属的过程。金属氧化物的还原可用式（2.2）表示：

$$\mathrm{MeO} + \mathrm{R} = \mathrm{Me} + \mathrm{RO}$$

$$\Delta G^{\ominus} = \Delta G^{\ominus}_{\mathrm{RO}} - \Delta G^{\ominus}_{\mathrm{MeO}} - \Delta G^{\ominus}_{\mathrm{R}} \tag{2.2}$$

式中 MeO——金属氧化物；

R——还原剂；

RO——还原剂氧化物，即氧化产物。

式（2.2）可由 MeO 和 RO 的生成反应加合而成，即：

$$\mathrm{R} + \frac{1}{2}\mathrm{O_2} = \mathrm{RO} \qquad \Delta G^{\ominus}_{\mathrm{RO}} = RT\ln p_{\mathrm{O_2(RO)}} \tag{2.3}$$

$$-)\ \mathrm{Me} + \frac{1}{2}\mathrm{O_2} = \mathrm{MeO} \qquad \Delta G^{\ominus}_{\mathrm{MeO}} = RT\ln p_{\mathrm{O_2(MeO)}} \tag{2.4}$$

$$\mathrm{MeO} + \mathrm{R} = \mathrm{Me} + \mathrm{RO} \qquad \Delta G^{\ominus} = RT\ln \frac{p_{\mathrm{O_2(RO)}}}{p_{\mathrm{O_2(MeO)}}} \tag{2.5}$$

金属氧化物能被还原的必要条件是 $\Delta G^{\ominus}<0$，即：$p_{\mathrm{O_2(RO)}}<p_{\mathrm{O_2(MeO)}}$。因此，凡是对氧的化学亲和力比被还原金属对氧的亲和力大的物质均可作为该金属氧化物的还原剂。还原焙烧时可采用固体还原剂、气体还原剂或液体还原剂，生产中常用的还原剂为固体碳、一氧化碳气体和氢气等。

2.3.1 用固体碳还原金属氧化物

生产上常把有固体碳参加的还原反应称为直接还原，碳对金属氧化物的还原可看作是以下两反应的组合：

$$\mathrm{MeO} + \mathrm{CO} = \mathrm{Me} + \mathrm{CO_2} \tag{2.6}$$

$$+)\quad \mathrm{CO_2} + \mathrm{C} = 2\mathrm{CO} \tag{2.7}$$

$$\mathrm{MeO} + \mathrm{C} = \mathrm{Me} + \mathrm{CO} \tag{2.8}$$

即该还原过程首先是用 CO 还原金属氧化物 MeO，生成 CO_2，而 CO_2 又与碳作用生成 CO，CO 又用于还原 MeO。结果消耗的不是 CO 而是 C，CO 的作用就是将 MeO 中的氧传给固体碳。由于高温下 CO_2 不能稳定存在，故反应 $2\mathrm{MeO}+\mathrm{C} = 2\mathrm{Me}+\mathrm{CO_2}$ 无实际意义。由反应（2.6）和反应（2.7）组成的 Me-C-O 体系的平衡图可用如图 2.2 所示的等压平衡线 1、2 来说明。

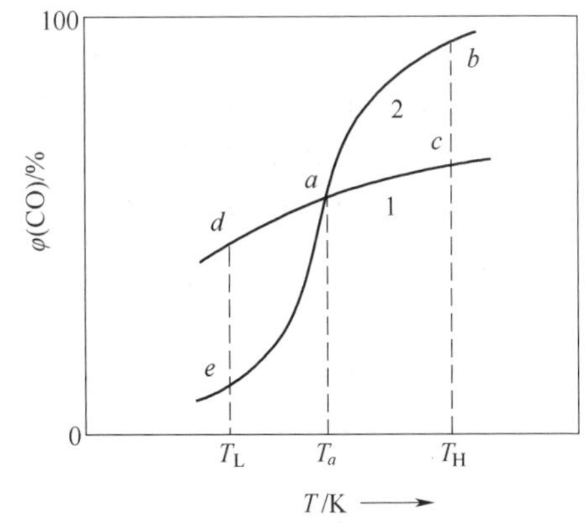

图 2.2 固体碳还原时平衡气相组成与温度的关系

图 2.2 实际上是由间接还原线 1 和气化反应线 2 组成。两线交点 a 则为在定压下两反应同时达到平衡时的气相组成和温度值，或者说在压力不变时，除了 a 点以外其他任何一点都表示体系处于非平衡状态。因为由这两个反应组成的体系中有三个独立组分及四个相，故自由度 $f=3-4+2=1$。若压力不变，则体系的自由度为零，

即体系的四相平衡共存只能在一定温度和一定气相组成条件下达到。

在碳过剩的条件下 Me-O-C 体系是在反应 $C+CO_2=2CO$ 的曲线上建立平衡的。若体系温度在交点 a 左侧（例如 T_L），碳实际上不能使 MeO 还原，因为反应（2.6）的平衡气相组成中 CO 的浓度比反应（2.7）高。反应（2.6）在 d 点条件下处于平衡状态，但对于反应（2.7）来说则 CO 的浓度过剩，故反应（2.7）将向 CO 分解方向进行，而使气相中 CO 浓度低于 d 点。这时将会同时发生反应（2.6）和反应（2.7）的逆反应：

$$Me + CO_2 \Longleftrightarrow MeO + CO \tag{2.9}$$

$$+)\quad 2CO \Longleftrightarrow CO_2 + C \tag{2.10}$$

$$Me + CO \Longleftrightarrow MeO + C \tag{2.11}$$

这种反应一直要进行到金属全部被氧化，也就是说，CO 的分解将使气相组成向 e 点所对应的组成变化，当金属全部被氧化后体系才会在 e 点达到平衡。

若体系实际温度高于 a 点温度（例如 T_H），情况恰好相反。因为反应（2.7）的平衡气相组成中 CO 的浓度比反应（2.6）高，即这两个反应无法同时达到平衡。例如体系处于 c 点所示条件下，对于反应（2.6）而言虽是平衡状态，但对反应（2.7）来说则有 CO_2 过剩，故促使反应（2.7）正向进行，使体系中 CO 的浓度增加，这样又破坏了反应（2.6）的平衡。若 CO 的浓度高于 c 点所示的组成时，则同时发生反应（2.6）和反应（2.7）的正反应。该过程一直要进行到 MeO 全部被还原。当 MeO 消失后，过剩碳的气化反应将使气相组成向 b 点转化，最后在 b 点达到平衡。

由上述讨论可见，仅在 a 点所示温度以上，金属氧化物才能被还原。a 点所对应的温度 T_a 一般称为直接还原开始的温度（也称理论还原温度）。显然，对于不同的氧化物而言，该温度值不相同；此外，压力能影响曲线 2 的位置，故直接还原的开始温度与压力有关，压力增大，曲线 2 下移，交点温度升高。

固体碳还原金属氧化物的开始还原温度可用以下方法计算。若已知反应：

$$MeO + C \Longleftrightarrow Me + CO\uparrow \tag{2.12}$$

其标准吉布斯自由能变化可表示为：

$$\Delta G^{\ominus} = A - BT \tag{2.13}$$

式中 A、B 是用最小二乘法求出的常数。当反应处于平衡时，则 $A-BT=0$，$T_{开始}=A/B$，$T_{开始}$ 为 $p_{CO}=101325Pa$ 时的开始还原温度。

例如计算 $NiO + C = Ni + CO$ 的开始还原温度，则：

$$2C + O_2 \Longleftrightarrow 2CO \qquad \Delta G_1^{\ominus} = -53400 - 41.90T$$

$$-)\quad 2Ni + O_2 \Longleftrightarrow 2NiO \qquad \Delta G_2^{\ominus} = -116900 + 47.1T$$

$$2NiO + 2C \Longleftrightarrow 2Ni + 2CO \qquad \Delta G^{\ominus} = \Delta G_1^{\ominus} - \Delta G_2^{\ominus} = 63500 - 89T$$

当反应达到平衡时，有 $63500 - 89T = 0$

则 $T_{开始} = 63500/89 = 713.5K$

2.3.2 用 CO 还原金属氧化物

气体还原剂的优点是易于向矿石的孔隙内扩散，保证还原剂与矿石中的氧化物有较好的接触。用 CO 还原金属氧化物的反应为间接还原反应，可用下列反应式表示：

$$CO + \frac{1}{2}O_2 = CO_2 \qquad \Delta G_1^{\ominus} \tag{2.14}$$

$$+)\qquad MeO = Me + \frac{1}{2}O_2 \uparrow \qquad \Delta G_2^{\ominus} \tag{2.15}$$

$$MeO + CO = Me + CO_2 \qquad \Delta G_3^{\ominus} = \Delta G_1^{\ominus} + \Delta G_2^{\ominus} \tag{2.16}$$

反应（2.16）是在 Me-C-O 三元系中进行的。若 Me 和 MeO 是呈凝聚相存在，根据相律可知体系的自由度 $f=2$，它表明平衡气相浓度是关于温度和压力的函数。由于还原反应中 CO 和 CO_2的摩尔体积相同，故压力的影响可不予考虑。

因焙烧过程中金属和其氧化物之间一般不形成液态，反应（2.16）的平衡常数可表示为：

$$K_p = \frac{p_{CO_2}}{p_{CO}} = \frac{\%CO_2}{\%CO} \tag{2.17}$$

又由反应（2.16）可知：

$$\Delta G_3^{\ominus} = \Delta G_1^{\ominus} + \Delta G_2^{\ominus} = -RT\ln K_p \tag{2.18}$$

$$\lg\frac{p_{CO}}{p_{CO_2}} = \lg\frac{\%CO}{\%CO_2} = \frac{\Delta G_1^{\ominus}}{2.303RT} + \frac{\Delta G_2^{\ominus}}{2.303RT} \tag{2.19}$$

当温度给定时，CO 燃烧反应的 $\Delta G_1^{\ominus}$ 为常数，故 $\Delta G_1^{\ominus}/2.303RT$ 也是常数，设为 k，则上式可写作：

$$\lg\frac{\%CO}{\%CO_2} = \frac{\Delta G_2^{\ominus}}{2.303RT} + k \tag{2.20}$$

由图 2.1 或其他热力学数据手册中查出各种金属氧化物在该温度下的 $\Delta G_2^{\ominus}$ 值，然后便可做出以%CO 为纵坐标和用各种金属氧化物的 $\Delta G_2^{\ominus}$ 值为横坐标的还原等温线。用该等温线可以初步分析比较各种金属氧化物用 CO 还原的难易程度、还原反应进行的条件和限度，作为选择性还原焙烧的基础。

CO 还原金属氧化物的气相平衡浓度与温度的关系如图 2.3 所示。如果还原反应是放热反应（$\Delta H<0$），则平衡常数 K_p随温度升高而降低，即平衡气相中 CO 浓度增大；若反应是吸热反应（$\Delta H>0$），当体系的温度升高则有利于还原反应进行，即平衡气相组成中 CO 的百分含量随温度升高而降低。

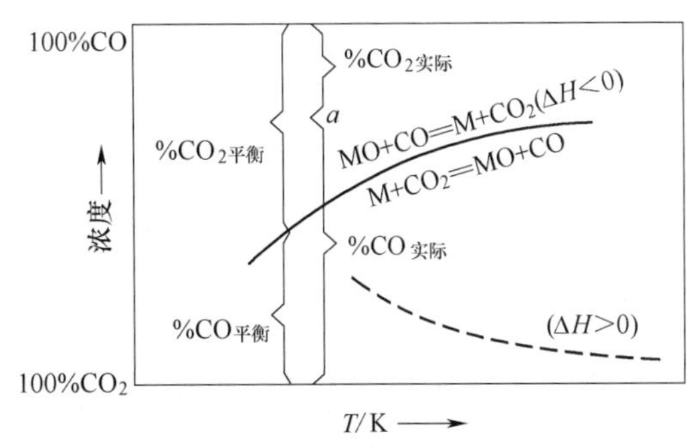

图 2.3 CO 还原金属氧化物时平衡气相组成与温度的关系

2.3.3 还原焙烧的应用

还原焙烧已经被广泛地应用在生产中，如赤铁矿石的还原焙烧、含镍红土矿的还原焙烧、精矿除杂、粗精矿精选、强化氧化铜矿浮选等。

2.3.3.1 高磷鲕状赤铁矿的还原焙烧

我国高磷鲕状赤铁矿资源主要在湖北西部、湖南等地。不同产地的矿石性质有差别，但总体性质相似，以鄂西土家族苗族自治州建始县官店铁矿（区）的矿石为例说明。矿石构造主要为鲕状构造，其次为砾状构造和砂状构造。除以上主要构造外，少量赤铁矿还形成较大的豆状构造。矿石主要为鲕状结构，其次为碎屑结构、粒状结构、鳞片结构、脉状结构和浸染状结构。赤铁矿与脉石矿物呈同心环带互层成鲕状嵌布，鲕粒核心多为铁矿物、石英，其次为黏土矿物、胶磷矿。鲕粒中赤铁矿是以不连续的圈层状嵌布，粒度微细，约50%在5μm以下。矿石中磷的存在状态复杂，大多数磷以胶磷矿和磷灰石的形式存在于鲕粒中，即由赤铁矿、胶磷矿和其他脉石矿物互层嵌布而形成鲕粒。

由于高磷鲕状赤铁矿的特殊结构，用常规的选矿方法很难实现脉石矿物与铁矿物的分离，特别是与胶磷矿的分离更困难。研究表明，用直接还原焙烧—磁选的方法可以达到提铁降磷的目的。高磷鲕状赤铁矿直接还原的主要历程为 $Fe_2O_3 \rightarrow Fe_3O_4 \rightarrow FeO \rightarrow Fe$，而且在 $FeO \rightarrow Fe$ 过程中，部分 FeO 会经历 $FeO \rightarrow Fe_2SiO_4 \rightarrow Fe$ 和 $FeO \rightarrow FeAl_2O_4 \rightarrow Fe$ 两个历程。

铁矿石的煤基直接还原主要是铁氧化物被煤气化所产生的CO还原，赤铁矿被CO还原的历程如下：

T>570℃时

$$3Fe_2O_3 + CO \xlongequal{} 2Fe_3O_4 + CO_2 \tag{2.21}$$

$$Fe_3O_4 + CO \xlongequal{} 3FeO + CO_2 \tag{2.22}$$

$$FeO + CO \xlongequal{} Fe + CO_2 \tag{2.23}$$

T<570℃时

$$1/4Fe_3O_4 + CO \xlongequal{} 3/4Fe + CO_2 \tag{2.24}$$

以煤为还原剂时，还包括煤气化反应（式2.25）：

$$C + CO_2 \xlongequal{} 2CO \tag{2.25}$$

各反应的 $\Delta_r G_m^{\ominus}$ 与 T 的关系如图2.4所示，各反应的 $K^{\ominus}$ 与 T 的关系如图2.5所示。

利用各温度下各个反应平衡时的CO体积分数（$\varphi(CO)$）与 $K^{\ominus}$ 的关系绘制CO还原氧化铁的平衡图和C的 CO_2 气化平衡图。

对于反应（2.21）~反应(2.24)：

$$K^{\ominus} = \frac{p_{CO_2}}{p_{CO}} = \frac{\varphi(CO_2)}{\varphi(CO)} \tag{2.26}$$

式中 $K^{\ominus}$——反应的标准平衡常数，无量纲；

p_{CO_2}——气体中 CO_2 的分压，Pa；

p_{CO}——气体中CO的分压，Pa；

$\varphi(CO_2)$——CO_2 的体积分数，%；
$\varphi(CO)$——CO 的体积分数，%。

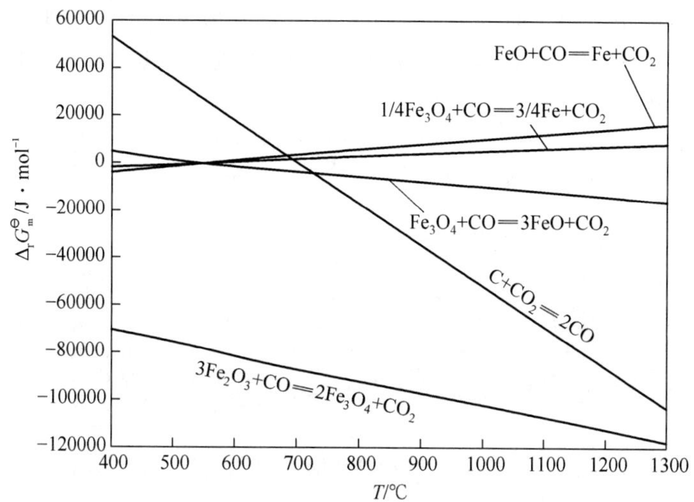

图 2.4 反应（2.21）~反应（2.25）的 $\Delta_r G_m^{\ominus}$ 与 T 的关系

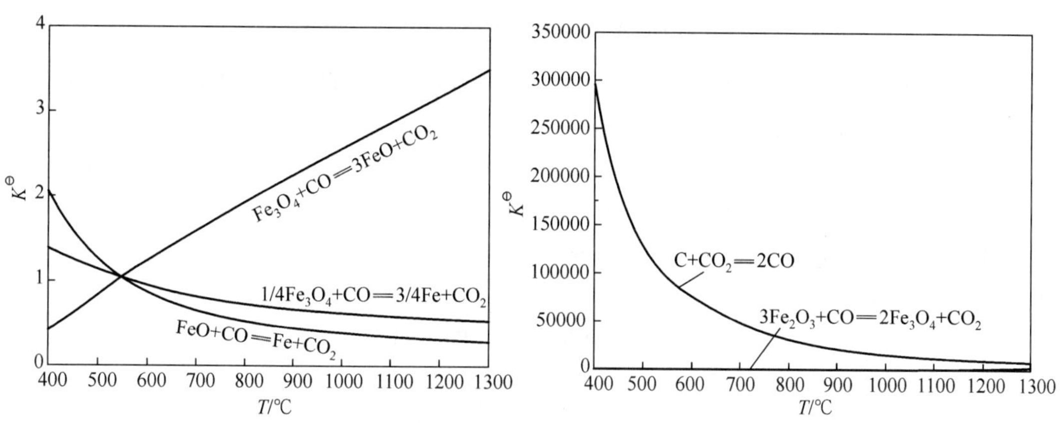

图 2.5 反应（2.21）~反应（2.25）的 $K^{\ominus}$ 与 T 的关系

假设反应过程中没有其他气体，则有：$\varphi(CO)+\varphi(CO_2)=100\%$

所以：

$$\varphi(CO)=\frac{100}{1+K^{\ominus}}\% \tag{2.27}$$

对于反应（2.25）：

$$K^{\ominus}=\frac{p_{CO}^2}{p_{CO_2}}=\frac{\varphi^2(CO)}{100\times\varphi(CO_2)} \tag{2.28}$$

假设：

$$\varphi(CO)+\varphi(CO_2)=100\%$$

则：

$$\varphi(CO)=50\times K^{\ominus}\times\left[\sqrt{1+\frac{4}{K^{\ominus}}}-1\right]\% \tag{2.29}$$

CO 还原铁氧化物及 C 气化的平衡相图如图 2.6 所示。从图 2.6 可见，反应（2.21）的平衡 $\varphi(CO)$ 非常低，说明 Fe_2O_3 还原为 Fe_3O_4 所需 CO 浓度非常低，反应非常容易进行。反应（2.22）和反应（2.23）平衡 $\varphi(CO)$ 曲线在反应（2.21）之上，说明 FeO 还原为 Fe 所需的 CO 浓度远高于 Fe_2O_3 和 Fe_3O_4 的还原，因此 FeO 的还原最难进行。另外，反应（2.25）的平衡 $\varphi(CO)$ 曲线与反应（2.22）和反应（2.23）的平衡 $\varphi(CO)$ 曲线分别相交于 *A* 点（约 650℃）和 *B* 点（约 700℃），说明 700℃以上为 Fe 的稳定区间，650~700℃为 FeO 的稳定区间，650℃以下为 Fe_3O_4 的稳定区间。

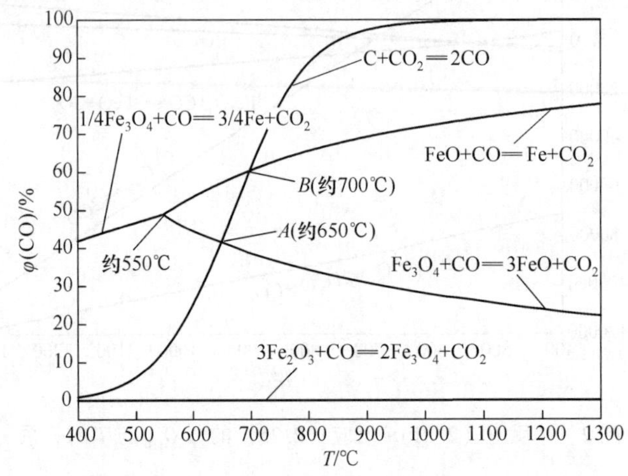

图 2.6 CO 还原铁氧化物及 C 气化的平衡相图

另外可见，反应（2.22）~反应（2.24）的平衡 $\varphi(CO)$ 曲线交于 550℃而非一般认为的 570℃，这是热力学数据来源不同造成的。

高磷鲕状赤铁矿为酸性矿石，含有大量的 SiO_2 和 Al_2O_3 等脉石成分，在其煤基直接还原过程中，脉石成分也可能与铁氧化物反应。因为 $Fe_2O_3 \rightarrow Fe_3O_4 \rightarrow FeO \rightarrow Fe$ 流程中，最后一步最难进行，因此在还原气氛下脉石成分主要是与 FeO 发生反应，反应如式（2.30）和式（2.31）所示。

$$2FeO + SiO_2 \longrightarrow Fe_2SiO_4 \tag{2.30}$$

$$FeO + Al_2O_3 \longrightarrow FeAl_2O_4 \tag{2.31}$$

反应（2.23）、反应（2.30）及反应（2.31）的 $\Delta_r G_m^\ominus$ 与 *T* 关系如图 2.7 所示。

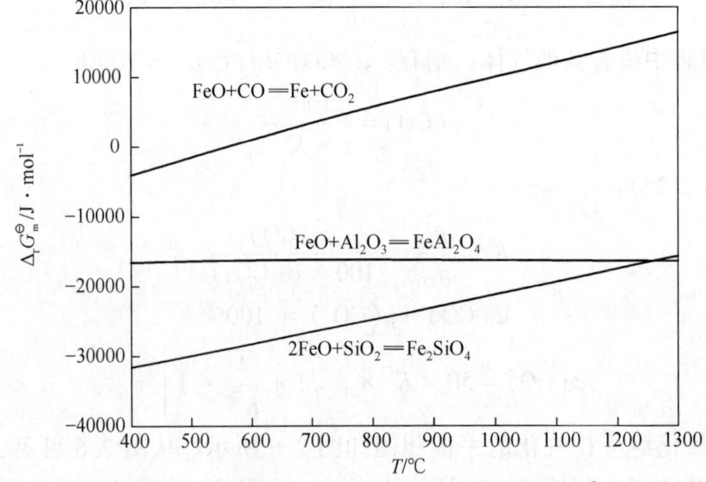

图 2.7 反应（2.23）、反应（2.30）、反应（2.31）的 $\Delta_r G_m^\ominus$ 与 *T* 的关系

从图 2.7 可见，在计算的温度范围内生成铁橄榄石和铁尖晶石反应的 $\Delta_r G_m^{\ominus}$ 都小于零，说明在热力学上此反应可以进行。铁橄榄石为低熔点的矿物（1205℃），在高温下熔化，会堵塞球团内的孔洞，不利于气体的扩散，进一步抑制还原反应的进行。因此铁橄榄石和铁尖晶石的生成被认为是导致铁回收率不高的主要原因。

另外还可看出，反应（2.30）和反应（2.31）的 $\Delta_r G_m^{\ominus}$ 小于反应（2.23）的 $\Delta_r G_m^{\ominus}$，说明在标态下反应（2.30）和反应（2.31）较反应（2.23）更容易进行。但是从图 2.6 可见，在高磷鲕状赤铁矿煤基直接还原系统中，对于反应（2.23），除了与反应（2.25）交点外，其他条件下都不是标准状态，所以应该采用吉布斯自由能（$\Delta_r G_m$）而不是 $\Delta_r G_m^{\ominus}$ 来比较反应（2.23）、反应（2.30）、反应（2.31）进行的难易程度。因为反应（2.30）和反应（2.31）与气相成分无关，所以只需按式（2.32）计算反应（2.23）的 $\Delta_r G_m$。

$$\Delta_r G_m = \Delta_r G_m^{\ominus} + R(273.15 + T)\ln K \tag{2.32}$$

式中 R——理想气体常数，8.31451J/(mol·K)；

K——反应平衡常数，无量纲。

反应（2.23）的平衡常数 $K=\dfrac{p_{CO_2}}{p_{CO}}=\dfrac{\varphi(CO_2)}{\varphi(CO)}=\dfrac{100-\varphi(CO)}{\varphi(CO)}$。因为 CO 由反应（2.25）提供，因此将反应（2.25）平衡时的 φ(CO) 代入上式，即可得到煤基直接还原体系中反应（2.23）的 $\Delta_r G_m$，为方便与反应（2.30）和反应（2.31）比较，将后两个反应的 $\Delta_r G_m$ 数据一起绘图，结果如图 2.8 所示。

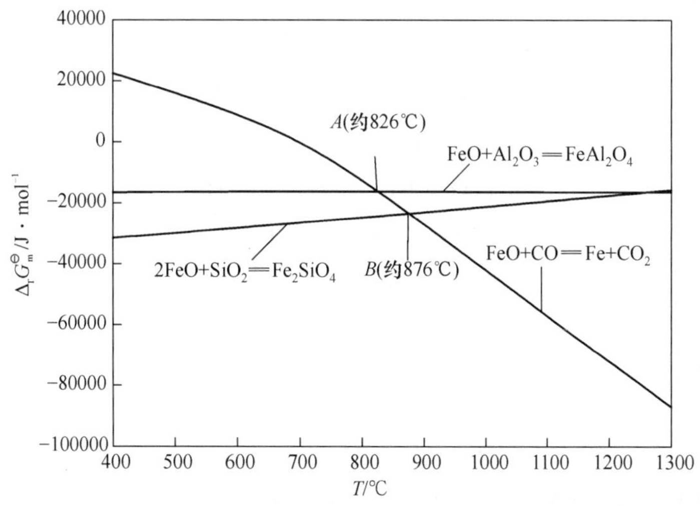

图 2.8 反应（2.23）、反应（2.30）、反应（2.31）的 $\Delta_r G_m$ 与 T 的关系

从图 2.8 可见，反应（2.23）与反应（2.30）和反应（2.31）分别相交于约 826℃和 876℃，即当温度高于 826℃时，反应（2.23）的 $\Delta_r G_m$ 小于反应（2.31）的 $\Delta_r G_m$；当温度高于 876℃时，反应（2.23）的 $\Delta_r G_m$ 小于反应（2.30）的 $\Delta_r G_m$。也就是说，FeO 是被还原为 Fe 还是与 SiO_2、Al_2O_3 反应生成铁橄榄石和铁尖晶石取决于焙烧温

度。因为反应（2.23）的 $\Delta_r G_m^{\ominus}$ 随温度的增加而升高，而 $\Delta_r G_m$ 随温度的增加而降低，所以 $\ln K$ 应为负值，且其负值越大，反应（2.23）的 $\Delta_r G_m$ 越小。又因为 $K = \frac{p_{CO_2}}{p_{CO}} = \frac{\varphi(CO_2)}{\varphi(CO)} = \frac{100 - \varphi(CO)}{\varphi(CO)}$，所以气氛中的 $\varphi(CO)$ 越大，也就是还原气氛越强，FeO 被还原为金属铁的趋势越大；若环境中的 $\varphi(CO)$ 减小，即还原气氛减弱，则生成铁橄榄石和铁尖晶石的可能性增大。实际焙烧效果表明，采用反应性差的无烟煤为还原剂时，焙烧初期生成了大量的铁橄榄石和少量铁尖晶石，而采用反应性好的烟煤为还原剂时，生成的铁橄榄石很少，就是因为烟煤提供了更强的还原气氛，抑制了铁橄榄石的生成。

2.3.3.2 含镍红土矿的还原焙烧

含镍红土矿是世界上最大的氧化镍矿资源，因其品位低，且镍呈化学浸染状态存在，目前无法用物理选矿法富集。工业上一般采用还原焙烧—低压氨浸的方法回收其中的镍。

常用气体还原剂（含 CO-CO_2、H_2-H_2O 的混合煤气）进行选择性还原焙烧含镍红土矿，其主要反应为：

$$NiO + H_2 = Ni + H_2O \quad (2.33)$$

$$NiO + CO = Ni + CO_2 \quad (2.34)$$

$$CoO + H_2 = Co + H_2O \quad (2.35)$$

$$CoO + CO = Co + CO_2 \quad (2.36)$$

$$3Fe_2O_3 + H_2 = 2Fe_3O_4 + H_2O \quad (2.37)$$

$$3Fe_2O_3 + CO = 2Fe_3O_4 + CO_2 \quad (2.38)$$

$$Fe_3O_4 + H_2 = 3FeO + H_2O \quad (2.39)$$

$$Fe_3O_4 + CO = 3FeO + CO_2 \quad (2.40)$$

$$FeO + H_2 = Fe + H_2O \quad (2.41)$$

$$FeO + CO = Fe + CO_2 \quad (2.42)$$

$$H_2O + CO = H_2 + CO_2$$

$$2CO = C + CO_2$$

反应（2.33）~反应（2.42）的 K_p 值为：

$$K_p = \frac{\%CO_2}{\%CO} \text{ 或 } K_p = \frac{\%H_2O}{\%H_2}$$

在 500~1000℃范围内 K_p 值与温度 T 的关系如图 2.9 所示。由于反应（2.37）和反应（2.38）极易进行，因此图中未列这两个反应。从图中曲线可知，反应（2.33）~反应（2.36）比反应（2.38）~反应（2.42）的平衡常数要大得多，故控制气相组成 $\%CO_2/\%CO$ 大于 2.53，或 $\%H_2O/\%H_2$ 大于 2.45 时，镍、钴氧化物可优先还原为金属镍、钴，而氧化铁大部分被还原为磁铁矿而不生成金属铁。由于矿石中金属氧化物的结合状态比较复杂，因此为了提高反应速度，生产中采用的上述比值应相应小些。

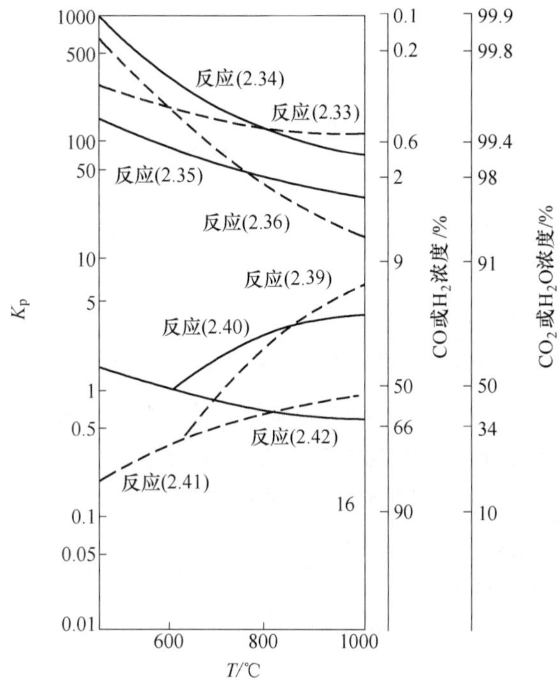

图 2.9 用 $CO\text{-}CO_2$ 和 $H\text{-}H_2O$ 混合气体还原 Fe、Ni、Co

2.4 氧化焙烧和硫酸化焙烧

2.4.1 焙烧过程的基本反应

硫化矿物在氧化性气氛条件下加热，将全部或部分硫脱除转变为相应的金属氧化物（或硫酸盐）的过程，称为氧化焙烧（或硫酸化焙烧）。在焙烧条件下，硫化矿物转变为金属氧化物和金属硫酸盐的反应可表示为：

$$2MeS + 3O_2 = 2MeO + 2SO_2 \tag{2.43}$$

$$2SO_2 + O_2 \rightleftharpoons 2SO_3 \tag{2.44}$$

$$MeO + SO_3 \rightleftharpoons MeSO_4 \tag{2.45}$$

式中 MeS——金属硫化物；

MeO——金属氧化物；

$MeSO_4$——金属硫酸盐。

氧化焙烧时，金属硫化物转变为金属氧化物和 SO_2 的反应（2.43）是不可逆的，而反应（2.44）和反应（2.45）是可逆的。反应（2.43）~反应（2.45）各反应的平衡常数为：

$$K_1 = \frac{p_{SO_2}^2}{p_{O_2}^3}$$

$$K_2 = \frac{p_{SO_3}^2}{p_{SO_2}^2 \cdot p_{O_2}}$$

$$K_3 = \frac{1}{p_{SO_3(MeSO_4)}}$$

式中 p_{SO_3}——炉气中 SO_3 的分压；

p_{O_2}——炉气中 O_2 的分压；

p_{SO_2}——炉气中 SO_2 的分压；

$p_{SO_3(MeSO_4)}$——金属硫酸盐的分解压。

当炉气中的 SO_3 分压大于金属硫酸盐的分解压，即 $p_{SO_2} \cdot \sqrt{K_2 \cdot p_{O_2}} > p_{SO_3(MeSO_4)}$ 时，焙烧产物为金属硫酸盐，过程属硫酸化焙烧（部分脱硫焙烧）；反之，当 $p_{SO_2} \cdot \sqrt{K_2 \cdot p_{O_2}} < p_{SO_3(MeSO_4)}$ 时，金属硫酸盐分解，焙烧产物为金属氧化物，过程属氧化焙烧（全脱硫焙烧）。因此，在一定温度下，硫化矿物氧化焙烧产物取决于气相组成和金属硫化物、氧化物及金属硫酸盐的分解压。

p_{SO_3} 和 $p_{SO_3(MeSO_4)}$ 与温度的关系如图 2.10 和表 2.1 所示。图 2.10 中实线表示 $p_{SO_3(MeSO_4)}$ 与温度的关系，虚线表示 p_{SO_3} 与温度的关系，曲线交点表示 $p_{SO_3} = p_{SO_3(MeSO_4)}$。

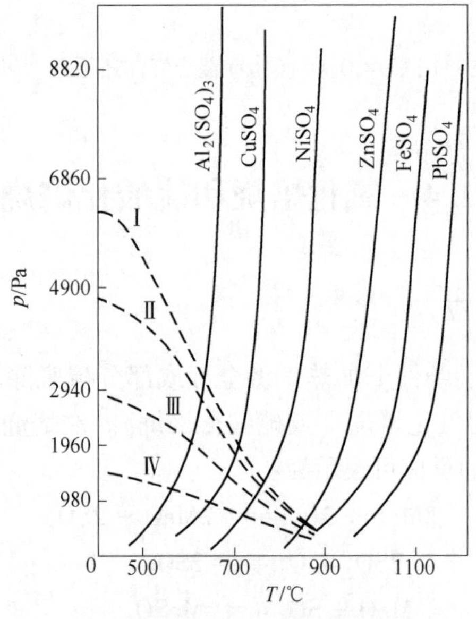

图 2.10 硫酸盐离解及生成条件图

I—10.1% SO_2 + 5.05% O_2；II—7.0% SO_2 + 10% O_2；III—4.0% SO_2 + 14.6% O_2；IV—2.0% SO_2 + 18.0% O_2

表 2.1 金属硫酸盐的离解温度及产物

硫 酸 盐	开始离解温度/℃	强烈离解温度/℃	离解产物
$FeSO_4$	167	480	$Fe_2O_3 \cdot 2SO_3$
$Fe_2O_3 \cdot 2SO_3$	492	560	Fe_2O_3

续表 2.1

硫 酸 盐	开始离解温度/℃	强烈离解温度/℃	离解产物
$Al_2(SO_4)_3$	590	639	Al_2O_3
$ZnSO_4$	702	720	$3ZnO \cdot 2SO_3$
$3ZnO \cdot 2SO_3$	755	767	ZnO
$CuSO_4$	653	670	$2CuO \cdot SO_3$
$2CuO \cdot SO_3$	702	736	CuO
$PbSO_4$	637	705	$6PbO \cdot 5SO_3$
$6PbO \cdot 5SO_3$	952	962	$2PbO \cdot SO_3$
$MgSO_4$	890	972	MgO
$MnSO_4$	699	790	Mn_3O_4
$CaSO_4$	1200	—	CaO
$CdSO_4$	827	—	$5CdO \cdot SO_3$
$5CdO \cdot SO_3$	878	—	CdO

当温度较低及炉气中 SO_2 的浓度较高时，金属硫化物将转变为相应的金属硫酸盐。当温度升至 700~900℃时，金属硫酸盐将分解为相应的金属氧化物。由于各种金属硫酸盐的分解温度和分解自由能不同，控制焙烧温度和炉气成分即可控制焙烧产物组成，以达到选择性硫酸化焙烧的目的。680℃（953K）时的 Cu-Co-S-O 系的状态图如图 2.11 所示，实线为 Co-S-O 系，虚线为 Cu-S-O 系，若炉气组成为 8%的 SO_2 和 4%的 O_2，则铜、钴硫化物都可转变为相应的硫酸盐，可产出 97%的可溶性铜和 93%的可溶性钴，若焙烧条件控制在 A 区，则只能产出可溶性硫酸钴和不溶于水的氧化铜。

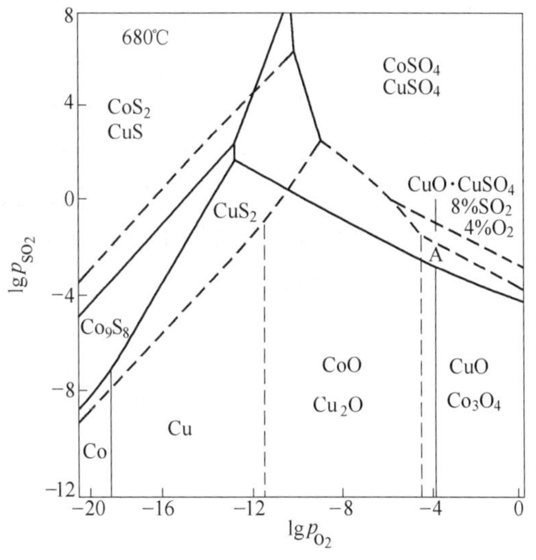

图 2.11　680℃时的 Cu-Co-S-O 系状态图

氧化焙烧的温度应高于相应硫化矿物的着火温度，而硫化矿物的着火温度与其粒度有关。实践中焙烧温度常在 580~850℃之间波动，一般不超过 900℃，否则炉料将熔结（见表 2.2）。

进入焙烧作业的炉料组成相当复杂，不同组分在氧化焙烧过程中的行为不同。

表 2.2 某些硫化物的熔化温度

硫 化 物	熔化温度/℃	硫 化 物	熔化温度/℃
FeS	1171	Ni_3S_2	784
Cu_2S	1135	Sb_2S_3	546
PbS	1120	SnS	812
ZnS	1670	Na_2S	920
Ag_2S	812	MnS	1530
CoS	1140	CaS	1900

2.4.1.1 铁的硫化物

铁的硫化物在其着火温度（300~500℃）或更高温度下，按以下反应进行：

$$4FeS_2 + 11O_2 = 2Fe_2O_3 + 8SO_2 \tag{2.46}$$

$$3FeS + 5O_2 = Fe_3O_4 + 3SO_2 \tag{2.47}$$

$$2FeS + \frac{7}{2}O_2 = Fe_2O_3 + 2SO_2 \tag{2.48}$$

焙烧过程生成的氧化铁与其他金属化合物发生相互反应：

$$16Fe_2O_3 + FeS_2 = 11Fe_3O_4 + 2SO_2 \tag{2.49}$$

$$10Fe_2O_3 + FeS = 7Fe_3O_4 + SO_2 \tag{2.50}$$

$$6Fe_2O_3 + Cu_2S = 2Cu + 4Fe_3O_4 + SO_2 \tag{2.51}$$

$$9Fe_2O_3 + ZnS = ZnO + 6Fe_3O_4 + SO_2 \tag{2.52}$$

$$Fe_2O_3 + MeO = MeO \cdot Fe_2O_3 \tag{2.53}$$

反应（2.51）~反应（2.53）在600~800℃时进行完全。此外，炉气中的SO_3、SO_2也是铁硫化物的氧化剂。黄铁矿是易焙烧的硫化物，其着火温度根据粒度大小而异，焙烧后可得到FeO、Fe_2O_3、Fe_3O_4和未氧化的FeS等，但焙烧的主要产物为Fe_2O_3。

2.4.1.2 铜的硫化物

铜的硫化物焙烧过程主要反应为：

$$2CuFeS_2 \xlongequal{550℃} Cu_2S + 2FeS + S \tag{2.54}$$

$$2CuS \xlongequal{400℃} Cu_2S + S \tag{2.55}$$

$$2Cu_2S + 5O_2 \xlongequal{200 \sim 300℃} 2CuO + 2CuSO_4 \tag{2.56}$$

$$Cu_2S + 2O_2 \xlongequal{300℃} 2CuO + SO_2 \tag{2.57}$$

$$4CuO \xlongequal{>1000℃} 2Cu_2O + O_2 \tag{2.58}$$

$$SO_2 + \frac{1}{2}O_2 \xlongequal{<650℃} SO_3 \tag{2.59}$$

$$CuO + SO_3 \xlongequal{<650℃} CuSO_4 \tag{2.60}$$

当有硫化物存在时，反应生成的硫酸铜会在较低温度下进行相互反应而分解：

$$CuSO_4 + 3CuS \xlongequal{100℃} 2Cu_2S + 2SO_2 \tag{2.61}$$

$$2CuSO_4 + Cu_2S \xlongequal{300 \sim 400℃} 2Cu_2O + 3SO_2 \tag{2.62}$$

因此，铜硫酸化焙烧的温度应小于650℃，而氧化焙烧的温度应高于650℃，此时焙烧产物主要为未经氧化的Cu_2S、CuO及少量的$CuSO_4$。

2.4.1.3 砷的硫化物

砷常呈毒砂（FeAsS）和雌黄（As_2S_3）的形态存在。毒砂在中性气氛中加热时按下式离解：

$$FeAsS \xlongequal{} As\uparrow + FeS \tag{2.63}$$

生成的砷单质会挥发，遇氧气氧化：

$$2As + \frac{3}{2}O_2 \xlongequal{} As_2O_3 \tag{2.64}$$

在氧化气氛中，砷的硫化物按下式氧化：

$$As_2S_3 + \frac{9}{2}O_2 \xlongequal{} As_2O_3 + 3SO_2 \tag{2.65}$$

$$2FeAsS + 5O_2 \xlongequal{} Fe_2O_3 + As_2O_3 + 2SO_2 \tag{2.66}$$

As_2O_3易挥发，120℃时已显著挥发，其挥发率随温度的升高而快速增加，500℃时的蒸气压可达101325Pa。部分As_2O_3在氧化剂（空气中的O_2及易还原的氧化物Fe_2O_3、SO_2等）的作用下可转变为挥发性小的As_2O_5，升高温度和增大空气过剩量将促进As_2O_5的生成。生成的As_2O_5将与金属氧化物（PbO、CuO、FeO等）作用生成砷酸盐：

$$3PbO + As_2O_5 \xlongequal{} Pb_3(AsO_4)_2 \tag{2.67}$$

$$3FeO + As_2O_5 \xlongequal{} Fe_3(AsO_4)_2 \tag{2.68}$$

生成的砷酸盐很稳定，只在高温时才离解。因此，氧化焙烧时通常难以将砷全部除去。

2.4.1.4 锑的硫化物

锑主要呈辉锑矿（Sb_2S_3）和脆硫锑铅矿（$Pb_2Sb_2S_5$）等形态存在，其在焙烧过程中的行为与雌黄相似，氧化反应为：

$$2Sb_2S_3 + 9O_2 \xlongequal{} 2Sb_2O_3 + 6SO_2 \tag{2.69}$$

生成的Sb_2O_3在高温和大量过剩空气的条件下将部分转变为Sb_2O_4及Sb_2O_5，这些高锑化合物在高温时相当稳定，它们可与金属氧化物生成很稳定的锑酸盐：

$$Sb_2O_5 + 3PbO \xlongequal{} Pb_3(SbO_4)_2 \tag{2.70}$$

在同样温度下，Sb_2O_3及Sb_2S_3比As_2O_5及As_2S_3的蒸气压小。因此，在焙烧过程中的脱锑率比脱砷率低，也很难通过焙烧全部彻底除去。

2.4.1.5 铅的硫化物

方铅矿是铅的主要硫化矿物，在焙烧时的主要反应为：

$$PbS + \frac{3}{2}O_2 \xlongequal{} PbO + SO_2 \tag{2.71}$$

$$SO_2 + \frac{1}{2}O_2 \xlongequal{} SO_3 \tag{2.72}$$

$$PbO + SO_3 \xlongequal{} PbSO_4 \tag{2.73}$$

$$3PbSO_4 + PbS \xlongequal{550℃} 4PbO + 4SO_2 \tag{2.74}$$

$$PbSO_4 \xlongequal{950℃} PbO + SO_3 \tag{2.75}$$

因此在焙砂中铅主要呈氧化铅形态存在。但原料中有方铅矿时，可与其他硫化物及 PbO、SiO_2 生成低熔点的共晶而使炉料熔结成块，所以方铅矿的焙烧宜在较低温度下进行。

2.4.1.6 锌的硫化物

闪锌矿是锌的主要硫化矿物，为致密硫化矿物，其着火温度为 550℃，而且生成的硫酸锌和氧化锌薄层也很致密。因此，闪锌矿相对较难氧化，在焙烧过程中发生下列反应：

$$ZnS + \frac{3}{2}O_2 \xlongequal{} ZnO + SO_2 \tag{2.76}$$

$$SO_2 + \frac{1}{2}O_2 \xlongequal{} SO_3 \tag{2.77}$$

$$ZnO + SO_3 \xlongequal{} ZnSO_4 \tag{2.78}$$

$$ZnS + 2O_2 \xlongequal{} ZnSO_4 \tag{2.79}$$

$$3ZnSO_4 \xlongequal{>200℃} 3ZnO \cdot 2SO_3 + SO_2 + \frac{1}{2}O_2 \tag{2.80}$$

$$3ZnO \cdot 2SO_3 \xlongequal{>700℃} 3ZnO + 2SO_2 + O_2 \tag{2.81}$$

2.4.1.7 银的硫化物

辉银矿是银的主要硫化物，焙烧时的氧化反应为：

$$Ag_2S + O_2 \xlongequal{} 2Ag + SO_2 \tag{2.82}$$

200℃时氧化银的离解压为 9.975Pa（0.0748mmHg），故易离解，在焙烧条件下不可能生成氧化银。当炉气中有大量的三氧化硫时，可生成硫酸银：

$$2Ag + 2SO_3 \xlongequal{} Ag_2SO_4 + SO_2 \tag{2.83}$$

$$Ag_2S + 4SO_3 \xlongequal{} Ag_2SO_4 + 4SO_2 \tag{2.84}$$

$$Ag_2SO_4 \xlongequal{950℃} 2Ag + SO_2\uparrow + O_2\uparrow \tag{2.85}$$

因此，焙砂中银常呈未变化的辉银矿、金属银和 Ag_2SO_4 形态存在。

2.4.1.8 石英

石英是矿物原料中的主要脉石，石英与金属氧化物可在较高温度下生成硅酸盐，使炉料结块；硅酸盐在后续浸出时分解出来的 SiO_2 呈胶体存在于溶液中，使矿浆的澄清和过滤产生困难。焙烧时石英与金属硫化物发生的反应如下：

$$SiO_2 + 2MeO \xlongequal{} 2MeO \cdot SiO_2 \tag{2.86}$$

2.4.2 应用

氧化焙烧和硫酸化焙烧可使金属硫化矿物转变为易浸氧化物或硫酸盐，并可改变物料的结构构造，使其疏松多孔，而且可使砷、锑、硒、铅等部分挥发。因此，氧化焙烧和硫酸化焙烧广泛应用于铜、铅、锌、铁、锑、钼等的硫化矿物的处理。

2.4.2.1 含砷、锑、硫难处理金精矿的氧化焙烧

氰化法处理金精矿是现代国内外提金的主要方法。但是用氰化法处理含砷、锑、硫的难处理金精矿时，往往出现许多障碍，严重影响金的溶解，甚至使氰化过程无法进行到底。究其原因，一方面是金呈显微、次显微状包裹在硫化矿物（黄铁矿及毒砂）中，金难以与氰化物有效接触；另一方面是锑矿物与氰化物作用，消耗大量氰化物。因此，必须对这类矿石进行预处理，消除砷、锑、硫对氰化过程的影响，从而进行有效的氰化浸出。

工业实践表明，对该类金精矿进行氧化焙烧预处理，进行脱砷、脱锑、脱硫，改变物料的结构构造，使其疏松多孔。焙烧过程中黄铁矿、砷黄铁矿、辉锑矿等主要发生以下反应：

$$4FeS_2 + 11O_2 = 2Fe_2O_3 + 8SO_2$$

$$3FeS_2 + 8O_2 = Fe_3O_4 + 6SO_2$$

$$2FeAsS + 5O_2 = Fe_2O_3 + As_2O_3 + 2SO_2$$

$$2Sb_2S_3 + 9O_2 = 2Sb_2O_3 + 6SO_2$$

但要严格控制焙烧的气氛，如果过分氧化，则 As、Sb、S 易被氧化成挥发能力低的 As_2O_5、Sb_2O_5和 SO_3。当金精矿物料中存在有 PbO、CaO、ZnO 等碱性氧化物时，会生成不挥发的 $MeO \cdot As_2O_5$、$MeO \cdot Sb_2O_5$、$MeO \cdot SO_3$，造成砷、锑、硫脱除不彻底。

通过氧化焙烧得到的焙砂与金精矿相比，发生了以下变化：

（1）砷黄铁矿、辉锑矿、黄铁矿等载金矿物中的砷、锑、硫在焙烧过程中升华，形成布满微孔的赤铁矿颗粒，有利于金与氰化物反应。

（2）焙烧过程中，亚微细金粒聚结在一起，暴露出大的金表面积。

（3）砷、锑、硫升华后，一般不会在金粒表面生成阻止金溶解的砷酸盐、锑酸盐等薄膜，同时可以减少氰化物和溶解氧的耗量，有利于提高金的浸出率。

2.4.2.2 钼精矿的氧化焙烧

目前，国内外应用的所有硫化钼精矿（MoS_2）中约有96%要首先通过焙烧转化成工业氧化钼，才能进一步提取可溶性钼盐，进而冶炼成为钼金属或其合金。

钼精矿的焙烧是氧化焙烧，是显著的放热反应过程，完全可以依靠自热完成，焙烧过程不需要消耗热能。钼精矿氧化成 MoO_3的过程大致分为四个阶段进行。

（1）钼精矿预热干燥，此阶段温度为20~200℃，将钼精矿中的水分和浮选油挥发掉，这一阶段需要吸收热量。

（2）空气中的氧分子向钼精矿颗粒的表面扩散，供给钼精矿氧化时所需要的氧，同时，钼精矿在表面原子力的作用下，对空气中的氧产生吸附，扩散和吸附的速度取决于空气的流速和温度等。

（3）吸附的氧与 MoS_2发生反应，主要生成物为 MoO_2，这一阶段温度范围为400~550℃，此过程放出大量热量，占到反应总放热的85%以上，反应方程式为：

$$MoS_2 + 3O_2 = MoO_2 + 2SO_2 \qquad (2.87)$$

（4）生成的 MoO_2继续与氧发生反应生成 MoO_3，钼精矿中的其他硫化物杂质与氧发生反应生成氧化物和部分硫酸盐，同时也有相当一部分硫酸盐发生离解。

$$2MoO_2 + O_2 = 2MoO_3 \qquad (2.88)$$

上述四个阶段为钼精矿氧化反应的全过程，它们是连续发生且不可分割的。反应速度受到氧的浓度、气流速度、温度等因素的影响。

2.5 氯化焙烧和氯化离析

2.5.1 氯化焙烧

氯化焙烧是在添加氯化剂（食盐、氯化钙或氯气）的条件下，通过焙烧矿石、精矿、冶金过程中间产品，将某些金属氧化物、硫化物转化为氯化物，以便分离富集目的组分。根据焙烧过程的温度不同，可分为中温氯化焙烧和高温氯化焙烧两种类型。中温氯化焙烧的温度为500～600℃，焙烧生成的氯化物多呈固态留存于焙砂中，经浸出将其转入溶液中，故又将其称为氯化焙烧—浸出法。高温氯化焙烧生成的氯化物会呈气态挥发出去，故也将其称为高温氯化挥发法。

氯化物受热时离解的难易程度，称为氯化物的热稳定性。容易发生热离解的氯化物，其热稳定性低；难以热离解的氯化物，其热稳定性高。在氯化焙烧中，根据生成的金属氯化物的热稳定性，可定性地判断氯化反应进行的方向和结果，即金属氯化物的热稳定性越高，表明生成这种金属氯化物的可能性越大；反之，则生成这种金属氯化物的可能性越小，或者该氯化反应不能进行。

定量分析氯化物的热稳定性，可用标准状态下氯化物的生成自由焓 $\Delta G^{\ominus}$ 值的大小来判断。$\Delta G^{\ominus}$ 越小，表明金属与氯结合的能力越大，生成的金属氯化物的热稳定性越高；而 $\Delta G^{\ominus}$ 越大，则表明金属与氯结合的能力越小，生成的金属氯化物的热稳定性越低。某些金属氯化物的 $\Delta G^{\ominus}$-T 的关系如图 2.12 所示。

由图 2.12 可知在一般焙烧温度下，反应生成的各金属氯化物的 $\Delta G_T^{\ominus}$ 均为负值，表明金属能被氯气所氯化；$\Delta G_T^{\ominus}$ 的负值绝对值越大，氯化反应越易进行，所生成的金属氯化物的热稳定性越高；但是，随着反应温度的升高，$\Delta G_T^{\ominus}$ 值增大，金属氯化物的热稳定性降低。

2.5.1.1 金属氧化物的氯化

金属氧化物与氯气的氯化反应，可以看作是金属的氯化反应与金属的氧化反应的叠加：

$$Me + Cl_2 = MeCl_2 \qquad \Delta G_1^{\ominus}$$

$$-)\ Me + \frac{1}{2}O_2 = MeO \qquad \Delta G_2^{\ominus}$$

$$MeO + Cl_2 = MeCl_2 + \frac{1}{2}O_2 \qquad \Delta G_3^{\ominus}$$

根据反应的自由焓变化在数值上等于生成物的生成自由焓减去反应物的生成自由焓，其中单质的标准生成自由焓为零，则有：

$$\Delta G_3^{\ominus} = \Delta G_1^{\ominus} - \Delta G_2^{\ominus} = \Delta G_{MeCl_2}^{\ominus} - \Delta G_{MeO}^{\ominus}$$

而 $\Delta G_{MeO}^{\ominus}$ 及 $\Delta G_{MeCl_2}^{\ominus}$ 的数值可分别从图 2.1 和图 2.12 中查得。借助图 2.1 和图 2.12 的数据，可计算出某金属氧化物与氯化反应的 $\Delta G_T^{\ominus}$ 值，用以判断金属氧化物的氯化反应能否进行及进行趋势的大小。

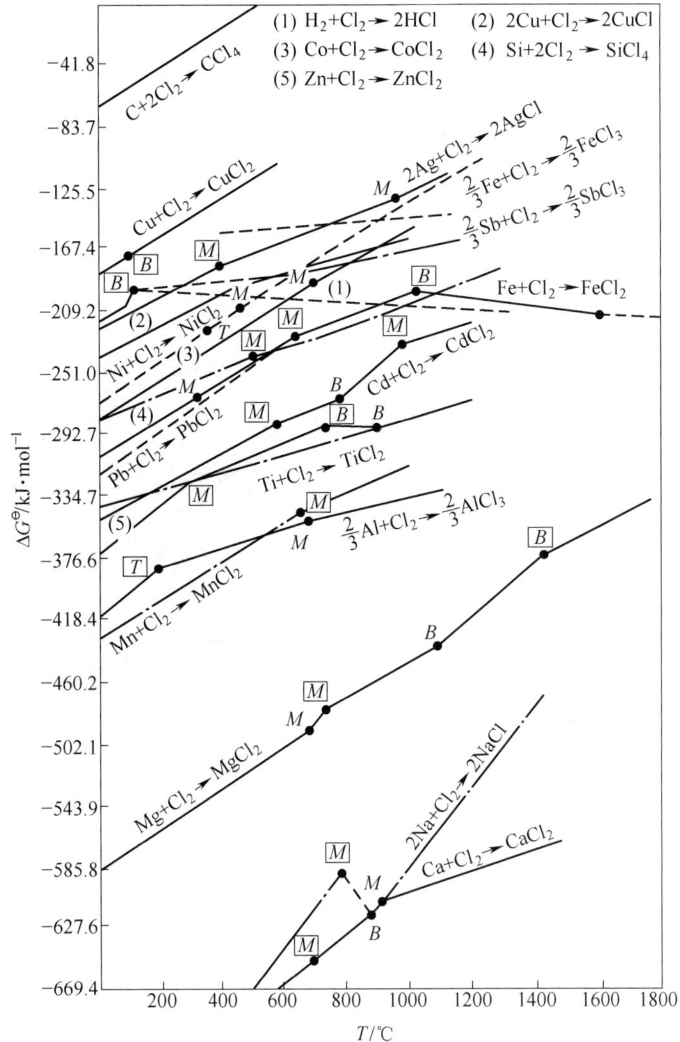

图 2.12 某些金属氯化反应的 $\Delta G^{\ominus}$-T 关系图

T—金属的晶型转变温度；M—金属的熔点；B—金属的沸点；$\boxed{T}$—氯化物的晶型转变温度；$\boxed{M}$—氯化物的熔点；$\boxed{B}$—氯化物的沸点

为了便于使用并比较不同的氧化物在相同条件下与氯气反应能力的差异，在对各种氧化物与氯气反应的大量实验和计算的基础上，绘制出氧化物氯化反应的 $\Delta G^{\ominus}$-T 关系如图 2.13 所示。由图 2.13 可知，各种氧化物在一定温度下与氯气反应的趋势：位于图下方的氧化物容易被氯化，位于图上方的氧化物则难以被氯化；Ag、Hg、Cd、Pb、Zn、Cu 等金属氧化物与氯气反应的 $\Delta G^{\ominus}$ 负值绝对值较大，它们在氯化焙烧时较易被氯化；Sn、Ni、Co 等金属氧化物的氯化较难一些；铁的低价氧化物 FeO 能被氯化，但比上述金属氧化物的氯化能力小；Fe_2O_3、SiO_2、Al_2O_3、MgO 等与氯反应的 $\Delta G^{\ominus}$ 为正值，氯化极为困难。不同氧化物氯化难易程度的差异，不同价态氧化物的不同氯化行为，是进行选择性氯化焙烧的基础。

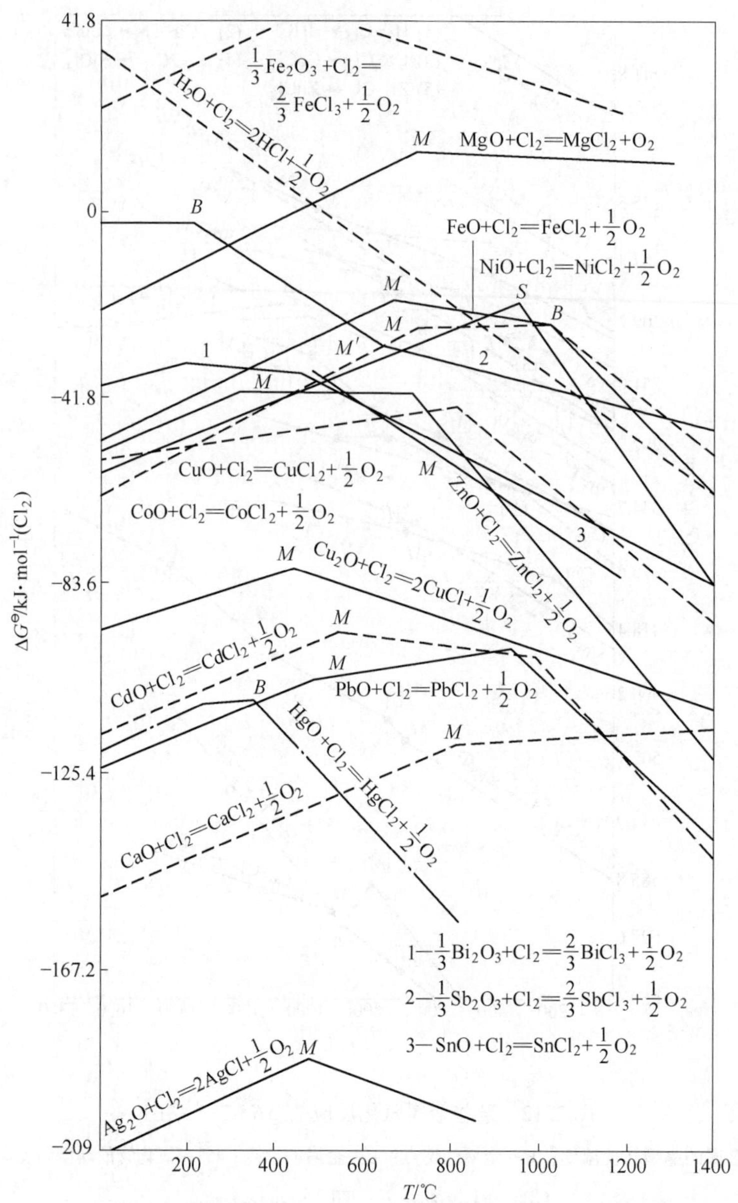

图 2.13　某些氧化物氯化反应的 $\Delta G^{\ominus}$ 与反应温度 T 的关系

M，*B*，*S*—氯化物的熔点、沸点和升华温度；*M'*—氧化物的熔点

比较图 2.12 和图 2.13 可知，MeO-Cl_2系的氯化难易次序正好与 Me-Cl_2系的氯化难易次序相反，原因在于 MeO-Cl_2系中不仅有 Me-Cl_2系而且有 Me-O_2系存在，即氧气与氯气同时作用于金属。金属氧化物的氯化反应，实际上是可逆反应，决定氯化反应或氧化反应哪个占主导趋势的，是反应体系 MeO-Cl_2-$MeCl_2$中氯气与氧气的分压（或浓度）的比值，即氯氧比。氯气的浓度越高，氯氧比越大，氯化趋势则占优势，反应向生成氯化物的方向进行；反之，则氧化反应占优势，反应向生成氧化物的方向进行。因此，氯化反应既与温度条件有关，又与体系中的氯气、氧气浓度有关。反应是在非标准状态下进行时，氯化反应

进行程度与反应温度及气相组成有关。例如，对如下的氯化反应而言：

$$MeO + Cl_2 \xlongequal{} MeCl_2 + \frac{1}{2}O_2 \tag{2.89}$$

反应过程的自由能变化为：

$$\Delta G = \Delta G^{\ominus} + RT\ln\frac{a'_{MeCl_2} \cdot p'^{1/2}_{O_2}}{a'_{MeO} \cdot p'_{Cl_2}} \tag{2.90}$$

若 $MeCl_2$、MeO 为凝聚相，则：

$$\Delta G = RT\ln\frac{p_{Cl_2}}{p^{1/2}_{O_2}} - RT\ln\frac{p'_{Cl_2}}{p'^{1/2}_{O_2}} \tag{2.91}$$

式中 p_{Cl_2}，p_{O_2}——反应平衡时气相中氯气和氧气的分压；

p'_{Cl_2}，p'_{O_2}——反应体系气相中氯气和氧气的实际分压。

要向生成氯化物的反应进行的必要条件为 $\Delta G<0$，即 $\frac{p'_{Cl_2}}{p'^{1/2}_{O_2}} > \frac{p_{Cl_2}}{p^{1/2}_{O_2}}$，否则，金属氯化物会被 O_2 所氧化。因此，金属氧化物被 Cl_2 氯化时需一定的氯氧比（气相中两者的分压比），氯氧比的大小与温度有关，一定温度下所需的最小氯氧比可用该温度下的 $\Delta G^{\ominus}$ 值进行估算。由于各金属氧化物氯化标准自由能变化值不同，在一定温度下控制一定的氯氧比即可达到选择性氯化分离的目的。

在氯化过程中，增加 Cl_2 分压或降低 O_2 分压均可提高体系的氯氧比，而加入还原剂可有效降低体系中氧气分压。可与氧气生成稳定化合物的还原剂有碳、一氧化碳、硫和氢气等（见表 2.3）。生产中常用的是碳和一氧化碳，此时金属氧化物的氯化反应如反应（2.92）~反应（2.94）所示：

$$MeO + C + Cl_2 \xlongequal{} MeCl_2 + CO \tag{2.92}$$

$$MeO + \frac{1}{2}C + Cl_2 \xlongequal{} MeCl_2 + \frac{1}{2}CO_2 \tag{2.93}$$

$$MeO + CO + Cl_2 \xlongequal{} MeCl_2 + CO_2 \tag{2.94}$$

表 2.3 各种还原剂与氧反应时 $\Delta G^{\ominus}$ 值

反 应	$\Delta G^{\ominus}/kJ \cdot \left(\frac{1}{2}molO_2\right)^{-1}$	
	500℃	1000℃
$C + \frac{1}{2}O_2 \xlongequal{} CO$	−180.16	−224.30
$\frac{1}{2}C + \frac{1}{2}O_2 \xlongequal{} \frac{1}{2}CO_2$	−197.60	−197.90
$CO + \frac{1}{2}O_2 \xlongequal{} CO_2$	−214.99	−171.40
$\frac{1}{2}S + \frac{1}{2}O_2 \xlongequal{} \frac{1}{2}SO_2$	−152.60	−134.80
$H_2 + \frac{1}{2}O_2 \xlongequal{} H_2O$	−203.80	−202.00

反应（2.92）的标准自由能变化用 $\Delta G^{\ominus}_A$ 表示：

$$\Delta G_A^\ominus = \Delta G_{MeCl_2}^\ominus + \Delta G_{CO}^\ominus - \Delta G_{MeO}^\ominus = \Delta G_1^\ominus + \Delta G_{CO}^\ominus$$

所以，$\Delta G_A^\ominus < \Delta G_1^\ominus$（因 $\Delta G_{CO}^\ominus$ 为绝对值相当大的负值）。

部分金属氧化物加碳氯化时的 $\Delta G^\ominus$-T 曲线如图 2.14 所示，与图 2.13 比较可知，有固体碳存在时，原来易被 Cl_2 氯化的氧化物变得更易被 Cl_2 所氯化，而且某些难被 Cl_2 直接氯化的轻金属和稀有金属氧化物（如钛、镁、钨等的氧化物）也变得易被氯化。

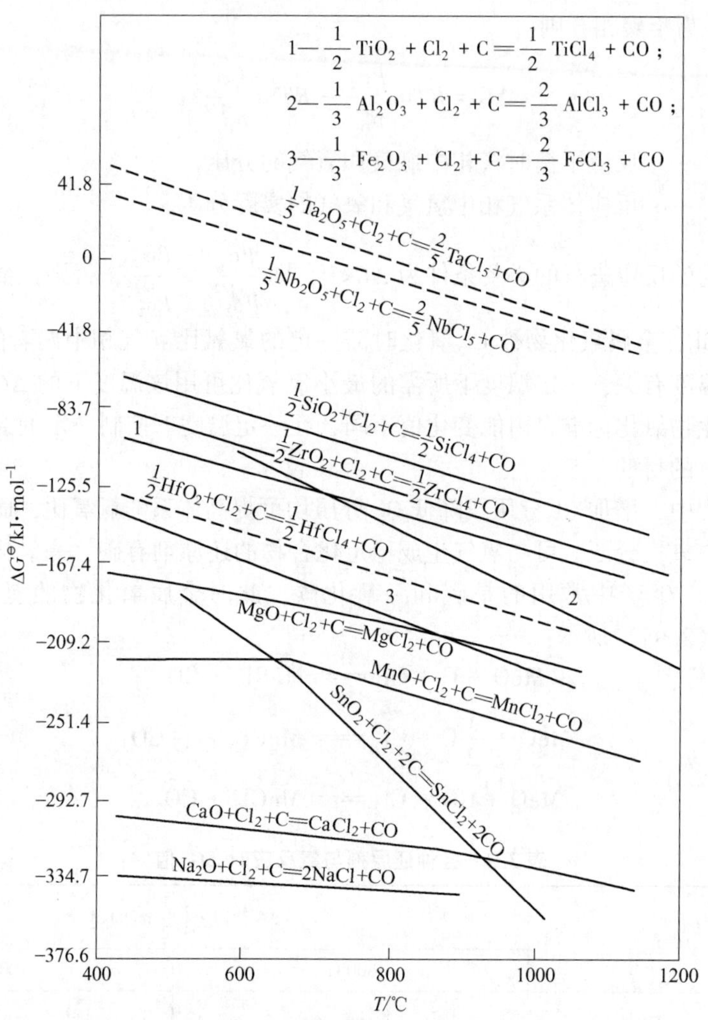

图 2.14　部分金属氧化物加碳氯化时反应的 $\Delta G^\ominus$-T 关系图

2.5.1.2　金属硫化物的氯化

金属硫化物与氯气的氯化反应为：

$$MeS + Cl_2 = MeCl_2 + \frac{1}{2}S_2 \tag{2.95}$$

$$\Delta G_4^\ominus = \Delta G_{MeCl_2}^\ominus - \Delta G_{MeS}^\ominus$$

反应的 $\Delta G_4^\ominus$ 可由图 2.12、图 2.15 所查数据计算得到如图 2.16 所示的结果。由图

2.16 可知，许多金属硫化物比氧化物更易被氯气氯化，这是因为金属与硫的亲和力比其与氧的亲和力小。

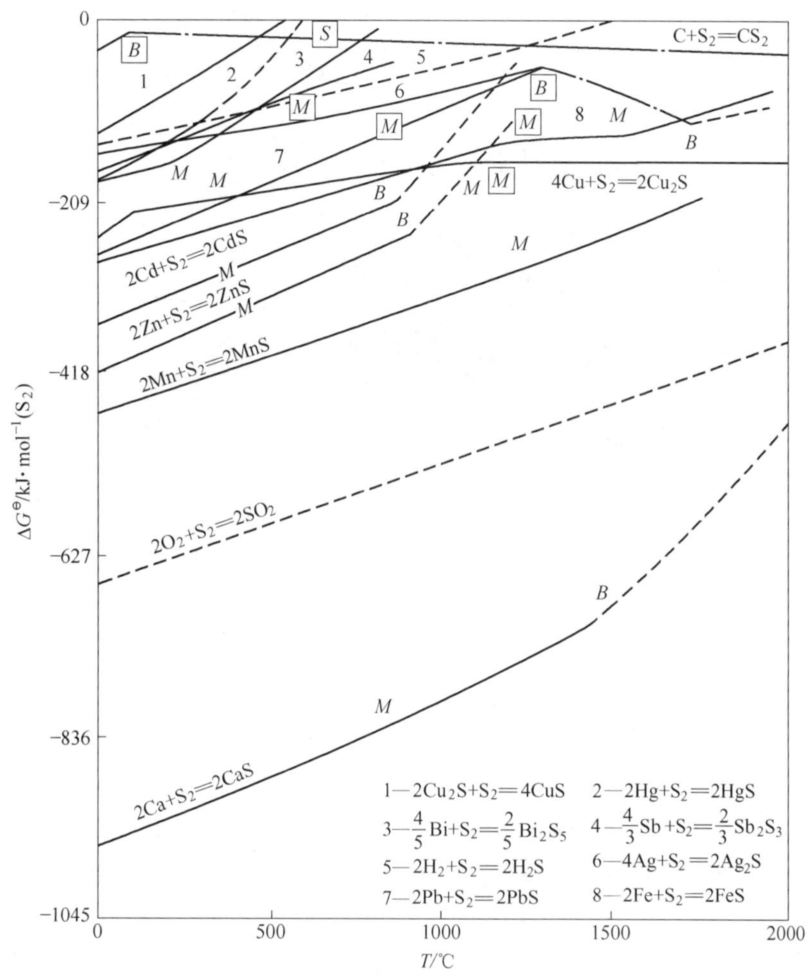

图 2.15　金属硫化物 MeS 的 $\Delta G^{\ominus}$-T 关系图

除了采用氯气作氯化剂，也可采用 HCl 作为气态氯化剂：

$$MeO + 2HCl \xlongequal{} MeCl_2 + H_2O \tag{2.96}$$

$$\Delta G_5^{\ominus} = \Delta G_{MeCl_2}^{\ominus} + \Delta G_{H_2O}^{\ominus} - \Delta G_{MeO}^{\ominus} - 2\Delta G_{HCl}^{\ominus}$$

$$MeS + 2HCl \xlongequal{} MeCl_2 + H_2S \tag{2.97}$$

$$\Delta G_6^{\ominus} = \Delta G_{MeCl_2}^{\ominus} + \Delta G_{H_2S}^{\ominus} - \Delta G_{MeS}^{\ominus} - 2\Delta G_{HCl}^{\ominus}$$

对某些金属氧化物和硫化物与气态氯化剂 Cl_2 和 HCl 反应的标准自由能变化进行比较，得出以下结论：采用 HCl 作为氯化剂时，其氯化能力随温度的升高而降低，易被 Cl_2 氯化的银、铜、铅、锌等的氧化物也易被气态 HCl 所氯化；而氧化硅、氧化铝、氧化镁等难被 HCl 氯化，氧化镍、氧化钴和氧化亚铁只在低温时才能被 HCl 所氯化；在高温时，HCl 很难氯化硫化物。对同种金属硫化物而言，与 Cl_2 反应的 $\Delta G^{\ominus}$（负值）要比其与 HCl 反应的 $\Delta G^{\ominus}$（负值）的绝对值大得多，因此，对多数金属硫化物而言，采用 Cl_2 作为氯化剂效果较好。

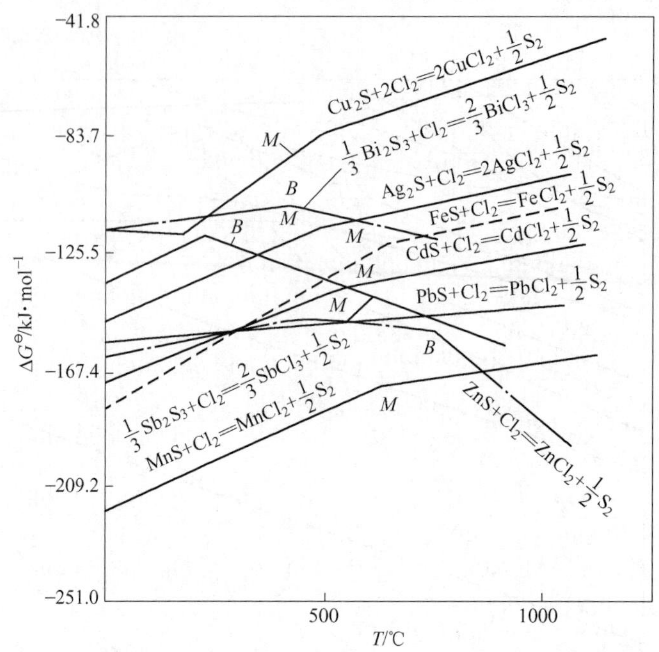

图 2.16 MeS-Cl_2系反应的 $\Delta G^\ominus$-T 关系图

工业上也常使用廉价的 NaCl、$CaCl_2$等固体氯化剂。NaCl 和 $CaCl_2$具有很高的热稳定性，不易热离解。在高温条件下，固体氯化剂能与物料组分发生反应，但因固相之间接触不良，其固相反应速度很慢。因此，固体氯化剂的氯化作用多是通过其分解得到的 Cl_2和 HCl 来实现氯化反应，研究表明物料中的 SiO_2、Fe_2O_3、Al_2O_3 等和气相中 SO_2、O_2 与水蒸气皆可促进固体氯化剂的分解。高温反应时，NaCl 和 $CaCl_2$的分解反应为：

$$2NaCl + SO_2 + O_2 = Na_2SO_4 + Cl_2 \tag{2.98}$$

$$2NaCl + SiO_2 + H_2O(g) = Na_2SiO_3 + 2HCl(g) \tag{2.99}$$

$$2NaCl + SiO_2 + \frac{1}{2}O_2 = Na_2SiO_3 + Cl_2 \tag{2.100}$$

$$CaCl_2 + SO_2 + O_2 = CaSO_4 + Cl_2 \tag{2.101}$$

$$CaCl_2 + SiO_2 + \frac{1}{2}O_2 = CaSiO_3 + Cl_2 \tag{2.102}$$

$$CaCl_2 + SiO_2 + H_2O(g) = CaSiO_3 + 2HCl(g) \tag{2.103}$$

研究表明，中温氯化焙烧时炉气中的 SO_2最能促进 NaCl 的分解，因此，以 NaCl 为氯化剂的中温氯化焙烧时焙烧原料中应含有相当数量的硫，若硫含量不足时可加入适量的黄铁矿。$CaCl_2$常用作高温氯化挥发的氯化剂，$CaCl_2$分解的主要产物是 HCl，高温氯化挥发时使 $CaCl_2$分解的促进剂主要是二氧化硅、氧化铁和氧化铝，且体系中一定要有氧气和水。

氯化焙烧工艺已经被应用于处理氰化尾渣、铅锌冶炼渣、高钛渣、红土镍矿、复杂金矿、贫镍矿、贫锡矿等。

2.5.2 氯化离析

氯化离析是在矿物原料中加入一定量的碳质还原剂（煤或焦粉）和氯化剂（$CaCl_2$或NaCl），在中性或弱还原气氛下加热，使有用组分从矿石中氯化挥发并同时在炭粒表面被还原为金属单质，随后用物理选矿的方法将其富集为化学精矿。氯化离析已经被成功应用于难选氧化铜矿石的处理。

氧化铜矿石的离析过程分为下面三个阶段：

（1）NaCl的分解。在700~800℃条件下，NaCl与矿石中的H_2O和SiO_2或铝硅酸盐作用产生HCl：

$$2NaCl + H_2O(g) + x\,SiO_2 = Na_2O \cdot x\,SiO_2 + 2HCl$$

$$4NaCl + Al_2O_3 \cdot 2SiO_2 \cdot 2H_2O = (Na_2O)_2 \cdot Al_2O_3 \cdot 2SiO_2 + 4HCl \tag{2.104}$$

上述反应中，水蒸气是使NaCl分解的必要条件，而SiO_2和铝硅酸盐仅起促进作用。

（2）氧化铜的氯化挥发。氧化铜或氧化亚铜的氯化挥发反应为：

$$2CuO + 2HCl = \frac{2}{3}Cu_3Cl_3 + H_2O(g) + \frac{1}{2}O_2 \tag{2.105}$$

$$Cu_2O + 2HCl = \frac{2}{3}Cu_3Cl_3 + H_2O(g) \tag{2.106}$$

研究表明HCl的扩散速度快，氯化反应是在矿石中均匀进行的。氯化速度主要取决于HCl与矿石中铜化合物之间的化学反应速度。体系中含CO可提高氯化速度，但CO浓度有一个极大值，且为温度的函数。当CO浓度达到极限值后，可使氧化铜还原为金属铜。

（3）氯化亚铜的还原析出。体系产生的氢气吸附于炭粒表面，将气态氯化亚铜还原为金属铜粒，炭粒则成为金属铜沉积和发育的核心。若不加炭粒作为还原剂，被氢气还原的细粒金属铜将分布于脉石和炉壁表面而难以回收。发生的反应为：

$$\frac{2}{3}Cu_3Cl_3 + H_2 = 2Cu + 2HCl \tag{2.107}$$

反应再生的HCl可重新氯化氧化铜，故离析所需的氯化剂用量远比化学理论量低。反应中氢气的来源有碳质还原剂中挥发分的分解及水煤气反应，即：

$$C + H_2O(g) = CO + H_2$$

$$CO + H_2O(g) = CO_2 + H_2$$

$$C + CO_2 = 2CO$$

此外，也有人认为是气态氯化亚铜与炽热的炭粒和水蒸气接触时直接被还原为金属铜，即：

$$2Cu_2Cl_2 + C + 2H_2O(g) = 4Cu + 4HCl + CO_2 \tag{2.108}$$

在工业生产中，离析工艺主要有一段离析和两段离析。一段离析工艺是将矿石、氯化剂和还原剂混合后在同一设备中进行加热、氯化挥发和离析，该工艺流程简单，金属挥发损失小，但热利用率低，还原剂和氯化剂用量大，离析反应所需气氛难以保证。两段离析是预先将矿石加热至离析温度，然后进入离析室与氯化剂、还原剂混合进行氯化挥发和离析，其优点是反应气氛易保证，氯化剂、还原剂用量小，炉气腐蚀性小，离析指标高，但加热后的矿石很难与氯化剂、还原剂混合均匀，离析温度较难以保证，离析反应器难以密封，排料装置较复杂。

2.6 工业焙烧设备

焙烧是在焙烧炉中进行的。工业焙烧设备最基本的要求就是能创造良好的气-固接触条件。目前工业生产中常用的焙烧炉有以下几种类型：回转窑；竖炉；多膛焙烧炉；沸腾焙烧炉；转底炉。

2.6.1 回转窑

回转窑是一种连续生产的旋转高温窑炉。窑身为衬有耐火材料的钢制圆筒，斜卧在钢制的托轮上，绕轴缓缓旋转。回转窑是典型的火焰炉，在炉内窑气、窑壁及物料之间彼此进行热交换。它是按逆流原理工作的，即在炉内窑气与物料的走向相反，煤粉、气体燃料或液体燃料自位置较低的一端与空气一同喷入并燃烧，废气从另一端排出。物料则循相反方向缓缓移动，逐渐烧成排出。其窑内传热过程比较复杂，燃料燃烧产生的高温气体是窑内的热源，窑气从窑头（高温端）向窑尾（低温端）流动的过程中，以辐射和对流的方式将热传给窑壁和敞开表面的物料（弦上的物料）；窑壁获得的热量以辐射和传导的方式传给封盖面上的物料（窑壁弦上的物料）同时还由窑的外表面将热量散失到外界。由于填充率低、传热条件差，窑的热效率仅30%~40%。图2.17是ϕ2m×30m直焰式回转窑的结构示意图。

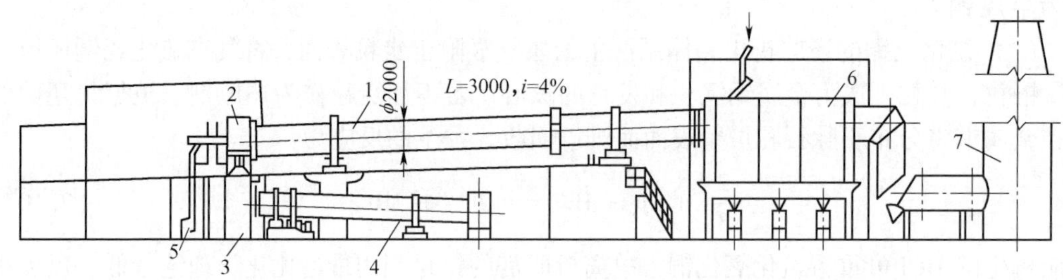

图2.17 ϕ2m×30m直焰式回转窑的结构

1—回转窑窑体；2—窑头小车；3—热烟室；4—冷却筒；5—窑头鼓风机；6—集尘室；7—烟囱

回转窑的结构主要有以下部分：

（1）筒体与窑衬。筒体由钢板卷成，是回转窑的基体；筒体内衬耐火材料称为窑衬，厚度为150~250mm。

（2）滚圈。回转窑的质量通过滚圈传递到支承装置上；滚圈将窑的全部荷重传递到支承装置上，是回转窑最重的部件。

（3）支承装置。承受回转部分的全部质量，它是由一对托轮轴承组和一个大底座组成的。

（4）传动装置。回转窑的回转是通过传动装置实现的。

（5）窑头罩和窑尾罩。窑头罩是热端与下道工序之间的中间体；窑尾罩是冷端与物料预处理设备及烟气处理设备之间的中间体。

（6）燃烧器。燃烧器一般是从筒体热端插入，有喷煤管、油喷嘴、煤气喷嘴等。

（7）热交换器。为增强换热效果，筒体内设有各种换热器，如链条、格板式热交换器等。

（8）喂料设备。喂料设备是回转窑的附属设备，干粉料或块料用溜管流入窑内；含水40%的生料浆用喂料机送入溜槽再流入窑内或用喷枪喷入窑内；呈过滤机滤饼形态的含水物料可用板式饲料机喂入窑内。

2.6.2 竖炉

竖炉适用于焙烧块度为20~75mm的块矿或由粉矿制成直径为10~15mm的球团矿。工业生产上采用的鞍山式竖炉结构如图2.18所示。炉子外形是一个长方体，炉子内部是用耐火砖砌成的，中部有一个垂直的狭窄区域，将炉子分成上下两部分，这两部分的炉壁都是倾斜的，上部炉壁倾斜角较小，下部炉壁倾角较大，倾斜角对炉内矿石下降速度的分

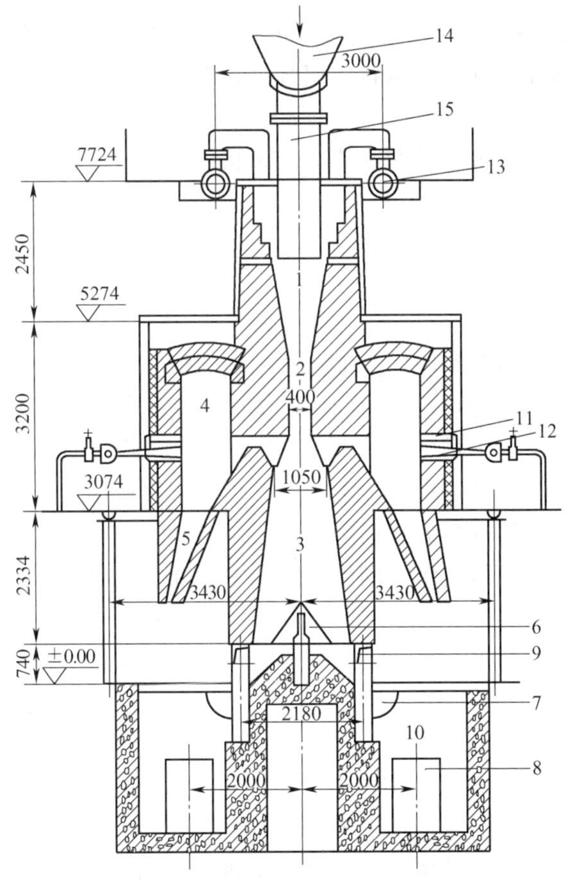

图2.18 鞍山式竖炉结构

1—预热带；2—加热带；3—还原带；4—燃烧室；5—灰斗；6—还原煤气喷出塔；7—排矿辊；8—搬出机；9—水箱梁；10—冷却水池；11—窥视孔；12—加热煤气烧嘴；13—废气排出管；14—矿槽；15—给料漏斗

布有较大的影响。若炉壁垂直，则炉中间的矿石下降速度快，靠近两壁的矿石下降速度慢；若倾斜角较大，则情况相反，靠近炉壁的矿石会比中间的矿石下降速度快，这两种情况都对还原焙烧不利。最适宜的倾斜角与矿石粒度有关，由试验确定。整个炉体支承在水箱梁上。

根据矿块在竖炉中的焙烧过程，沿炉体纵向自上而下分为三带：

（1）预热带。由给料斗向下垂直至斜坡和加热带交点的区域为预热带。预热带炉膛耐火砖体的角度对于矿石的下降速度、预热温度有直接关系。矿石在预热带利用上升废气的热量预热，预热带平均温度为150~200℃。

（2）加热带。加热带是从炉体腰部最窄处到炉体砌砖的斜坡交点之间的区域。加热带的宽度对炉体寿命、焙烧矿的质量影响很大。在矿石粒度相同情况下，加热带过宽温度就很低，特别在炉体中心部位的矿石加热温度低，还原质量差，但在这种情况下炉体寿命长；加热带过窄，可使炉室温度提高，但炉体砌砖磨损大，寿命短，炉子的产量也会降低。适合的宽度，对于块状矿石（75~20mm 块矿）以 2400~500mm 为宜，对粉状矿石应适当窄些。

（3）反应带。从加热带导火孔向下到炉底的区域为反应带。为了使矿石在反应带充分和还原气体接触，反应带呈向下扩散状。焙烧过程的主要化学反应在反应带完成，最后通过炉底的卸料口将焙烧好的炉料排出炉外。

应当指出，以上划分主要是针对铁矿石的磁化焙烧而言，竖炉工作带的划分根据焙烧反应类型不同而有所差异。

2.6.3 多膛焙烧炉

多膛焙烧炉是间隔多层炉膛的竖式圆筒形炉，其结构如图 2.19 所示。在其中心部装有空心的旋转轴带动伸在各层炉膛中的搅拌臂不断回转，其搅拌臂全部采用空气内冷。物料由炉顶最上部装入，通过搅拌由周边向中心集中，又从中心向周边分散逐层地下移，经过干燥、焙烧之后从最下层的排砂口排出，炉气在炉内与物料流动方向相反，当炉料一层层向下运动时，被炉子下部焙烧反应产生的上升热气流逐渐加热，最后达到所要求的焙烧温度，并在炉膛内的逐层运动中完成焙烧反应。

多膛焙烧炉由直立圆筒形壳体、砌体内衬、中心轴、耙臂、传动系统等组成，并配有多个燃烧室。

（1）壳体。壳体由 10~12mm 厚的钢板焊接而成。多膛焙烧炉为多层结构，通常有7~12 层炉床，每层炉床设置有 4~6 个操作门，1 个测温孔；其中还有 2~3 层设有燃烧室接口。

（2）砌体内衬。砌体为多层结构，由于炉温并不高，所以采用黏土质耐火材料即可。砌体为圆形，砌体与壳体之间留有 40~50mm 间隙填塞硅藻土。

（3）中心轴。中心轴用含铬耐热铸铁铸造而成。一台多膛炉由多节中心轴串联组成，中心轴由传动装置带动，中心轴的作用是带动耙臂旋转。

（4）耙臂和耙齿。耙臂由钢管和低铬铸铁铸造的外管组合而成，耙臂一端安装在中心轴上，耙齿由高铬铸铁铸造而成，耙齿安装在耙臂上，耙齿直接与炉料接触，炉料靠耙齿的扒动在炉内运动。

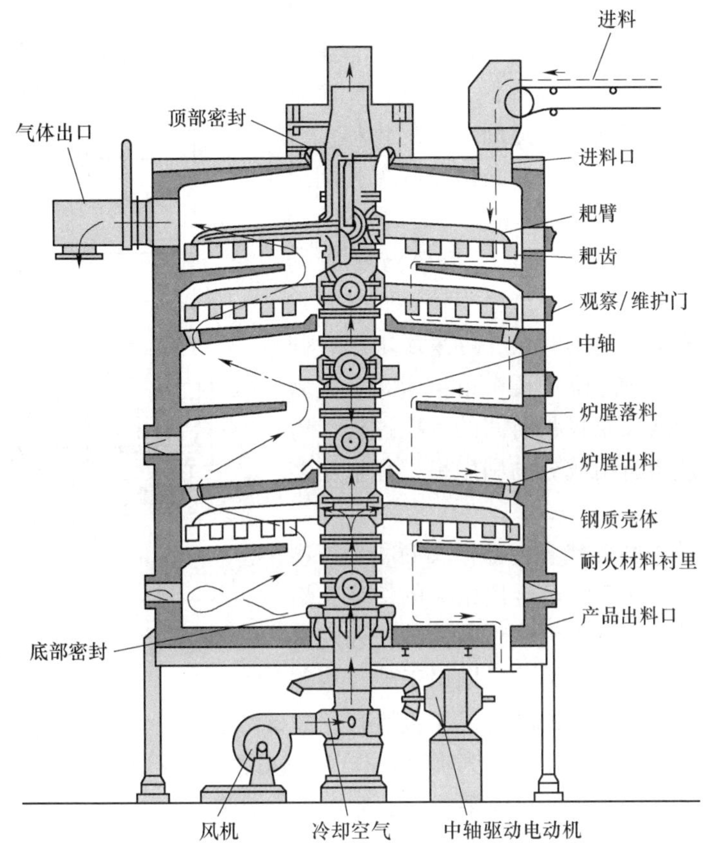

图 2.19 多膛焙烧炉的结构示意图

(5) 燃烧室。多膛焙烧炉靠燃烧室来控制温度，以满足工艺要求。燃烧室可采用方形结构和圆筒形结构形式，现多采用方形结构。不同层要求的温度不同，燃烧室一般配置在相对高温层。

2.6.4 沸腾焙烧炉

沸腾焙烧炉是利用流态化技术的热工设备。具有气-固间热质交换速度快、层内温度均匀、产品质量好、沸腾层与冷却（或加热）器壁间的传热系数大、生产率高、操作简单、便于实现生产连续化和自动化等一系列优点，因此得到广泛应用。

锌精矿、铜精矿的氧化焙烧和硫酸化焙烧，含钴硫铁矿精矿的硫酸化焙烧，氧化铜矿的离析，以及含镍、钴红土矿的加热还原等，都已经使用了沸腾炉。

典型沸腾焙烧炉结构如图 2.20 所示，下部为沸腾区，中部为扩散区，上部为焙烧空间。炉体由钢壳内衬保温砖再衬耐火砖构成，为防止冷凝酸腐蚀，钢壳外面有保温层。炉子的最下部是风室，设有空气进口管，其上是空气分布板。空气分布板上是耐火混凝土炉床，埋设有许多侧面开小孔的风帽。炉膛中部为向上扩大的圆锥体，上部焙烧空间的截面积比沸腾层的截面积大，以减少固体粒子吹出，沸腾层中装有冷却管。炉体还设有加料口、矿渣溢流口、炉气出口、二次空气进口、点火口等接管，炉顶有防爆孔。

沸腾焙烧炉的床形有柱形床和锥形床两种。对于粒度比较均匀的微细粒物料（例如浮选精矿）一般采用柱形床。对于宽筛分物料，以及在反应过程中气体体积增大很多或颗粒逐渐变细的物料，可采用上大下小的锥形床。沸腾床断面形状可为圆形或矩形（或椭圆形）。圆形断面的炉子，炉体结构强度较大，材料较省，散热较小，空气分布较均匀，因此得到广泛应用。当炉床面积较小而又要求物料进出口间有较大距离的时候，可采用矩形或椭圆形断面。另外，沸腾焙烧炉还有单层床和多层床之分，对吸热过程或需要较长时间的反应过程，为提高热和流化介质中有用成分的利用率，宜采用多层沸腾炉。

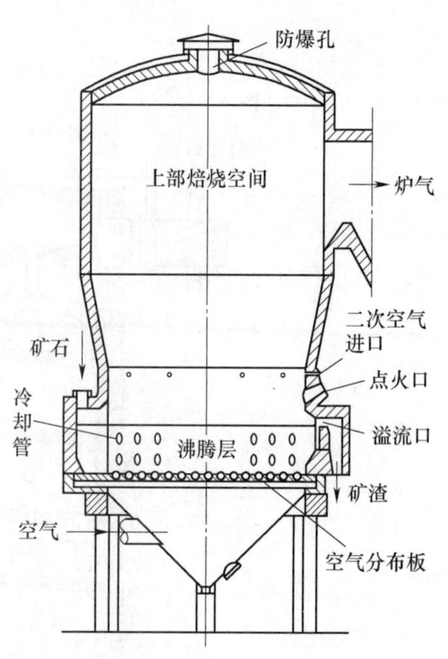

图 2.20　沸腾焙烧炉结构示意图

沸腾焙烧炉的炉膛形状有上部扩大型和直筒型两种。直筒型炉膛多用于有色金属精矿的焙烧，焙烧强度较低，炉膛上部不扩大或略微扩大，外观基本上呈圆筒形。上部扩大型炉膛早期用于破碎块矿的焙烧，后来发展到用于各种浮选矿（包括有色金属浮选精矿、选矿时副产的含硫铁矿的尾砂等）的焙烧，焙烧强度较高。为提高操作气流速度、减少烟尘率和延长烟尘在炉膛内的停留时间以保证烟尘质量，目前多采用上部扩大形炉膛。

2.6.5　转底炉

转底炉是一个底部可以转动的环形高温窑炉，主要由炉体、炉底、炉顶、烧嘴、烟道、炉底支撑机构、炉底传动机构等组成，并配有进、出料设备，其结构如图 2.21 所示。

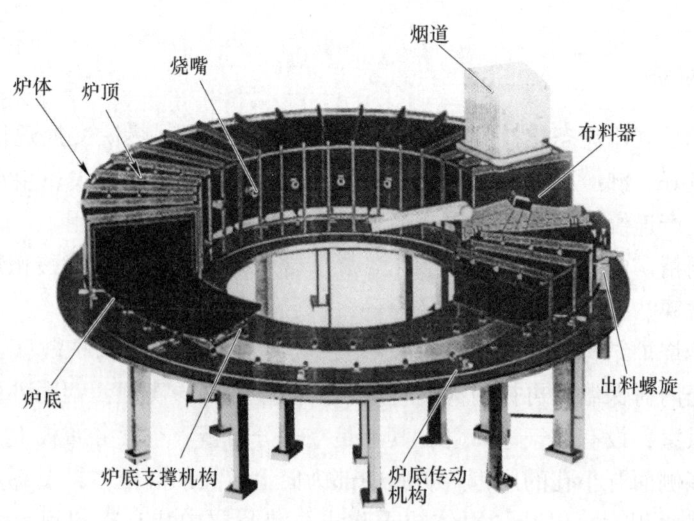

图 2.21　转底炉结构示意图

（1）炉体。转底炉的外壳结构由钢板和型钢焊接而成，炉体由钢板密焊制成圆形，下部空间安装有转盘支撑，旋转主轴，炉体下部底板上安装有调速电机和变速器。

（2）炉底。炉底除在高温状态下承受加热物料质量及装、出料时受到碰撞和摩擦外，还由于炉底的连续转动而受到高低温的交替变化影响，因而炉底材料需具有抗高温、抗氧化侵蚀、耐磨和耐急冷急热性能。常用炉底结构为砖砌炉底和浇注与捣打炉底。

（3）炉顶。炉顶砌体可用标准楔形耐火砖分段错砌或全部错砌的弧形拱；或用梯形耐火浇注料预制块砌筑；或用耐火可塑料捣打成型。目前多采用后两种方法。

（4）烧嘴。烧嘴位于炉膛上部，所用燃料可以是天然气、燃油，也可以是煤粉等。

（5）烟道。转底炉的排烟口一般设在预热阶段靠近装料门口处，排烟口内的排烟速度一般为1.5~2.5m/s。

（6）炉底支撑机构。环形炉架支柱沿内、外环墙排列。由于内、外环墙周长不同，外环支柱需承受的砌体质量和热胀力大于内环支柱，因而外环支柱数量应多于内环支柱数量。通常取内、外环支柱数量比等于（1∶1.5）~（1∶2）。

（7）炉底传动机构。转底炉炉床的循环旋转是通过传动机构实现的。常见的传动机构包括锥齿轮传动、钝齿轮传动、摩擦轮传动、液压缸传动和液压马达传动等。

（8）进、出料设备。干粉料经造球烘干后得到的干球通过布料机均匀地分布在转底炉的炉底上。经预热、煅烧后得到的还原产品由出料螺旋排出。

转底炉由于反应速度快、原料适应性强等特点近年来得到了快速发展。转底炉生产工艺的流程：在矿粉内配入一定量的煤粉，然后加入适量黏结剂及水分，充分混匀后，用圆盘造球机或对辊压球机进行造球得到含碳球团。利用废热气将湿的含碳球团烘干得到干球，烘干后的球团强度得到改善，从而降低了原料的损耗，并且还能提高转底炉的生产效率。干球通过布料机均匀地分布在转底炉的炉底上，炉底在转动的过程中，依次经过预热段和还原段，然后在1000~1300℃的高温下还原，便得到产品。转底炉排出废气所携带的热能可以用蓄热室和换热器进行回收，回收的热能可以将煤气和助燃空气预热到指定温度。经过换热后的废气，再用于湿球的烘干，最后经过除尘器排入大气。

复习思考题

2-1　根据焙烧过程中主要化学反应的不同，矿物原料的焙烧可分为哪些类型？

2-2　矿物原料焙烧过程中气-固两相反应的中间步骤有哪些？

2-3　赤铁矿被CO还原的具体历程是什么？

2-4　根据Cu-Co-S-O系的平衡状态图，如何控制才能实现选择性硫酸化焙烧？

2-5　含砷锑硫金精矿在氧化焙烧过程中，砷、锑、硫为什么难以彻底除去？

2-6　氯化焙烧与氯化离析有何异同？

2-7　矿物原料焙烧处理常用的焙烧炉有哪几类，各有何特点？

3 矿物原料的浸出

3.1 概　述

矿物原料的浸出是溶剂选择性地溶解矿物原料中某组分的工艺过程。浸出的任务是选择适当的溶剂使矿物原料中的目的组分选择性地溶解，使其转入溶液中，达到有用组分与杂质组分或脉石组分相分离的目的。因此，浸出过程是原料中目的组分提取、分离和富集的过程。

用于浸出的试剂称为浸出剂，浸出所得的溶液称为浸出液，浸出后的残渣称为浸出渣。衡量浸出过程效率的指标主要有浸出率、浸出的选择性、试剂耗量等。

某组分的浸出率，是指浸出条件下该组分转入溶液中的量与其在被浸原料中的总量之比的百分数。设被浸原料干重为Q(t)、某组分在原料中的品位为a(%)、浸出液的体积为V(m^3)、该组分在浸出液中的浓度为C(t/m^3)，浸渣干重为m(t)、该组分在浸出渣中的品位为δ(%)，则该组分的浸出率（$\varepsilon_{浸}$）为：

$$\varepsilon_{浸} = \frac{VC}{Qa} \times 100\% = \frac{Qa - m\delta}{Qa} \times 100\% \tag{3.1}$$

浸出的选择性很重要，实践中常用浸出选择性系数来表示。浸出选择性系数是相同浸出条件下各组分的浸出率之比。浸出过程中组分1和组分2的浸出选择性系数为：

$$\beta = \frac{\varepsilon_1}{\varepsilon_2} \tag{3.2}$$

可以看出，浸出选择性系数越接近1，则其浸出选择性越差，反之，则其浸出选择性越好。

浸出的分类方法较多。依浸出试剂种类，浸出可分为水溶剂浸出（各种无机化学试剂的水溶液或水作为浸出试剂）和非水溶剂浸出（有机溶剂作为浸出试剂），详细分类见表3.1。

表3.1　浸出方法依试剂分类

浸出方法		常用的浸出试剂
水溶剂浸出	酸法	硫酸、盐酸、硝酸、王水、氢氟酸、亚硫酸等
	碱法	碳酸钠、氢氧化钠、硫化钠、氨水等
	盐浸	氯化钠、氯化铁、氯化铜、硫酸铁、硫酸铵、次氯酸钠等
	热压浸出	水、酸或碱
	细菌浸出	矿石+菌种+营养液
	水浸出	水
非水溶剂浸出		有机溶剂

依浸出过程中浸出剂的运动方式，浸出可分为渗滤浸出和搅拌浸出。依浸出时的温度和压力条件，浸出可分为热压浸出和常温常压浸出。目前，常温常压浸出较常见，但热压浸出可加速浸出过程，提高浸出率，是一种有前途的浸出方法，应用越来越广泛。

进入浸出作业的原料组成（化学组成和矿物组成）一般均较复杂，有用组分一般呈硫化物、氧化物、各种含氧酸盐和自然金属等形态存在，脉石矿物一般为硅酸盐、铝酸盐和碳酸盐，有时还含有炭质和有机物质。为了使目的组分高效浸出，浸出前往往有配料、预浸、高温预处理等作业。

浸出方法和浸出试剂的选择主要取决于矿物原料中有用矿物和脉石矿物的矿物组成、化学组成及矿石结构构造。此外，还应考虑浸出试剂价格、浸出试剂对目的组分矿物的分解能力及对浸出设备的腐蚀性能等因素。如目的矿物为硫化矿物并含有较多量的碳酸盐时，则不宜直接采用酸浸，除可预先用浮选法分离硫化矿物外，还可采用预先氧化焙烧而后酸浸或采用氧化酸浸及热压酸浸的方法处理。原料含硫化物多时也不宜直接采用碳酸钠溶液浸出。常用浸出试剂、矿物原料及其应用范围见表 3.2。

表 3.2 常用浸出试剂、矿物原料及其应用范围

试剂名称	矿 物 原 料	应用范围
硫酸	铀、钴、镍、锌、磷等氧化矿，钴、锰硫化矿等	含酸性脉石的矿石
盐酸	磷铋氧化物、白钨矿、辉锑矿、磁铁矿、磷灰石等	含酸性脉石的矿石
高铁盐	铜、铅、铋等硫化物	
碳酸钠	次生铀矿等	含硫化矿少的矿石
氨水	铜、钴、镍矿	含碱性脉石的矿石
硫化钠	砷、锑、汞等硫化矿	
次氯酸钠	硫化钼矿等	
氰化物	金、银等贵金属	
细菌浸出	铜、铀、钴、锰、砷等矿	
水浸	硫酸铜及焙砂等	

3.2 浸出过程的理论基础

3.2.1 浸出过程的热力学

浸出过程通常是水溶液中多相体系（固、液、气体）的化学反应过程。根据浸出时化学反应的实质可分为氧化还原反应和非氧化还原反应两大类。每一大类又可分为有氢离子参加反应和没有氢离子参加反应的两个小类。

（1）对氧化还原反应，有氢离子参加反应时，A 物质变为 B 物质的反应可用下列通式表示：

$$aA + mH^+ + ne = bB + cH_2O \tag{3.3}$$

其平衡电极电位可用能斯特（Nernst）方程表示：

$$\varepsilon = \varepsilon^{\ominus} - \frac{RT}{nF}\ln Q$$

式中 ε——非标准状态下的溶液平衡还原电位，V；

$\varepsilon^{\ominus}$——标准状态下的溶液的标准还原电位，V；

Q——非标准状态下的活度熵；

R——气体常数，$R=8.31\text{J}/(\text{K}\cdot\text{mol})$；

T——绝对温度（非特指时一般为 298K）；

n——参加反应的电子数；

F——法拉第常数，$F=96500\text{C/mol}$。

将其代入上式，则得：

$$\begin{aligned}\varepsilon &= \varepsilon^{\ominus} - \frac{RT}{nF}\ln\frac{[\text{B}]^b\cdot[\text{H}_2\text{O}]^c}{[\text{A}]^a\cdot[\text{H}^+]^m}\\ &= \varepsilon^{\ominus} + \frac{8.31\times298}{96500n}\times2.3\lg\frac{[\text{A}]^a\cdot[\text{H}^+]^m}{[\text{B}]^b}\\ &= \varepsilon^{\ominus} + \frac{0.0591}{n}\lg\frac{[\text{A}]^a\cdot[\text{H}^+]^m}{[\text{B}]^b}\\ &= \varepsilon^{\ominus} + \frac{0.0591}{n}(a\lg a_\text{A} - m\text{pH} - b\lg a_\text{B})\end{aligned} \tag{3.4}$$

由式（3.4）可知，对于有氢离子参加的氧化还原反应，反应进行的程度由溶液的平衡还原电位和溶液的 pH 值决定。

若氧化还原反应无氢离子参加，由 A 物质变为 B 物质的反应可表示为下列通式：

$$a\text{A} + ne = b\text{B} \tag{3.5}$$

其平衡条件为：

$$\varepsilon = \varepsilon^{\ominus} + \frac{0.0591}{n}(a\lg a_\text{A} - b\lg a_\text{B}) \tag{3.6}$$

即对于无氢离子参加的氧化还原反应，反应进行的程度仅取决于溶液的平衡还原电位。

（2）对非氧化还原反应，有氢离子参加时由 A 物质变为 B 物质的反应可表示为下列通式：

$$a\text{A} + m\text{H}^+ = b\text{B} + c\text{H}_2\text{O} \tag{3.7}$$

该反应的平衡常数为：

$$K = \frac{[\text{B}]^b\cdot[\text{H}_2\text{O}]^c}{[\text{A}]^a\cdot[\text{H}^+]^m} = \frac{a_\text{B}^b}{a_\text{A}^a\cdot[\text{H}^+]^m}$$

$$\lg K = b\lg a_\text{B} - a\lg a_\text{A} + m\text{pH}$$

$$\text{pH} = \frac{1}{m}\lg K - \frac{1}{m}(b\lg a_\text{B} - a\lg a_\text{A})$$

当 $a_\text{A} = a_\text{B} = 1$ 时，$\text{pH}^{\ominus} = \frac{1}{m}\lg K$，代入得：

$$\text{pH} = \text{pH}^{\ominus} - \frac{1}{m}(b\lg a_\text{B} - a\lg a_\text{A}) \tag{3.8}$$

即对有氢离子参加的非氧化还原反应，反应进行的程度仅取决于溶液的 pH 值。

同理可知无氢离子参加的非氧化还原反应的平衡条件为：

$$\lg K = b\lg a_B - a\lg a_A \tag{3.9}$$

即无氢离子参加的非氧化还原反应进行的程度取决于其反应平衡常数。

水溶液中一般的化学反应及其平衡条件见表 3.3。

表 3.3 水溶液中一般的化学反应及其平衡条件

反应类型		与化学平衡有关者	平衡表达式
氧化还原反应	无 H^+ 有 e	ε $m=0$、$n\neq0$	$\varepsilon = \varepsilon^{\ominus} + \frac{0.0591}{n}(a\lg a_A - b\lg a_B)$
	有 H^+ 有 e	pH 值、ε $m\neq0$、$n\neq0$	$\varepsilon = \varepsilon^{\ominus} + \frac{0.0591}{n}(a\lg a_A - b\lg a_B - m\text{pH})$
非氧化还原反应	无 H^+ 无 e	$m=0$、$n=0$	$\lg K = b\lg a_B - a\lg a_A$
	有 H^+ 无 e	pH 值 $m\neq0$、$n=0$	$\text{pH} = \text{pH}^{\ominus} - \frac{1}{m}(b\lg a_B - a\lg a_A)$

表 3.3 表明，物质在水溶液中的稳定程度主要取决于溶液的 pH 值、电极电位及反应中物质的活度。在指定的温度、压力条件下，可将溶液的电位和 pH 值表示在平面图上（ε-pH 值图）。ε-pH 值图可指明反应自动进行的条件，指明组分在水溶液中稳定存在的区域和范围，可为浸出、分离和电解等作业提供热力学依据。常见的 ε-pH 值图有金属-水系、金属-配合剂-水系、硫化物-水系及热压条件下的 ε-pH 值图。

绘制 ε-pH 值图时，一般规定是：电位采用还原电位，化学反应方程左边为氧化态、电子 e 和 H^+，反应方程右边为还原态。绘制 ε-pH 值图的主要步骤为：

（1）确定体系中可能发生的各类化学反应及每个化学反应的平衡方程式；

（2）由有关的热力学数据计算反应的 $\Delta G_T^{\ominus}$，求出平衡常数 K；

（3）推导出各个化学反应的 ε_T 与 pH 值的关系式；

（4）根据 ε_T 与 pH 值的关系式，在指定离子活度或气相分压的条件下，计算出各个温度下的 ε_T 和 pH 值；

（5）根据 ε_T 和 pH 值，绘制 ε-pH 值图。

下面以 298K 条件下 $Fe-H_2O$ 系的 ε-pH 值图为例，说明 ε-pH 值图的绘制方法。298K 时 $Fe-H_2O$ 系中主要化学反应及平衡条件关系式如下：

（1）氧化还原反应。

$$Fe^{2+} + 2e = Fe$$

$$\varepsilon = \varepsilon^{\ominus} + \frac{0.0591}{n}(\lg a_{Fe^{2+}} - \lg a_{Fe})$$

由于 $a_{Fe}=1$、$n=2$、$\Delta G_{Fe}^{\ominus}=0$、$\Delta G_{Fe^{2+}}^{\ominus}=-84935\text{J/mol}$

因为 $nF\varepsilon^{\ominus}=-\Delta G^{\ominus}$

所以 $\varepsilon^{\ominus} = \frac{-[0-(-84935)]}{96500\times2} = -0.441\text{V}$

故 $$\varepsilon = -0.441 + 0.0259\lg a_{Fe^{2+}} \tag{3.10}$$

同理可得：

$$Fe^{3+} + e = Fe^{2+}$$

$$\varepsilon = 0.771 + 0.0591\lg\frac{a_{Fe^{3+}}}{a_{Fe^{2+}}} \tag{3.11}$$

$$Fe(OH)_2 + 2H^+ + 2e = Fe + 2H_2O$$

$$\varepsilon = -0.047 - 0.0591pH \tag{3.12}$$

$$Fe(OH)_3 + 3H^+ + e = Fe^{2+} + 3H_2O$$

$$\varepsilon = 1.057 - 0.177pH - 0.0591\lg a_{Fe^{2+}} \tag{3.13}$$

$$Fe(OH)_3 + H^+ + e = Fe(OH)_2 + H_2O$$

$$\varepsilon = 0.271 - 0.0591pH \tag{3.14}$$

（2）非氧化还原反应。

$$Fe(OH)_2 + 2H^+ = Fe^{2+} + 2H_2O$$

$$K = \frac{[Fe^{2+}]}{[H^+]^2} = 1.6 \times 10^{13}$$

$$pH^{\ominus} = \frac{1}{2}\lg K = \frac{1}{2}\lg(1.6 \times 10^{13}) = 6.60$$

$$pH = 6.60 - \frac{1}{2}\lg a_{Fe^{2+}} \tag{3.15}$$

$$Fe(OH)_3 + 3H^+ = Fe^{3+} + 3H_2O$$

$$pH = 1.53 - \frac{1}{3}\lg a_{Fe^{3+}} \tag{3.16}$$

根据指定的反应温度及反应体系各组分的活度（或气相分压），利用上述各类化学反应平衡条件关系式，可计算出 ε_T 和 pH 值，然后在直角坐标上绘制 ε-pH 值图。若非特别指出时，体系反应温度一般为 298K，反应体系各组分的活度（分压）均为 1。

图 3.1 是 298K 时 Fe-H_2O 系的 ε-pH 值图，图中①、②、③、④、⑤、⑥、⑦线分别表示化学反应（3.10）~反应（3.16）的平衡条件。

由于反应在水溶液中进行，在 ε-pH 值图上还绘制了标志水稳定区的 a 线（H_2线）和 b 线（O_2线）。水本身仅在一定的电极电位条件下才稳定，超出该范围则分别析出 H_2或 O_2。水的稳定上限析出 O_2时发生的反应为：

$$O_2 + 4H^+ + 4e = 2H_2O$$

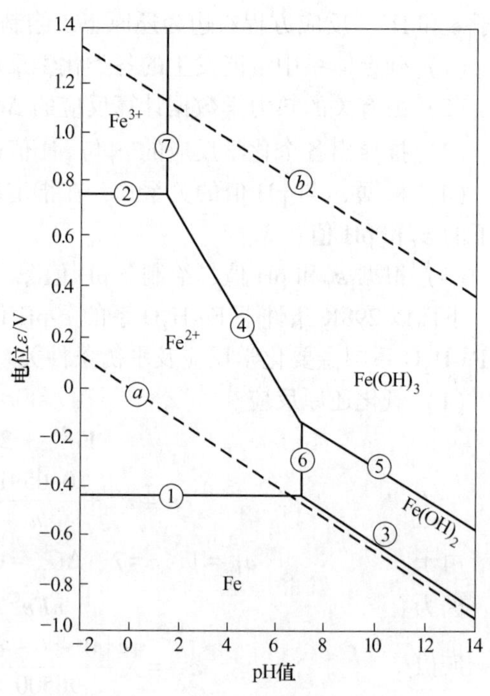

图 3.1　Fe-H_2O 系的 ε-pH 值图

$$\varepsilon_{O_2/H_2O} = 1.229 - 0.0591\mathrm{pH} + 0.0148\lg p_{O_2}$$

当 $p_{O_2} = 101325\mathrm{Pa}$ 时

$$\varepsilon_{O_2/H_2O} = 1.229 - 0.0591\mathrm{pH} \tag{3.17}$$

水的稳定下限析出 H_2 时的反应为：

$$2H^+ + 2e = H_2$$

$$\varepsilon_{H^+/H_2} = -0.0591\mathrm{pH} - 0.0259\lg p_{H_2} \tag{3.18}$$

当 $p_{H_2} = 101325\mathrm{Pa}$ 时

$$\varepsilon_{H^+/H_2} = -0.0591\mathrm{pH}$$

当浸出剂中含有目的组分的配合剂时，某些正电性金属会与配合剂作用生成稳定的配合物，大大降低其被氧化的电位，生成稳定的配合物进入浸液中。假设配合反应为：

$$Me^{n+} + zL \longrightarrow MeL_z^{n+} \tag{3.19}$$

式中　Me^{n+}——金属阳离子；

L——配合体（可带电或不带电）；

z——金属阳离子的配位数。

式（3.19）可由下列反应合成：

$$\begin{array}{ll} Me + zL \longrightarrow MeL_z^{n+} + ne & -\varepsilon^{\ominus}_{MeL_z^{n+}/Me} \\ +)\ Me^{n+} + ne \longrightarrow Me & \varepsilon^{\ominus}_{Me^{n+}/Me} \\ \hline Me^{n+} + zL \longrightarrow MeL_z^{n+} & \varepsilon^{\ominus}_{Me^{n+}/MeL_z^{n+}} \end{array}$$

$$K_f = \frac{a_{MeL_z^{n+}}}{a_{Me^{n+}} \cdot a_L^z}$$

$$\Delta G^{\ominus} = -RT\ln K_f = -nF\varepsilon^{\ominus}$$

所以

$$\varepsilon^{\ominus}_{Me^{n+}/MeL_z^{n+}} = -\varepsilon^{\ominus}_{MeL_z^{n+}/Me} + \varepsilon^{\ominus}_{Me^{n+}/Me} = \frac{RT}{nF}\ln K_f$$

$$\begin{aligned} \varepsilon^{\ominus}_{MeL_z^{n+}/Me} &= \varepsilon^{\ominus}_{Me^{n+}/Me} - \frac{RT}{nF}\ln K_f \\ &= \varepsilon^{\ominus}_{Me^{n+}/Me} + \frac{RT}{nF}\ln K_d \\ &= \varepsilon^{\ominus}_{Me^{n+}/Me} + \frac{0.0591}{n}\lg K_d \end{aligned} \tag{3.20}$$

式中　K_f——配合物的稳定常数；

K_d——配合物的解离常数。

不同价态的同一金属离子的配合反应为：

$$Me^{m+} + (m-n)e \longrightarrow Me^{n+} \quad (m > n)$$

$$MeL_p^{m+} + (m-n)e \longrightarrow MeL_p^{n+}$$

$$\varepsilon^{\ominus}_{MeL_p^{m+}/MeL_p^{n+}} = \varepsilon^{\ominus}_{Me^{m+}/Me^{n+}} - \frac{0.0591}{m-n}\lg\frac{K_m}{K_n} \tag{3.21}$$

式中 K_m——同一金属高价离子的配合常数；

K_n——同一金属低价离子的配合常数。

从式（3.20）可知，金属离子与配合体生成的配合物越稳定（即 K_f越大），配离子与金属电对的标准还原电位值就越小，即相应的金属越易被氧化而呈配离子形态转入浸出液中。同理，从式（3.21）可知，若同一金属的高价配离子比低价配离子更稳定（即 $K_m > K_n$），则其低价离子配合物易被氧化而呈高价离子配合物形态存在。生产中常利用该原理浸出某些标准电极电位很高的较难氧化的目的组分（如金、银、铜、钴、镍等）。某些配合物的标准还原电位值见表 3.4。从表 3.4 中数据可知，配合物的生成大大降低了正电性金属的标准还原电位；多数情况下，同一金属的高价配离子比低价配离子更稳定（但也有少数例外）。

表 3.4 某些配合物的标准还原电位

电极反应	$\varepsilon^{\ominus}$/V
$Au^{+} + e = Au$	+1.58
$Au^{3+} + 3e = Au$	+1.12
$Au(CN)_2^{-} + e = Au + 2CN^{-}$	-0.60
$Au(SCN_2H_4)_2^{+} + e = Au + 2SCN_2H_4$	+0.38
$Ag^{+} + e = Ag$	+0.80
$Ag(CN)_2^{-} + e = Ag + 2CN^{-}$	-0.31
$Ag(SCN_2H_4)_3^{+} + e = Ag + 3SCN_2H_4$	+0.12
$Hg^{2+} + 2e = Hg$	+0.85
$HgCl_4^{2-} + 2e = Hg + 4Cl^{-}$	+0.38
$HgBr_4^{2-} + 2e = Hg + 4Br^{-}$	+0.21
$HgI_4^{2-} + 2e = Hg + 4I^{-}$	-0.04
$Hg(CN)_4^{2-} + 2e = Hg + 4CN^{-}$	-0.37
$Cu^{2+} + 2e = Cu$	+0.34
$Cu(NH_3)_4^{2+} + 2e = Cu + 4NH_3$	-0.04
$Co^{3+} + e = Co^{2+}$	+1.80
$Co(NH_3)_6^{3+} + e = Co(NH_3)_6^{2+}$	+0.10
$Co(CN)_6^{3-} + e = Co(CN)_6^{4-}$	-0.83
$Mn^{3+} + e = Mn^{2+}$	+1.51
$Mn(CN)_6^{3-} + e = Mn(CN)_6^{4-}$	-0.22
$Fe^{3+} + e = Fe^{2+}$	+0.77
$Fe(CN)_6^{3-} + e = Fe(CN)_6^{4-}$	+0.36

利用绘制常温常压下的 ε-pH 值图的方法，只要确定所研究条件下的各反应物质的热力学数据及有关反应的平衡方程和关系式，计算出相应的 ε_T及 pH 值，同样可以绘制金属-配合物-水系的 ε-pH 值图。

应当指出，当反应温度不是 298K、平衡时各组分活度不为 1 而为其他具体数值时，需按所给条件进行计算，另作 ε-pH 值图。因此，每一个 ε-pH 值图仅适用于某一反应温度和所指定的组分活度。

利用 ε-pH 值图可判断浸出过程的进行趋势和条件；从 ε-pH 值图中可查出某金属转化为金属离子的条件，即浸出某金属的条件，也可找出其他金属化合物不溶解的条件，从而可以知道需创造些什么条件才能使目的组分呈可溶性的离子状态存在于溶液中。图 3.2 和图 3.3 分别为 Cu-H_2O 系和 Cu-NH_3-H_2O 系的 ε-pH 值图（T=298K，Cu^{2+}浓度为 10^{-6}mol/L）。

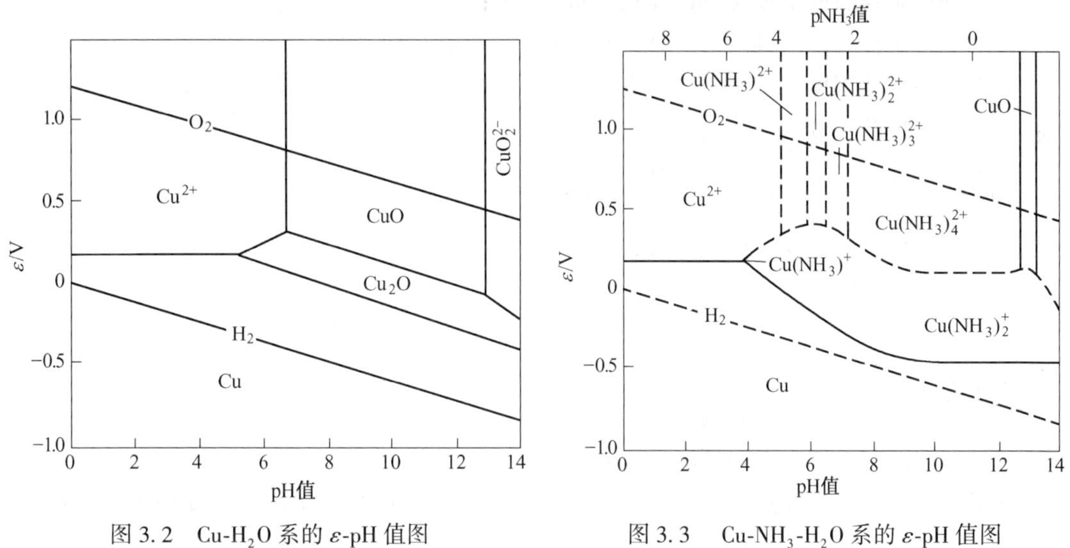

图 3.2 Cu-H_2O 系的 ε-pH 值图　　　　图 3.3 Cu-NH_3-H_2O 系的 ε-pH 值图

从图 3.2 和图 3.3 可以看出：

（1）在 pH 值为 1~14 的范围内，若无氧或其他氧化剂存在时，铜在水中十分稳定。因铜的氧化电位线位于 H_2线上，故没有氧化剂存在时，铜不会呈离子形态转入溶液中。

（2）因 O_2线位于铜的氧化电位线之上，所以铜在水溶液中能被常压下的氧所氧化。从图中可知，当 pH 值为 6~13 时，有利于生成不溶性的 Cu_2O 和 CuO，在低 pH 值和高 pH 值范围内，则分别生成可溶性的 Cu^{2+}和 CuO_2^{2-}。

（3）因 H_2线位于铜的氧化电位线之下，所以所有铜的氧化产物皆可被氢还原。

（4）当溶液中含有铜的配合剂时，可降低铜的氧化电位，使铜易于浸出，同时生成不溶性氧化物的 pH 值范围缩小了，这也有利于使铜从固相转入液相。

目前，相关学者已发表了 Au、Ag、Cu、Pb、Zn、Co、Fe、Al、Sn、Ti、Be、Cd、Hg、Se、Te 等的金属-水系 ε-pH 值图、某些金属-配合剂-水系和硫化物-水系的 ε-pH 值图。

3.2.2 浸出过程的动力学

浸出过程大致分为三个步骤：(1) 浸出剂向矿粒表面及裂隙中扩散；(2) 浸出剂被矿粒表面吸附并起化学反应；(3) 在矿粒表面生成的反应物向溶液内部扩散。

对于浸出过程而言，扩散常是最慢的步骤。若浸出反应产物很快脱离矿粒表面，或剩下的壳层及不参与反应的矿物和脉石疏松多孔时，浸出剂的内扩散阻力可以忽略不计。此时浸出剂的扩散速度可用菲克定律表示：

$$v_D = -\frac{\mathrm{d}C}{\mathrm{d}t} = \frac{DA}{\delta}(C - C_S) = K_D A(C - C_S) \tag{3.22}$$

式中 v_D——浸出剂浓度的变化，称扩散速度，mol/s；

C——溶液本体中浸出剂的浓度，mol/cm^3；

C_S——矿粒表面上浸出剂的浓度，mol/cm^3；

A——矿粒与浸出剂溶液接触的相界面积，cm^2；

δ——扩散层厚度，cm；

D——扩散系数，cm^2/s；

K_D——扩散速度常数，$K_D = \frac{D}{\delta}$，cm/s。

矿粒表面进行的化学反应速度为：

$$v_K = -\frac{\mathrm{d}C}{\mathrm{d}t} = K_K A C_S^n \tag{3.23}$$

式中 v_K——因化学反应引起的浸出剂浓度变化，称化学反应速度，mol/s；

K_K——化学反应速度常数，cm/s；

n——反应级数，一般情况下 $n=1$。

浸出一定时间后反应达平衡，在稳定状态下，扩散速度与化学反应速度相等，即：

$$v = K_D A(C - C_S) = K_K A C_S$$

$$C_S = \frac{K_D}{K_D + K_K} C$$

将其代入得：

$$v = \frac{K_K \cdot K_D}{K_D + K_K} AC \tag{3.24}$$

从式 (3.24) 可知：

(1) 当 $K_K \ll K_D$ 时，$v = K_K AC$，表明浸出过程的反应速度受化学反应控制；

(2) 当 $K_K \gg K_D$ 时，$v = K_D AC$，表明浸出过程的反应速度受扩散控制；

(3) 当 $K_K \approx K_D$ 时，表明浸出过程处于混合区或过渡区。

反应温度对浸出速度的影响可用阿伦尼乌斯公式或速度常数的温度系数表示。阿伦尼乌斯公式为：

$$K = K_0 \mathrm{e}^{-\frac{E}{RT}} \tag{3.25}$$

式中 K——反应速度常数；

E——活化能；

K_0——常数，即 $E=0$ 时的反应速度常数。

两边取对数得：

$$\lg K = \lg K_0 - \frac{E}{2.303RT} = B + \frac{A}{T} \qquad (3.26)$$

式中，$B = \lg K_0$，$A = -\frac{E}{2.303R} = -\frac{E}{19.14} = -0.052E$。

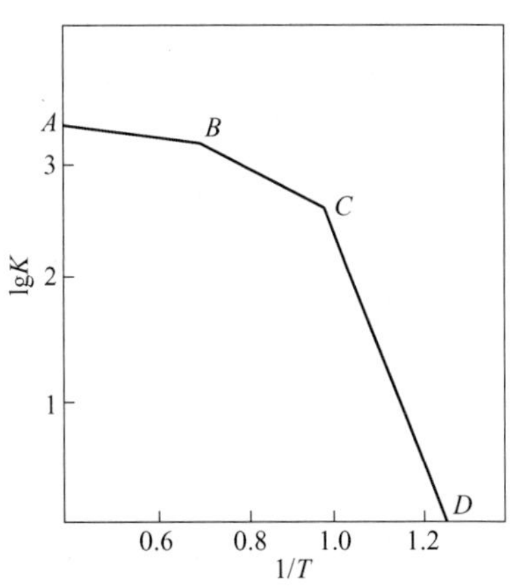

图 3.4　反应速度常数与温度的关系

由式（3.26）可知，反应速度常数的对数与 $1/T$ 呈直线关系，如图 3.4 所示。因为 E 为正值，斜率 A 肯定为负值。从图 3.4 可知，低温反应时 $1/T$ 值大，E 值大，直线斜率大，反应处于动力学区；高温反应时 E 值小，直线斜率小，反应处于扩散区；BC 段则为过渡区。因此，可根据活化能 E 的大小来判断反应过程的控制步骤。

反应速度常数的温度系数是指反应温度增加 10℃ 时，反应速度常数所增加的比率，即：

$$\lg\gamma = \lg\frac{K_{T+10}}{K_T} = \frac{E}{2.303RT} - \frac{E}{2.303R(T+10)} = \frac{10E}{2.303RT(T+10)} = \frac{0.52E}{T(T+10)} \qquad (3.27)$$

测得温度系数后即可利用式（3.27）算出温度为 T 时的 E 值，因此可利用温度系数来判断反应过程的控制步骤，见表 3.5。

表 3.5　多相反应的控制类型

控 制 类 型	温度系数 γ	活化能 $E/\text{kJ}\cdot\text{mol}^{-1}$
扩散控制	<1.5	<12
混合控制		20~24
化学反应控制	2~4	>42

判断过程控制步骤的目的是可以利用其特性来提高过程的反应速度，若反应过程受化学反应控制时，温度系数大，提高反应温度对提高反应速度很有效；若过程受扩散控制时，温度系数小，反应温度对反应速度的影响较小，此时可采用增加搅拌强度和适当细磨等措施来提高过程的反应速度。

若以矿粒减重来表示浸出速度，则浸出速度可用下式表示：

$$v_K = -\frac{dW}{dt} = \alpha K_K AC$$

$$v_D = -\frac{dW}{dt} = \alpha\frac{D}{\delta}AC = \alpha K_D AC$$

若矿粒为平板状，A 可视为定值，在稳定态时对以上两式中任一式积分可得：

$$-\int_{W_0}^{W} dW = \alpha KAC\int_0^t dt \qquad (3.28)$$

$$W_0 - W = K_1 t$$

式中　W_0——起始矿粒重量；

W——浸出 t 时间后的矿粒重量；

α——反应化学计量系数；

K_1——单位时间浸出量。

由式（3.28）可知，浸出时矿粒重量的减量与浸出时间呈直线关系，常将其称为直线规律。

浸出时矿粒常被磨得很细，可近似地视作球体。实践中常以浸出率表示浸出的程度。设矿粒的起始半径为 r_0，起始表面积为 S_0，未反应矿粒半径为 r，未反应矿粒表面积为 S，矿粒密度为 ρ，则：

$$\varepsilon = \frac{W_0 - W}{W_0} = 1 - \frac{W}{W_0}$$

$$1 - \varepsilon = \frac{W}{W_0} = \left(\frac{r}{r_0}\right)^3$$

$$\frac{S}{S_0} = \left(\frac{r}{r_0}\right)^2 = (1 - \varepsilon)^{2/3}$$

所以

$$S = S_0(1 - \varepsilon)^{2/3} \tag{3.29}$$

当以浸出率表示浸出速度时，可用下式表示：

$$\frac{d\varepsilon}{dt} = K'S$$

式中 K'——单位面积的浸出速度。

将式（3.29）代入可得：

$$\frac{d\varepsilon}{dt} = K'S_0(1 - \varepsilon)^{2/3}$$

移项积分得：

$$\int_0^{\varepsilon} \frac{1}{(1 - \varepsilon)^{2/3}} d\varepsilon = \int_0^t K'S_0 dt$$

$$1 - (1 - \varepsilon)^{1/3} = \frac{1}{3}K'S_0 t = Kt \tag{3.30}$$

由式（3.30）可知，$1-(1-\varepsilon)^{1/3}$ 与 t 呈直线关系，根据直线的斜率可以求得反应速度常数 K。

从上述浸出速度方程可知，影响浸出速度的主要因素有浸出温度、磨矿细度、浸出剂浓度、搅拌强度、矿浆液固比和浸出时间等。

（1）浸出温度。已知扩散系数和速度常数随温度的升高而增大。由于化学反应的活化能比扩散的活化能大得多，当温度增幅相同时，化学反应速度常数比扩散常数的增幅更大些。因此，在常压下应尽量采用接近于浸出剂沸点的温度条件进行浸出。高压下浸出剂的沸点升高，故高压浸出可以提高浸出速度。

（2）磨矿细度。被浸矿物原料的粒度对固-液相界的面积和矿浆黏度有较大的影响。浸出前的碎磨作业是使目的组分矿物单体解离或暴露，因此，在一定的粒度范围内，增加磨矿细度可以提高浸出速度。但磨矿细度过细，不仅增加磨矿费用，而且会增加矿浆黏度，从而增大扩散阻力，还可能在矿粒表面形成泥膜。

（3）浸出剂浓度。浸出剂的浓度梯度是影响浸出速度的主要因素之一。由于矿粒表面的浸出剂浓度较小，所以浸出速度主要取决于浸出剂的初始浓度，即初始浓度越高，浸出速度越大。随着浸出过程的进行，浸出剂逐渐被消耗，浸出速度也逐渐降低。实践生产中，浸出结束时，常要求保持一定的浸出剂剩余浓度。浸出时浸出剂的用量主要取决于浸出剂的消耗量、剩余浓度和浸出矿浆液固比等因素。

（4）搅拌强度。扩散的快慢对浸出速度的影响很大。浸出时进行搅拌可减小扩散层厚度，增大扩散系数。因此，搅拌浸出的浸出速度和浸出率比渗滤浸出的要高。但当被浸矿粒磨得很细时，由于矿粒易被液体的旋涡流吸住，使矿粒表面的液体更新速度随搅拌速度的增加而变化很小，而且当搅拌速度增加至某值时，细矿粒开始随液体“同步”运动，此时搅拌会失去降低扩散层厚度的作用。因此，浸出的搅拌强度必须适当。

（5）矿浆液固比。浸出矿浆液固比的大小既影响浸出剂用量又影响矿浆的黏度，从而影响浸出率。提高矿浆液固比，可降低矿浆的黏度，有利于矿浆搅拌、输送和固液分离，当其他条件相同时，可获得较高的浸出率。但当浸出剂剩余浓度相同时，将增加浸出剂耗量，且浸出液中目的组分的浓度较低，使后续作业的处理量增大。但浸出矿浆液固比不能太小，矿浆过浓对浸出和后续过程也将造成一些困难。

此外，被浸矿物原料的物理特性（如渗透性、孔隙度等）、化学组成、矿物组成和结构构造等因素对浸出速度也有影响。

3.3 酸 浸

酸浸是最常用的浸出方法之一，浸出试剂主要有硫酸、盐酸、硝酸、氢氟酸、王水及中等强度的亚硫酸等。

3.3.1 简单酸浸

简单酸浸是用弱氧化酸作为浸出剂，用以浸出某些金属氧化矿物、金属硫化矿物的焙砂及某些含氧酸盐矿物。简单酸浸的反应表示如下：

$$MeO + 2H^+ = Me^{2+} + H_2O \tag{3.31}$$

$$Me_3O_4 + 8H^+ = 2Me^{3+} + Me^{2+} + 4H_2O \tag{3.32}$$

$$Me_2O_3 + 6H^+ = 2Me^{3+} + 3H_2O \tag{3.33}$$

$$MeO_2 + 4H^+ = Me^{4+} + 2H_2O \tag{3.34}$$

$$MeO \cdot Fe_2O_3 + 8H^+ = Me^{2+} + 2Fe^{3+} + 4H_2O \tag{3.35}$$

$$MeAsO_4 + 3H^+ = Me^{3+} + H_3AsO_4 \tag{3.36}$$

$$MeO \cdot SiO_2 + 2H^+ = Me^{2+} + H_2SiO_3 \tag{3.37}$$

$$MeS + 2H^+ = Me^{2+} + H_2S \tag{3.38}$$

目的组分矿物在酸浸出液中的稳定性取决于 $pH_T^\ominus$ 值，$pH_T^\ominus$ 值小的化合物难被酸浸出，$pH_T^\ominus$ 值大的化合物易被酸浸出。某些金属氧化物、金属铁酸盐、金属砷酸盐、金属硅酸盐和金属硫化物的酸溶 $pH_T^\ominus$ 值分别列于表 3.6~表 3.10 中。

表 3.6　某些金属氧化物酸溶的 $pH_T^{\ominus}$ 值

氧化物	MnO	CdO	CoO	NiO	ZnO	CuO
$pH_{298}^{\ominus}$	8.96	8.69	7.51	6.06	5.80	3.94
$pH_{373}^{\ominus}$	6.79	6.78	5.58	3.16	4.35	3.55
$pH_{473}^{\ominus}$			3.89	2.58	2.88	1.78
氧化物	In_2O_3	Fe_3O_4	Ca_2O_3	Fe_2O_3	SnO_2	
$pH_{298}^{\ominus}$	2.52	0.89	0.74	-0.24	-2.10	
$pH_{373}^{\ominus}$	0.97	0.04	-0.43	-0.99	-2.89	
$pH_{473}^{\ominus}$	-0.45		-1.41	-1.58	-3.55	

表 3.7　某些金属铁酸盐酸溶的 $pH_T^{\ominus}$ 值

铁酸盐	$CuO \cdot Fe_2O_3$	$CoO \cdot Fe_2O_3$	$NiO \cdot Fe_2O_3$	$ZnO \cdot Fe_2O_3$
$pH_{298}^{\ominus}$	1.58	1.21	1.23	0.67
$pH_{373}^{\ominus}$	0.56	0.35	0.21	-0.15

表 3.8　某些金属砷酸盐酸溶的 $pH_T^{\ominus}$ 值

砷酸盐	$Zn_3(AsO_4)_2$	$Co_3(AsO_4)_2$	$Cu_3(AsO_4)_2$	$FeAsO_4$
$pH_{298}^{\ominus}$	3.29	3.16	1.92	1.03
$pH_{373}^{\ominus}$	2.44	2.38	1.32	0.19

表 3.9　某些金属硅酸盐酸溶的 $pH_T^{\ominus}$ 值

硅酸盐	$PbO \cdot SiO_2$	$FeO \cdot SiO_2$	$ZnO \cdot SiO_2$
$pH_{298}^{\ominus}$	2.64	2.86	1.79

表 3.10　某些硫化物简单酸溶的 $pH_T^{\ominus}$ 值

硫化物	As_2S_3	HgS	Ag_2S	Sb_2S_3	Cu_2S	CuS	$CuFeS_2$①	PbS	NiS(γ)
$pH_{298}^{\ominus}$	-16.12	-15.59	-14.14	-13.85	-13.45	-7.09	-4.41	-3.10	-2.89
硫化物	CdS	SnS	ZnS	$CuFeS_2$②	CoS	NiS(α)	FeS	MnS	Ni_3S_2
$pH_{298}^{\ominus}$	-2.62	-2.03	-1.59	-0.74	0.33	0.64	1.73	3.30	0.47

①反应产物为 $Cu^{2+}+H_2S$；

②反应产物为 $CuS+H_2S$。

由表 3.6~表 3.10 中的 $pH_T^{\ominus}$ 值可知，大部分金属氧化物、金属铁酸盐、金属砷酸盐和金属硅酸盐能溶于酸液中，同一金属的铁酸盐、砷酸盐和硅酸盐均比其简单氧化物稳定，较难被酸液溶解；金属硫化物中只有 FeS、NiS(α)、CoS、MnS 和 Ni_3S_2等能简单酸溶；随着浸出温度的提高，金属氧化物在酸液中的稳定性也相应提高。因此，钴、镍、锌、铜、镉、锰、磷等的氧化矿、氧化焙砂及烟尘可用简单酸浸法浸出。

控制酸度可实现选择性浸出。稀硫酸浸出时，游离态的二氧化硅不溶解，但结合态的硅酸盐会部分溶解生成硅酸，其溶解量随酸度和浸出温度的提高而增大。当 pH 值小于 2 时硅酸会聚合生成硅胶，严重影响后续作业，故应尽量避免采用高氢离子浓度的酸浸出。

对粗精矿中硫酸盐杂质的去除，可采用盐酸作为浸出剂，如用稀盐酸溶液除去钨粗精矿中的磷、铋、钙、钼等杂质。

3.3.2 氧化酸浸

氧化酸浸是采用氧化酸或弱氧化酸加氧化剂作为浸出剂，可浸出大部分金属硫化矿物和某些低价金属化合物。

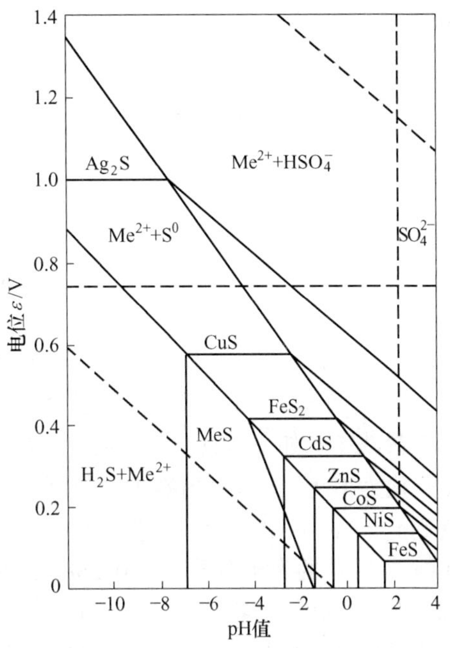

图 3.5 MeS-H_2O 系的 ε-pH 值图

图 3.5 是某些金属硫化物-H_2O 系的 ε-pH 值图。从图中曲线可知，金属硫化矿物在水溶液中较稳定，但在氧化剂存在下，几乎所有的金属硫化矿物在酸液或碱液中均不稳定，此时发生两类氧化反应：

$$MeS + \frac{1}{2}O_2 + 2H^+ = Me^{2+} + S^0 + H_2O \tag{3.39}$$

$$MeS + 2O_2 = Me^{2+} + SO_4^{2-} \tag{3.40}$$

不同金属硫化矿物在水溶液中的硫单质 S^0 稳定区的 $pH^{\ominus}_{上限}$ 值和 $pH^{\ominus}_{下限}$ 值是不相同的。表 3.11 列举了主要金属硫化矿物的硫单质 S^0 稳定区的 $pH^{\ominus}_{上限}$ 值、$pH^{\ominus}_{下限}$ 值及 $Me^{2+} + 2e + S^0 \rightarrow MeS$ 的标准还原电位值 $\varepsilon^{\ominus}$。

表 3.11 金属硫化物在水溶液中硫单质稳定区的 $pH^{\ominus}_{上限}$ 值、$pH^{\ominus}_{下限}$ 值及 $\varepsilon^{\ominus}$ 值

硫化物	HgS	Ag_2S	CuS	Cu_2S	As_2S_3	Sb_2S_3	FeS_2	PbS	NiS(γ)
$pH^{\ominus}_{上限}$ 值	−10.95	−9.70	−3.65	−3.50	−5.07	−3.55	−1.19	−0.95	−0.03
$pH^{\ominus}_{下限}$ 值	−15.59	−14.14	−7.09	−8.04	−16.15	−13.85	−4.27	−3.10	−2.89
$\varepsilon^{\ominus}_{298}$/V	−1.09	1.01	0.59	0.56	0.49	0.44	0.42	0.35	0.34
硫化物	CdS	SnS	In_2S_3	ZnS	$CuFeS_2$	CoS	NiS(α)	FeS	MnS
$pH^{\ominus}_{上限}$ 值	0.17	0.68	0.76	1.07	−1.10	1.71	2.80	3.94	5.05
$pH^{\ominus}_{下限}$ 值	−2.62	−2.03	−1.76	−1.58	−3.89	−0.83	0.45	1.78	3.30
$\varepsilon^{\ominus}_{298}$/V	0.33	0.29	0.28	0.26	0.41	0.22	0.15	0.07	0.02

由表 3.11 中数据可知，只有 $pH^{\ominus}_{下限}$ 值较高的 FeS、NiS(α)、MnS、CoS 等可以简单酸溶，大部分金属硫化矿物的 $pH^{\ominus}_{下限}$ 值是比较小的负值，只有使用氧化剂才能将金属硫化矿物中的

硫氧化，才能使金属硫化矿物中的金属组分呈离子形态进入浸出液中。因此，可以通过控制浸出矿浆的 pH 值和还原电位值，使金属硫化矿物中的金属组分转入浸出液。常用的浸出氧化剂为 Fe^{3+}、Cl_2、O_2、HNO_3、NaClO、MnO_2等，它们被还原的方程及标准还原电位为：

$$Fe^{3+} + e = Fe^{2+} \qquad \varepsilon^{\ominus} = +0.771V \tag{3.41}$$

$$Cl_2 + 2e = 2Cl^- \qquad \varepsilon^{\ominus} = +1.36V \tag{3.42}$$

$$O_2 + 4H^+ + 4e = 2H_2O \qquad \varepsilon^{\ominus} = +1.229V \tag{3.43}$$

$$NO_3^- + 3H^+ + 2e = HNO_2 + H_2O \qquad \varepsilon^{\ominus} = +0.94V \tag{3.44}$$

$$2ClO^- + 4H^+ + 2e = Cl_2 + 2H_2O \qquad \varepsilon^{\ominus} = +1.63V \tag{3.45}$$

$$2MnO_2 + 2H^+ + 2e = Mn_2O_3 + H_2O \qquad \varepsilon^{\ominus} = +1.04V \tag{3.46}$$

UO_2、Cu_2S、Cu_2O 等一些低价化合物，也需使用氧化剂将其氧化为高价化合物后才能溶于酸液中。如 UO_2直接酸溶需较高的酸度（pH 值小于 1.45），当加入氧化剂时，UO_2则易氧化为 UO_2^{2+} 进入浸出液中（pH 值小于 3.5、$\varepsilon>0.16V$），因此工业上常采用 MnO_2作为氧化剂，Fe^{3+}/Fe^{2+}作为催化剂。在 1.45<pH 值<3.5 的条件下用稀硫酸氧化浸出铀矿石，MnO_2的用量约为矿石重量的 0.5%~2.0%，Fe^{2+}来自矿石本身的亚铁盐的溶解。

次生氧化铜矿物（孔雀石、蓝铜矿、黑铜矿、硅孔雀石等）可直接溶于稀硫酸中，但低价氧化铜矿物和次生硫化铜矿物（如赤铜矿、辉铜矿、铜蓝等）只有在有氧化剂存在时才能完全溶解，而原生黄铜矿和金属铜在有氧化剂存在时的溶解速度也较小。

热浓硫酸为强氧化酸，可将大多数硫化物氧化为相应的硫酸盐，即：

$$MeS + 2H_2SO_4 \xrightarrow{\text{热浓硫酸}} MeSO_4 + SO_2 + S^0 + 2H_2O \tag{3.47}$$

然后用水浸出硫酸化渣，铜、铁等转入溶液，铅、金、银、锑等留在渣中，然后采用相应的方法从渣中回收各有用组分。

3.3.3 还原酸浸

还原酸浸是采用还原酸性溶剂作为浸出剂，浸出某些高价金属氧化物或氢氧化物（如低品位锰矿、海底锰结核、净化钴渣、锰渣等）。还原酸浸的浸出原理如图 3.6 所示。

工业上常用 Fe^{2+}、还原铁粉、盐酸和二氧化硫作为还原浸出剂。浸出反应主要为：

$$\begin{gathered} MnO_2 + 2Fe^{2+} + 4H^+ = Mn^{2+} + 2Fe^{3+} + 2H_2O \\ \varepsilon = 0.457 - 0.118pH - 0.0295\lg a_{Mn^{2+}} + 0.0591\lg \frac{a_{Fe^{3+}}}{a_{Fe^{2+}}} \end{gathered} \tag{3.48}$$

$$\begin{gathered} MnO_2 + \frac{2}{3}Fe + 4H^+ = Mn^{2+} + \frac{2}{3}Fe^{3+} + 2H_2O \\ \varepsilon = 1.264 - 0.118pH - 0.0295\lg a_{Mn^{2+}} + 0.0197\lg a_{Fe^{3+}} \end{gathered} \tag{3.49}$$

$$\begin{gathered} MnO_2 + SO_2 = Mn^{2+} + SO_4^{2-} \\ \varepsilon = 1.058 - 0.0295\lg a_{Mn^{2+}} - 0.0295\lg a_{SO_4^{2-}} + 0.0295\lg p_{SO_2} \end{gathered} \tag{3.50}$$

$$\begin{gathered} 2Co(OH)_3 + SO_2 + 2H^+ = 2Co^{2+} + SO_4^{2-} + 4H_2O \\ \varepsilon = 1.578 - 0.0591pH + 0.0295\lg p_{SO_2} - 0.0295\lg a_{Co^{2+}} - 0.0295\lg a_{SO_4^{2-}} \end{gathered} \tag{3.51}$$

$$\begin{gathered} 2Ni(OH)_3 + SO_2 + 2H^+ = 2Ni^{2+} + SO_4^{2-} + 4H_2O \\ \varepsilon = 2.089 - 0.0591pH + 0.0295\lg p_{SO_2} - 0.0295\lg a_{Ni^{2+}} - 0.0295\lg a_{SO_4^{2-}} \end{gathered} \tag{3.52}$$

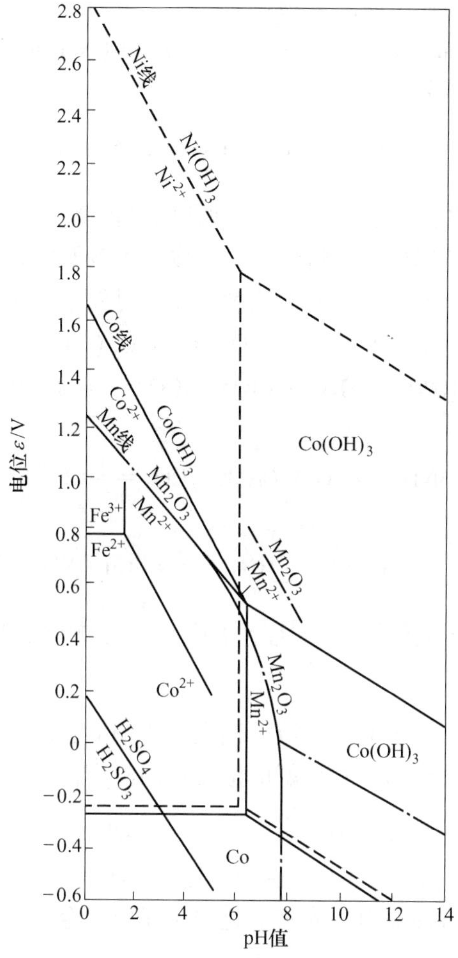

图 3.6　还原酸浸原理图

3.4 碱　浸

碱性试剂的反应能力比酸性试剂弱，但其浸出选择性较高，浸液中杂质含量较低、设备腐蚀小。常用的碱性浸出试剂有氨水、氢氧化钠、碳酸钠和硫化钠等。

3.4.1 氨浸

金属铜、镍的有效浸出剂是碳酸铵和氨水。铜、镍的氨浸机理属于金属电化学腐蚀过程，即由于铜、镍与氨形成了稳定的可溶配合物，扩大了铜离子和镍离子在溶液中的稳定区，降低了铜、镍的还原电位，使其容易进入浸出液中。氨浸铜时的反应为：

铜表面氧阴极还原　$$\frac{1}{2}O_2 + H_2O + 2e = 2OH^- \tag{3.53}$$

在氨参与下，铜阳极氧化溶解：

$$Cu + 4NH_3 = [Cu(NH_3)_4]^{2+} + 2e \tag{3.54}$$

铜氨配离子被铜还原为亚铜氨配合物：

$$[Cu(NH_3)_4]^{2+} + Cu = 2[Cu(NH_3)_2]^+ \quad (3.55)$$

亚铜氨配离子又被氧所氧化为铜氨配离子：

$$2[Cu(NH_3)_2]^+ + 4NH_3 + \frac{1}{2}O_2 + H_2O = 2[Cu(NH_3)_4]^{2+} + 2OH^- \quad (3.56)$$

可见 Cu^+ 与 Cu^{2+} 间的平衡起了催化作用，加速了铜的溶解。

氨浸金属铜和氧化铜的铜矿物原料时，可生成多种铜氨配合物，铜以何种铜氨配合物形式存在，主要取决于浸出液中游离氨的浓度。浸出时发生的主要反应为：

$$CuO + 2NH_3 \cdot H_2O + (NH_4)_2CO_3 = [Cu(NH_3)_4]CO_3 + 3H_2O \quad (3.57)$$

$$2CuCO_3 \cdot Cu(OH)_2 + 10NH_3 \cdot H_2O + (NH_4)_2CO_3 = 3[Cu(NH_3)_4]CO_3 + 12H_2O \quad (3.58)$$

$$CuCO_3 \cdot Cu(OH)_2 + 6NH_3 \cdot H_2O + (NH_4)_2CO_3 = 2[Cu(NH_3)_4]CO_3 + 8H_2O \quad (3.59)$$

$$Cu + [Cu(NH_3)_4]CO_3 = [Cu_2(NH_3)_4]CO_3 \quad (3.60)$$

$$[Cu_2(NH_3)_4]CO_3 + (NH_4)_2CO_3 + 2NH_3 \cdot H_2O + \frac{1}{2}O_2 = 2[Cu(NH_3)_4]CO_3 + 3H_2O \quad (3.61)$$

浸出矿浆经固液分离后，蒸馏浸出液，铜呈氧化铜形态沉淀析出，挥发的氨气及二氧化碳经冷凝吸收后，呈碳酸铵和一水合氨的形态返回浸出作业使用。发生的反应为：

$$[Cu(NH_3)_4]CO_3 \xlongequal{\text{蒸馏}} CuO\downarrow + 4NH_3\uparrow + CO_2\uparrow \quad (3.62)$$

$$4NH_3 + CO_2 + 3H_2O = 2NH_3 \cdot H_2O + (NH_4)_2CO_3 \quad (3.63)$$

氨浸法也可用于处理含镍原料。先将氧化镍矿还原为金属镍，随后进行氨浸：

$$Ni + 4NH_3 + CO_2 + \frac{1}{2}O_2 = [Ni(NH_3)_4]CO_3 \quad (3.64)$$

浸出矿浆经固液分离后，浸出液送去蒸馏。当液中氨含量降至2%以下时，镍呈碱式碳酸镍的形态沉淀析出，至氨含量降至0.1%以下时，沉淀完全。

氨浸法的特点是可以选择性地浸出铜、钴、镍，得到相当纯净的浸出液，且在常压下即可达到相当高的浸出速度，浸出时间较短。因此，铁质含量高且以碳酸盐脉石为主的铜镍矿物原料宜用氨浸法处理。

3.4.2 氢氧化钠浸出

方铅矿、闪锌矿、铝土矿等可用氢氧化钠溶液浸出，使相应的目的组分转入溶液或浸渣中。浸出的主要反应为：

$$PbS + 4NaOH = Na_2PbO_2 + Na_2S + 2H_2O \quad (3.65)$$

$$ZnS + 4NaOH = Na_2ZnO_2 + Na_2S + 2H_2O \quad (3.66)$$

$$Al_2O_3 + nH_2O + 2NaOH = 2NaAlO_2 + (n+1)H_2O \quad (3.67)$$

采用浓度为35%~40%的氢氧化钠溶液在常压加温条件下可浸出磨细的含钨矿物原料，使钨呈可溶性钨酸钠的形态转入浸出液中，该法可以处理含硅量高的钨细泥及钨锡中矿等含钨原料。浸出过程的主要反应为：

$$FeWO_4 + 2NaOH \longrightarrow Na_2WO_4 + Fe(OH)_2\downarrow \tag{3.68}$$

$$MnWO_4 + 2NaOH \longrightarrow Na_2WO_4 + Mn(OH)_2\downarrow \tag{3.69}$$

$$SiO_2 + 2NaOH \longrightarrow Na_2SiO_3 + H_2O \tag{3.70}$$

$$Ca_3(PO_4)_2 + 6NaOH \longrightarrow 2Na_3PO_4 + 3Ca(OH)_2 \tag{3.71}$$

$$SnO_2 + 2NaOH \longrightarrow Na_2SnO_3 + H_2O \tag{3.72}$$

$$As_2O_3 + 6NaOH + O_2 \longrightarrow 2Na_3AsO_4 + 3H_2O \tag{3.73}$$

常压下氢氧化钠溶液分解白钨的反应为可逆反应，因此浸出白钨矿原料时，一般采用氢氧化钠和硅酸钠的混合溶液作为浸出试剂，其浸出反应为：

$$CaWO_4 + 2NaOH \longrightarrow Na_2WO_4 + Ca(OH)_2 \tag{3.74}$$

$$Ca(OH)_2 + Na_2SiO_3 \longrightarrow CaSiO_3\downarrow + 2NaOH \tag{3.75}$$

当白钨矿原料中含有一定量的氧化硅时，可采用单一的氢氧化钠溶液作为浸出剂，因此时氢氧化钠溶液可与氧化硅反应生成硅酸钠，其浸出反应为：

$$CaWO_4 + SiO_2 + 2NaOH \longrightarrow Na_2WO_4 + CaSiO_3\downarrow + H_2O \tag{3.76}$$

3.4.3 碳酸钠浸出

碳酸钠广泛用作碳酸盐型铀矿石的浸出试剂，它是基于碳酸钠能与 U^{6+} 形成稳定的可溶性的碳酸铀酰配合物而使铀转入浸出液中。因此，所有的次生铀矿以及氧化焙烧或钠化烧结焙烧时生成的三氧化铀及碱金属铀酸盐均易被碳酸钠溶液溶解。碳酸钠溶液浸出铀矿时，可溶解其中的 U^{6+}，而 U^{4+} 只有在有氧化剂存在时才能转入浸出液中。浸出铀时的反应为：

$$UO_3 + 3Na_2CO_3 + H_2O \longrightarrow Na_4[UO_2(CO_3)_3] + 2NaOH \tag{3.77}$$

$$Na_2UO_4 + 3Na_2CO_3 + 2H_2O \longrightarrow Na_4[UO_2(CO_3)_3] + 4NaOH \tag{3.78}$$

$$K_2O\cdot 2UO_3\cdot V_2O_5 + 6Na_2CO_3 + 2H_2O \longrightarrow 2Na_4[UO_2(CO_3)_3] + 2KVO_3 + 4NaOH \tag{3.79}$$

$$U_3O_8 + \frac{1}{2}O_2 + 9Na_2CO_3 + 3H_2O \longrightarrow 3Na_4[UO_2(CO_3)_3] + 6NaOH \tag{3.80}$$

原料中的氧化硅、氧化铁和氧化铝在碳酸钠溶液中很稳定，甚至在加热的条件下也很少被分解，仅少量的硅呈硅酸钠、铁呈不稳定的配合物、铝呈铝酸钠的形态存在于浸出液中。

原料中的碳酸盐脉石在碳酸钠溶液中相当稳定，因此，当原料中含有大量的碳酸盐脉石时，可直接进行碳酸钠溶液浸出，不应预先进行焙烧，否则将大大增加浸出剂耗量。

3.4.4 硫化钠浸出

硫化钠溶液可分解砷、锑、锡、汞的硫化矿物，使这些硫化矿物呈可溶性的硫代酸盐的形态转入浸出液中，为了防止硫化钠水解，以提高浸出率，通常采用硫化钠和氢氧化钠的混合液作为浸出剂。主要反应为：

$$As_2S_3 + 3Na_2S \longrightarrow 2Na_3AsS_3 \tag{3.81}$$

$$As_2S_5 + 3Na_2S \longrightarrow 2Na_3AsS_4 \tag{3.82}$$

$$Sb_2S_3 + 3Na_2S \longrightarrow 2Na_3SbS_3 \tag{3.83}$$

$$Sb_2S_5 + 3Na_2S \longrightarrow 2Na_3SbS_4 \tag{3.84}$$

$$SnS_2 + Na_2S \longrightarrow Na_2SnS_3 \tag{3.85}$$

$$HgS + Na_2S \longrightarrow Na_2HgS_2 \tag{3.86}$$

$$As_2S_3 + Na_2S \longrightarrow 2NaAsS_2 \tag{3.87}$$

$$Sb_2S_3 + Na_2S \longrightarrow 2NaSbS_2 \tag{3.88}$$

3.5 盐　浸

盐浸是用某些无机盐的水溶液或其酸性液（或碱性液）作为浸出剂，以浸出矿物原料中的目的组分。常用的盐浸试剂有 NaCl、$FeCl_3$、$Fe_2(SO_4)_3$、$CuCl_2$、NaClO、NaCN 等。

3.5.1 氯化钠浸出

氯化钠溶液可用作白铅矿的浸出剂，浸出时的反应为：

$$PbSO_4 + 2NaCl \longrightarrow PbCl_2 + Na_2SO_4 \tag{3.89}$$

$$PbCl_2 + 2NaCl \longrightarrow Na_2PbCl_4 \tag{3.90}$$

浸出液中的杂质可用金属置换法去除，净化后的含铅溶液可用 $PbCl_2$ 结晶法、铁置换法、不溶阳极（石墨）电积法和消石灰沉淀法等方法处理，以回收铅。

吸附型稀土矿为稀土离子吸附于风化的高岭土等矿物中形成的沉积矿床，其中所含的稀土组分可采用6%~7%的氯化钠溶液浸出。浸出液用草酸沉淀法制取混合稀土产品，也可用 P204 进行萃取分组而制取轻稀土化合物和重稀土化合物。

3.5.2 高价铁盐浸出

高价铁盐是一系列金属硫化矿物的理想氧化剂。三价铁离子浸出金属硫化矿物的反应可用下式表示：

$$MeS + 8Fe^{3+} + 4H_2O \longrightarrow Me^{2+} + 8Fe^{2+} + SO_4^{2-} + 8H^+ \tag{3.91}$$

$$MeS + 2Fe^{3+} \longrightarrow Me^{2+} + 2Fe^{2+} + S^0 \tag{3.92}$$

从上述反应可知，三价铁离子可使金属硫化物中的硫氧化为硫酸根或硫单质。实际中生成硫酸根很少，主要氧化为硫单质，如用 $FeCl_3$ 浸出铜蓝时只有4%的硫氧化为硫酸根，而大部分呈硫单质形态析出。这可能是由于硫酸根虽然较易形成，但其反应速度慢，因而实际生成的硫酸根少。

采用高价铁盐浸出金属硫化物时，可采用调节溶液 pH 值和高价铁离子浓度的方法控制溶液的还原电位和反应产物。欲使目的组分金属呈离子形态存在于溶液中，硫呈硫单质形态留在渣中，除应满足不同的金属硫化物的电位要求外，溶液的 pH 值还应低于其 $pH^{\ominus}_{上限}$ 值而高于 $pH^{\ominus}_{下限}$ 值。

3.6 热压浸出

在密闭容器（高压釜）进行热压浸出，可以提高反应速度和浸出率，可使用气体或挥发性物质作为浸出剂。目前，工业上可采用热压技术浸出铀、钨、钼、铜、镍、钴、锌、锰、铝、钒、金等。

热压浸出可分为热压无氧浸出和热压氧浸出两大类，后者又可分为热压氧酸浸和热压氧碱浸两小类。

3.6.1 热压无氧浸出

溶液的沸点随蒸气压的增大而增加，纯水的沸点与蒸气压的关系如图 3.7 所示，水的临界温度为 374℃，热压浸出温度一般低于 300℃，因温度大于 300℃时，水的蒸气压大于 10MPa。

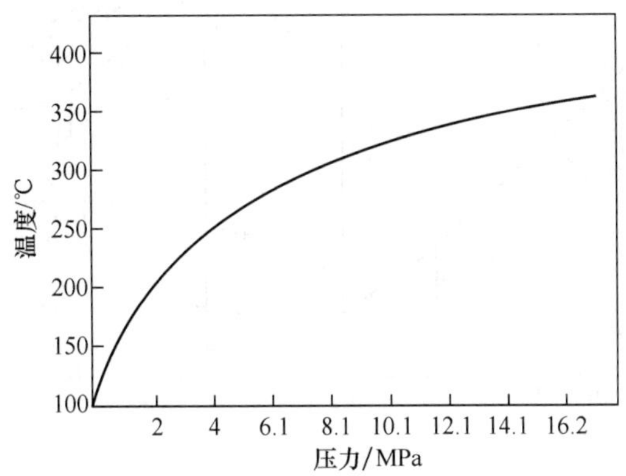

图 3.7 水的饱和蒸气压与温度的关系

热压无氧浸出是在不用氧或其他气体试剂的条件下，采用单纯提高浸出温度从而增加被浸目的组分在浸液中的溶解度的浸出过程，如铝土矿的热压碱浸、钨矿物原料的热压碱浸、钾钒铀矿的碱浸等，其反应为：

$$2Al(OH)_3 + 2NaOH \xlongequal{100℃} 2NaAl(OH)_4 \tag{3.93}$$

$$AlOOH + NaOH + H_2O \xlongequal{155 \sim 200℃} NaAl(OH)_4 \tag{3.94}$$

$$Al_2O_3 + 2NaOH + 3H_2O \xlongequal{230 \sim 280℃} 2NaAl(OH)_4 \tag{3.95}$$

$$CaWO_4 + Na_2CO_3 \xlongequal{180 \sim 200℃} Na_2WO_4 + CaCO_3 \tag{3.96}$$

$$K_2O \cdot 2UO_3 \cdot V_2O_5 + 6Na_2CO_3 + 2H_2O \xlongequal{100 \sim 180℃} 2Na_4[UO_2(CO_3)_3] + 2KVO_3 + 4NaOH \tag{3.97}$$

3.6.2 热压氧酸浸

热压氧酸浸是在密闭容器中有氧存在时，用酸作为浸出剂进行的高温高压浸出。它是基于金属硫化矿物几乎不溶于水，甚至当温度升至 400℃时也如此，但当有氧存在时则易溶的事实提出的。

当氧压为 1MPa、温度为 110℃、溶液中金属和硫的浓度为 0.1mol/L 时，—S—H—O 及 Me—S—H—O （Me 为 Zn、Cu、Fe、Ni、Co）的 ε-pH 值图如图 3.8~图 3.15 所示。

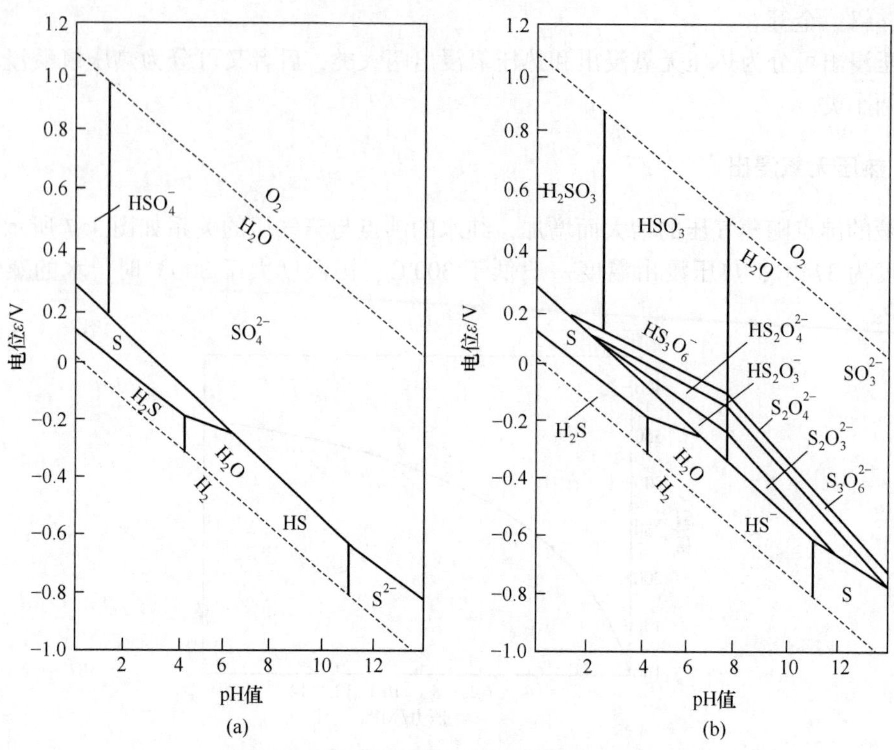

图 3.8　110℃时的 S—H—O 系的 ε-pH 值图

(a) 硫氧化为六价；(b) 硫氧化为四价

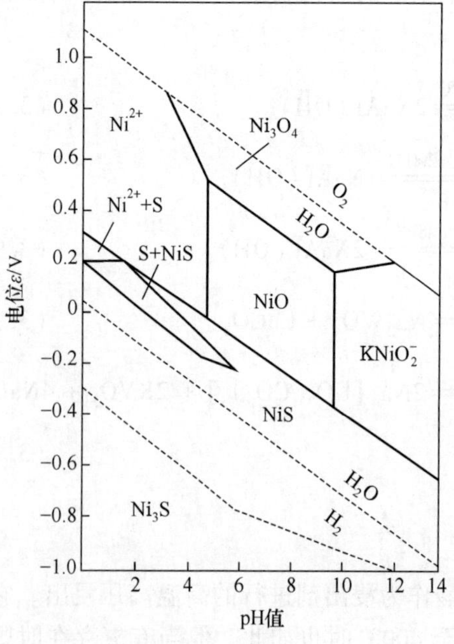

图 3.9　110℃时的 Ni—S—H—O 系的 ε-pH 值图

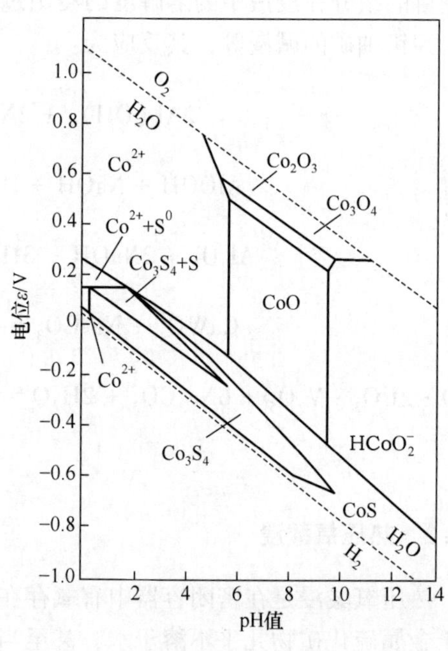

图 3.10　110℃时的 Co—S—H—O 系的 ε-pH 值图

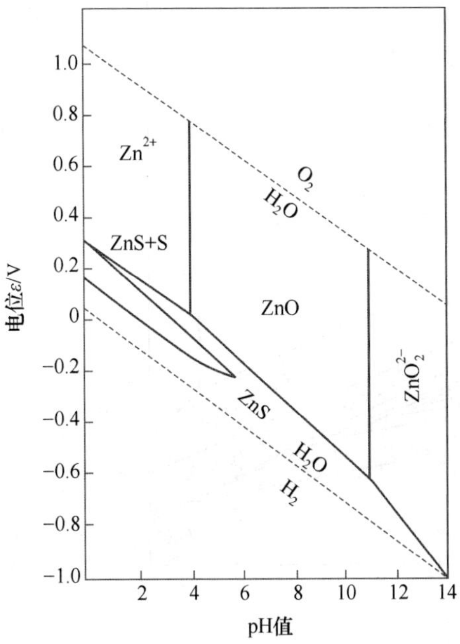

图 3.11　110℃时的 Zn—S—H—O 系的 ε-pH 值图

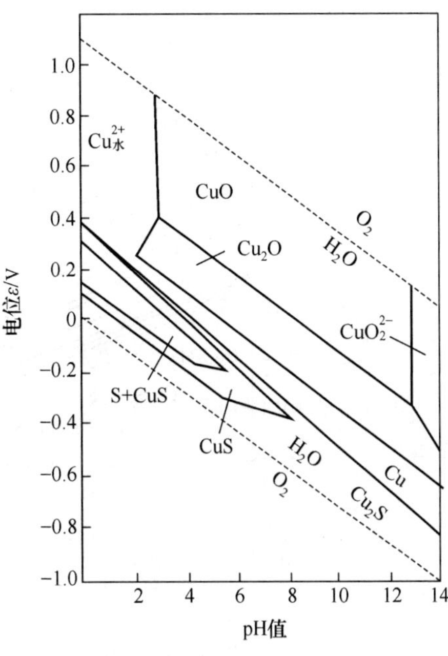

图 3.12　110℃时的 Cu—S—H—O 系的 ε-pH 值图

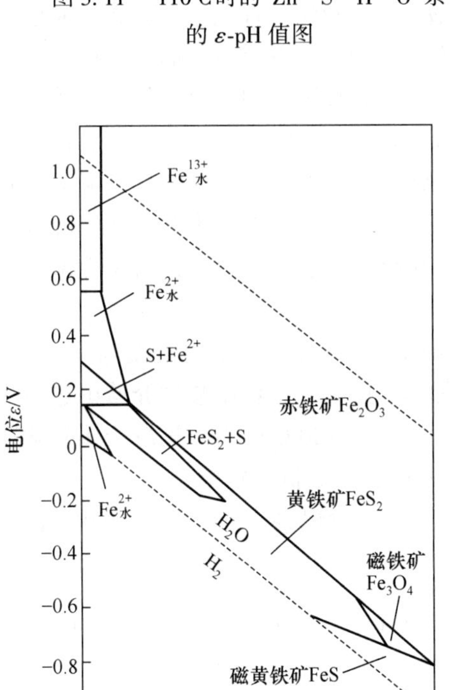

图 3.13　110℃时的 Fe—S—H—O 系的 ε-pH 值图

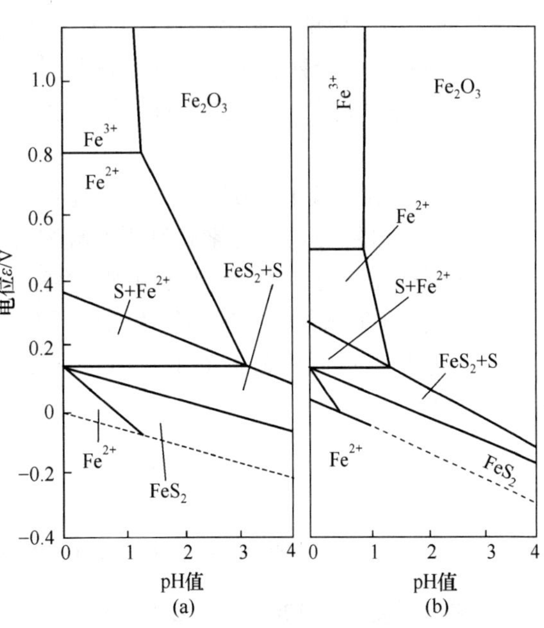

图 3.14　Fe—S—H—O 系酸性区的 ε-pH 值图

（a）25℃，p_{O_2} =101325Pa；（b）150℃，p_{O_2} =1MPa

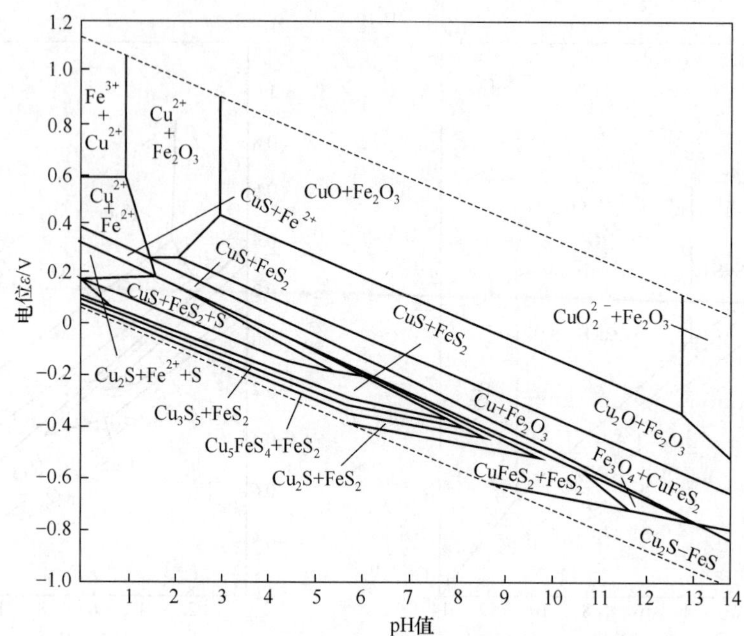

图 3.15 110℃时的 Fe—Cu—S—H—O 系的 ε-pH 值图

图 3.8~图 3.15 中曲线及试验结果表明，热压氧酸浸金属硫化矿时，一般遵循下列规律：

（1）在温度低于 120℃ 的酸性介质中，金属以离子形态进入溶液中，而硫呈硫单质析出。某些情况下会生成少量的硫化氢。各种硫化物析出硫的酸度不同，磁黄铁矿、镍黄铁矿和辉钴矿氧化时最易生成硫单质；黄铁矿氧化时析出硫单质则需低温、低氧压和高酸度（pH<2.5）；铜、锌硫化矿物仅在酸介质中就能析出硫单质。热压氧酸浸硫化铁矿时，铁被氧化为三价，三价铁离子完全或部分水解，呈氢氧化铁或碱式硫酸铁的形态沉淀析出。

（2）在浸出温度低于 120℃ 的中性介质中，金属和硫同时进入溶液中，硫呈硫酸根形态存在。

（3）浸出温度低于 120℃ 时，硫单质氧化为硫酸的反应速度慢。浸出温度高于 120℃ 时（120℃ 为硫的熔点），元素硫氧化为硫酸的反应加速。因此，在低温酸性介质中进行热压氧浸金属硫化矿时，才能得到硫单质；高温条件下（大于 120℃）热压氧浸金属硫化矿时，在任何 pH 值条件下，硫均呈硫酸根形态转入浸液中，无法析出硫单质。

（4）热压氧浸低价金属硫化矿物时，可观察到浸出的阶段性。如热压氧浸出 Cu_2S、Ni_3S_2 的反应为：

$$Cu_2S + \frac{1}{2}O_2 + 2H^+ \xlongequal{\quad} CuS + Cu^{2+} + H_2O \tag{3.98}$$

$$Ni_3S_2 + \frac{1}{2}O_2 + 2H^+ \xlongequal{\quad} 2NiS + Ni^{2+} + H_2O \tag{3.99}$$

当浸出温度高于 120℃ 时，CuS、NiS 可进一步氧化为硫酸盐：

$$CuS + 2O_2 \xlongequal{\quad} CuSO_4 \tag{3.100}$$

$$NiS + 2O_2 \xlongequal{\quad} NiSO_4 \tag{3.101}$$

（5）溶液中的某些金属离子对热压氧浸过程可起催化作用。如 Cu^{2+} 能催化 ZnS、CdS

的热压氧浸过程，其反应可表示为：

$$ZnS + Cu^{2+} \longrightarrow Zn^{2+} + CuS \tag{3.102}$$

$$CuS + 2O_2 \longrightarrow CuSO_4$$

反应生成的 CuS 的氧化速度相当大。

热压氧浸 CuS 时，使用盐酸比使用相同浓度的硫酸或高氯酸的热压氧浸速度大：

$$2Cl^- + 2H^+ + \frac{1}{2}O_2 \longrightarrow Cl_2 + H_2O \tag{3.103}$$

$$CuS + Cl_2 \longrightarrow Cu^{2+} + 2Cl^- + S^0 \tag{3.104}$$

此外，Fe^{2+}、Cu^{2+}、Zn^{2+}、Ni^{2+}等离子可催化硫的热压氧化反应，提高其氧化速度。

热压氧酸浸金属硫化矿物是在矿粒表面发生的多相化学反应过程，金属硫化矿物的分解率和分解速度取决于氧的分压、浸出温度、相界面积、扩散层厚度和催化作用等因素。

热压氧酸浸的作业温度视工艺要求而异。提高浸出温度无疑可以提高浸出速度，但温度的选择常受工艺条件的限制。如热压氧酸浸出金属硫化矿物，当浸出温度在略高于120℃时，生成的硫单质可包裹硫化矿粒，妨碍硫化矿粒的进一步分解，故此时浸出温度为 115~120℃是有害的。热压氧酸浸出含包裹金的浮选金精矿时，其作业温度常为 180~220℃，总压为 2~4MPa（氧压为 0.5~1MPa），此时金属硫化矿物可完全被分解，金属组分和硫均转入溶液中，被包裹的金可单体解离或裸露；处理含硫低的物料（如多金属冰铜）时，应采用高的浸出温度（175~200℃）；热压氧酸浸出浮选有色金属硫化矿物精矿时，宜采用 110~115℃的浸出温度，此时要求金属组分转入浸液中，而大量的硫呈硫单质形态留在浸渣中，以便从浸渣中回收硫。

热压氧酸浸在工业上应用较多。美国加利福尼亚州的麦克劳林（Mclaughlin）金矿建起了世界上第一座热压氧酸浸-炭浆法提金厂，设计规模日处理原矿 2700t。采用的高压釜为四室卧式高压釜，内壁衬铅。其热压氧化工艺条件为：高压釜内工作压力 2.205MPa，矿浆浓度 40%~45%，温度 160~180℃，pH 值 1.8~1.9，含酸 15~25g/L，每吨矿浆耗氧气量 40~50kg，高压釜内停留时间 1.5~2h，最高氧化还原电位 450mV，硫氧化率达 85%以上。

3.6.3 热压氧碱浸

当矿物原料中含有大量碳酸盐矿物，在酸性介质中，这些碳酸盐矿物将消耗大量的酸，因此该类物料不宜采用酸性氧化法处理。

热压氧碱浸常采用氢氧化钠或氨介质。在碱性介质中，在高温加压和有氧气存在的条件下，矿物原料中的黄铁矿、毒砂、辉锑矿及部分脉石矿物发生如下化学反应：

$$4FeS_2 + 16NaOH + 15O_2 \longrightarrow 2Fe_2O_3 + 8Na_2SO_4 + 8H_2O \tag{3.105}$$

$$2FeAsS + 10NaOH + 7O_2 \longrightarrow Fe_2O_3 + 2Na_3AsO_4 + 2Na_2SO_4 + 5H_2O \tag{3.106}$$

$$Sb_2S_3 + 12NaOH + 7O_2 \longrightarrow 2Na_3SbO_4 + 3Na_2SO_4 + 6H_2O \tag{3.107}$$

$$2NaOH + H_2SO_4 \longrightarrow Na_2SO_4 + 2H_2O \tag{3.108}$$

$$SiO_2 + 2NaOH \longrightarrow Na_2SiO_3 + H_2O \tag{3.109}$$

$$Al_2O_3 \cdot nH_2O + 2NaOH \longrightarrow 2NaAlO_2 + (n+1)H_2O \tag{3.110}$$

从上述化学反应可以看出，在碱性介质中的加压氧化过程中，硫化矿物被氧化，其中的硫、砷、锑分别转化成硫酸盐、砷酸盐、锑酸盐而转入溶液，铁则以赤铁矿的形式留在矿渣中。当金精矿中的金包裹于黄铁矿、砷黄铁矿、辉锑矿中时，就可通过碱性加压氧化，破坏硫化矿物的晶体，使包裹的金暴露出来，成为可浸金。

3.7 浸出工艺及设备

3.7.1 浸出工艺

渗滤浸出和搅拌浸出是矿物原料浸出的两种方法。

3.7.1.1 渗滤浸出

渗滤浸出是浸出剂在重力作用下自上而下或在压力作用下自下而上通过固定物料层的浸出过程，其中又可分为槽浸、堆浸和地浸等。

槽浸是将一定粒度的矿物原料装入铺有假底的渗浸池或渗浸槽中，使浸出剂渗滤通过固定物料层而完成浸出过程的浸出方法。堆浸是将一定粒度的矿物原料堆积于预先经过防渗透处理并开有沟渠的堆浸场上，采用喷洒方法使浸出剂均匀渗滤通过物料堆层，以完成目的组分的浸出过程。地浸是通过地面钻孔至矿体，由地面注入浸出剂到矿体中，浸出矿体内的目的组分的浸出方法。

3.7.1.2 搅拌浸出

搅拌浸出是将磨细的矿物物料与浸出剂在搅拌槽中进行强烈搅拌的浸出过程。该法适用于各种矿物原料，可在常温常压下进行浸出，也可在高温高压下完成浸出过程，可间断操作，也可连续操作。

物料浸出时，根据被浸物料和浸出剂运动方向的差别可分为顺流浸出、错流浸出和逆流浸出三种流程。

（1）顺流浸出流程。顺流浸出流程是被浸物料和浸出剂的流动方向相同，如图 3.16 所示。该流程可得到有价组分含量较高的浸出液，浸出剂消耗量较少，但其浸出速度较小，浸出时间较长。

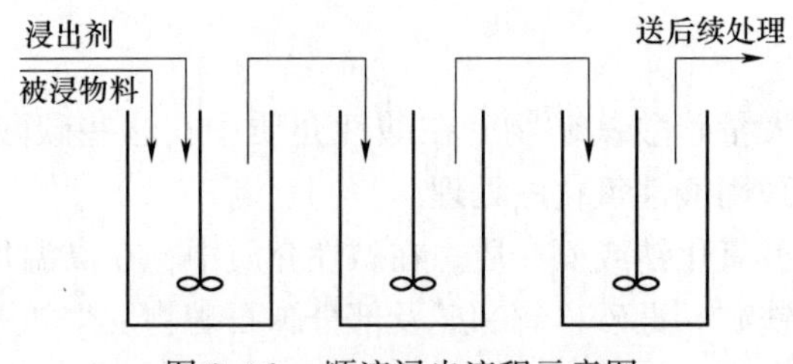

图 3.16　顺流浸出流程示意图

（2）错流浸出流程。错流浸出流程是被浸物料分别被几份新鲜浸出剂浸出，每次浸出得到的浸出液合并送后续处理的浸出方法，如图 3.17 所示。该法特点是浸出速度较大，浸出率高；但浸出液量大，有价组分含量较低，浸出剂消耗量大。

（3）逆流浸出。逆流浸出流程是被浸物料和浸出剂的运动方向相反，即经几次浸出而贫化后的物料与新鲜浸出剂接触，而原始被浸物料则与浸出液接触，如图 3.18 所示。逆流浸出可得到目的组分含量较高的浸出液，浸出剂的消耗量小，可较充分地利用浸出液中的剩余浸出剂，但需要较多的浸出级数。

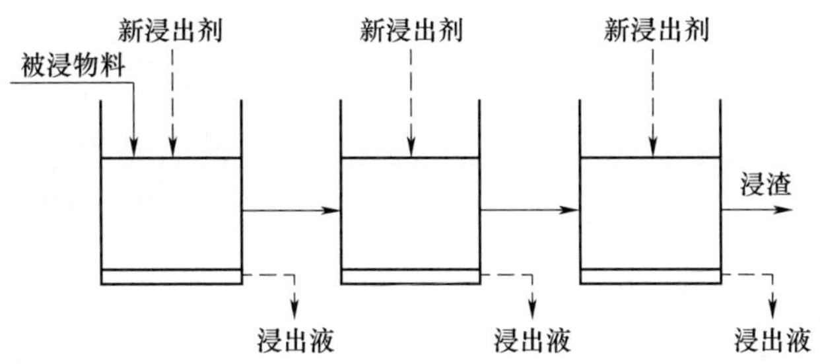

图 3.17 错流浸出流程示意图

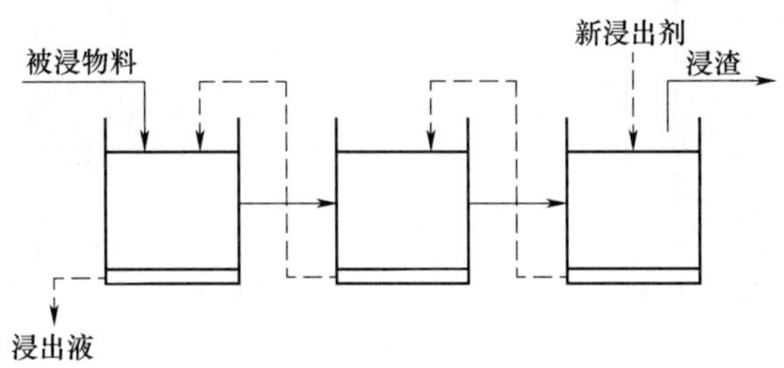

图 3.18 逆流浸出流程示意图

3.7.2 浸出设备

浸出设备主要有机械搅拌浸出槽、空气搅拌浸出槽、空气和机械联合搅拌浸出槽、流态化逆流浸出塔和热压浸出高压釜等。

（1）机械搅拌浸出槽。使用螺旋桨式、叶轮式和涡轮式搅拌机搅拌的浸出槽统称为机械搅拌浸出槽。

图 3.19 是螺旋桨式机械搅拌浸出槽。槽的中央装有矿浆接收管，管上装有支管，搅拌轴通过接收管，其下端装有螺旋桨，为防止停止搅拌时被浸物料沉积并压住螺旋桨，在桨叶上方接收管的下端装有圆形盖板。由于螺旋桨快速旋转，将槽内矿浆经由各支管进入接收管并被推向槽底，再沿槽壁上升，再次进入接收管，实现环流，而在接收管上端产生旋涡，将空气吸入。该设备优点是矿浆受到均匀而强烈的搅拌，且吸入空气充足，能使矿浆沉淀后直接启动。

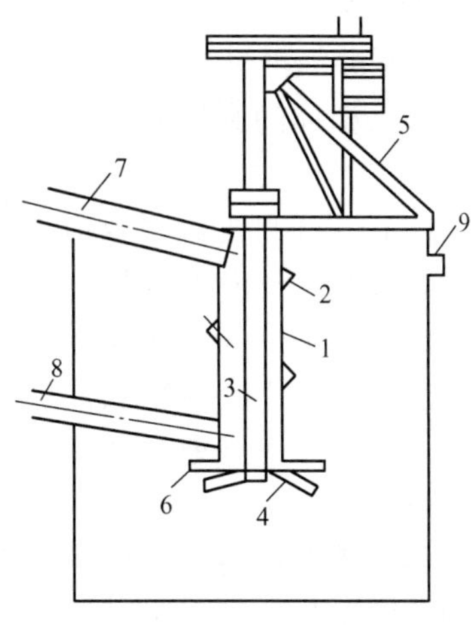

图 3.19 螺旋桨式搅拌浸出槽
1—矿浆接收管；2—支管；3—竖轴；
4—螺旋桨；5—支架；6—盖板；
7—流槽；8—进料管；9—排料管

图 3.20 是叶轮式搅拌浸出槽。由于叶轮转动，推动矿浆从槽底向上流动，从而保持矿浆呈均匀悬浮状态，其优点是质量轻，电耗低，机械振动和摩擦力小，使用寿命长。

（2）空气搅拌浸出槽。空气搅拌浸出槽是利用压缩空气的气动作用替代机械搅拌来搅拌矿浆的，其结构如图 3.21 所示。

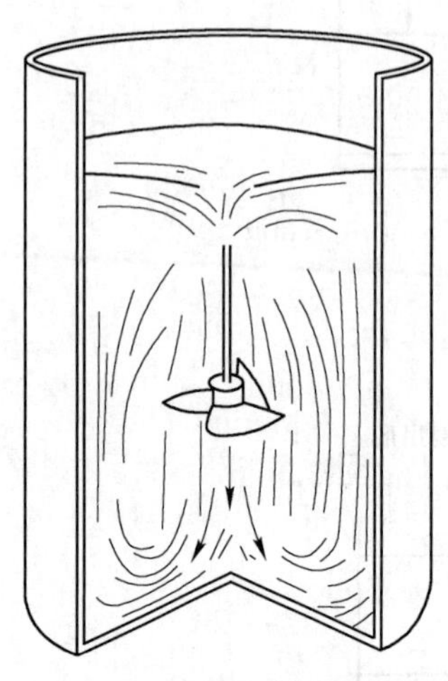

图 3.20 叶轮式搅拌浸出槽

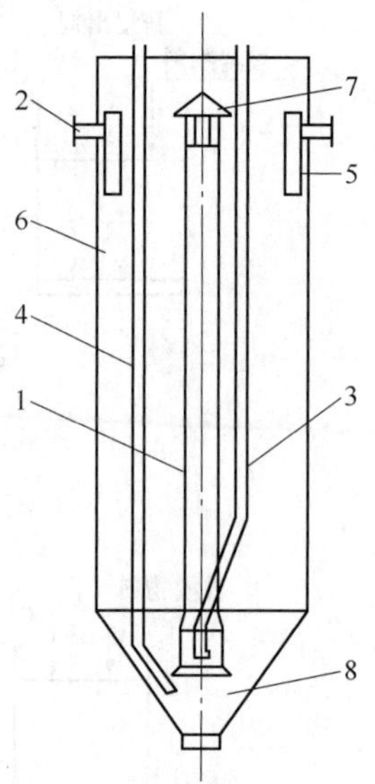

图 3.21 空气搅拌浸出槽

1—中心循环管；2—进料管；3—压缩空气管；4—辅助风管；5—上排料管；6—槽体；7—防溅帽；8—锥底

空气搅拌浸出槽的槽体为带有锥底（60°）的圆柱形体。槽内安装有两个两端开口的压缩空气管3和辅助风管4。压缩空气管直接插入中心循环管1的底部，被浸物料由进料管2进入槽内，压缩空气由风管3充入中心循环管，空气以气泡状态在循环管内向上升起，造成循环管内矿浆压力低于管外的矿浆压力，该压差迫使矿浆总是处于从循环管外向循环管内移动，管内矿浆则向上移动的连续运动状态。上升矿浆由循环管上口溢出后，又向下移动，从而使矿浆呈现上下环流，处于悬浮状态。矿浆上排料管5将矿浆导入槽外，辅助风管4插入槽体的圆锥底部，以防止矿粒在此处沉积。

(3) 空气和机械联合搅拌浸出槽。空气和机械联合搅拌浸出槽如图3.22所示。目前多用双叶轮中空轴进气机械搅拌浸出槽，具有容积大、能耗低、节能等优点，且中空轴进气，空气通过叶轮能更好地弥散到矿浆中，可以提高浸出效果。

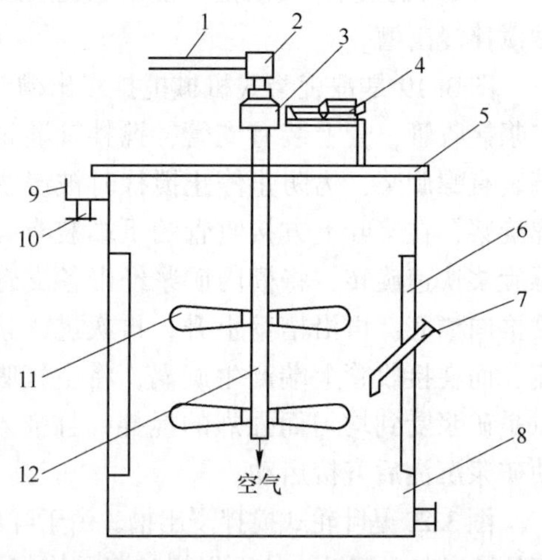

图 3.22 空气和机械联合搅拌浸出槽

1—风管；2—空气转换阀；3—减速机；4—电动机；5—操作台；6—导流板；7—进料管；8—槽体；9—跌落箱；10—出料口；11—叶轮；12—中空轴

(4) 流态化逆流浸出塔。流态化逆流浸出塔的结构如图3.23所示，塔的上部为浓密扩大室，中部为圆柱体，下部为圆锥体，塔顶有排气孔和观察孔。矿浆用泵送入，进料管上细下粗，出口处装有倒锥，以使矿浆稳定而均匀地沿着倒锥四周流向塔内。在塔的中段（即浸出段）分上下两部分加入浸出剂进行浸出，在塔的下部（即洗涤段）分数段加入洗涤水进行逆流洗涤。洗涤后的矿料经排料口排出，浸出后的矿浆由上部溢流口流出。

（5）热压浸出高压釜。用于热压浸出的高压釜有立式和卧式两种，搅拌方式有机械搅拌、气流搅拌和气流机械混合搅拌三种。

常用的哨式空气搅拌高压釜的结构如图 3.24 所示，矿浆自釜的下端进入，与压缩空气混合后经旋涡哨从喷嘴进入釜内，呈紊流状态在釜内上升，然后经出料管排出。采用与矿浆呈逆流状态的蒸汽夹套加热及水冷却的方式使矿浆加热或冷却。釜内装有事故排料管。经高压釜浸出后的矿浆必须将压力降至常压后才能送下一工序处理。

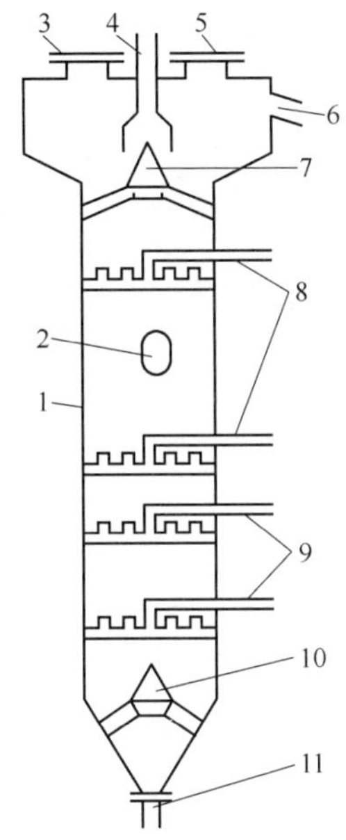

图 3.23 流态化逆流浸出塔

1—塔体；2—窥视镜；3—排气口；4—进料管；5—观察孔；6—溢流口；7—进料倒锥；8—浸出剂分配管；9—洗涤水分配管；10—排料倒锥；11—排料口

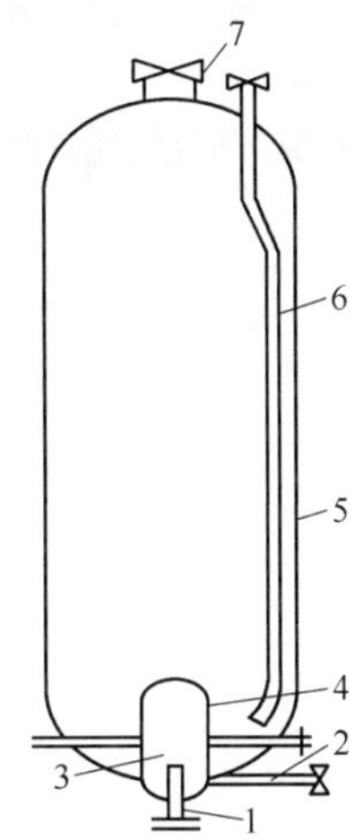

图 3.24 哨式空气搅拌高压釜

1—进料管；2—空气管；3—旋涡哨；4—喷嘴；5—釜筒体；6—事故排料管；7—出料管

卧式机械搅拌高压釜的结构如图 3.25 所示，釜内分四个室，室间有隔墙，隔墙上部

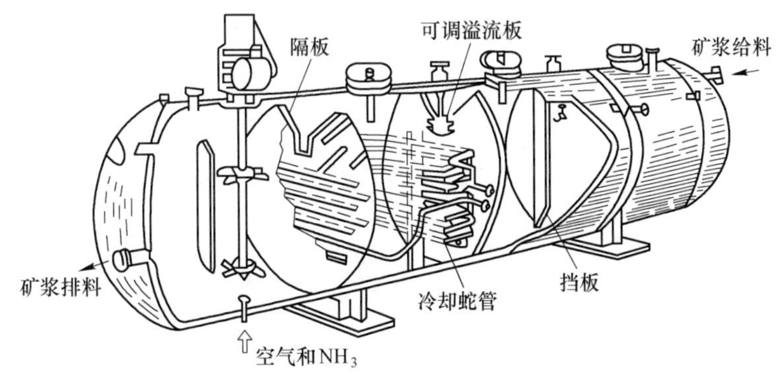

图 3.25 卧式机械搅拌高压釜剖视图

中心有溢流堰，以保持各室液面有一定液位差。矿浆进入第一室，之后依次通过其他三室，最后通过自动控制的气动薄膜调节阀减压后排出釜外，各室均有机械搅拌器，空气由位于搅拌器下部的鼓风分配支管送入各室。

复习思考题

3-1 浸出剂的选择依据是什么？

3-2 如何绘制 ε-pH 值图，它的用途有哪些？

3-3 影响浸出效果的主要因素有哪些？

3-4 酸法浸出包括哪几种，各自的适用范围是什么？

3-5 根据热压浸出的原理，分析其发展前景如何。

3-6 浸出工艺有哪些？

3-7 机械搅拌浸出槽和空气搅拌浸出槽的区别是什么，各有哪些优缺点？

4 固 液 分 离

4.1 概　　述

通过浸出，实现了目的组分由固相到液相的转移，而后往往还要通过固液两相的分离操作，即将悬浮液中的固体和液体进行分离，获得清液和固体产物才能满足后续工艺的要求。矿物化学处理中固体和液体的分离有许多特点：矿浆往往有较强的腐蚀性，固体颗粒一般比物理选矿中的矿粒细，且常含有胶体微粒，沉淀与过滤比较困难等。此外，还有一个突出的特点，即固体和液体分离后的固相要洗涤，这是因为固相夹带的溶液中目的组分浓度较高，若不进行洗涤，势必降低回收率或产品品位。一般将这种固液两相分离的作业称为固液分离。

在矿物化学处理的过程中，浸出前的固液分离一般采用浓缩法。浸出后矿浆的固液分离，依据后续作业的要求，可采用沉降-倾析与过滤和分级两种方法。沉降-倾析与过滤的目的是除去固体颗粒而得到供后续处理的澄清溶液（清液）。分级的目的是除去粗颗粒矿物而得到粒度和浓度合格的稀矿浆。无论是得到清液还是稀矿浆，均要求对滤饼、底流或粗粒级物料进行较彻底的洗涤，所得洗水可送后续处理或返回浸出作业和洗涤作业。

依据固液分离过程的推动力，可将固液分离方法分为三大类：

(1) 重力沉降分离。该法是利用固体与液体的密度差并通过重力作用达到固液分离的方法。常用的设备有浓密机、流态化塔等。

(2) 过滤分离。该法是通过过滤介质并借助外部推动力实现固液分离的方法，是最常用的获得清液的方法。常用的设备为各种类型的过滤机。

(3) 离心分离。该法是利用离心力使固体颗粒沉降和过滤的方法。常用设备有水力旋流器、离心沉降机和离心过滤机等。

4.2 固体颗粒性质的表征

4.2.1 颗粒粒度

颗粒的大小用其在空间范围所占据的线性尺寸表示。粒度或者粒径都是表征颗粒占据空间范围的代表性尺度。对单个颗粒而言，常用粒径来表示几何尺度的大小；对于颗粒群，则用平均粒度来表示。任何一个颗粒群不可能是由同一粒径的颗粒组成的单粒径体系，因此，对于粒群来说，最重要的粒度特征是平均粒度。

4.2.1.1 单个颗粒的粒径

形状规则的颗粒可以用特征尺寸的某个特征尺寸来表示。如球形颗粒，其粒径就是球的直径；立方体颗粒的粒径就可用其边长来表示。总之，只要该尺寸能与颗粒的空间范围成一一对应的关系，那就可以用特征尺寸来表示粒径。然而，形状不规则的颗粒，其粒径的表征就比较困难，为此，引入“演算直径”表示颗粒的大小。所谓“演算直径”，就是测定某些与颗粒大小有关的性质，通过一定的公式推导出具有线性量纲的虚拟直径，该直径即为演算直径。常用的演算直径有三轴径、球当量直径、圆当量直径和统计直径，详见表 4.1~表 4.4。

表 4.1　三轴径

名　称	符号	计算式	物理意义或定义
二轴平均径	d_b	$(L+b)/2$	平面图形的算术平均
三轴平均径	d_c	$(L+b+t)/3$	立体图形的算术平均
三轴调和平均径	d_x	$3/(1/L+1/t+1/b)$	同外接长方体有相同比表面积的球的直径或立方体的一边长
二轴几何平均径	d_y	$(Lb)^{1/2}$	平面图形的几何平均
三轴几何平均径	d_z	$(Lbt)^{1/3}$	同外接长方体有相同体积的一边长

注：L 为长径，即颗粒平面投影图中最大的距离；b 为短径，是颗粒在垂直于长径方向的最大距离；t 为厚度，即在另一投影面上垂直于长径的最大距离。

表 4.2　球当量直径

名　称	符号	计算式	物理意义或定义
体积直径	d_V	$(3V/\pi)^{1/3}$	与颗粒具有相同体积的球的直径
面积直径	d_S	$(S/\pi)^{1/2}$	与颗粒具有相同面积的球的直径
面积体积直径	d_{SV}	d_S^2/d_V^2	与颗粒具有相同表面积和体积之比的球的直径
阻力直径	d_d	$F_R=\psi v^2 d_d^2 \rho$	在黏度相同的流体中，与颗粒同速度、等阻力球的直径（当 Re 很小时，$d_d \approx d_S$）
自由沉降直径	d_f	$v_0^2=\pi d_f(\rho_s-\rho_f)$ $g/(6\psi\rho_f)$	在相同流体中，与颗粒相比具有等密度、等沉降速度的球的直径（称该球为标准粒子）
Stokes 直径	d_{st}	$d_{st}^2=18v_{沉}\ \eta/g(\rho_s-\rho_1)$	层流区（$Re<0.5$）颗粒的自由沉降直径

注：V 为颗粒或球体体积；S 为颗粒或球体表面积；F_R 为运动阻力；ψ 为阻力系数；v 为颗粒或球体在流体中的运动速度；v_0 为颗粒或球体在介质中的沉降末速；ρ_s 为颗粒密度；ρ_f 为液体的密度；$v_{沉}$ 为颗粒沉降速度；η 为介质黏度；g 为重力加速度。

表 4.3　圆当量直径

名　称	符号	计算式	物理意义或定义
投影面积直径	d_a	$(4S/\pi)^{1/2}$	与颗粒在稳定位置投影面积相等的圆直径
随机定向投影面积直径	d_p	$(4S_1/\pi)^{1/2}$	与任意位置颗粒投影面积相等的圆直径
周长直径	d_π	$C/(4S/\pi)^{1/2}$	与颗粒投影外形周长相等的圆直径

注：S、S_1、C 分别表示颗粒在稳定位置投影的面积、在任意位置投影的面积和外形周长。

表 4.4 统计直径

名　称	符号	物理意义或定义
筛分直径	d_A	颗粒可通过的最小筛孔的宽度
Feret 直径	d_F	与颗粒投影外形相切的一对平行线之间的距离（见图 4.1）
Martin 直径	d_M	沿一定方向把投影面积二等分线的长度（见图 4.1）
展开直径	d_r	通过颗粒重心的平均弦长
剪切直径	d_{sh}	用图像剪切圆测得的颗粒宽度
最大弦直径	d_{ch}	由颗粒轮廓所限定的一直线最大长度

4.2.1.2 粒群的粒度

在矿物化学处理过程中，涉及的不是单个颗粒，而是包含不同粒径的颗粒集合体，即粒群。对其性质的描述，常用平均粒度的概念。粒群的平均粒度可用统计数学的方法求得，即将粒群划分为若干粒级，任意一个粒级的粒度为 d，设该粒级的颗粒个数为 n 或占总粒群质量比为 W，再用加权平均法计算得到总粒群的平均粒度。各种平均粒度的求法见表 4.5、图 4.1 和图 4.2。

表 4.5 粒群的不同平均粒度计算方法

名　称	符号	计算公式	
		个数基准	质量基准
算数平均直径	D_a	$\sum nd/\sum n$	$\sum \frac{W}{d^2}/\sum \frac{W}{d^3}$
几何平均直径	D_g	$(d_1^n \cdot d_2^n \cdots d_n^n)^{\frac{1}{n}}$	$(d_1^W \cdot d_2^W \cdots d_n^W)^{\frac{1}{W}}$
调和平均直径	D_h	$\sum n/\sum \frac{n}{d}$	$\sum \frac{W}{d^3}/\sum \frac{W}{d^4}$
峰值直径	D_{mod}	分布曲线最高频度点	
中值直径	D_{med}	累积分布曲线中央值	
长度平均直径	D_{lm}	$\sum nd^2/\sum nd$	$\sum \frac{W}{d}/\sum \frac{W}{d^2}$
面积平均直径	D_{Sm}	$\sum nd^3/\sum nd^2$	$\sum W/\sum \frac{W}{d}$
体积平均直径	D_{Vm}	$\sum nd^4/\sum nd^3$	$\sum Wd/\sum W$
平均面积直径	D_S	$(\sum nd^2/\sum n)^{\frac{1}{2}}$	$(\sum \frac{W}{d}/\sum \frac{W}{d^3})^{\frac{1}{2}}$
平均体积直径	D_V	$(\sum nd^3/\sum n)^{\frac{1}{3}}$	$(\sum W/\sum \frac{W}{d^3})^{\frac{1}{3}}$

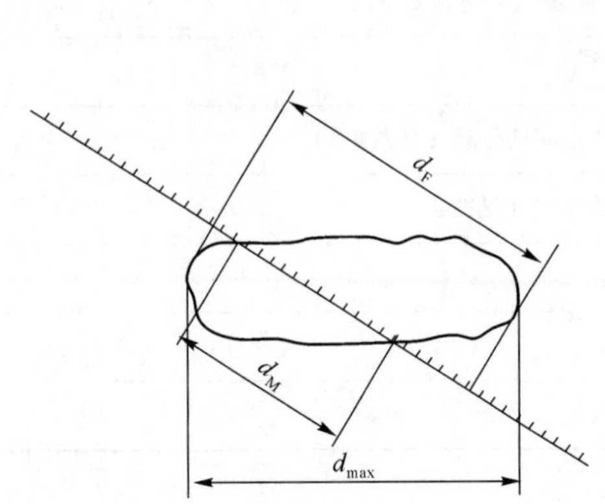

图 4.1 固体颗粒的投影直径
(Feret 直径和 Mratin 直径)

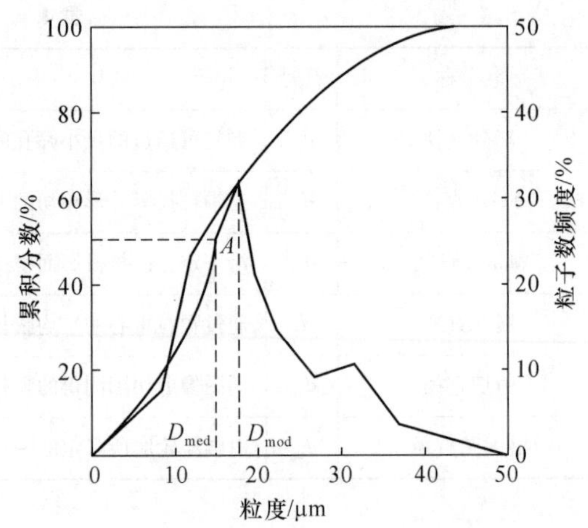

图 4.2 峰值平均直径和中位平均直径

峰值直径是指颗粒在最高频率处相对应的粒径，见图 4.2 中的 D_{mod}。

中值直径是对应粒度分布函数曲线 50%处颗粒的直径。如图 4.2 所示，过累积分数 50%处作平行横坐标直线，与分布函数曲线相交于点 A 处，过 A 点作横坐标的垂线，垂足的对应值即为中值直径 D_{med}。

4.2.1.3 颗粒粒度的测量方法

A 激光粒度分析法

激光粒度分析法是近年发展起来的颗粒粒度测量新方法。采用激光作光源的光散射粒度分析法有很多独特的优点。从分析对象来说，它既可以分析固体颗粒，又可以分析喷雾颗粒；可以分析干粉样品，也可以分析湿泥样品；可以不取样、不破坏颗粒原有性状进行无接触测量。

光在行进过程中遇到粉体颗粒时，将偏离原来的传播方向继续传播，这种现象称为光的散射或者衍射。颗粒尺寸越小，散射角越大；颗粒尺寸越大，散射角越小。激光粒度分析仪就是根据光的散射现象测量颗粒大小的。有两种理论可以定量的描述颗粒大小与相应散射光的关系：一是米氏散射理论；二是衍射理论。米氏散射理论是最常用的理论，利用散射法分析粒度及粒度组成，它是严格地根据光的电磁波理论推导出来的。在实际的应用中，一般都把颗粒当做球形来处理。

用静态激光散射法测量颗粒大小的仪器称为激光粒度分析仪，图 4.3 所示为其经典结构示意图。从激光器发出的激光束经显微物镜的聚焦、针孔滤波和准直镜准直后，变成直径约 10mm 的平行光束。该光束照射在待测的颗粒上，一部分发生散射。散射光经傅里叶透镜后，照射在光电探测器阵列上。由于光电探测器处在傅里叶透镜的焦平面上，因此探测器上的任何一点都对应于某一确定的散射角。光电探测器阵列由一系列的同心环带组成，每个环带是一个独立的探测器，能将投射在上面的散射光能线性地转换成电压，然后送给数据采集卡。该卡将电信号放大，再进行 A/D 转换后送入计算机。

B 沉降分析法

沉降分析法是测定细粒粒度的常用方法，其原理是通过测定粒子在适当介质中的沉降

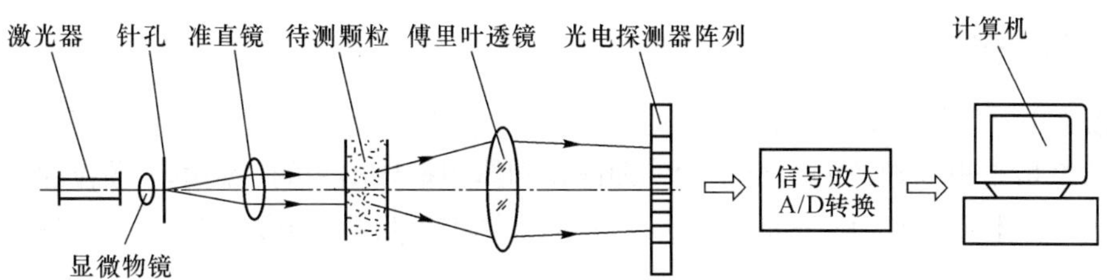

图 4.3 激光粒度分析仪结构图

速度来计算颗粒的尺寸。

采用沉降分析法，粒群仅仅在重力的作用下，在一组形状相同的容器中沉降。把颗粒在固定的标高或变化的标高上的浓度作为时间的函数，结合 Stokes 定律计算系统的粒度分布。

沉降分析原理简单，测定范围较宽（0.02～50μm），测量结果的统计性和再现性高，所以普遍采用。常用方法是沉积法、淘析法、流体分级法。沉积法不能分出各个单独产品，但能较快地测定细度和比表面。淘析法和流体分级法可以直接得到各个粒级的产品，供进一步分别检测用。

沉降分析通常要求在稀悬浮液中进行，以保证悬浮液中的固体颗粒均能自由沉降，互不干涉。由于一般仅对小于 0.1mm 的物料进行沉降分析，故可按斯托克斯公式计算其沉降速度：

$$v = \frac{h}{t} = \frac{\rho_s - \rho_f}{18\eta} g \cdot d^2 \tag{4.1}$$

式中 v——粒子沉降末速，m/s；

h——沉降距离，m；

t——沉降时间，s；

ρ_s——固体密度，kg/m^3；

ρ_f——流体介质密度，kg/m^3；

g——重力加速度，$9.81m/s^2$；

d——球形固体颗粒直径，m；

η——流体的黏度，Pa·s，水的黏度在 20℃ 时为 0.001Pa·s，空气的黏度为 0.000018Pa·s。

若用水为介质，其 $\rho_f = 1g/cm^3$，可得：

$$d = \sqrt{\frac{h}{5450(\rho_s - 1)t}} \tag{4.2}$$

按照国际单位制，其 $\rho_f = 1000g/cm^3$，可得：

$$d = \sqrt{\frac{h}{545(\rho_s - 1000)t}} \tag{4.3}$$

h 值的选择，应使时间 t 不过长或过短，一般分级沉降速度小的微粒时，h 要小些；相反，分级粗颗粒时，h 要大些。

4.2.2 颗粒形状

4.2.2.1 形状系数

形状系数是根据颗粒的两个特性，即面积和体积推导出来的。设单个颗粒的直径为 d，表面积为 S，体积为 V，则表面积形状系数 Φ_S、体积形状系数 Φ_V、比表面形状系数 Φ_{SV} 分别为：

$$\Phi_S = S/d^2 \tag{4.4}$$

$$\Phi_V = V/d^3 \tag{4.5}$$

$$\Phi_{SV} = \Phi_S/\Phi_V \tag{4.6}$$

因为单位体积颗粒的比表面积 $S_V = S/V = \Phi_S d^2/\Phi_V d^3$，故有：

$$\Phi_{SV} = S_V d \tag{4.7}$$

对于球体，$\Phi_S = \pi$，$\Phi_V = \pi/6$，$\Phi_{SV} = 6$；对于边长为 d 的立方体，$\Phi_S = 6$，$\Phi_V = 1$，$\Phi_{SV} = 6$；对于不规则颗粒，以上各值随 d 的确定方法不同而异。

4.2.2.2 形状指数

形状指数和形状系数有所不同，它和具体的物理现象没有关系，只是对颗粒外形本身用各种数学式进行表达。根据使用的目的，先作出理想的图形，然后将理想的形状和实际形状的关系指数化。例如球形度，可分为真球形度 ψ 和实用球形度 ψ_W。

真球形度定义为：

$$\psi = \frac{\text{与颗粒等体积的圆球的表面面积}}{\text{颗粒的表面面积}} \tag{4.8}$$

这一指数适用于表面积和体积可计算的颗粒。其值越小，表示颗粒形状越不规则。几种具有规则几何形状的颗粒的真球形度见图 4.4，几种不同形状的颗粒的真球形度见表 4.6。

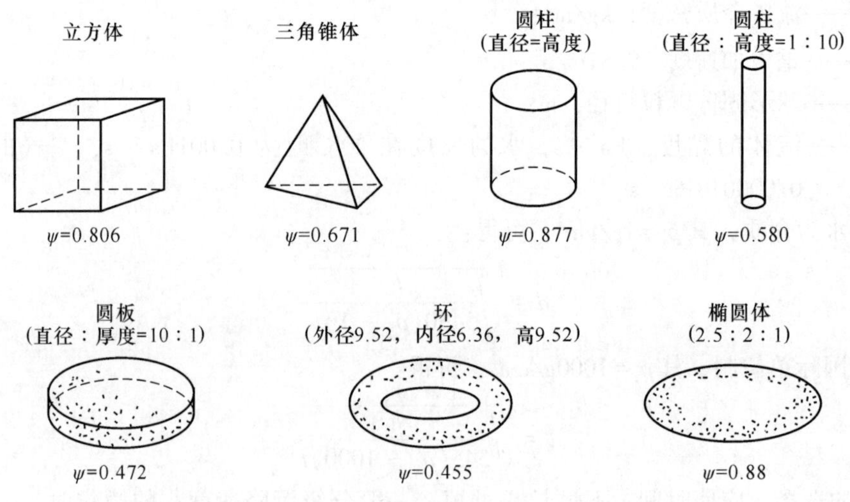

图 4.4 规则形状颗粒的真球形度

表 4.6 几种颗粒的真球形度

形状	球形	类球形	多角形	长条形	扁平形
真球形度	1.0	1.0~0.8	0.8~0.65	0.65~0.5	<0.5

实用球形度常用于形状不规则的、表面积测定有困难的颗粒。实用球形度定义为：

$$\psi_W = \frac{\text{面积等于颗粒投影面积的圆的直径}}{\text{颗粒投影图最小外接圆的直径}} \tag{4.9}$$

4.2.3 比表面积

单位体积（或单位质量）颗粒的表面积称为该颗粒的比表面积或者比表面。如以 V 代表颗粒的总体积（或以 W 代表颗粒的总质量），以 S 代表其总面积，以 S_V（或者 S_W）代表比表面积，则有：

$$S_V = S/V \tag{4.10}$$

或

$$S_W = S/W \tag{4.11}$$

颗粒的表面积包括内表面积和外表面积两部分。外表面积是指颗粒轮廓所包络的表面积，它由颗粒的尺寸、外部形貌等因素所决定。内表面积是指颗粒内部孔隙、裂纹等的表面积。上述两部分表面积并无明确的界限，例如颗粒的尺寸较大时，其内部孔隙的表面积属内表面，但经充分粉碎后颗粒内部封闭的空洞被打开，内表面则变成了外表面。

颗粒的表面积可通过许多仪器进行测量，也可以利用实际粒度分析资料进行理论计算。此处仅介绍比表面积的理论计算方法。

如前所述，单颗粒的比表面积可用下式计算，即：

$$S_V = \frac{\Phi_{SV}}{d} \quad \text{或} \quad S_W = \frac{\Phi_{SV}}{d\rho_S} \tag{4.12}$$

式中 ρ_S——颗粒的密度单位。

对具有粒度分布资料的粒群，也可以用上式求出总的表面积 S 及比表面积 S_V（或 S_W）。

已知粒度分布频率函数 $F'(D)$，则 $F'(D)\mathrm{d}D$ 代表颗粒直径介于 D 和 $D+\mathrm{d}D$ 之间颗粒体积的百分数，而直径为 D 到 $D+\mathrm{d}D$ 窄粒级颗粒在总表面中所占数量为：

$$\mathrm{d}S = \Phi_S D^2 \mathrm{d}N \tag{4.13}$$

式中 Φ_S——面积形状系数；

$\mathrm{d}N$——粒度在 D 到 $D+\mathrm{d}D$ 区间颗粒数。

$\mathrm{d}N$ 按下式计算：

$$\mathrm{d}N = \frac{VF'(D)\mathrm{d}D}{\Phi_V D^3} \tag{4.14}$$

式中 Φ_V——体积形状系数。

合并式（4.13）和式（4.14）并积分，得到总的表面积为：

$$S = \Phi_{SV} V \int_0^{\infty} \frac{F'(D)}{D} \mathrm{d}D \tag{4.15}$$

则单位体积比表面积为：

$$S_V = \Phi_{SV}\int_0^{\infty}\frac{F'(D)}{D}\mathrm{d}D \tag{4.16}$$

单位质量比表面积为：

$$S_W = \Phi_{SV}\rho_S^{-1}\int_0^{\infty}\frac{F'(D)}{D}\mathrm{d}D \tag{4.17}$$

4.3 固液两相系统的性质

在矿物化学处理过程中，固液系统是由固体和液体两相构成的体系。这一体系的固相一般由颗粒或颗粒的集合体组成，为分散相，而液相为连续相。固相由于其颗粒的形状、尺寸以及它在液相中的浓度而影响固液分离过程。除固相的特征外，液相的性质，特别是液相的黏度也决定着固液分离过程中采用何种方法及设备。表 4.7 大致描述了固液分离方法和设备的选择与固液系统性质之间的关系。

表 4.7 固液分离方法和设备的选择与固液系统性质之间的关系

固体颗粒尺寸/μm	$d<5$		$5 \leq d \leq 50$		$d>50$	
悬浮液固体浓度	低	高	高	低	低	高
通常采用的分离方法和设备	深层过滤 管式过滤 预敷层过滤	滤饼过滤 加压过滤 真空过滤 压滤机 变容积过滤		沉降槽 离心分离 水力旋流器 筛分		过滤 筛分 离心分离

4.3.1 固液系统的分离性质

4.3.1.1 液体的物理性质

水作为固液系统中最常见的一种液体，它有不同于固体的特点。固体分子间距很小，内聚力很大，能够保持固定的形状和体积，也能承受一定大小的拉力、压力、剪切力。而液体则由于分子间距较大，内聚力很小，几乎不能承受拉力，也无法抵抗拉伸变形，在微小的剪切力作用下发生剪切变形。液体剪切变形的过程实际上就是液体流动的过程，液体的第一个基本特征是易于流动，因此液体具有一定的体积并呈现出容器的形状。液体虽不能承受拉力，却可以承受较大的压力，其压缩性很小（每增加一个大气压，水的体积仅缩小 1/20000），这是液体的第二个基本特征。因此，液体是一种具有流动性（易变形的）、不易被压缩的、均匀等向且热胀性较差的连续介质。

在矿物化学处理中涉及的液体的主要物理性质如下：

（1）液体的惯性、质量和密度。惯性是物体具有的反抗改变它原有运动状态的物理特性。质量是物体惯性大小的度量，常以符号 m 表示，国际单位为 kg。当物体受到其他物体的作用而改变运动状态时，它反抗改变原来的运动状态而作用在其他物体上的反作用力称为惯性力，惯性力 F' 的表达式为：

$$F' = ma \tag{4.18}$$

式中 a——物体的加速度，m/s^2。

密度是单体体积液体具有的质量，密度常用符号 ρ 表示，国际单位为 kg/m^3。

（2）液体的重量与容重。地球对物体的万有引力称为重力，或称为物体具有的重量，常用符号 G 表示。单位体积液体所具有的重量称为容重，也称为重度，容重用符号 γ 表示，$\gamma=\rho g$。

液体的密度和容重随温度和压强的改变而变化，但这种变化很小，通常可以视作常数。水的密度为 $\rho=1000kg/m^3$，水的容重为 $\gamma=9800N/m^3$。

（3）液体的黏滞性和黏滞系数。由于固液分离过程不涉及化学反应同时也较少涉及传热过程，因此液体作为连续相最重要的性质为黏滞性，即黏度大小。

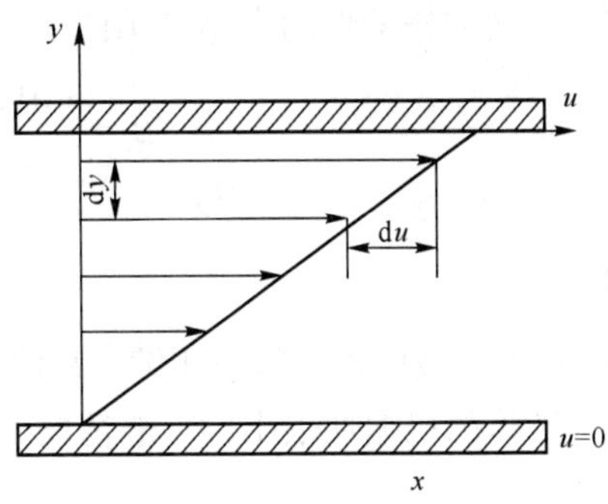

图 4.5　液体的黏性流动示意图

当液体流动时，液体质点间存在着相对运动，这时质点间会产生内摩擦力反抗它们之间的相对运动，液体的这种性质称为黏滞性，质点间的这种内摩擦力也称为黏滞力。如图 4.5 所示，当上面平板相对下板以速度 u 运动时，两块平板间的相邻液层会受到内摩擦力的作用，内摩擦力 F 的大小由牛顿内摩擦力定律给出。

牛顿内摩擦定律的内容叙述如下：当液体内部的液层之间存在相对运动时，相邻液层间的内摩擦力 F 的大小与流速梯度 du/dy 和接触面面积 A 成正比，与液体的性质（即黏滞性）有关，而与接触面上的压力无关。可写成如下的形式：

$$F = \mu \cdot A \cdot \frac{du}{dy} \tag{4.19}$$

式中 μ——表征液体黏滞性大小的动力黏滞系数，简称黏度，国际单位是 Pa·s。

另一形式的黏滞系数是运动黏滞系数，用 υ 表示，简称运动黏度，即：

$$\upsilon = \frac{\mu}{\rho} \tag{4.20}$$

式中，υ 的国际单位是 m^2/s。

由黏性摩擦力引起的内切应力 τ 为：

$$\tau = \mu \cdot \frac{du}{dy} \tag{4.21}$$

式中 τ——单位面积上的剪切力，Pa。

式（4.21）表明流体的黏性切应力随速度梯度的增大正比增加，这一性质称为牛顿定律。大多数流体如水、水溶液均符合这一定律，此类流体即称为牛顿流体。μ 值的大小反映了液体性质对内摩擦力的影响。黏滞性大的液体，μ 值大。μ 的数值随液体种类的不同而不同，并随温度和压强的变化而变化。对于常见的流体，其 μ 值的大小随压强的变化可以忽略不计，但温度对它的影响却比较大。具体表现为，温度升高，液体的黏滞性降低。

其原因可简单解释如下：液体的黏滞性是由分子引力产生的，温度升高，分子间距增大，内聚力减小，黏滞性减小。例如，温度由15℃升高到50℃，水的μ值将减小50%。

牛顿内摩擦定律的另一种表达式，表示切应力τ与剪切变形速度$\frac{d\theta}{dt}$的关系，即：

$$\tau = \mu \cdot \frac{d\theta}{dt} \tag{4.22}$$

式中 θ——液体在内摩擦力作用力方向上发生的形变角度。

需要强调的是，牛顿内摩擦定律只适用于牛顿流体作层流运动，这时黏度μ为常数。对于静止液体，液体质点之间没有相对运动，因而也就不存在黏滞切应力。

（4）液体的压缩性。液体受到外界压力变化而引起液体体积改变的特性称为液体的压缩性。液体压缩性的大小可用体积压缩系数β或体积弹性系数K表示，即：

$$\beta = -\frac{dV/V}{dp} \quad 或 \quad \beta = \frac{1}{\rho} \cdot \frac{d\rho}{dp} \tag{4.23}$$

$$K = \frac{1}{\beta} \tag{4.24}$$

β值越大，液体越容易被压缩；K值越大，液体越不容易被压缩。

液体的压缩性很小，一般情况下都忽略液体的可压缩性。可把水当做不可压缩液体来处理。

（5）液体的表面张力特性。表面张力是液体自由表面上存在的局部水力现象，它使液体表面有尽量缩小的趋势。对体积小的液体，表面缩小趋于球体状。表面张力的大小用表面张力系数κ度量，表示液体自由面上单位长度所受拉力的大小，单位为N/m。表面张力系数κ的大小随液体种类、温度和表面接触情况的不同而变化。一般情况下，表面张力对液体运动的影响可以忽略不计。

（6）汽化压强。汽化压强是指液体汽化和凝结达到平衡时液面的压强。汽化压强随液体的种类和温度的不同而改变。

综上所述，液体的各种物理特性各自不同程度地影响着液体的运动，其中惯性、重力和黏滞性对液体运动有重要的影响，而液体的可压缩性、表面张力和汽化压强只有在一些特殊情况中才需要考虑。

4.3.1.2 固体悬浮液的性质

不溶性固体粒子分散在液体中所形成的分散系统称为固体悬浮液。悬浮液中的分散相粒度，通常其三维线度均在10^{-6}m以上，大于胶体。

不同类型的固液系统是根据分散系中的分散质的微粒直径大小决定的，小于1nm的是溶液，1~100nm之间的是胶体，100nm以上的是悬浮液。

由于悬浮液中的固体颗粒较大，不存在布朗运动，不可能产生扩散和渗透现象，在自身重力下易于沉降。悬浮液与溶胶不同，其分散相的粒子较大，稳定性较小，容易沉淀分出。

固体悬浮液由两相构成，故其物理性质基本上取决于两相的体积比例。当固体含量较低时通常用固体浓度表示它的一般性质比较方便，反之则用液体浓度表示。常用的浓度表示方法见式（4.25）~式（4.28）。

固体质量浓度 M_S：

$$M_S = \frac{W_S}{W_S + W_L} \tag{4.25}$$

固体体积浓度 φ_S：

$$\varphi_S = \frac{\dfrac{W_S}{\rho_S}}{\dfrac{W_S}{\rho_S} + \dfrac{W_L}{\rho_L}} \tag{4.26}$$

液体质量浓度 M_L：

$$M_L = \frac{W_L}{W_S + W_L} = 1 - M_S \tag{4.27}$$

液体体积浓度 φ_L：

$$\varphi_L = \frac{\dfrac{W_L}{\rho_L}}{\dfrac{W_S}{\rho_S} + \dfrac{W_L}{\rho_L}} = 1 - \varphi_S \tag{4.28}$$

式中　W——质量；

ρ——密度；

下标 S 和 L——固相和液相。

以上浓度的表示法均以固体悬浮物的总质量或总体积作为基准。为了工程计算上的便利，主要是为了便于物料衡算，也常用固液混合物中所处理的固体量作为基准，这种浓度表示法称为干基，具体见式（4.29）和式（4.30）。

干基液体质量浓度 M'_L：

$$M'_L = \frac{W_L}{W_S} \tag{4.29}$$

干基液体体积浓度 φ'_L：

$$\varphi'_L = \frac{\dfrac{W_L}{\rho_L}}{\dfrac{W_S}{\rho_S}} \tag{4.30}$$

对于滤饼的湿含量或浓密机底流的湿含量常用式（4.29）表示。

当固体悬浮液中固体颗粒的浓度较低时（例如 10%以下），由于固体颗粒分散良好，因此可以认为是两相的机械混合物，所以仍可以视为牛顿流体。但由于固体颗粒与液体之间黏滞力的作用，固体悬浮液的黏度增加。其黏度与固体颗粒的体积浓度（φ_S）有如式（4.31）所示的关系：

$$\mu_{SL} = \mu_L(1 + 2.5\varphi_S) \tag{4.31}$$

式（4.31）是假定颗粒为球形且为刚性球体，粒径较小且 φ_S 小于8%的情况下，爱因斯坦基于力学原理推导出来的黏度与固体颗粒的 φ_S 之间的关系。另外，苏联一些学者也曾提出过修正的经验公式用以表述矿物加工或湿法冶金中矿浆的黏度，如式（4.32）所示：

$$\mu_{SL} = \mu_L(1 + 4.5\varphi_S) \tag{4.32}$$

悬浮液的密度、黏度和稳定性是互有联系的三个方面性质。其中密度是决定分类比重的关键性因素，但是对实际的分离密度和稳定性均有影响的是悬浮液的黏性。悬浮液的密度随悬浮质体积浓度增大而增大，当体积浓度增大时，悬浮液的黏度也逐渐增大，就会使颗粒在其中运动阻力增大，从而使分选精确性降低。

4.3.2　固液系统的胶体性质

大多数天然存在的颗粒或人造颗粒表面上都带有剩余电荷，这些颗粒通常是带净负电荷。颗粒表面带有电荷的机理主要是：

（1）由于颗粒晶格的缺陷，晶体表面上带有剩余的阴离子（负电荷）或阳离子（正电荷）。这种净电荷由表面的等价离子电荷来补偿。在水中晶体释放出补偿离子形成双电层。

（2）一些固体属于低溶解度的离子型晶体。当这些固体分散在水中，便与生成物的离子浓度平衡，离子的浓度由溶度积决定。固体的电势（φ_0）由 Nernst 平衡条件决定。

这类固体的电势通常按下式计算：

$$\varphi_0 = \left(\frac{RT}{nF}\right)\ln\left(\frac{C}{C_0}\right) \tag{4.33}$$

式中　n——化合价；

C_0——零点电荷浓度，mol/L。

（3）固体通过从溶液中吸附特定的离子产生表面净电荷。特别是这种吸附是通过氢键机理来实现的，在氢键处可吸附大的有机分子。

从能量最低原则考虑，质点表面上的电荷不会聚在一处，而势必分布在整个质点表面上。但质点与介质作为一个整体是电中性的，故质点周围的介质中必有与表面电荷数量相等而符号相反的过剩离子存在，这些离子称为反离子。质点的表面电荷与周围介质中的反离子构成双电层。

Stern 双电层理论的示意图如图 4.6 所示。图中胶体颗粒表面带负电，胶体表面与液体内部的电位差称为质点的表面电势 φ_0，它的大小取决于颗粒表面附着的阳离子的浓度和温度。溶液中起电平衡作用的反号离子称为“反离子”或“配衡离子”，它受定位离子静电引力作用，在固-液界面上吸附较多而形成单层排列。由附着的反离子构成的第一层称为 Stern 层，它与颗粒表面连接紧密，当颗粒运动时也一起运动，故又称紧密层，其界面称为滑移面或剪切面，其外则是扩散层。滑移面距胶体表面的距离等于反离子的有效半径（δ）。靠近滑移面正离子的浓度高，负离子浓度低，处于扩散状态。

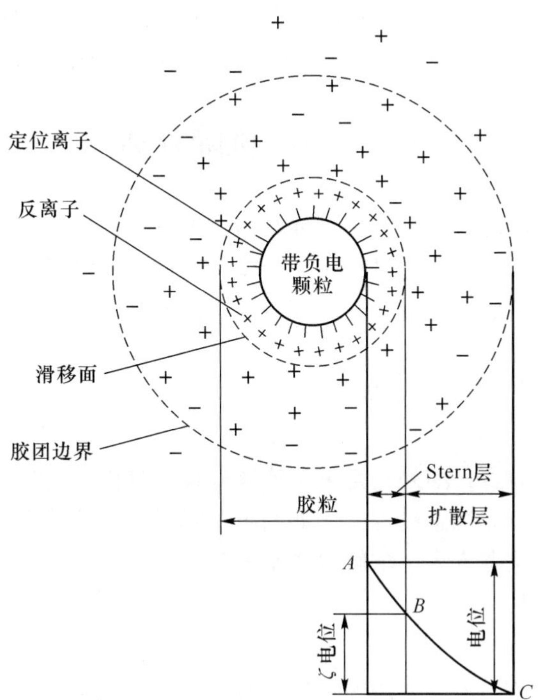

图 4.6 带净负电荷胶体的 Stern 双电层模型

由于上述状态，在双电层内形成电位 φ，该电位随分散相内距离 x 变化的规律可表示为：

$$\varphi = \varphi_0 \exp(-Kx) \tag{4.34}$$

$$K = \sqrt{\frac{8\pi e^2 N^2 I}{1000\varepsilon RT}} \tag{4.35}$$

式中 φ_0——表面电势；

K——Debye-Hickel 函数；

N——阿伏伽德罗常数；

I——离子强度；

ε——介电常数。

因此，带有电荷的表面电位随液相内距离增加而成指数下降。距离表面 $x=3/K$ 处的电位几乎为零。因此超过此距离，溶液中的离子不受表面电荷的影响。

在电动现象中起作用的是固液两相发生相对运动的边界处与液体内部的电位差，是胶体颗粒运动状态的能级，称为电动电势或 ζ 电势。由于在液体介质中固体表面上总是结合着一溶剂化层与它一起运动，固液两相发生相对运动的边界并不在质点的表面，而是在离开表面某个距离的液体内部，因此，ζ 电势与表面电势的数值不等，两者的变化规律也不相同。ζ 电势可以用电泳或胶体滴定等方法测定。ζ 电势的大小也就是胶体粒子靠近时相互排斥力的大小，另一方面颗粒靠近时也受到范德华力即引力的吸引。胶体颗粒的稳定与否即取决于该两种力的平衡。

在双电层模型中，很显然 ζ 电势将受到溶液中离子类型及浓度的影响。如果是长链型聚电解质或因水解而使 H^+增加，都会有明显的降低 ζ 电势的作用。随着离子价的增加这一作用更为显著，对 1 价、2 价、3 价离子其有效浓度的比例根据 DLVO 理论为 $(1/1)^6:(1/2)^6:(1/3)^6$，即 800∶12∶1，在实际运用上也接近这个比例。

4.4 重力沉降分离

固液分离中的重力沉降分离是利用固体与液体的密度差，使颗粒在自身重力作用下沉降，最终达到固液分离目的。沉降过程中，粒度较粗的颗粒沉降速度快，而微细物料沉降速度慢，对于这部分物料可以通过凝聚或絮凝的方法使其絮凝为大的絮体颗粒，从而加速其沉降。

4.4.1 重力沉降理论

对于重力沉降过程而言，如果它是一个连续的稳态过程，则从数学上对其进行分析就比较简单。但如果是一个非稳态过程，例如间歇沉降操作，从数学意义上去分析该过程就极为复杂，即使列出其状态方程，求解也非常困难。

4.4.1.1 间歇沉降

A 间歇沉降试验

实验室通常用玻璃筒中澄清液面随时间的改变表示沉降速度，可以通过间歇沉降试验来观测，其过程如图 4.7 所示。

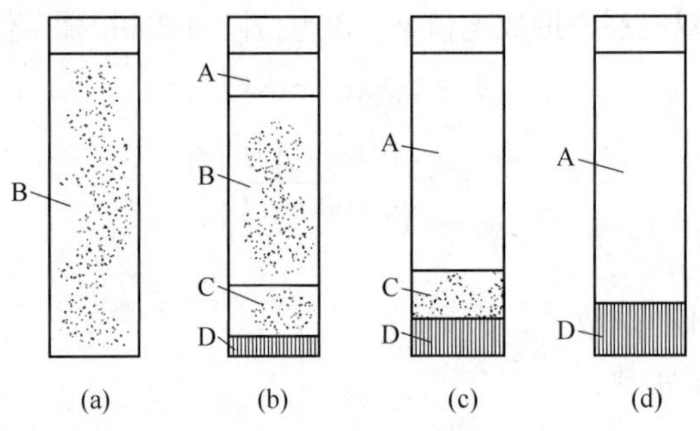

图 4.7 间歇沉降试验

A—清液区；B—等浓度区；C—变浓度区；D—沉淀区

把颗粒大小比较接近且混合均匀的悬浮液倒进直立的玻璃筒中，开始时筒内悬浮液浓度相等，如图4.7（a）所示。当颗粒开始下降后，筒内迅速出现四个区域，如图4.7（b）所示。A 区已无颗粒，称为清液区；B 区内固相浓度与原悬浮液的浓度相同，称为等浓度区；C 区内越往下，浓度越高，称为变浓度区；D 区由最先沉降下来的粗大颗粒和随后陆续沉降下来的颗粒所构成，固相浓度最大，称为沉淀区。

沉降过程中，A 区与 B 区的分界面颇为清晰，而 B 区和 C 区之间则没有明显的分界面，仅存在一个过渡区。有时 A、B 两区分界面不清时，可借助聚光灯透射以帮助判断。

随着沉降过程的进行，A、D 两区逐渐扩大，B 区则逐渐缩小以致消失，如图 4.7（c）所示。在沉降开始后的一段时间内，A、B 两区的界面以等速向下移动，直至 B 区消失时与 C 区上界面重合为止。在这一过程中，A、B 两区的界面向下移动的速度即为该浓度悬浮液中颗粒的表观沉降速度。因为间歇沉降试验是模拟工业生产实际状况进行的，悬浮液里固相所占体积浓度不是很低，液体被沉降颗粒置换而上升的速度便不能忽略，试验观测到的沉降速度必定小于颗粒相对于介质的运动速度。

等浓度的 B 区消失后，A 区与 C 区便直接接触，A、C 两区界面的下降速度逐渐变小，直至 C 区消失，如图 4.7（d）所示。此时，A 区与 D 区之间形成清晰的界面，即达到所谓的“临界沉降点”。此后便进入沉淀区的压紧过程，这是一个缓慢的过程，沉淀物被压缩过程中所挤出的液体必须穿过颗粒之间狭小的缝隙而升入清液区，而底部的较大颗粒则构成一个疏松的床层，所以 D 区又称为压紧区。对高浓度的悬浮液来说，压紧过程所需时间往往占整个沉降过程的绝大部分。

用玻璃筒进行沉降试验时，要考虑到壁面效应和由于玻璃筒内悬浮体系存在上下温度差异而引起的对流的影响。玻璃筒内悬浮体系的上下温度差异常常由环境等因素造成。

在连续工作的浓缩机中，浆体的沉降过程与玻璃筒内的沉降过程相似，虽然有浆体不断地给入与排出，但等浓度区 B 总是存在的。间歇试验所取得的表观沉降速度与悬浮液浓度的关系数据，可作为沉降槽的设计依据。

B　间歇沉降曲线的绘制

在间歇沉降试验中，可以以沉降时间为横坐标，分别以清液区 A、等浓度区 B、变浓度区 C 和沉淀区 D 的高度为纵坐标，绘制沉降过程中各区的变化情况，结果如图 4.8 所示。清液区高度变化曲线如图 4.8 中 A 区所示。刚开始沉降时，清液区 A 与等浓度区 B 的界面（图 4.8 中固液界面）等速下降，其沉降速度就是直线段的斜率。悬浮液浓度对沉降曲线形状的影响，可以参考不同固体浓度絮凝悬浮液的沉降曲线（见图 4.9）。图 4.9 表明沉降速度与悬浮液的浓度有关，浓度越低，则沉降速度越快。变浓度区体积在临界沉降点以前变化不明显，其浓度也变化较慢；但当超过临界沉降点以后，变浓度区体积逐渐变小，其浓度逐渐增大，沉降速度逐渐减小，加上浓度扩散的影响，使界面下降趋缓，最后变成斜率很小的直线。这时，变浓度区的高浓度悬浮液在上面的压力作用下，逐渐把存在于颗粒间的部分水分挤压出去，挤压区体积则逐渐减少直到过程终点。

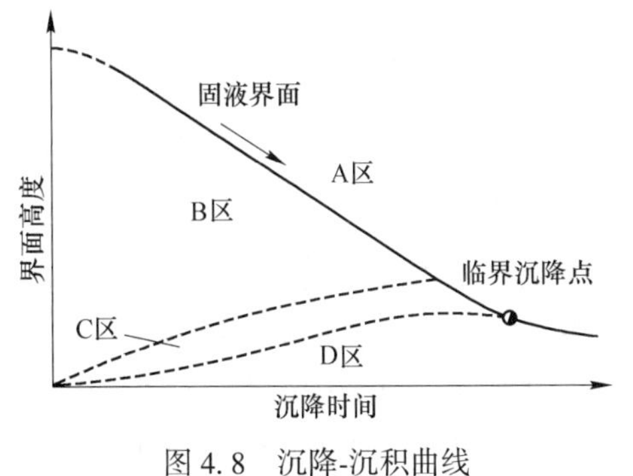

图 4.8　沉降-沉积曲线

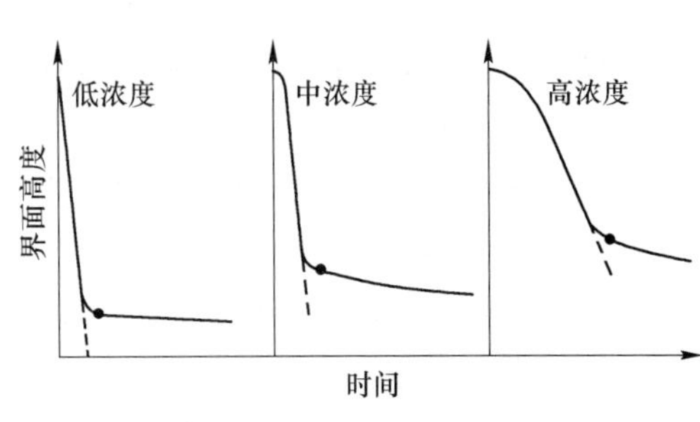

图 4.9　浓度对沉降的影响

在清液区，下界面逐渐下降的同时，变浓度区 C 和沉淀区 D 则逐渐上升直至临界沉降点，其变化情况如图 4.8 中 C 区、D 区虚线所示，该虚线也称为沉积曲线。

C　沉降速度和面积的计算

对于悬浮颗粒的自由沉降速度可利用不同雷诺数范围内的自由沉降速度公式，在考虑颗粒的形状影响因素的基础上计算得到。本节计算的沉降速度是指悬浮液处于干涉沉降状态或压缩沉降状态时的速度，实际上就是清液面的沉降速度，它直接受到悬浮液浓度的影响。不同浓度悬浮液的沉降速度可根据悬浮液的间歇沉降曲线来计算。

设初始浓度为 C_0 的悬浮液在沉降高度为 H_0 的情况下开始沉降（见图 4.10）。根据凯奇（Kynch）第三定律，任一界面高度 H_i 与对应的浓度 C_i 的积为常数，即：

$$C_1H_1 = C_2H_2 = \cdots = C_iH_i = C_0H_0 \tag{4.36}$$

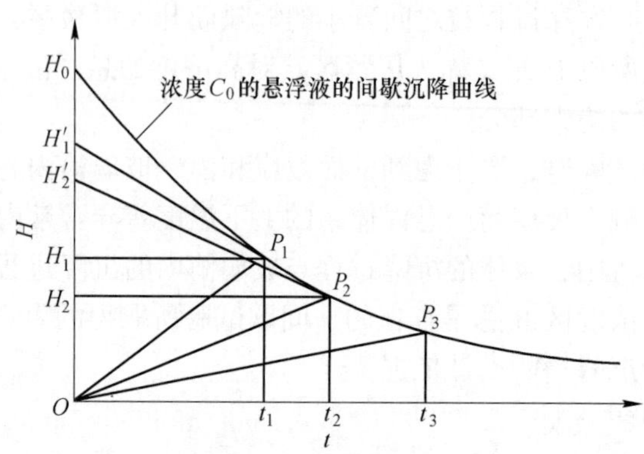

图 4.10　沉降速度的计算

因此，对任一浓度为 C_i 的悬浮液界面，沉降速度的大小实际上转化为与 C_i 对应的沉降高度 H_i 处，即沉降曲线上与 H_i 高度对应点处的沉降速度大小，该速度可通过从该点向沉降曲线作切线来求得。例如对浓度为 C_1 的悬浮液的沉降速度，可通过式（4.36）确定出相应的高度 H_1，然后从 H_1 处作平行于时间轴的直线，交沉降曲线于 P_1 点处，并过 P_1 点作沉降曲线的切线，其交纵轴（即沉降高度 H 所在的轴线）于 H_1' 点。则可求出相应的界面沉降速度：

$$u_1 = \frac{H_1' - H_1}{t_1} \tag{4.37}$$

依此类推，可同样得到 P_2、P_3 点的瞬时沉降速度 u_2、u_3 等，即对应于浓度为 C_2、C_3 的悬浮液的沉降速度。

用这一方法可以由一条沉降曲线求出各种浓度的悬浮液的沉降速度。但是，该方法针对高浓度悬浮液计算出的误差较大，仍需实测。

4.4.1.2　连续沉降

A　连续沉降槽内悬浮液的沉降过程

在连续操作的浓密机中，悬浮液的沉降过程与间歇沉降试验中悬浮液变化过程类似。待分离的固体悬浮液从导流桶给料，然后从导流桶下端水平分布在沉降槽的截面上。在此过程中固体颗粒受重力不断下沉，经历等速沉降段、过渡区、再经压缩段，然后经过底部的耙齿耙向中心移动，最后从槽底中央排出，即为底流。目前工业上使用的标准浓密机为圆桶状结构，这类浓密机也称道尔沉降槽（Dorr thickener），如图 4.11 所示。

在这类浓密机中，当作业处于稳态时，槽内各点的固体浓度不再随时间而改变。此时浓密机的物料平衡为：

总物料
$$Q_F = Q_u + Q_0 \tag{4.38}$$

固体物料
$$Q_F\phi_F = Q_u\phi_u + Q_0\phi_0 \tag{4.39}$$

液体
$$Q_F(1 - \phi_F) = Q_u(1 - \phi_u) + Q_0(1 - \phi_0) \tag{4.40}$$

若溢流不含固体，则有：

$$Q_F\phi_F = Q_u\phi_u \tag{4.41}$$

$$Q_F(1-\phi_F) = Q_u(1-\phi_u) + Q_0 \tag{4.42}$$

式中 Q_F，Q_u，Q_0——分别为进料、底流及溢流的体积流量，m^3/h；

ϕ_F，ϕ_u，ϕ_0——分别为进料、底流及溢流中固体的体积分数。

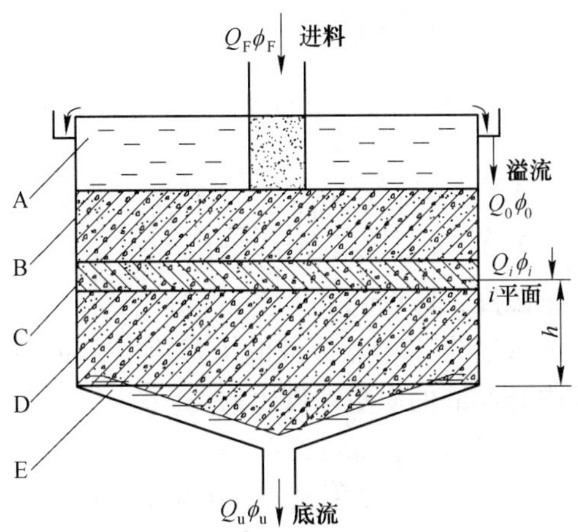

图 4.11 道尔槽中沉降区的分布

A—澄清区；B—等速沉降区；C—干涉沉降区；
D—压缩区；E—底流收集区

如果沉降作业的目的是澄清，则主要是取得清液，因此关注的是澄清液面沉降的速度。沉降速度的大小决定着沉降槽的生产能力，至于其底部液体的固体浓度、积累速度、压缩速度的快慢等则可视为次要因素。

如果沉降作业的目的是浓密，操作的目的则是为取得更浓稠的产品。因此要使沉降槽底流具有流动性，以便在能用隔膜泵或往复泵输送底流的前提下，尽可能获得固体浓度高的产品。一般而言，对于密度为 3000kg/m^{3}的矿物颗粒构成的矿浆，在其质量浓度为 50%时（体积浓度约为 25%），正常情况下均能在沉降槽底具有良好的悬浮，易于泵送。作为浓密机的底流，浓度还可以再高。如果矿物颗粒接近球形且粒度较细，如 50%以上为 -0.074mm，当体积浓度超过 30%时仍具有较好的流动性。固体浓度再进一步增加，则难以保持较好的流动性。

B 沉降槽面积的计算

对于如图 4.11 所示的稳态连续沉降过程，有以下假设：

（1）等速沉降区的固体沉降速度 u_B等于清液面的沉降速度。

（2）干涉沉降区的固体沉降速度 u_C是该区固体浓度 C'的函数，即：

$$u_C = f(C') \tag{4.43}$$

（3）对于稳态操作的浓密机，为保证溢流不含固体，则应满足：

$$Q_0/A \leq u_B \tag{4.44}$$

式中 A——浓密机的水平截面积，m^2。

当浓密机进出料处于稳定，且溢流不含固体时有：

固体流量 $$Q_F\phi_F = Q\phi = Q_u\phi_u \tag{4.45}$$

液体流量 $$Q_0 = Q(1-\phi) - Q_u(1-\phi_u) \tag{4.46}$$

式中 Q——槽内等速沉降区内某处的流量，m^3/h；

ϕ——槽内等速沉降区内某处固体颗粒体积分数。

由式（4.45）和式（4.46）可得：

$$Q_0 = Q_F\phi_F\left(\frac{1}{\phi} - \frac{1}{\phi_u}\right) \tag{4.47}$$

如果把固体体积分数 ϕ_F、ϕ 和 ϕ_u 分别转换成对应的悬浮液质量浓度 C_F、C 和 C_u，则式（4.47）可转换成：

$$A = \frac{Q_F C_F}{u}\left(\frac{1}{C} - \frac{1}{C_u}\right) \tag{4.48}$$

式中 C_F——进料颗粒质量浓度，kg/m^3；

u——等速沉降区内浓度为 C 的悬浮液的沉降速度，m/h；

C——等速沉降区内悬浮液的质量浓度，kg/m^3；

C_u——底流出料颗粒质量浓度，kg/m^3。

式（4.47）或式（4.48）即为科-克莱文杰（Coe-Clevenger）法，简称 C-C 法。可以看出，该公式的关键是根据单个间歇沉降试验确定与悬浮液的浓度 C 相应的沉降速度 u 值，这可利用图 4.10 中所介绍的方法求得，并获得相应的 u-C 关系曲线。在 u、C 确定之后，即可由式（4.48）计算出相应的沉降面积。

根据该方法计算出的沉降面积往往比实际需要的面积小，多采用安全系数进行修正。当所用沉降槽为圆形且直径在 5m 以下时，修正系数为 1.5；直径在 30m 以上时，修正系数为 1.2。

由于 C-C 法的前提是整个沉降区悬浮物浓度相同，因此进入干涉沉降区之后 C-C 方程就不再适用。

C 干涉沉降区

在干涉沉降区内，进料悬浮液已不可能再认为是直接加入到该区内。进入该区的物料只能来源于自由沉降区的沉降物。选取该区内距底面高度为 h 的某一水平面 i，如图 4.11 所示，则 i 界面的物料平衡有：

总物料 $$Q_i = Q_u + Q_L \tag{4.49}$$

液体 $$Q_i(1-\phi_i) = Q_u(1-\phi_u) + Q_L \tag{4.50}$$

式中 Q_i——i 平面处的体积流量，m^3/h；

Q_L——平面上升的液体流量，它是由颗粒沉降压缩挤出的液体。

设其中不含固体，则可得：

$$Q_i u_i A = Q_u C_u \tag{4.51}$$

式中 u_i——i 平面处的固体颗粒的沉降速度，m/h。

通过干涉沉降试验确定 Q_i 与 u_i 间的关系后，即可通过式（4.51）求出水平截面积 A，与通过 C-C 法计算出的截面积进行比较，取最大者作为设计依据。

D 等速沉降区和压缩区的高度

等速沉降区（B 区）的高度 h_B 可由下式计算：

$$h_{B}A = Q_{F}\Delta t_{B} \tag{4.52}$$

式中，Δt_B为进料矿浆在 B 区的停留时间，可得：

$$\Delta t_{B} \geqslant \frac{h_{B}}{u_{B}} \tag{4.53}$$

式中，u_B为间歇试验测得的悬浮液界面沉降速度，以及连续浓密机 B 区应保持的颗粒群沉降速度。据此 B 区的高度为：

$$h_{B} = \frac{Q_{F}}{A}\Delta t_{B} \quad 或 \quad Q_{F} = Au_{B} \tag{4.54}$$

式（4.54）表明沉降设备的处理量在沉降速度一定的情况下只与沉降面积有关，而与高度无关。如果 h_B太小，悬浮液在水平方向上的运动速度超过颗粒雷诺数的允许范围，则会使颗粒在水平运动方向进入过渡区，甚至进入湍流区，从而显著干扰颗粒的沉降。

当矿浆进入压缩区后，悬浮液中固液分离现象基本已经结束，固体与液体间的相对位置已相对稳定，此后基本上作为一个整体以活塞流形式向下运动，在前进过程中受重力影响而产生压缩作用。压缩区的高度为：

$$h_{p} = u_{D}\Delta t_{p} \tag{4.55}$$

式中　u_D，Δt_p——分别为根据间歇试验测得的压缩速度和压缩时间。

4.4.2 重力沉降设备

生产中重力沉降一般分浓缩澄清和分级两大类。浓缩澄清的目的是使悬浮液增稠或从比较稀的悬浮液中除去少量悬浮物；而沉降分级的目的是除去粗砂而得到含细颗粒的悬浮液。常用的重力沉降设备如下。

4.4.2.1　浓密机

图 4.12 是可进行连续作业的辐流式单层浓密机示意图。浓密机上部设有进料筒，清液从周边的溢流堰排出，进料筒的插入深度因槽体大小和高度而异，但需深至沉降区，否则会污染形成的上清液。浓缩后的底流由耙机耙至底部中央的排泥口排出。耙机由电机带动缓慢旋转，可使底流不断压缩而不引起扰动。为了提高浓密机的有效沉降面积，可在浓密机中安装单层或多层平面倾斜板，变为带倾斜板的单层浓密机。浓密机可用于浸出矿浆的浓缩而得到微粒含量小于 1g/L 的上清液，也可用于沉渣逆流洗涤及化学沉淀产品的浓缩。

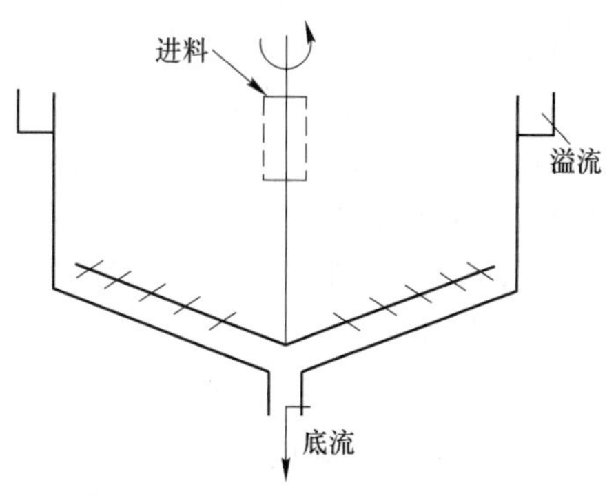

图 4.12　辐流式单层浓密机结构示意图

浓密机按传动方式可分为中心传动浓密机和周边传动浓密机两种。中心传动浓密机的直径一般小于 15m；周边齿条传动浓密机的直径一般大于 15m（国内最大为 53m），直径大于 50m 的浓密机一般用周边辊轮传动。

除单层浓密机外，生产中还采用多层浓密机。图 4.13 是平衡式浓密机。其工作特点是各层的加料及上清液溢流都分别进行，各层的沉渣则全部经下渣管从底层排出。下渣管

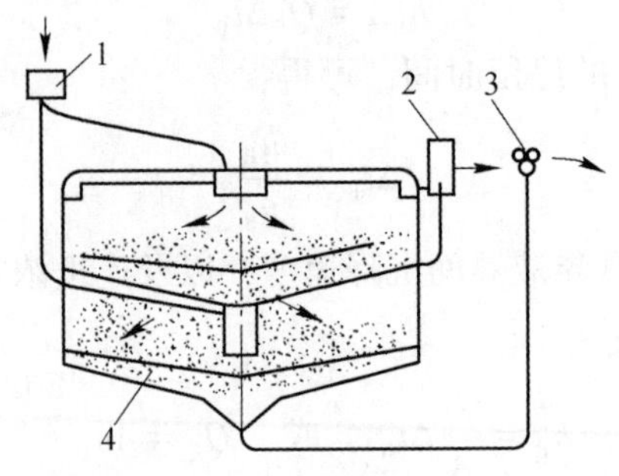

图 4.13 平衡式双层浓密机结构示意图
1—加料；2—溢流；3—泥渣排出口；4—刮泥装置

设置在层间隔板中心部位并向下伸出，其伸出长度应使管口达到下层的沉渣层以内，以保证浓密机各层独立、平行地操作，并起到水封作用。上层沉渣深度由压力差控制，该压力差可通过提高下层溢流面并超过上层液面而获得。平衡式浓密机应用越来越广泛。

多层浓密机除用于浓缩外，也用于底流的逆流洗涤，底流由上部进料筒进入，洗水由最下层进料筒进入，各层的溢流依次返至上一层，溢流清液和底流相向流动。

深锥浓密机的结构如图 4.14 所示，是用于浓缩的一种高效浓密机，以获得高浓度底流为目的。它的第一个特点是池深大于池直径（即有很尖的锥角），这种大锥角的浓密机具有很好的压缩高度以及静压力，大大地增加了固体通量，产出半固体的塑性浓缩产品，可直接用皮带运输。第二个特点是采用了特殊设计的搅拌装置并结合絮凝浓缩工艺进行浓缩，搅拌装置的缓慢旋转保证了絮凝剂溶液的完全分散，又避免了絮团受到破坏，还可为浓缩清液提供流出的通道。

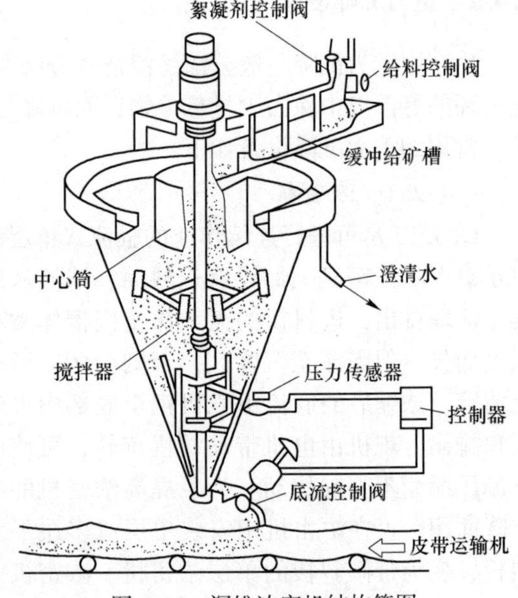

图 4.14 深锥浓密机结构简图

4.4.2.2 倾斜板式浓缩箱

倾斜板式浓缩箱的内部装有一层或多层倾斜板，底部为用来收集浓泥的锥斗。倾斜板的作用是增大有效沉降面积、缩短沉降距离、加速固体颗粒沉降，并使沉渣沿板的斜坡下滑至锥斗，以提高设备的处理能力。其按进料方式可分为从倾斜板下部向上流入的上流式、从倾斜板横侧平行流入的平流式以及从倾斜板正面流入的前流式，实际生产应用中以上流式为主。

倾斜板式浓缩箱的特点是结构简单，无传动部件，处理量大，效率高，易于制造；但其容量较小，对进料浓度的变化较敏感，底流易堵，倾斜板上易结垢，需经常清洗。

4.5 过滤分离

过滤是一种在过滤推动力作用下，借助多孔过滤介质将悬浮液中的固体颗粒截留而让液体通过的固液分离过程。与重力沉降法相比，过滤作业不仅固液分离速度快，而且分离较彻底，可得到液体含量较小的滤饼和澄清的清液。通常将送去过滤的悬浮液称为滤浆，将截留固体颗粒的介质称为过滤介质，将截留于过滤介质上的沉积物层称为滤饼或滤渣，将透过滤饼和过滤介质的澄清溶液称为滤液。

起过滤作用最主要的是过滤介质，过滤介质的质量和性能直接影响过滤的效果，过滤介质常是滤饼的支承物，对表面过滤而言滤饼层才起真正的过滤作用。过滤介质要满足以下要求：产生清洁的滤液，能有效地阻挡微粒物质；不会或很少发生突然的或累积式的阻塞；良好的卸饼性能；适当的耐清洗能力；具有一定的机械强度和耐化学腐蚀能力；耐微生物作用；有较高的过滤速率。

对于过滤过程来说，按推动力可分为重力过滤（50kPa）、真空过滤（53~93kPa）、加压过滤（50~800kPa）和离心过滤。按其原理可分为两大类，即表层过滤（滤饼过滤）和深层过滤。表层过滤主要是以滤布、滤网、烧结材料、粉体为过滤介质，悬浮液中的固体颗粒停留并堆积在过滤介质表面，在过滤介质一侧生成由被截留颗粒形成的滤饼，适用于容积浓度大于1%的悬浮液的固液分离。深层过滤是颗粒被截留在过滤介质内，不形成滤饼，适用于容积浓度小于0.1%的稀悬浮液的固液分离。

4.5.1 过滤速度基本方程

4.5.1.1 过滤速度的定义

过滤速度指单位时间内通过单位过滤面积的滤液体积，可用下式描述：

$$u = \frac{\mathrm{d}V}{A\mathrm{d}\theta} \tag{4.56}$$

式中 u——瞬时过滤速度，$m^3/(s \cdot m^2)$；

$\mathrm{d}V$——滤液体积，m^3；

A——过滤面积，m^2；

$\mathrm{d}\theta$——过滤时间，s。

随着过滤过程的进行，滤饼逐渐加厚。可以想象，如果过滤压力不变，即恒压过滤时，过滤速度将逐渐减小，因此上述定义为瞬时过滤速度。过滤过程中，若要维持过滤速度不变，即维持恒速过滤，则必须逐渐增加过滤压力或压差。

4.5.1.2 过滤速度的表达

过滤过程中，需要在滤浆一侧和滤液透过一侧维持一定的压差，过滤过程才能进行。从流体力学的角度讲，这一压差用于克服滤液通过滤饼层和过滤介质层的微小孔道时的阻力，称为过滤过程的总推动力，以 Δp 表示。这一压差部分消耗在了滤饼层，部分消耗在了过滤介质层，即 $\Delta p = \Delta p_1 + \Delta p_2$，其中 Δp_1 为滤液通过滤饼层时的压力降，也是通过该层的推动力；Δp_2 为滤液通过介质层时的压力降，也是通过该层的推动力。

滤液在滤饼层中流过时，由于通道的直径很小，阻力很大，因而流体的流速很小，应该属于层流，压降与流速的关系服从 Poiseuille 定律，即：

$$u_1 = \frac{d_e \Delta p_1}{32\mu l} \tag{4.57}$$

式中 u_1——滤液在滤饼中的真实流速，$m^3/(s \cdot m^2)$；

d_e——通道的当量直径，m；

μ——滤液黏度，Pa·s；

l——通道的平均长度，m。

式（4.57）中一些参数的确定方法如下：

（1）u_1 与 u 的关系。定义滤饼层的空隙率为：

$$\varepsilon = \frac{\text{滤饼层的空隙体积}}{\text{滤饼层的总体积}}$$

$$u = \frac{\text{滤液体积流量}}{\text{滤饼的截面积}}$$

$$u_1 = \frac{\text{滤液体积流量}}{\text{滤饼截面中空隙部分的面积}} = \frac{\text{滤液体积流量}}{\text{滤饼空隙率} \times \text{滤饼截面积}}$$

所以，$u_1 = \dfrac{u}{\varepsilon}$。

（2）通道的平均长度。通道的平均长度可以认为与滤饼的厚度成正比，即 $l = K_0 L$。

（3）通道的当量直径 d_e。

$$d_e = \frac{4 \times \text{流通截面积}}{\text{润湿周边}} = \frac{4 \times \text{空隙体积}}{\text{颗粒表面积}} = \frac{4 \times \text{滤饼层体积} \times \text{空隙率}}{\text{比表面积} \times \text{颗粒体积}}$$

$$= \frac{4 \times \text{滤饼层体积} \times \text{空隙率}}{\text{比表面积} \times \text{滤饼层体积} \times (1 - \text{空隙率})} = \frac{4\varepsilon}{S_0(1-\varepsilon)}$$

根据以上三点结论，可以导出过滤速度的表达式为：

$$\frac{V}{A\mathrm{d}\theta} = u = u_1\varepsilon = \frac{\varepsilon d_e^2 \Delta p_1}{32\mu K_0 L} = \frac{\varepsilon^3 \Delta p_1}{2K_0 S_0^2 (1-\varepsilon)^2 \cdot \mu L} = \frac{\Delta p_1}{r\mu L} = \frac{\text{推动力}}{\text{阻力}} \tag{4.58}$$

其中，$\dfrac{1}{r} = \dfrac{\varepsilon^3}{2K_0 S_0^2 (1-\varepsilon)^2}$，称为滤饼的比阻，其值完全取决于滤饼的性质。

可以看出，过滤速度等于滤饼层推动力/滤饼层阻力，而滤饼阻力由两方面的因素决定，一是滤饼层的性质及其厚度，二是滤液的黏度。

4.5.1.3 考虑滤液通过过滤介质时的阻力

对介质的阻力作如下近似处理：认为它的阻力相当于厚度为 L_e 的一层滤饼层的阻力，于是介质阻力可以表达为 $r\mu L_e$。

滤饼层与介质层为两个串联的阻力层，通过两者的过滤速度应该相等：

$$\frac{\mathrm{d}V}{A\mathrm{d}\theta} = \frac{\Delta p_1}{\mu r L} = \frac{\Delta p_2}{\mu r L_e} = \frac{\Delta p}{\mu(rL + rL_e)} = \frac{\Delta p}{\mu(R + R_e)} \tag{4.59}$$

其中，$R = rL$，$R_e = rL_e$。

4.5.1.4 两种具体的表达形式

滤饼层的体积为 AL，它应该与获得的滤液量成正比，设比例系数为 c，于是 $AL=cV$。由 $c=\frac{AL}{V}$，可知 c 的物理意义是获得单位体积的滤液量能得到的滤饼体积。

由前面的讨论可知：$R=rL=\frac{rcV}{A}$，$R_e=rL_e=\frac{rcV_e}{A}$。其中 V_e 为滤得体积为 AL_e 或厚度为 L_e 的滤饼层可获得的滤液体积。但这部分滤液并不存在，而只是一个虚拟量，其值取决于过滤介质和滤饼的性质。于是：

$$\frac{dV}{d\theta}=\frac{A^2\Delta p}{\mu rc(V+V_e)} \tag{4.60}$$

又设获得的滤饼层的质量与获得的滤液体积成正比，即 $W=c'V$，其中 c' 为获得单位体积的滤液能得到的滤饼质量。

由 $R=rL=r\frac{\text{滤饼体积}}{\text{滤饼面积}}$ 可知，R 与单位面积上的滤饼体积成正比，与单位面积上的滤饼质量成正比，只是比例系数需要改变，即：

$$R=r'\frac{\text{滤饼质量}}{\text{滤饼面积}}=\frac{r'W}{A}=\frac{r'c'V}{A}$$

$$R=\frac{r'W_e}{A}=\frac{r'c'V_e}{A}$$

于是可得到与式（4.60）形式相同的微分方程：

$$\frac{dV}{d\theta}=\frac{A^2\Delta p}{\mu r'c'(V+V_e)} \tag{4.61}$$

由获得这一方程的过程可知 $rc=r'c'$。

4.5.2 过滤设备

过滤设备的种类很多，主要有真空过滤机、板框过滤机和微孔管加压过滤机等。

4.5.2.1 圆盘真空过滤机

圆盘真空过滤机是在真空下连续工作的设备。它由许多表面套有滤布的过滤器件（滤叶）组成垂直旋转的圆盘，圆盘的一部分浸入装有悬浮液的槽内。该设备中滤液的运动方向与重力方向互相垂直。

圆盘真空过滤机主要由水平轴、滤盘、分配头、悬浮液槽、传动机构和刮板等部件组成，如图 4.15 所示。圆盘真空过滤机的滤盘通常是由 8~12 个扇形滤叶组成，其两面为过滤面。滤叶为一个扁平扇形中空部件，可由铁板、塑料、铝合金等材料制作，外面包滤布，滤叶的两面有小孔，偏小的一端有一滤液孔与水平轴上的一个滤液孔道相通。滤叶用螺栓和压板固定在水平轴上，这样构成滤盘。水平轴内有若干个滤液孔道通向分配头，孔道数与一个滤盘上的滤叶数相等，水平轴的一端与传动机构相连，另一端与分配头相配合。当过滤板置于槽体中时，在分配头的切换下，滤板空腔经滤液孔与真空泵相连，使固体物料吸附到过滤板两侧的滤布上；离开浆面后，过滤板仍与真空泵相接，进入脱水阶段；在卸饼区，分配头使滤板空腔切换到与鼓风机相连，完成反吹卸饼过程。

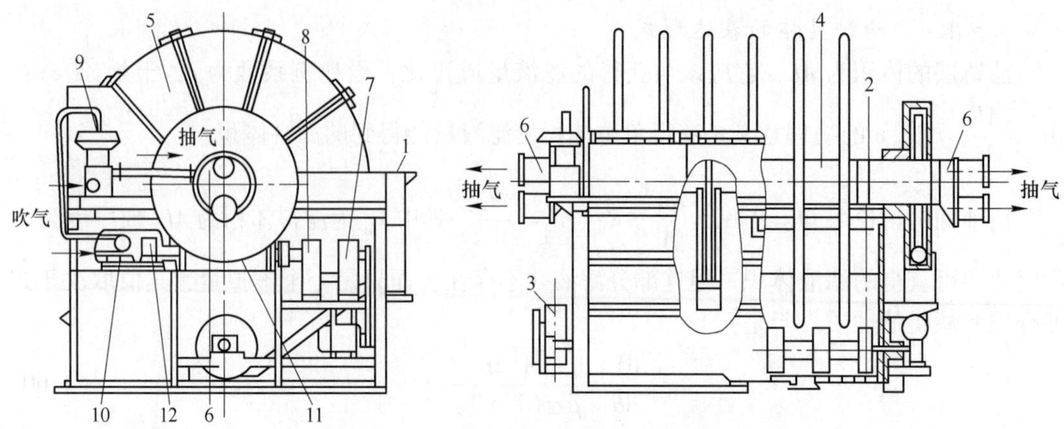

图 4.15 PG 型圆盘真空过滤机

1—槽体；2—搅拌器；3，12—涡轮减速器；4—主轴；5—过滤圆盘；6—分配头；7—无级变速器；8—齿轮减速器；9—风阀；10—控制阀；11—蜗杆、涡轮

圆盘真空过滤机的优点为：造价低，结构紧凑，占地面积小；真空度损失少，单位产量耗电少；可以不设置搅拌装置；更换滤布方便；能获得较好的过滤效果；速比大，传动平稳可靠；溢流浓度低。其缺点为：设备运转过程中问题多，必须停车处理，影响连续生产；滤布易堵塞，磨损快，难再生，薄滤饼卸除较困难；对滤布孔隙和结构要求严格；下料口易堵塞，需人工疏通；滤饼不能洗涤；滤饼水分略高于外滤式圆筒真空过滤机；不适合处理非黏性物料。

4.5.2.2 板框压滤机

板框压滤机由交替排列的滤板和滤框构成一组滤室。板框压滤机的类型，根据出液方式可分为明流式和暗流式；根据板框的安装方式可分为立式和卧式；根据滤布安装方式可分为滤布固定式和滤布行走式。

板框压滤机的结构和工作原理如图 4.16 所示，主要由压紧装置、头板、板框、滤布、

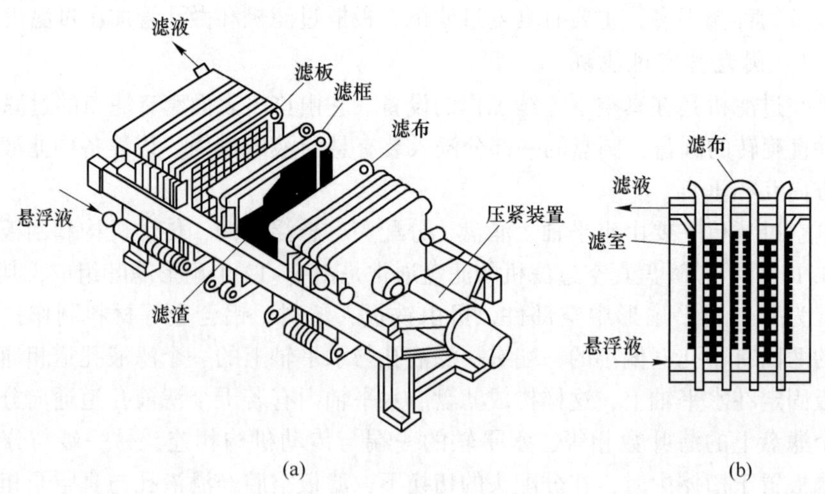

图 4.16 板框压滤机结构（a）和工作原理（b）示意图

尾板、分板装置及支架等组成。板框凭借其两旁的把手支撑在横梁上，头板的两侧各装有两个滚轮将其支撑在横梁上。滤板、滤框之间设有滤布，通过压紧装置，将装在横梁上的板框压紧在头、尾板之间进行过滤。

在滤板的表面有沟槽，其凸出部位用以支撑滤布，滤框和滤板的边角上有通孔，组装后构成完整的通道，能通入悬浮液、洗涤水和引出滤液。过滤时，用泵将料浆泵到滤板与滤框组合的通道中，料浆由滤框角端的暗孔进入框内，在压差作用下，滤液穿过两侧的滤布，固体颗粒在滤布上形成滤渣。滤液经过滤板板面上的沟槽流至出口排走。板、框两侧各有把手支托在横梁上，由压紧装置压紧板、框，板、框之间的滤布起密封垫片的作用。过滤完毕，可通入清洗涤水洗涤滤渣。洗涤后，有时还通入压缩空气，除去剩余的洗涤液。随后打开压滤机卸除滤渣，清洗滤布，重新压紧板、框，开始下一工作循环。

滤液的排出方式分为明流式和暗流式两种方式。滤液从每块滤板的出液孔直接排出机外的称为明流式，明流式便于监视每块滤板的过滤情况，发现某滤板滤液不纯，即可关闭该板出液口。若各块滤板的滤液汇合从一条出液管道排出机外的则称为暗流式，暗流式用于滤液易挥发或滤液对人体有害的悬浮液的过滤。对于滤饼的洗涤，也同样有明流洗涤和暗流洗涤两种，分别如图 4.17 和图 4.18 所示。若滤饼需要洗涤时，则将洗涤水压入洗涤水通道，并经由洗涤板角端的暗孔进入板面与滤布之间。此时应关闭洗涤板下部的滤液出口，洗水便在压差的推动下，横穿第一层滤布及整个滤框中的滤饼层，然后再横穿第二层滤布，按此顺序重复进行，最后由非洗涤板下部的滤液出口排出，这一过程为明流洗涤。对滤饼洗涤要求不高的压滤，一般采用暗流洗涤方式，在矿物化学处理中大多采用暗流洗涤方式。

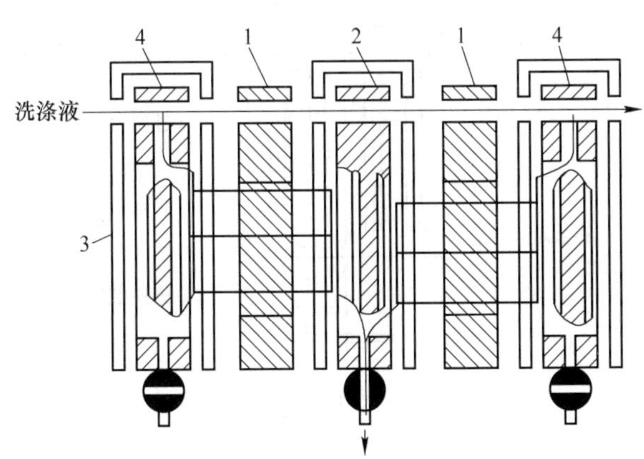

图 4.17 明流洗涤

1—滤框；2—滤板；3—滤布；4—洗涤板

4.5.2.3 微孔管加压过滤机

精密微孔过滤是利用微孔管正向过滤，反向冲洗、再生，如图 4.19 所示。微孔管是过滤器的核心元件，它是一种特殊塑料管，以超高分子量的聚乙烯塑料作为主要材料，再配以多种添加剂，经过活化、改性、复合等特殊工艺而制成。其管径通常为 30~80mm，管壁上均匀布满了超细微孔（可根据过滤物料的粒径大小选择孔径）。工作时，待过滤物从过滤液进口进入，由于压力差的存在，迫使滤液流向微孔管内。此时，微孔管管壁上的

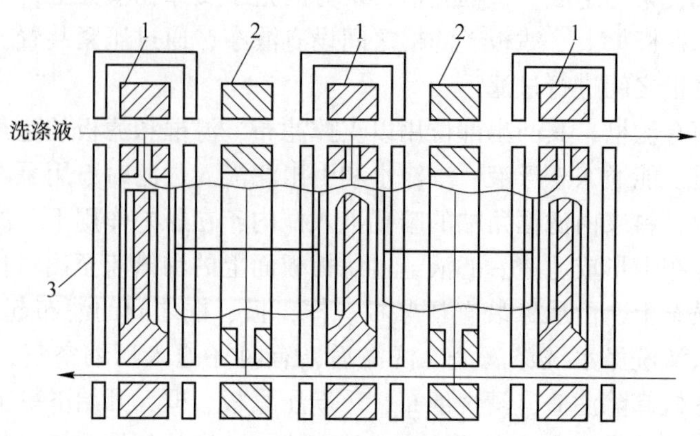

图 4.18 暗流洗涤

1—滤板；2—滤框；3—滤布

超细小孔起到筛网网孔的作用，粒度小于管孔的物质穿越管壁后汇集到过滤溶液出料口流出，大于管孔的物质被阻挡在管外形成滤渣，由渣料出口定期排出，从而实现溶液的过滤分离。微孔管工作一段时间后，其管外壁上将附着许多滤渣，导致阻力增大、过滤效率降低。此时，微孔管必须进行再生处理，即从反向冲洗口或正向冲洗口通入清洗物，将微孔管反向或正向冲洗（以反向冲洗为主），使微孔管再生。再生后，又可继续进行溶液过滤。

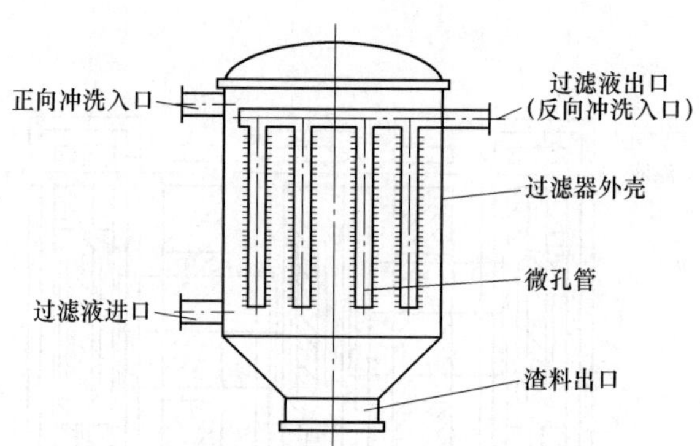

图 4.19 精密微孔管过滤原理示意图

微孔管式过滤机种类较多，按过滤介质可分为刚玉微孔管过滤机、塑料微孔管过滤机、合成纤维微孔管袋式过滤机等；按滤液出液的方式可分为明流式和暗流式微孔管过滤机；按滤液出口的位置可分为上出液和下出液微孔管过滤机。目前国内使用最多的是明流上出液的微孔管加压过滤机（见图 4.20）。

大型工厂在过滤介质的选用方面趋向于在钻孔的管道上或其他骨架上套涤纶袋或尼龙袋作为过滤介质。我国株洲冶炼厂在过滤净化除钴渣时采用的微孔管过滤机即属于这种类型，过滤介质是在钻孔的不锈钢管外层套以涤纶袋，过滤面积 98m^2。

与传统压滤机相比，微孔管加压过滤机具有劳动条件好、滤液质量高、备件消耗少、经济效益好、有利于环境保护等优点。

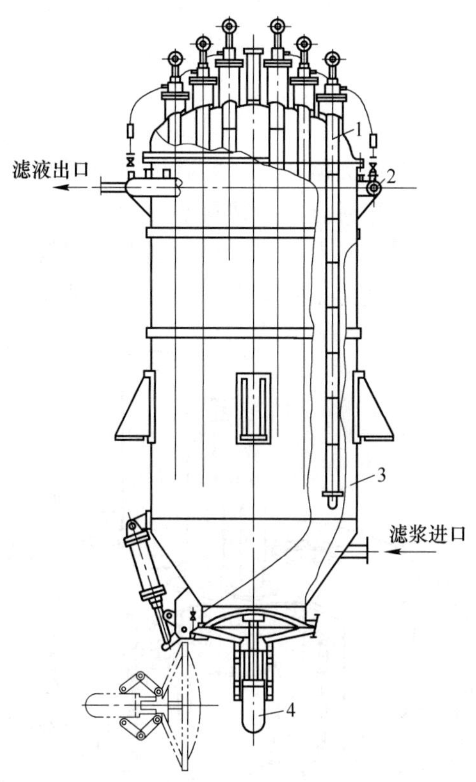

图 4.20 明流上出液的微孔管加压过滤机
1—过滤装备；2—聚流装备；3—壳体；4—卸渣装置

4.6 离 心 分 离

离心分离是以固体和液体间的密度差为基础，即二者有密度差的固液悬浮液，在离心力作用下进行的沉降分离。悬浮液中的颗粒在离心力场中受到离心力的作用，当颗粒密度大于液体密度时，离心力使其沿径向向外运动，当颗粒密度小于液体密度时，在离心力作用下，液体迫使固体颗粒沿径向向内运动。因此，离心沉降可视为较细颗粒重力沉降的延伸，并且能够分离通常在重力场中较为稳定的乳状液，这一分离过程可视为在离心力场作用下悬浮液中固体颗粒的自由沉降过程。影响离心分离过程进行情况和效果的主要是物料的物理性质和物理化学性质。

离心分离通常有三个过程：固体的沉降；沉渣的压缩；从沉渣孔隙中部分清除液体。分离因数是表示离心力大小的指标，也是表示离心脱水机分离能力的指标，分离因数 Z 越大，物料所受离心力越强，越容易实现固液分离。而离心机的分离因数与离心机转速 n 的平方以及旋转半径成正比，实际上采用提高转速提高分离因数比通过增加半径提高分离因数更加有效，因此离心机的结构常采用高转速、小直径。

离心沉降分离过程一般是在无孔的转鼓装置中进行的，用无孔转鼓所产生的离心力来分离悬浮液或矿浆。由于机内的物料层中无显著的剪切作用，因此离心沉降设备很适合于固液分离作业，也常用于分级过程。尽管离心沉降设备分离出的固体含湿量较高，但由于其分离效率较高，因此在工业上得到了广泛应用。

4.6.1 三足式沉降离心机

三足式沉降离心机的转鼓垂直支撑在三个装有缓冲弹簧的摆杆上，以减少因加料或其他原因引起的重心偏移。按滤渣卸料方式、卸料部位和控制方法不同，三足式沉降离心机又可分为人工上卸料、吊装上卸料、人工下卸料、刮刀下卸料、自动刮刀下卸料、上部抽吸卸料和密闭防爆等结构形式。最常见的刮刀下卸料的三足式离心机结构如图 4.21 所示。

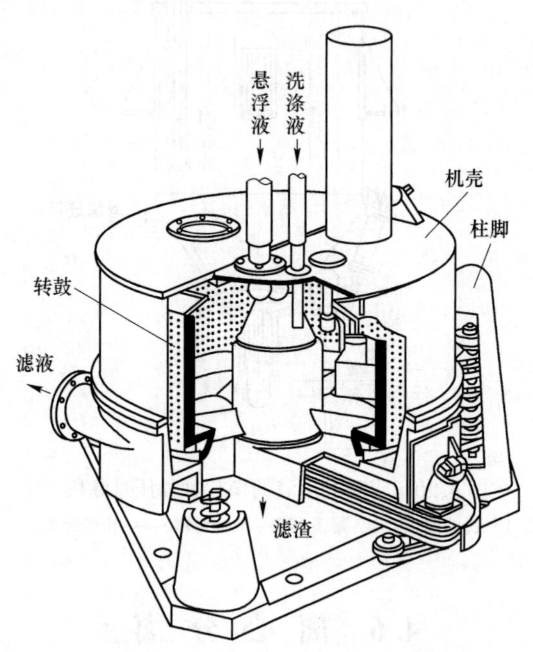

图 4.21 三足式刮刀下卸料离心机结构

三足式离心机适用于处理量不大，又要求充分洗涤的物料。三足式离心机的主要优点是：对物料的适应性强，过滤、洗涤能按需要随时调节操作参数；可得到较干的滤饼和进行充分的洗涤；固相颗粒几乎不受破坏；能分离粒径为微米级的细微颗粒；运转平稳、结构简单、造价低廉。但其缺点是间歇操作、辅助作业时间较长，生产能力较低。

4.6.2 螺旋卸料离心机

螺旋卸料离心机主要由高转速的转鼓、与转鼓转向相同且转速比转鼓略高或略低的螺旋和差速器等部件组成。当要分离的悬浮液进入离心机转鼓后，高速旋转的转鼓产生强大的离心力把比液相密度大的固相颗粒沉降到转鼓内壁，由于螺旋和转鼓的转速不同，二者存在相对运动（即转速差），利用螺旋和转鼓的相对运动把沉积在转鼓内壁的固相推向转鼓小端出口处排出，分离后的清液从离心机另一端排出。差速器（齿轮箱）的作用是使转鼓和螺旋之间形成一定的转速差。

螺旋卸料沉降离心机有立式和卧式两种，图 4.22 是卧式螺旋卸料沉降离心机结构示意图。悬浮液经进料管 1 进入螺旋内筒后，由内筒的进料孔 5 进入转鼓 7，沉降到鼓壁的沉渣由螺旋输送器 4 输送到转鼓小端的排渣孔 12 排出。螺旋与转鼓同向回转，但具有一定的转速差（由差速器实现）。分离液经转鼓大端的溢流孔 11 排出。

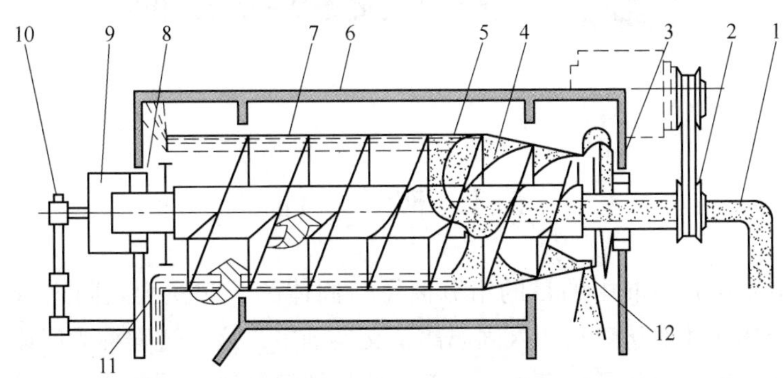

图 4.22　卧式螺旋卸料沉降离心机结构示意图

1—进料管；2—三角皮带轮；3—右轴承；4—螺旋输送器；5—进料孔；6—机壳；7—转鼓；8—左轴承；9—行星差速器；10—过载保护装置；11—溢流孔；12—排渣孔

影响螺旋卸料离心机工作效果的影响因素主要有以下几方面：

(1) 分离因数。分离因数反映离心力的大小，它由转速决定并影响脱水后产品的水分。

(2) 转鼓的结构参数。由于物料在螺旋卸料离心脱水机中的运动速度由转鼓与刮刀的相对转速决定，所以转鼓的高度和半锥角对螺旋卸料离心脱水机影响并不大；转鼓半锥角主要影响离心液中的固体含量，锥角越小离心液中固体含量越低，但对水分影响较小；转鼓直径主要影响设备的生产能力。

(3) 筛网特征。筛网特征主要指筛缝宽度，缝宽常为 0.25～0.5mm。在一定范围内，缝宽对脱水后产品水分影响不明显，而对物料在离心液中的损失有较大影响，缝宽与损失几乎成正比。

复习思考题

4-1　矿物化学处理过程中固液分离的目的是什么？

4-2　颗粒粒度的测定方法有哪些？

4-3　常用的固体浓度表示方法有哪几种？

4-4　沉降曲线如何绘制？

4-5　浓密机有几种类型，基本构造和工作原理是怎样的？

4-6　过滤速度的表达式是什么？

4-7　板框压滤机的工作原理及特点是什么？

4-8　离心分离的原理是什么，常用的设备有哪些？

5 离子交换与吸附

5.1 概　　述

离子交换吸附法是溶液中的目的组分离子与固体离子交换剂之间进行多相复分解反应，使目的组分选择性地从液相转入固态离子交换剂中，这一过程称为吸附。然后用适当的试剂淋洗被目的组分饱和了的离子交换剂，使目的组分离子重新转入溶液中，从而达到富集的目的，这一过程称为淋洗（或解吸）。在吸附和淋洗过程中，离子交换剂的形状和电荷保持不变。

吸附和淋洗是离子交换吸附法两个最基本的作业，而在吸附和淋洗作业后常有洗涤作业，吸附后的洗涤作业是洗去树脂床中吸附原液和对交换剂亲和力较小的杂质组分，淋洗后的冲洗作业是除去树脂床中的淋洗剂。有的工艺在淋洗和洗涤之后还有交换剂转型或再生作业。离子交换吸附法的原则流程如图 5.1 所示。

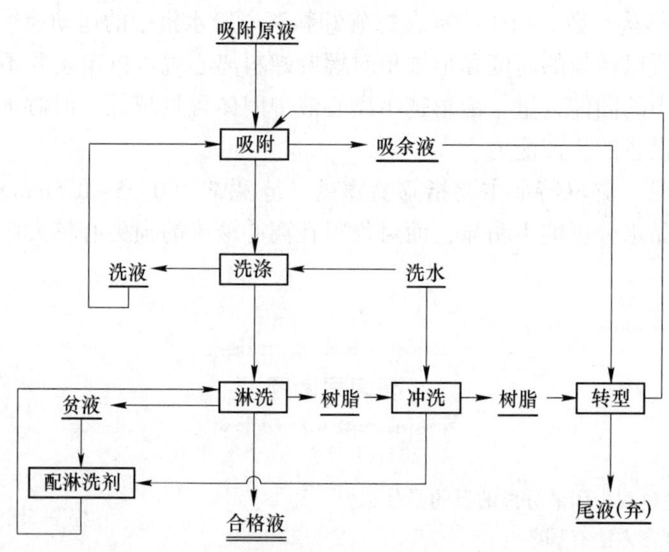

图 5.1　离子交换吸附法的原则流程

自从实现人工合成有机离子交换树脂后，离子交换吸附技术才得到广泛的工业应用，目前，离子交换吸附技术已广泛用于稀土分离，从稀溶液中提取和分离某些金属组分（如从浸出液中提取和分离金属组分）等。

离子交换剂的种类较多，分类方法多样，多是根据离子交换剂交换基团的特性进行分类，如图 5.2 所示。

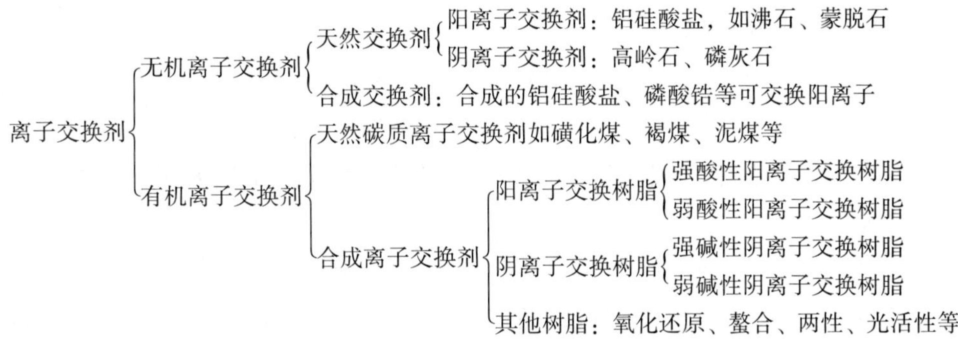

图 5.2　离子交换剂的分类

离子交换吸附法用于富集金属组分具有选择性高、作业回收率高、成本低、化学精矿质量高等诸多优点，可直接从浸出矿浆中提取目的组分（矿浆吸附法），也可将浸出作业和吸附作业结合在一起进行（矿浆树脂法），提高浸出率，并简化或省去固液分离作业。离子交换吸附法的主要缺点是交换剂的吸附容量较小，只适于从稀溶液中提取目的组分，而且吸附速率小、吸附循环周期长。

活性炭是由木质、煤质和石油焦等含碳的原料经热解、活化加工制备而成，具有发达的孔隙结构、较大的比表面积和丰富的表面化学基团，是特异性吸附能力较强的炭材料的统称。工业上常用活性炭进行矿物化学处理过程中有价成分的提取。

5.2 离 子 交 换

5.2.1 离子交换原理

5.2.1.1 离子交换平衡

A　平衡常数

假设含有目的组分离子 A^+的溶液，采用 B 型离子交换剂吸附分离，交换达到平衡时，离子交换可用下式表达：

$$RB + A^+ \rightleftharpoons RA + B^+ \tag{5.1}$$

式中　R——离子交换剂的骨架与固定基团。

与可逆的化学平衡反应相同，根据质量作用定律，离子交换反应的热力学平衡常数表示为：

$$K = \frac{(RA)(B^+)}{(RB)(A^+)} = \frac{[RA]\gamma_{RA}[B^+]\gamma_{B^+}}{[RB]\gamma_{RB}[A^+]\gamma_{A^+}} \tag{5.2}$$

式中　(RA)——组分 RA 的活度；

[RA]——组分 RA 的浓度；

γ——相应组分的活度系数，稀溶液中常认为 $\frac{\gamma_{B^+}}{\gamma_{A^+}}=1$。

由于树脂相中的离子活度很难测定，实际应用中常以树脂相中的离子浓度代替其活度，即不考虑树脂相活度系数 γ_{RA}、γ_{RB} 的影响时，可得到上述稀溶液离子交换过程的平衡

常数 $\tilde{K}$，也称表观平衡常数：

$$\tilde{K} = \frac{[RA][B^+]}{[RB][A^+]} = K\frac{\gamma_{RA}}{\gamma_{RB}} \tag{5.3}$$

由于 $\tilde{K}$ 计算时，没有考虑树脂和溶液中离子的活度系数，因此，$\tilde{K}$ 不为常数。

B 平衡的表征

a 选择性系数

$\tilde{K}$ 的数值可反映出该树脂对不同离子的相对亲和力，即选择性的大小，因此，表观平衡常数 $\tilde{K}$ 也被称为选择性系数，以 K_B^A（或 K_{AB} ）表示，如式（5.4）所示。$K_B^A<1$，表明该树脂对 B 离子的选择性大于 A 离子。

$$K_B^A = \frac{[RA]/[RB]}{[A^+]/[B^+]} = \frac{[RA]/[A^+]}{[RB]/[B^+]} \tag{5.4}$$

即当进行等价离子交换时，选择性系数 K_B^A 是交换离子 A 在两相中的比率之比，或 A、B 两种离子分配系数之比。在稀溶液的条件下，选择性系数 K_B^A 通常可看作常数。

若将交换离子 A 在两相中的平衡浓度［RA］、$[A^+]$ 分别表示为 q 与 c，两相中的总离子浓度分别表示为 Q 与 C_0，即：

$$\begin{cases} C_0 = [A^+] + [B^+] \\ Q = [RA] + [RB] \end{cases}$$

则：

$$\begin{cases} [B^+] = C_0 - c \\ [RB] = Q - q \end{cases} \tag{5.5}$$

式中 c，C_0——水相中平衡离子浓度与总离子的浓度；

q，Q——树脂相中平衡离子浓度与总离子的浓度。

由以上式子可推出：

$$\tilde{K} = \frac{q(C_0 - c)}{C(Q - q)} = \frac{(q/Q)(1 - c/C_0)}{(c/C_0)(1 - q/Q)} \tag{5.6}$$

令 $x = c/C_0$, $y = q/Q$ ，则：

$$\frac{y}{1-y} = \tilde{K}\frac{x}{1-x}$$

式中 x , y——无量纲浓度，或者对比浓度；

c , q——以 C_0、Q 为参比浓度。

b 平衡参数

对于不等价离子交换，反应式可写为：

$$aR_bB + bA^{a+} \rightleftharpoons bR_aA + aB^{b+}$$

$$\tilde{K} = K_B^A = \frac{[R_aA]^b[B^{b+}]^a}{[R_bB]^a[A^{a+}]^b}$$

$$\frac{(q/Q)^b}{(1-q/Q)^a}=\tilde{K}\left(\frac{Q}{C_0}\right)^{a-b}\frac{(c/C_0)^b}{(1-c/C_0)^a}$$

$$\frac{y^b}{(1-y)^a}=\tilde{K}\left(\frac{Q}{C_0}\right)^{a-b}\frac{x^b}{(1-x)^a} \tag{5.7}$$

式中 $\left(\frac{Q}{C_0}\right)^{a-b}$——平衡参数，或表观选择性系数。

等价离子交换时，若已知 K_B^A，给定 x 值，即可求得 y 值，y 值与 C_0、Q 无关；不等价交换时，已知 K_B^A，给定 x 与 Q 后，y 值随 C_0 而变化。

c 分配比与分离因数

在离子交换分离技术中，还可用分配比（或称分配系数）λ 表征待分离组分在两相间的平衡分配。

$$\lambda=\frac{q}{c} \tag{5.8}$$

式中 λ——分配比；

q——离子交换平衡时，目的组分在离子交换剂中的浓度，mol/m^3 或 mol/kg；

c——离子交换平衡时，目的组分残留在溶液中的浓度，mol/m^3 或 mol/kg。

分配比通常是指某组分在两相间的平衡分配。在离子交换过程中，某组分在两相中可能是以不同电荷的各种离子形式存在。

分配比 λ 也是交换平衡线（等温线）在水相离子浓度为 c 时的斜率。在线性平衡时，λ 值是常数，即等温线为直线；在非线性平衡时，λ 则不是常数。分配比的数值固然反映了交换离子在两相间的平衡分配，但是 λ 低的交换过程，树脂相的饱和程度却未必低，如图 5.3 所示。图 5.3 中所示的平衡情况下，Ⅰ点的斜率大于Ⅱ点的斜率，即 $\lambda_Ⅰ>\lambda_Ⅱ$，但在Ⅱ点时树脂相的饱和程度却大于Ⅰ点，即 $q_Ⅰ>q_Ⅱ$。

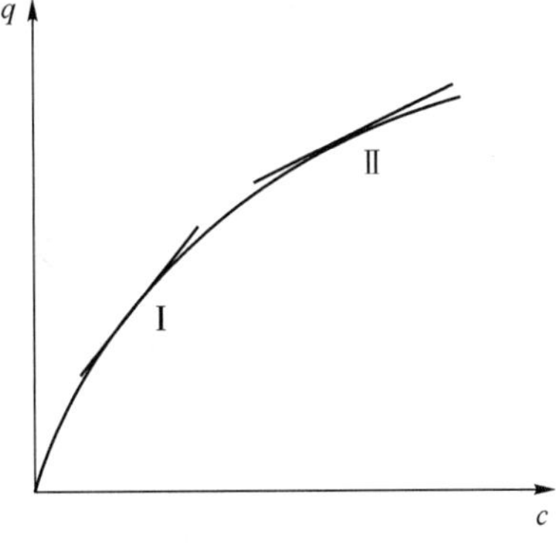

图 5.3 分配比 λ 的变化

分离因数 α 的定义为：

$$\alpha_B^A=\frac{[RA][B^+]}{[RB][A^+]} \tag{5.9}$$

显然，α_B^A 与等价交换时的选择系数 K_B^A 相等，即 $\alpha_B^A=K_B^A$。

α_B^A 为无量纲数值，与浓度无关。它也表达了溶液中同时存在 A、B 两种离子时的分配比之比，即：

$$\alpha_B^A=\frac{\lambda_A}{\lambda_B} \tag{5.10}$$

$\alpha_B^A>1$，表明离子交换剂对 A 离子的亲和力大于对 B 离子的亲和力，A 优先被离子交换剂吸附。α_B^A 与交换离子的价态无关，这也是 α_B^A 与 K_B^A 的区别所在。

d 离子交换平衡图

离子交换过程中，离子交换剂与水相离子浓度间的平衡关系可以在 $x-y$ 图（$c/C_0-q/Q$ 图）上得到清晰的反映，如图5.4所示。图5.4中曲线是在一定温度下得到的，故称离子交换平衡等温线，简称交换等温线。

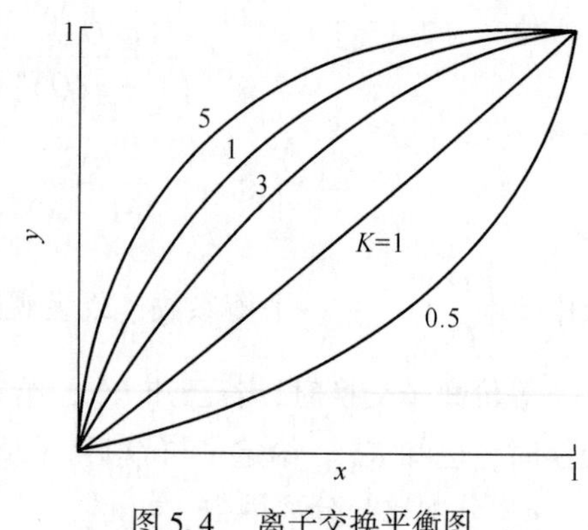

图5.4 离子交换平衡图

在恒平衡系数条件下，即 $\tilde{K}$ 为常数时，平衡关系可表达为双曲线型，即：

$$y=\frac{\tilde{K}}{1-x-\tilde{K}_x} \tag{5.11}$$

式中 x，y——两相中离子组分的分子分数。

则：

$\tilde{K}=1$ 时，为线性平衡；

$\tilde{K}>1$ 时，为有利平衡；

$\tilde{K}<1$ 时，为不利平衡。

在交换平衡图上，等价交换时选择性系数 K_B^A 的数值，可由面积Ⅰ、Ⅱ之比得到，如图5.5所示，即 K_B^A =面积Ⅰ/面积Ⅱ。

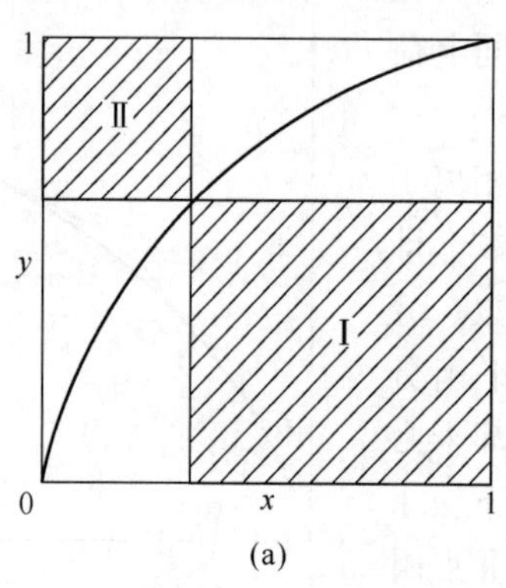

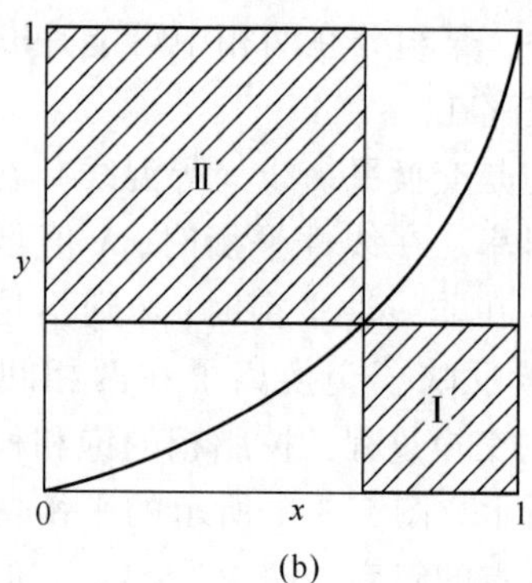

图5.5 等价交换时选择性系数 K_B^A 的表示

（a）有利平衡；（b）不利平衡

5.2.1.2 离子交换动力学

A 离子交换过程

离子交换过程与浸出过程相似，均是在固、液非均相中进行的过程，都涉及两相的流体力学行为。同样，离子交换过程也含有一定的步骤，以下仅就树脂与水溶液两相接触进行离子交换时依次进行的过程来说明，包括以下七个步骤：

（1）树脂颗粒外部主流液体中交换离子的对流扩散；

（2）树脂颗粒周围滞流液膜中交换离子的扩散；

（3）树脂颗粒内部（包括微孔结构中）交换离子的扩散；

（4）交换离子在树脂固定基团上的化学交换反应；

（5）被交换离子在树脂颗粒内部的扩散；

（6）被交换离子穿过滞流液膜的扩散；

（7）被交换离子在主流液体中的扩散。

其中，步骤（1）与（7）、步骤（2）与（6）、步骤（3）与（5）是性质相同的过程，因此离子交换过程包括对流扩散、液膜扩散（也称膜扩散或外扩散）、颗粒扩散（也称内扩散）与化学反应四种类型的过程。

B 动力学表达式

树脂与溶液中的离子交换是一个复杂的过程（化学式上方有“—”代表树脂相，无“—”代表水相，下同），其交换速率由速率最慢的那一步决定。不同的步骤，有不同的速率控制模型，即不同的动力学表达式。以下仅对常见的控制模型表达式做简要介绍。

a 扩散模型

（1）颗粒扩散控制（PDC）。离子交换过程的交换速率与树脂颗粒的大小、形状密切相关。在进行理论处理时，为了简化起见，通常假定所有树脂颗粒都是球形，且具有相同的大小。对于球形的树脂颗粒来讲，在液相组成恒定的情况下，树脂交换率（或转化率）F 与时间 t 之间的关系为：

$$F(t)=1-\frac{6}{\pi^2}\sum_{n=1}^{\infty}\left(\frac{1}{n^2}e^{-\frac{n^2\pi^2\overline{D}_{AB}t}{R^2}}\right)=1-\frac{6}{\pi^2}\sum_{n=1}^{\infty}\left[\frac{1}{n^2}\exp\left(-\frac{n^2\pi^2\overline{D}_{AB}t}{R^2}\right)\right] \tag{5.12}$$

式中 R——树脂颗粒半径；

$\overline{D}_{AB}$——互扩散系数，是树脂相组成的函数，与 A、B 两种离子的浓度与扩散行为有关。

当树脂交换率较高时，即 $F>0.8$ 时，式（5.12）可简化为：

$$F(t)=1-\frac{6}{\pi^2}\exp\left(-\frac{\pi^2\overline{D}_{AB}t}{R^2}\right) \tag{5.13}$$

当树脂交换率较低时，即 $F<0.5$ 时，式（5.12）可简化为：

$$F(t)=\frac{6}{R}\left(\frac{\overline{D}_{AB}t}{\pi}\right)^{\frac{1}{2}}-\frac{3\overline{D}_{AB}t}{R^2} \tag{5.14}$$

（2）膜扩散控制。离子交换过程中，在树脂颗粒表面厚为 δ 的滞流液膜内进行的扩散传质行为可表示为：

$$F(t)=1-\exp\left(-\frac{3Dct}{R\delta c}\right) \tag{5.15}$$

式中 D——离子在树脂表面滞流液膜内的扩散系数；

δ——树脂颗粒表面滞流液膜厚度；

R——树脂颗粒半径；

c——离子在树脂表面滞流液膜内的浓度。

b 缩合模型

对于普通的凝胶型树脂来说，由其孔隙结构特点和溶胀性所决定，在某些情况下，可认为起始离子交换反应只发生在树脂颗粒表面上，随着交换过程的不断进行，反应位置逐渐向树脂颗粒内部迁移。也就是说，离子交换过程是交换离子通过树脂颗粒的反应壳层以后，在树脂内部未反应核的表面上逐渐进行的。这种由树脂颗粒表面逐渐向树脂颗粒内部推进的非均相扩散传质过程，可用缩合模型给予描述。未反应树脂颗粒半径由 R 减小至 r 所需的时间 t 为：

$$t=\frac{aRQ}{c_0}\left[\frac{1}{3}\left(\frac{1}{k_f}-\frac{R}{\overline{D}}\right)\left(1-\frac{r^3}{R^3}\right)+\frac{1}{aK_cQ}\left(1-\frac{r}{R}\right)+\frac{R}{2\overline{D}}\left(1-\frac{r^2}{R^2}\right)\right] \tag{5.16}$$

式中 a——化学计量系数；

Q——树脂交换容量，mol/m^3；

c_0——液膜一侧的离子浓度，mol/m^3；

k_f——液膜传质系数，m/h；

K_c——化学反应速率常数，$m^4/(mol\cdot h)$；

$\overline{D}$——树脂相扩散系数。

交换离子由液相进入树脂内部进行离子交换反应时，需克服液膜扩散、颗粒扩散、化学反应三种阻力。

(1) 液膜扩散控制（FDC）。当树脂交换容量较高、交联度较低、树脂相扩散系数 $\overline{D}$ 较大、粒度较细、溶液浓度较低、液流搅动作用不强烈时，一般表现为 FDC，即 $k_f \ll K_c$、$k_f \ll \overline{D}$ 时，式（5.16）可简化为：

$$t=\frac{aRQ}{3k_fc_0}\left(1-\frac{r^3}{R^3}\right) \tag{5.17}$$

(2) 颗粒扩散控制（PDC）。当树脂颗粒较大、溶液浓度较高、液流搅动作用剧烈、膜扩散系数较高时，一般表现为 PDC，即当 $\overline{D} \ll K_c$、$\overline{D} \ll k_f$ 时，式（5.16）可简化为：

$$t=\frac{aR^2Q}{\overline{D}c_0}\left[\frac{1}{2}\left(1-\frac{r^2}{R^2}\right)-\frac{1}{3}\left(1-\frac{r^3}{R^3}\right)\right] \tag{5.18}$$

或者：

$$t=\frac{aR^2Q}{6\overline{D}c_0}\left(1-3\frac{r^2}{R^2}+2\frac{r^3}{R^3}\right) \tag{5.19}$$

(3) 化学反应控制。即当 $K_c \ll k_f$、$k_c \ll \overline{D}$ 时，则：

$$t=\frac{R}{K_cc_0}\left(1-\frac{r}{R}\right) \tag{5.20}$$

未反应核半径 r 的大小，反映了树脂在离子交换过程中被利用的程度，故树脂交换率 F 可表示为：

$$F=\frac{\frac{4}{3}\pi R^3-\frac{4}{3}\pi r^3}{\frac{4}{3}\pi R^3}=1-\frac{r^3}{R^3} \tag{5.21}$$

将式（5.21）分别代入式（5.17）、式（5.18）、式（5.20）中，则液膜扩散控制时，t 与 F 呈线性关系；颗粒扩散控制时，t 与 $[1-3(1-F)^{2/3}-2(1-F)]$ 呈线性关系；化学反应控制时，t 与 $[1-(1-F)^{1/3}]$ 呈线性关系。

在颗粒扩散控制（PDC）时，将交换率以 t 与 $[1-3(1-F)^{2/3}-2(1-F)]$ 作图，由

所得直线的斜率 m 可求得树脂相内扩散系数 $\overline{D}$。

$$\overline{D} = \frac{aR^2Q}{6mc_0} \tag{5.22}$$

c 经验模型

（1）简单线性推动模型：

$$F(t) = \frac{3}{(\bar{c}_0 - \bar{c}^*)R^3}\int_0^R \bar{c}r^2\mathrm{d}r \tag{5.23}$$

（2）平方推动模型：

$$\frac{\mathrm{d}\bar{c}}{\mathrm{d}t} = m\frac{\bar{c}^{*2} - \bar{c}^2}{2\bar{c} - \bar{c}_0} \tag{5.24}$$

修正的平方动力学模型为：

$$\frac{\mathrm{d}\bar{c}}{\mathrm{d}t} = K_s c(\bar{c}^* - \bar{c}) \tag{5.25}$$

（3）双参数模型：

$$\frac{\mathrm{d}\bar{c}}{\mathrm{d}t} = K_1 c(\bar{c}^* - \bar{c}) - K_2\bar{c} \tag{5.26}$$

式中 K_1，K_2，m——实验常数；

$\bar{c}^*$，$\bar{c}$，c，$\bar{c}_0$——分别为平衡时树脂相中的离子浓度、树脂相中的离子浓度、溶液中的离子浓度、平衡时树脂相中的初始离子浓度；

K_s——固相总传质系数；

R，r——树脂颗粒的初始半径和 t 时刻的树脂颗粒半径。

5.2.2 离子交换树脂

树脂是一种具有三维空间多孔网状结构的高分子固体化合物。其中含有可供交换的交换基团，均匀地分布于网状结构中，依据交换基团的不同性质，可分为阳离子交换树脂和阴离子交换树脂两大类。

阳离子交换树脂的交换基团为酸性基团，它在水中可不同程度的解离出 H^+，能与水中的其他阳离子进行交换吸附，如 R—SO_3H 和 R—COOH 型中的 —SO_3H 和 —COOH 即为交换基团。

交换通式可表示为：

$$2\overline{R—SO_3H} + Me^{2+} \rightleftharpoons \overline{Me(R—SO_3)_2} + 2H^+ \tag{5.27}$$

阴离子交换树脂的交换基团中可放出 OH^- 型的阴性离子，与水中阴离子交换位置，如：

$$\overline{R—NH_3OH} + Cl^- \rightleftharpoons \overline{R—NH_3Cl} + OH^- \tag{5.28}$$

在氰化矿浆中金的吸附就属于阴离子交换吸附。

由上述可知，离子交换树脂中的骨架和交换基团的交换能力取决于交换基团的种类和在单位体积内交换基团的数目。因此，树脂的骨架类型、交换基团（官能团）和交联度是决定树脂性能的主要因素。树脂的骨架为树脂的网状结构部分，应具有稳定性、抗氧化性和耐磨性，其中苯乙烯型骨架的物理性能较好。树脂的官能团决定着树脂的交换能力及其适用的 pH 值范围。交联度是指树脂中所含有的交联剂的质量分数，其数值的大小影响着树脂的机械强度、选择性和交换容量，常见的树脂交联度为 7~10。交联剂是合成树脂时各个单体交联形成三度空间的高聚物，即“架桥”物质。

国产树脂的命名代号已经标准化，从左至右，第一位数字表示产品分类，第二位数表示骨架类型，第三位数为生产顺序，第四位的“×”表示连接符号，第五位数则为交联度的数值。若为大孔型树脂，则另加 D 字头。国产树脂第一位和第二位数代表意义见表 5.1。国内外常见的强碱性交换树脂见表 5.2。

表 5.1　国产树脂代号中第一、第二位数的意义

第一位数字		第二位数字	
产品分类号	分类名称	骨架代号	骨架名称
0	强酸性	0	苯乙烯系
1	弱酸性	1	丙烯酸系
2	强碱性	2	酚醛系
3	弱碱性	3	环氧系
4	螯合型	4	乙烯吡啶系
5	两性	5	脲醛系
6	氧化还原	6	氯乙烯系

表 5.2　强碱性树脂

商品牌号	生产国家	骨　架	官能团	pH 值
201×2（711）	中国	苯乙烯型	$—CH_2N(CH_3)_3Cl$	10~14
201×7（717）	中国			
Dowex-1，Dowex-2	美国			
AmberliteIRA-400	美国			
ZeroliteF	英国			
神胶 800	日本			

5.2.2.1　离子交换树脂的物理性质

A　外形和粒度

离子交换树脂一般均呈球形。树脂呈球状的颗粒数占颗粒总数的百分数，称为圆球率。树脂颗粒的大小影响离子交换速度、液体流动压降、树脂膨胀及磨损等，树脂粒度越小，上述各值则越大。

B　密度

树脂密度常用的为湿视密度和湿真密度。湿视密度是指树脂在水中充分吸水膨胀后的表观密度，等于湿树脂质量与其堆积体积之比，一般为 0.6~0.9g/cm^3。湿真密度是树脂在水中充分膨胀后树脂本身的真密度，等于湿树脂质量与树脂本身的体积（包括颗粒内部结构孔隙）之比，一般为1.03~1.4g/cm^3。

若已知树脂的湿视密度和湿真密度，可以计算树脂颗粒间的孔隙率或空隙容积（ε）：

$$\varepsilon = \left(1 - \frac{D_a}{D_W}\right) \times 100\% \tag{5.29}$$

式中 D_a——树脂的湿视密度；

D_W——树脂的湿真密度。

C 水分

离子交换树脂的含水率是指其在潮湿空气中所保持的水量，它可以反映交联度和网眼中的孔隙率。树脂的含水率越大，表示其孔隙率越大，交联度越小。

D 溶胀性

当将干的离子交换树脂浸入水中时，其体积常常要变大，这种现象称为溶胀。影响溶胀性强弱的因素有：

(1) 溶剂。树脂在极性溶剂中的溶胀性，通常比在非极性溶剂中强。

(2) 交联度。高交联度树脂的溶胀能力较低。

(3) 活性基团。活性基团越易电离，树脂的溶胀性越强。

(4) 交换容量。高交换容量离子交换树脂的溶胀性要比低交换容量的强。

(5) 可交换离子的本质。可交换的水合离子半径越大，其溶胀性越强。

E 寿命

使用过程中树脂因反复经受膨胀收缩、磨损、溶解等而造成损耗。影响树脂寿命的主要因素为机械强度及稳定性，其中交联度、膨胀性和形状等因素对机械强度的影响最大。

5.2.2.2 离子交换树脂的化学性质

A 酸碱性

离子交换树脂是有酸碱性的，其测定方法为：在不同条件下使树脂与溶液搅拌接触，用已知浓度的盐酸液滴定羟型阴离子树脂和用已知浓度的氢氧化钠溶液滴定氢型阳离子树脂，记录pH值变化，作pH值与所用酸、碱量的关系曲线，如图5.6所示，由曲线的形状可判断树脂酸碱性的强弱。

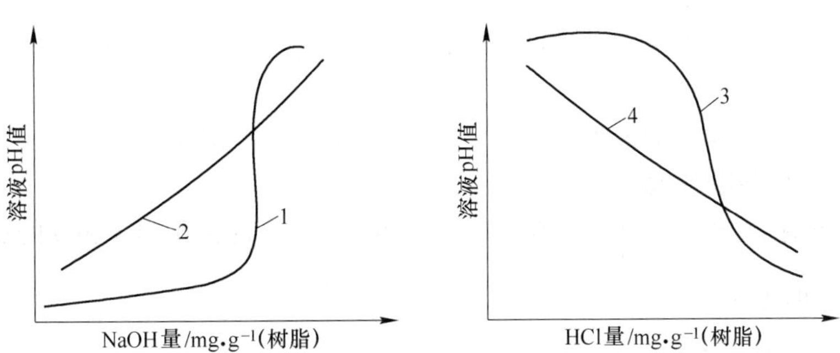

图5.6 树脂的滴定曲线

1—强酸性树脂；2—弱酸性树脂；3—强碱性树脂；4—弱碱性树脂

已有的研究表明，阳离子树脂交换基团酸性递降的顺序为：

$$-SO_3H > -PO(OH)_2 \approx -P(O)H(OH) > -CO_2H > \text{(酚基结构)}$$

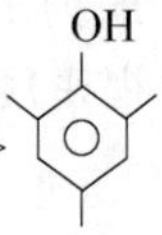

磺酸 膦酸 亚膦酸 羧酸 酚基

在 pH 值为 0~12 的条件下含季铵基团的强碱性阴离子树脂可完全电离，盐型稳定，转型时体积变化小，宜用于 pH 值变化大的阴离子交换过程。在 pH 值为 2~14 的条件下含磺酸基的强酸性阳离子树脂几乎完全电离，盐型稳定，洗涤时不水解，转型时体积变化小，宜用于 pH 值变化大的阳离子交换过程。弱酸性树脂和弱碱性树脂则受溶液 pH 值影响大，盐型树脂不稳定，易水解，转成盐型时体积变化大，只能用于 pH 值较窄的交换过程。

B 交换容量

离子交换树脂的交换容量表示其可交换离子量的多少，常用的有全交换容量和操作容量。全交换容量（Q）表示离子交换树脂中所有活性基团的总量，即将树脂中所有活性基团全部再生成某种可交换的离子，然后测定其全部交换下来的量。对于同一种离子交换树脂来说，全交换容量是常数。树脂的操作容量是指在操作条件下，实际吸附的某种离子的总量，其数值与交换基团的数目、被吸附离子的特性和操作条件等因素密切相关。

C 选择性

离子交换吸附的选择性表征了被吸附离子与树脂间的亲和力的差异，常用选择性系数（分配系数或交换势）表示。一般认为它们之间亲和力的大小取决于该离子与树脂间的静电引力的强弱。因此，离子交换吸附的选择性与被吸附离子的类型、电荷数、浓度、水合离子半径、溶液 pH 值及树脂性能等因素有关。一般有以下规律：

（1）当离子浓度相同时，吸附能力随被吸附离子价数的增大而增大；当离子价数相同时，吸附亲和力随水合离子半径的减小而增大。

（2）被吸附离子与溶液中电荷相反的离子或配合剂的配合能力越大，其对树脂的亲和力越小。

（3）强碱性阴离子树脂的吸附顺序为 $SO_4^{2-} > C_2O_4^{2-} > I^- > NO_3^- > CrO_4^{2-} > Br^- > SCN^- > Cl^- > HCO_3^- > CH_3COO^- > F^-$。

（4）使树脂膨胀越小的被吸附离子，其对树脂的亲和力越大；树脂的交联度越大，其对不同离子的选择系数越大。

（5）吸附选择性随离子浓度和温度的上升而下降，有时甚至出现相反的顺序。

5.2.3 离子交换工艺

5.2.3.1 静态交换

静态交换是将交换液与交换剂一同放入一个容器内，使它们充分接触（如搅拌、振荡或鼓入空气），但两相不发生相对移动。当交换达到平衡或接近平衡时，进行固液分离。

该方法效率不高，为了提高交换效果，常需进行几次乃至很多次静态交换，所以静态交换也称为间歇式交换。

5.2.3.2 动态交换

动态交换是指交换液与树脂层发生相对移动的交换方法。可分为固定床交换法与连续床交换法。

A 固定床交换法

该交换方法是树脂在柱中不移动，溶液在柱中流经树脂层时发生交换，所以称为固定床交换法（柱式交换法）。该法的特点是溶液在流动过程不断与新树脂接触和交换。在某一局部位置的交换就如同一次静态交换一样（尽管未达到平衡状态），当溶液流到下一局部位置时又相当于一次静态交换。例如，溶液中为一价的金属阳离子 M^+，它与氢型磺酸树脂交换时，反应如下：

$$M^+ + \overline{HR} \rightleftharpoons \overline{MR} + H^+ \tag{5.30}$$

树脂上的 H^+离子被溶液中的金属阳离子 M^+置换。交换液与树脂接触就发生以上的交换反应，使溶液中的 M^+浓度降低，H^+浓度增加。溶液继续流动与新树脂接触时，进一步发生交换，M^+浓度又一次降低，H^+浓度又相应增大。如果树脂层的高度合适，流出液就几乎只含有 H^+，而几乎无 M^+。显然，柱式交换法比静态交换法的效率高，操作简单，实用价值大，在工业生产中多采用这种方法。

影响柱式交换效果的因素除树脂对离子的选择性（即交换平衡是否良好）外，还有树脂的再生程度、树脂层的高度、交换液的流速及金属离子浓度等。柱式交换法的操作步骤如图 5.7 所示。

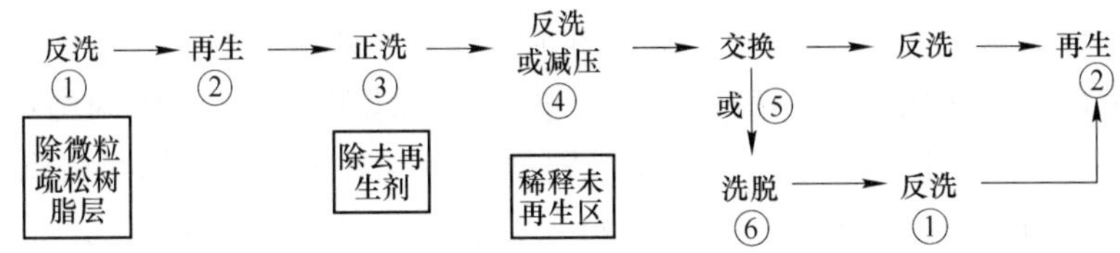

图 5.7 柱式交换法的操作步骤

B 连续床交换法

连续床交换是目前应用于工业生产的先进方法。它的特点是交换、再生、清洗等操作在装置的不同部位同时进行，耗竭的树脂连续进入再生柱，同时再生的新树脂又连续进入交换柱。这种方法进行交换所需树脂量比柱式少，树脂的利用率高。它能连续作用，生产能力大，自动化程度高；但缺点是树脂的磨损大，设备也比较复杂。

根据吸附原液中固体含量的多少，可将吸附分为清液吸附和矿浆吸附。

a 清液吸附

清液吸附有固定树脂床吸附和连续逆流吸附。

（1）固定树脂床吸附。当吸附原液为浸出矿浆固液分离后的清液，吸附作业常在固定树脂床吸附塔中进行，如图 5.8 所示。吸附塔的主体是一个高大的圆柱体，底部装有冲洗水的布液系统，上部装有吸附原液和淋洗液的布液系统，柱的大小取决于生产能力。柱的外壳一般由碳钢制成，内衬防腐蚀层。每一吸附循环所需的吸附塔的最小数量，决定了塔中所装固定树脂床的高度和一系列操作条件。每塔的树脂床高度约为塔高的三分之二，它取决于树脂的交换吸附带高度，并与树脂的粒度、被吸附离子的性质、浓度以及溶液在塔中的流速等因素有关。

对一定的树脂和一定的吸附原液，交换吸附带的高度主要取决于溶液的流速。为此，应预先用实验的方法求得最佳流速和交换吸附带高度。其方法是将吸附原液以某一速度通过吸附塔，作出吸附曲线，该曲线图以从上往下计的树脂床高度为横坐标，以树脂饱和度为纵坐标，其吸附曲线如图 5.9 所示。

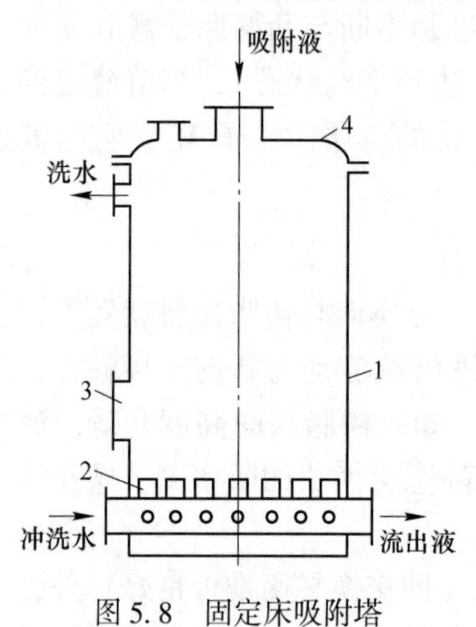

图 5.8 固定床吸附塔

1—壳体；2—过滤帽；3—人孔；4—圆形盖

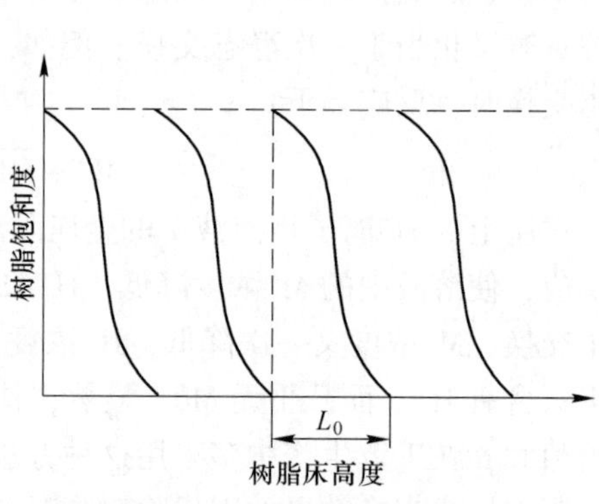

图 5.9 吸附曲线

树脂刚饱和至刚漏穿所需的树脂床高度称为该组分的交换吸附带高度，用 L_0表示。若吸附塔中的树脂床高度为 L_0，则首塔饱和时，2 号塔刚漏穿，3 号塔已淋洗完毕准备投入吸附，因此，整个吸附循环最少需 3 个塔（备用塔除外）。若吸附塔中的树脂床高度为1/2 L_0，则吸附作业需 3 个塔，整个吸附循环最少需 4 个塔；如果树脂床高度为1/4 L_0，则整个吸附循环最少需 6 个塔。由此可见，若塔中的树脂床高度为 $1/n\ L_0$，则整个吸附循环需 $n+2$ 个塔。n 值越大，树脂的周转率越大，整个循环的树脂量可少些，但吸附塔数量多，操作管理较复杂；n 值越小，树脂的周转率越小，使用的树脂量多，投资较高。因此，应通过对比方法决定适宜的 n 值，以决定塔中适宜的树脂床高度和吸附塔数目。

吸附过程的效率常用吸附率 $\eta_{吸}$表示，生产中 $\eta_{吸}$一般可达 98%左右，即：

$$\eta_{吸} = \frac{\text{吸附原液中的金属量} - \text{吸余液中的金属量}}{\text{吸附原液中的金属量}}$$

$$= \frac{\text{吸附原液中被吸组分浓度} - \text{吸余液中被吸组分浓度}}{\text{吸附原液中被吸组分浓度}} \tag{5.31}$$

实际应用中，需根据吸附对象和工艺要求选择树脂的类型。出厂树脂都含有一定量的有机物和无机物杂质，故使用前必须对树脂进行预处理。

（2）连续逆流吸附。连续逆流清液吸附在连续逆流吸附塔中进行，吸附塔结构如图 5.10 所示。塔身为一高大的圆柱体，上部有树脂进料装置和吸余液溢流堰，整个塔身分上下两部分，上部为吸附段，下部为洗涤段，中间用缩径分开。在两段的下部分别设有布液和布水装置，以使溶液均匀地分布在塔的横截面上。吸附段装有若干筛板，以使液流均匀稳定地上升和减少树脂的纵向窜动。吸附作业和淋洗作业分别在两塔中完成。淋洗塔的结构和吸附塔基本相同。吸附循环的流程如图 5.11 所示。

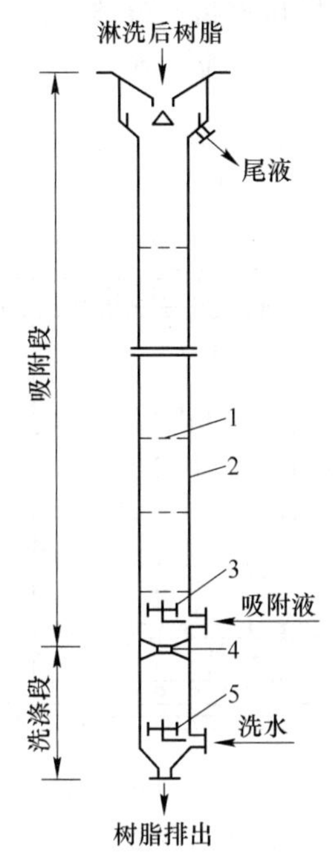

图 5.10 连续逆流吸附塔

1—筛板；2—塔体；3—布液装置；4—缩径；5—布水装置

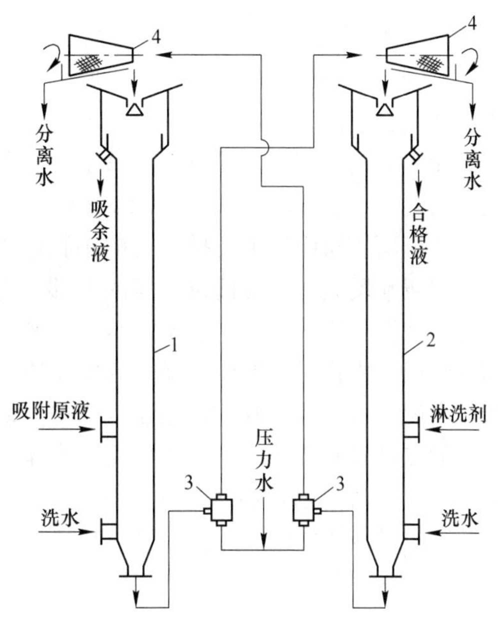

图 5.11 连续逆流吸附—淋洗流程

1—吸附塔；2—淋洗塔；3—水力提升器；4—脱水筛

操作时，吸附原液用泵打入吸附塔内，淋洗后的树脂从塔的上部加入。在吸附段，树脂在重力作用下从上向下沉降，并与自下而上的吸附原液逆流接触。当树脂达到或接近饱和时，立即经缩径进入洗涤段。饱和树脂经缩径时，受到很好的洗涤作用，缩径可减少吸附段溶液窜向下部淋洗段，起到良好的逆止作用，它只允许树脂和洗水逆流通过。饱和树脂在洗涤段进行洗涤，最后由塔底排出，由水力提升器送往脱水筛脱水。脱水后的饱和树脂由塔顶进入淋洗塔，在淋洗段与淋洗剂逆流接触，合格液由塔顶排出，淋后树脂经洗涤、提升、脱水，重返吸附塔循环使用。树脂在吸附塔的吸附段表现为流化床，在洗涤段表现为移动床，而在淋洗塔的淋洗段和洗涤段均表现为移动床。为了达到预定的吸附淋洗效率，吸附塔主要应控制好吸附液的流量和树脂的排出量（即吸附液与树脂的流比）、洗水用量等因素；淋洗塔主要应控制好淋洗剂用量、洗水用量（淋洗剂与树脂的流量比）、树脂层高度和树脂排放量等因素。

与固定床吸附比较，连续逆流吸附系统的流程较为简单，淋洗剂用量少，合格液浓度高，所用树脂量少，树脂利用率高。同时，连续逆流吸附设备的有效容积系数高（可达 90%），因而投资可节约 25%～30%，运行费减少 25%～40%，而且吸附液中固体含量可高达 1%～2%。但连续逆流吸附的操作控制较为严格，不易掌握，不如固定床稳定。

b 矿浆吸附

矿浆吸附是浸出矿浆除去粗砂后直接进行吸附，省去或简化了固液分离作业，在处理难以制取清液的矿浆方面具有很大的优越性。吸附作业前有一个矿浆准备作业，即用分级的方法除去矿浆中的粗砂，适当降低矿浆浓度，以利于矿浆和树脂的分离。按料浆和树脂的运动形式的不同，可分为悬浮吸附、空气搅拌吸附和连续半逆流吸附。

（1）悬浮吸附。矿浆悬浮吸附塔的结构如图 5.12 所示，其主体为碳钢圆柱形壳体，内衬为不锈钢，底部为混凝土并内衬耐酸砖，装有矿浆和压缩空气分配管且铺有石英砂层。石英砂层的作用是使矿浆和洗水能均匀地分布于塔的截面，并可防止树脂经下部排液管的小孔流走。石英砂层按粒度大小分层铺设。塔的上部装有带网状分离装置的排泄管，它由不锈钢流槽和不锈钢筛网组成。操作时根据生产能力和实验决定的树脂床高度，将预处理好的树脂装入塔内，矿浆以一定的速度经矿浆分配管进入塔内。在流动矿浆的作用下，塔内的树脂床处于稳定的悬浮状态，矿浆流经悬浮树脂床后经排泄管排出或流入下一吸附塔。网状分离器的筛孔比树脂粒度小，但比矿浆中的最大矿粒大，它只让矿浆通过而使树脂留于塔内。因此，矿浆吸附的树脂粒度和比重一般比清液吸附的大。当塔内树脂饱和后，从下部引入逆洗水和压缩空气，使树脂处于扰动状态以除去树脂床中的细泥。树脂被冲洗干净后，再从上部引入淋洗剂进行固定床淋洗，淋洗液的处理与清液吸附相同。淋洗完后引入冲洗水以除去树脂床中的淋洗剂，树脂用转型液转型后重新用于吸附。

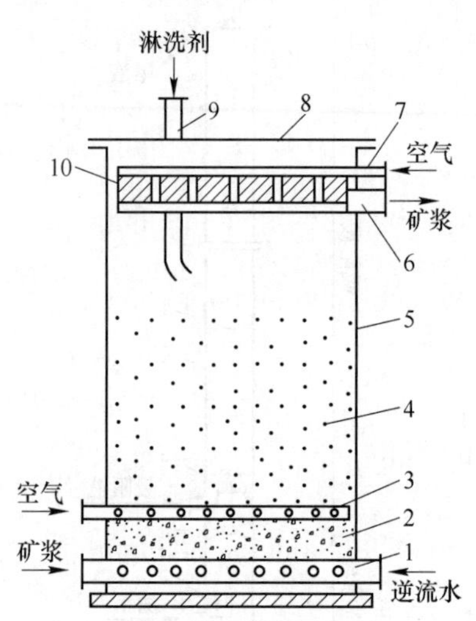

图 5.12 悬浮吸附塔

1—下部排管；2—石英砂层；3，7—空气管；4—树脂床；5—塔体；6—排出管；8—盖；9—淋洗管；10—筛网

该吸附法的特点是简化了固液分离作业，处理量大，吸附塔结构简单，与搅拌吸附比较，树脂的磨损较小，但该方法只能处理含细粒的稀矿浆，所需树脂高度比清液吸附的大。操作时，吸附塔一般为 3~4 个，淋洗塔为 1~2 个，故作业循环周期较长。吸附塔与固定床相似，对吸附矿浆而言作业是连续的，但对单塔而言是间断的，设备利用率较低。

（2）搅拌吸附。搅拌吸附为静力学吸附，每次接触仅使目的组分在树脂相和液相之间达到静力学平衡，因此，树脂和液相需经多段吸附才能使液相中的目的组分达到废弃标准。搅拌吸附的优点是可以处理浓度较大的矿浆，操作条件较易控制，但其主要缺点是树脂磨损较严重且设备较复杂。

搅拌吸附可在搅拌槽或空气搅拌吸附塔中进行。在搅拌槽中吸附时，吸附系统由多个槽串联组成，矿浆由一端给入并由另一端排出。树脂饱和后，则由吸附系统转入淋洗系统进行淋洗。

常见的空气搅拌吸附塔的结构如图 5.13 所示。它与浸出用的帕丘卡槽的区别在于上部装有带网状分离装置的矿浆排出管，下部装有淋洗液排出管、底部矿浆排出管及填料层。操作时，根据处理量和料液中的金属浓度决定树脂用量，将其装入塔内，吸附矿浆由塔顶连续给入，由于空气搅拌而使树脂和矿浆充分接触，矿浆通过塔上部的筛网从溢流口排出接入下一塔，而树脂则留于塔内，直至达到饱和。树脂饱和后，停止给入矿浆，从下部引入逆洗水和压缩空气洗去树脂中的细泥，然后从上部引入淋洗剂进行固定床淋洗，得到合格液和贫液。空气搅拌吸附的吸附、逆洗、淋洗、脱淋洗剂等作业都在同一塔内进行，因此对同一塔而言，操作是间断的；而生产中由多塔联合作业，故对吸附矿浆而言，操作是连续的。但该法生产周期长，树脂磨损大，无法实现连续逆流操作。

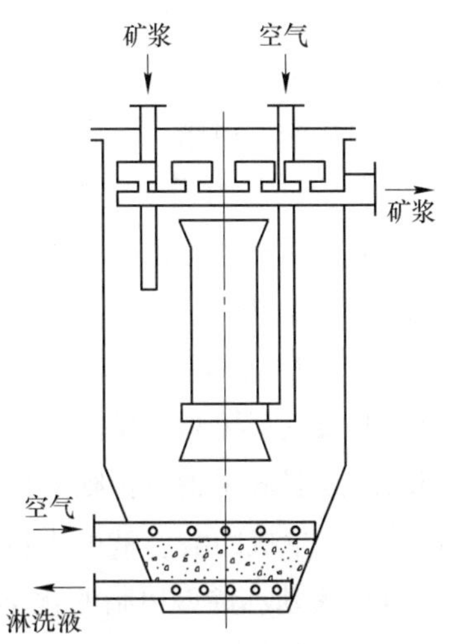

图 5.13 空气搅拌吸附塔

(3) 连续半逆流吸附。若在空气搅拌吸附塔的下部加一树脂浓集戽，用于连续地在塔间提升树脂，使树脂和矿浆在塔间呈逆流状态流动，饱和树脂经脱泥后送入淋洗塔采用移动床逆流淋洗法进行淋洗，只得到浓度较高的合格液。淋洗后的树脂送入脱淋洗剂塔除去淋洗剂后，又重新返至吸附系统的尾塔。该吸附法是使每一吸附塔内树脂和矿浆处于扰动状态，金属浓度差仅存在于树脂和矿浆的接触表面，仍属静力学吸附。因此，将该吸附方法称为连续半逆流吸附。

以上三种矿浆离子交换树脂吸附法的优缺点比较见表 5.3，从投资、生产效率和吸附效率等方面综合考虑，以连续半逆流吸附法较为先进，悬浮吸附法则较差，而空气搅拌吸附法居中。

表 5.3　三种矿浆离子交换吸附法比较

项　目	悬浮吸附	空气搅拌吸附	连续半逆流吸附
树脂投入量	多	中等	少
每吨树脂年处理能力	小	中等	大
树脂损耗	较小	较大	大
矿浆液固比	大	小	较大
动力消耗	小	较大	大

5.2.3.3　树脂的选用

树脂的种类较多，每种树脂的特点不一，因此，离子交换树脂在实际应用中的选择非常重要。离子交换树脂的选用遵循的最主要原则是要适应料液的组成和目的组分的分离要求；其次是树脂的交换容量、机械强度要高，选择性好，能耐干湿冷热变化，耐酸碱胀缩，能抗流速磨损；还要有较高的化学稳定性，能耐有机溶剂、稀酸、稀碱、氧化剂和还原剂等；在后续循环利用中，还要求树脂的再生性能良好，抗污染性能好等。除此之外，选用树脂时一般还需遵循下列原则：

(1) 根据目的组分在原液中的存在形态选择树脂的种类，如目的组分呈阳离子形态则选用阳离子交换树脂，反之则须选用阴离子交换树脂。针对树脂交换基团作用较弱的无机酸离子，如离解常数较小（p*K* 值大于 5）的酸与弱碱树脂成盐后水解度很大，此时还应考虑价数、离子大小及结构因素，应选用强碱性树脂；同理，对交换基团作用较弱的阳离子应选用强酸性树脂。

（2）交换能力强、交换势高的离子，因淋洗再生较困难，应选用弱酸性或弱碱性树脂。在中性或碱性体系中，多价金属阳离子对弱酸性阳离子树脂的交换能力较强酸性树脂强，用酸很易淋洗。

（3）中性盐体系使用盐型树脂，体系 pH 不变，有利于平衡。酸性或碱性体系中应选用羟基型或氢型树脂，反应后生成水有利于交换平衡。有盐存在需单独除去酸或碱时，可使用弱碱或弱酸树脂，否则交换后系统中的盐会继续交换生成酸或碱，对平衡不利。使用混合柱时，生成的酸、碱可逐步中和除去。

（4）聚苯乙烯型树脂的化学稳定性比缩聚树脂高，阳离子树脂的化学稳定性较阴离子树脂高，阴离子树脂中，以伯、仲、叔胺型弱碱性阴离子树脂的化学稳定性最差。最稳定的是磺化聚苯乙烯树脂。

（5）树脂的孔度包括孔容和孔径两部分内容。凝胶型树脂的孔度与交联度有密切的关系。溶胀状态下的孔径约为数纳米。大孔型树脂内部会有真孔和微孔两部分，真孔为数千至数万纳米，它不随外界条件而变；而微孔较小，随外界条件而变，一般为数纳米。一般所用树脂的孔径应比被交换离子横截面积大数倍（3~6 倍）。

（6）料液中微量离子的吸附常采用强型树脂，离子浓度较高或要求选择性高时可选用弱型树脂。交换吸附具有氧化性的离子时，要采用抗氧化能力强的树脂。

5.2.3.4 树脂的预处理

树脂使用前需进行溶胀处理。一般的干树脂先采用纯水浸泡，使其充分溶胀；再将溶胀后的树脂转入到吸附装置中，用纯水淋洗以除去色素、水溶性杂质和灰尘等，直至出水清澈为止。如果树脂完全干燥，几乎不含水分，则不能直接用纯水浸泡，需先采用浓的 NaCl 溶液浸泡后，再逐渐稀释 NaCl 溶液浓度，缓解溶胀速度，防止树脂发生胀裂现象，最后用纯水清洗。

溶胀后的树脂，待清洗水排干后采用 95%乙醇浸泡 24h 以除去醇溶性杂质，将乙醇排净后用水将乙醇洗净。经充分溶胀并除去水溶性和醇溶性杂质后的树脂用湿筛或沉降分级法得到所需粒级的树脂。

出厂树脂一般为盐型（Na^+型或 Cl^-型），使用前还需除去酸溶性和碱溶性杂质。若为阳离子树脂可先用 2mol/L HCl 浸泡 2~3h，将盐酸液排净后用水洗至 pH 值为 3~4，再用 2mol/L NaOH 溶液浸泡，然后水洗至 pH 值为 9~10 即可储存或使用。若为阴离子树脂，则按 2mol/L NaOH→水→2mol/L HCl→水的顺序处理，以除去碱溶性和酸溶性杂质，最后水洗至 pH 值为 3~4。处理后的树脂用水浸泡储存。

溶胀-清洗后的树脂，使用前还需根据分离组分性质和分离要求对树脂进行转型。氯型强碱性阴离子树脂转化为氢氧根型比较困难，需要用树脂体积 6~8 倍的 1mol/L 的 NaOH 溶液处理，而后以纯水洗至流出水无碱性。所用的碱中不应含碳酸根，否则交换于树脂上，使其容量下降。氢氧根型强碱性阴离子树脂转化为氯型则十分容易，可用氯化钠溶液处理，当流出液 pH 值升至 8~8.5 即已完成。清洗过的强酸性阳离子树脂转化为氢型，常用 1mol/L 的 HCl 处理，而后水洗至无酸性即可。

5.2.3.5 树脂中毒

离子交换树脂在长期循环使用过程中，其交换容量不断下降的现象称为树脂中毒。造成树脂中毒的主要因素有：

(1) 原液中含有对树脂亲和力极大的杂质离子，淋洗剂不能淋洗这类离子。

(2) 部分固体杂质或有机物沉积于树脂网眼中降低了交换速率，进而降低树脂的操作容量。

(3) 外界条件的影响使树脂变质。

可见，树脂中毒可分为物理中毒（沉积）和化学中毒（吸附和变质）两种。另外，根据中毒树脂处理的难易又可分为暂时中毒和永久中毒两种。暂时中毒是指用淋洗方法可以恢复树脂性能的中毒现象，而永久中毒则是以淋洗方法不能恢复其吸附性能的中毒现象。

由于树脂中毒会使吸附容量不断降低，以至完全失去交换能力，所以，树脂中毒将严重影响吸附作业的正常进行，并降低其技术经济指标。若有树脂中毒现象的发生，则需查明树脂中毒原因，进而采取相应措施进行“防毒”或“解毒”。

5.3 活性炭吸附

生产中常通过活性炭吸附浸出液中有价成分来回收金属。氰化浸金后的矿浆可用活性炭回收金，还可从稀的氯化物溶液中吸附铂、钯、锇及稀土元素，也可从酸性溶液中选择性地分离铼和钼。吸附法的原则流程与离子交换法相似，也主要包括吸附和解吸两个基本作业。

5.3.1 活性炭的性质

颗粒活性炭由含碳原料（例如果壳、动物骨骼、煤和石油焦）在不高于 773K 温度下炭化，通过水蒸气活化制成。将原料经过破碎制成一定的粒度，加入焦油和沥青等黏合剂加热混合，然后通过挤压机挤压成型，切成一定尺寸的团块，然后经过固化烧结、干燥，缓缓地加热炭化制成致密坚硬的炭材，再放入活化炉，控制氧气量进行蒸汽活化。如图 5.14 所示为粒状活性炭的制备工艺流程。如图 5.15 所示为果壳、椰壳、煤质活性炭的外貌图。添加某些无机盐有助于活性炭吸附谱加宽并有助于活性的提高，这类无机盐是氯化锌、氯化钙、碳酸钾、硫酸铜等，活化后被洗涤除去。

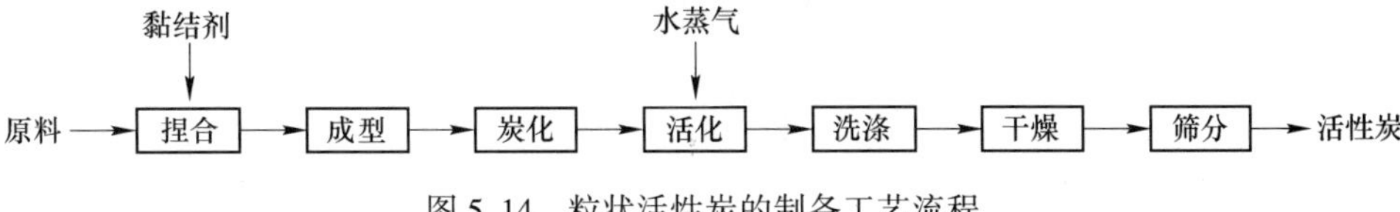

图 5.14 粒状活性炭的制备工艺流程

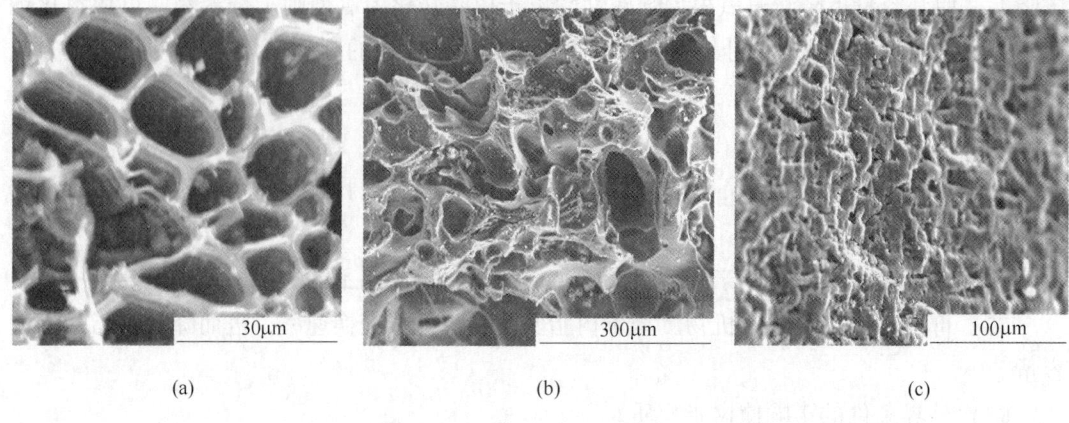

图 5.15 果壳、椰壳和煤质活性炭的外貌图

(a) 果壳活性炭；(b) 椰壳活性炭；(c) 煤质活性炭

颗粒活性炭在制造过程中，其挥发性有机物被去除，晶格间生成空隙，形成许多不同形状与大小的细孔，其比表面积一般高达 500~1700m^2/g。从晶体学角度看，活性炭属于非结晶性物质，是由微细的石墨微晶和将这些石墨微晶连接在一起的碳氢化合物组成，其固体部分之间的间隙形成了活性炭的孔隙，赋予了活性炭特有的吸附性能。活性炭具有多种用途的最主要原因在于其多孔性结构，颗粒活性炭微孔结构如图 5.16 所示。

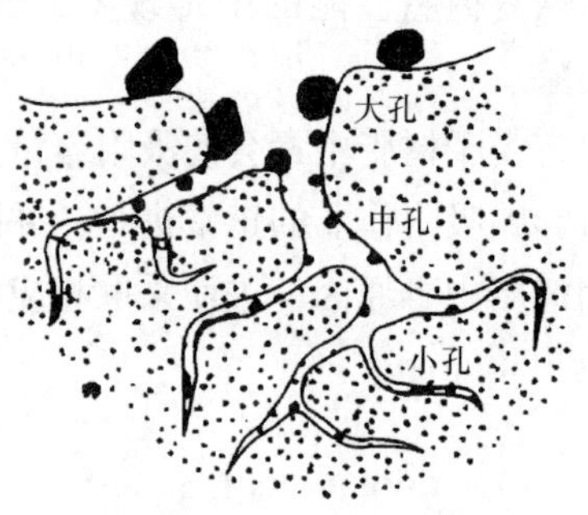

图 5.16 颗粒活性炭微孔结构

活性炭材料的各种孔隙可以发挥不同的功能：微孔拥有很大的比表面积，呈现出很强的吸附作用；中孔能用于添载触媒及化学药品脱臭；大孔通过微生物及菌类在其中繁殖，可以使无机的碳材料发挥生物质的功能。

表面积相同的炭对同种物质的吸附容量有时却不同，这与活性炭的细孔结构和细孔分布有关。活性炭的小微孔容积一般为 0.15~0.90mL/g，其表面积占活性炭总表面积的 95%以上。因此，活性炭与其他吸附剂相比，小微孔特别发达。

总之，在吸附过程中，真正决定吸附能力的是微孔结构，全部比表面几乎都是微孔构成的。粗孔和过渡孔分别起着粗、细吸附通道作用，它们的存在和分布在相当程度上影响了吸附和脱附的速率。

5.3.1.1 活性炭的密度

活性炭的密度主要有填充密度（γ）、表观密度（ρ_s）与真密度（ρ_t）。

填充密度（γ，g/cm^3），也称体积密度，可用测定容器（多为 1~2L 的量筒）单位体积内填充的活性炭的质量来表示：

$$\gamma = \frac{m}{V_{空} + V_{孔} + V_{实}} \tag{5.32}$$

式中 m——活性炭质量，g；

$V_{空}$——活性炭颗粒之间空隙的体积，cm^3；

$V_{孔}$——活性炭内部的微孔体积，cm^3；

$V_{实}$——活性炭实体（排除 $V_{空}$ 和 $V_{孔}$）的体积，cm^3。

表观密度（ρ_s，g/cm^3），表示单位体积活性炭颗粒本身的质量，可用汞置换法来测定，而表观密度即是常说的活性炭密度，即：

$$\rho_s = \frac{m}{V_{实} + V_{孔}} \tag{5.33}$$

真密度（ρ_t，g/cm^3），表示纯活性炭（扣除细孔体积）单位体积的质量，通常用X射线或用氦、水、有机溶剂置换法来测定，即：

$$\rho_t = \frac{m}{V_{实}} \tag{5.34}$$

5.3.1.2 孔隙率与空隙率

孔隙率（ε_p）是指活性炭颗粒内的细孔体积之和与颗粒总体积的比值：

$$\varepsilon_p = \frac{V_{孔}}{V_{孔} + V_{实}} = \frac{\rho_t - \rho_s}{\rho_t} \tag{5.35}$$

空隙率（ε）是指活性炭床层的总体积与床层内部空隙的体积的比值：

$$\varepsilon = \frac{V_{空}}{V_{孔} + V_{实} + V_{空}} = \frac{\rho_s - \gamma}{\rho_s} \tag{5.36}$$

5.3.1.3 粒度

活性炭是形状不规则的粒子，常说的活性炭的粒度是指对其三个主要方向度量，并以宽度尺寸表示的平均粒径值。

活性炭的吸附速度与其平均粒径成反比关系，即随着活性炭平均粒径减小，其吸附速度呈直线增大，但粒度对最终的吸附容量无影响。

5.3.1.4 孔径

活性炭细孔构造模型如图5.17所示。活性炭的细孔分三种：直径为1~10nm的称为微孔；直径为10~100nm的称为中孔；直径为100~1000nm的称为大孔。椰壳和杏核活性炭的微孔占95%以上，为主要的吸附区。

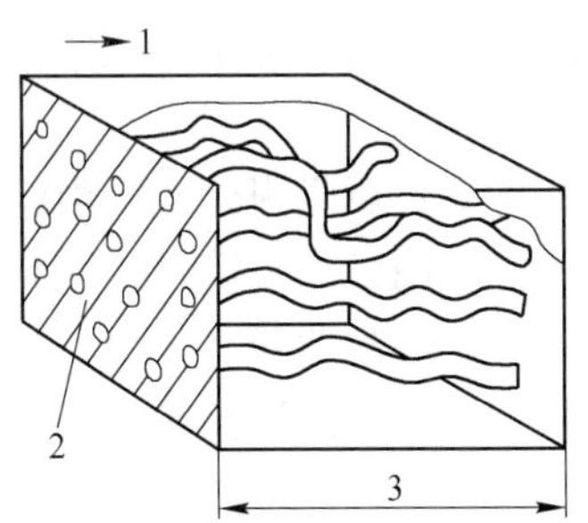

图5.17 细孔构造模型

1—扩散方向；2—扩散截面积；3—厚度

假设孔的形状是圆筒状，比表面积为 S，全部细孔体积为 V_D，则平均细孔半径 $\bar{\gamma}$ 可由下式表示：

$$\bar{\gamma} = \frac{2V_D}{S} \tag{5.37}$$

5.3.1.5 pH值

将2g干基活性炭加在50mL蒸馏水（pH值为7.0）中，组成悬浮液，加热到90℃，然后冷却到20℃。用电测法测出悬浮液的pH值，便为活性炭的pH值。氰化厂可根据浸出液（浸出矿浆）的pH值，来选定所用活性炭的pH值范围。此外，也可通过加入一定量的酸或碱来调整其pH值。

5.3.1.6 硬度和耐磨性

活性炭的硬度和耐磨性由生产炭的原材料和加工过程的配料比决定。一般用果核、椰子壳等原料生产的活性炭较耐磨。活性炭的强度用其耐磨性来衡量。活性炭强度的变化是由于制造过程中有些小的变化而引起的，如活性炭在活化炉中停留时间可能有差异等。

5.3.2 活性炭吸附的基本原理

活性炭从清液或矿浆中吸附物质组分的机理目前尚不统一，人们曾提出过各种吸附模式，综合起来可分为以下三类：

（1）物理吸附说。认为活性炭从溶液中吸附物质组分完全是由范德华力引起的，原因是活性炭经活化处理后，在晶格边缘、空隙或空穴处具有不饱和键，具有很大的吸附活性。活性炭的空隙度越高，表面积越大，晶格中活性吸附点就越多，吸附活性就越大。

（2）电化学吸附说。认为氧与活性炭悬浮液接触时被还原为羟基并析出过氧化氢，而活性炭为电子给予体，使其带正电，故可吸附阴离子。其反应过程为：

$$O_2+2H_2O+2e \longrightarrow H_2O_2+2OH^- \tag{5.38}$$

$$C-2e \longrightarrow C^{2+} \tag{5.39}$$

也有学者认为H-炭表面具有明显的醌型结构，L-炭则具有氢醌结构，在500~700℃活化的炭则兼有这两种结构，犹如可逆电极一样，在氧化介质中，氢醌结构转变为醌结构，使活性炭带电，可吸附阴离子；反之，则醌结构转变为氢醌结构，活性炭带负电，可吸附阳离子。

（3）双电层吸附说。用活性炭从氰化液中吸附金银时发现，活性炭吸附氰化金、银的吸附曲线与炭表面的ζ电位曲线相似。炭的ζ电位为负值，而且发现吸附氰化银后才能吸附Na^+、Ca^{2+}，而Na^+、Ca^{2+}的吸附又可增加氰化银离子的吸附。因此，认为是氰化银离子优先吸附于活性炭的晶格活化点上，Na^+、Ca^{2+}作为配衡离子吸附于紧密扩散层，而Na^+、Ca^{2+}的吸附又可使其余的氰化银离子吸附，从而增加氰化银离子的吸附量。

活性炭与含金浸出液呈吸附平衡时，活性炭的吸附量与浸出液的含金品位（浓度）、操作温度、压力有关系。以q表示吸附量，T表示温度，c表示浓度（或压力），则：

$$q=f\ (T\cdot c) \tag{5.40}$$

该公式称活性炭吸附公式。当温度一定时，可得吸附平衡等温线；压力被固定时，称为等压曲线；吸附量q一定时，称为等量曲线。现场生产一般处于恒温状态（温度变化较小），属等温平衡吸附曲线。

将炭与含金溶液接触，待吸附达到平衡时，吸附量为：

$$q=\frac{Q}{M}=V(c_0-c_i)\frac{1}{M} \tag{5.41}$$

式中 q——单位质量的活性炭吸附的金量，g/g（活性炭）；

Q——活性炭吸附金的总质量，g；

M——活性炭投入数量，g；

V——含金浸出液的体积，cm^3；

c_0——浸出液含金品位（浓度），g/cm^3；

c_i——吸附余液中金品位（浓度），g/cm^3。

弗伦德里希（Freundlich）给出了在稀溶液中 q 和 c_i之间关系的公式：

$$q = kc_i^{1/n} \tag{5.42}$$

其对数形式为：

$$\lg q = \lg k + \frac{1}{n}\lg c_i \tag{5.43}$$

式中　k，n——与活性炭性质和吸附类型相关的常数。

根据上式可绘制弗伦德里希等温吸附曲线及其对数曲线，如图 5.18 所示。对数坐标曲线中 k 为截距，而斜率正好等于 $1/n$。

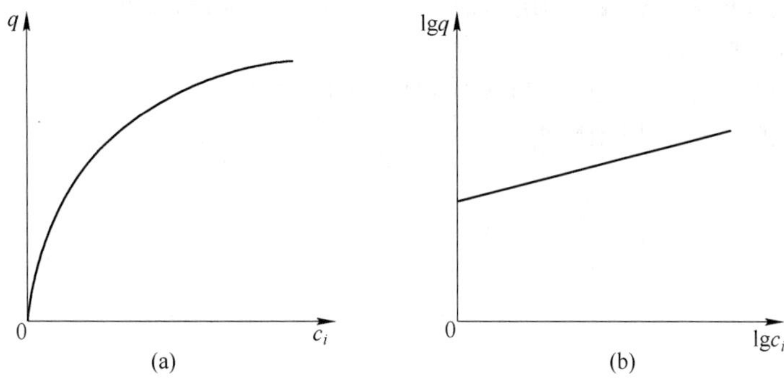

图 5.18　弗伦德里希等温吸附曲线（a）及其对数曲线（b）

图 5.19 是 4 种不同的活性炭的吸附等温线，依据该曲线，可比较它们的特性：

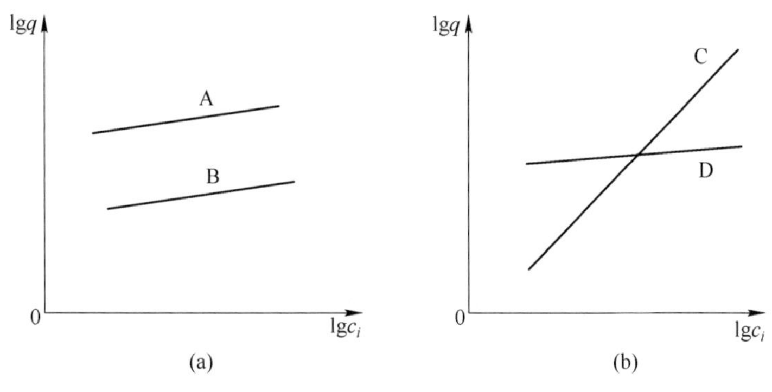

图 5.19　4 种不同活性炭的吸附等温线

（1）图 5.19（a）中两种炭的平衡线的斜率（$1/n$）相等（或接近），活性炭 A 的吸附量大于 B 的吸附量，即在相同作业条件下，活性炭 A 的投入量 M_A 比活性炭 B 的投入量 M_B 小。

（2）图 5.19（b）中活性炭 C 的斜率大于活性炭 D 的斜率，说明活性炭 C 的吸附量随 c_i的变化幅度大，在低 c_i值区吸附量小于活性炭 D，但在高 c_i值区吸附量又远远大于活性炭 D。

（3）曲线平缓，$1/n$ 值小，吸附量均衡；曲线位置越高，则吸附量越大，炭的总用量则越小；曲线越陡，$1/n$ 值越大，则吸附量变化显著，这种炭适用于逆流多级吸附作业。

复习思考题

5-1 离子交换平衡的表征主要有哪些参数?

5-2 树脂与水溶液两相接触进行离子交换时主要包括哪些步骤?

5-3 离子交换的动力学模型有哪些?

5-4 树脂在结构上有何特点，决定树脂交换性能的主要因素有哪些?

5-5 树脂矿浆吸附按料浆和树脂的运动形式的不同可分成哪三种吸附方式?

5-6 如何选用离子交换树脂?

5-7 什么是树脂中毒，离子交换过程中哪些因素易导致树脂中毒?

5-8 影响活性炭吸附效果的因素有哪些?

6 溶剂萃取

6.1 概　　述

萃取通常是指溶解于水相中的某种或某几种物质与有机相接触后，通过物理或化学过程，部分或几乎全部地转入有机相的过程。就广义而言，萃取可分为液相到液相、固相到液相、气相到液相三种过程。通常所说的萃取指的是液-液萃取过程，即溶剂萃取过程，就是指金属从一个液相转入与该液相不相溶的另一个液相中的物质转相过程。

溶剂萃取（solvent extraction）在有机化学中很早就作为一种基本的分离手段，无机物质的萃取始于19世纪初。1891年Nernst提出了著名的Nernst分配定律。20世纪20年代以后，有机螯合剂开始应用于金属离子的溶剂萃取中，使各种金属离子的溶剂萃取有较为迅速地发展。萃取剂的种类繁多，目前已对周期表中94个元素的萃取性能进行过研究。

溶剂萃取体系由互不相溶的有机相与水相构成。

（1）有机相。有机相通常由萃取剂、稀释剂与添加剂组成。稀释剂一般是三者之中数量最多的组分。添加剂有时可以不要，特殊情况下稀释剂也可以不要，这时萃取剂本身就是溶剂，如CCl_4与TBP等。

1）萃取剂。萃取剂是在萃取过程中同水相中目的组分有化学结合的有机物质，萃取剂不溶于水而溶于稀释剂。

2）稀释剂。稀释剂是能溶解萃取剂、添加剂及萃合物的有机试剂，如煤油、三氯甲烷、四氯化碳、苯、甲苯等。稀释剂难溶于水，通常无萃取能力。

3）添加剂。溶剂萃取中可能会在水相与有机相之间出现第三相。为了避免第三相的出现，可加入添加剂，如正癸醇一类高碳醇或TBP。添加剂可提高对萃合物的溶解度，还可抑制稳定乳化物的生成。

（2）水相。水相可以是矿物原料的浸出液，或是其他需要净化的溶液。被萃金属在溶液中的存在状态是萃取剂选择的依据，而金属的存在状态与水相的pH值、盐析剂和其他正负离子的种类与浓度等因素有关。萃取过程中，多是通过选择有机相来满足水相的要求，使萃取过程具有良好的选择性，当然，也可调整水相性质使其与特定的有机相来配合。

在溶剂萃取全过程或萃取循环中，至少包括两个相反的步骤。首先将萃取原液与有机相充分混合，使有价组分选择性地萃入有机相，该过程为正萃取或简称萃取。两相分离之后进入第二步，即将负载有机相与反萃剂充分混合，使目的组分定量地转入反萃液中，这过程叫做反萃取。两相分离之后，水相送后续处理，有机相返回萃取。在稀有或稀土金属的分离萃取中，为了提高分离效果而又不降低回收率，常在正反萃取之间引进溶液对负载有机相进行洗涤。上述全过程如图 6.1 所示。

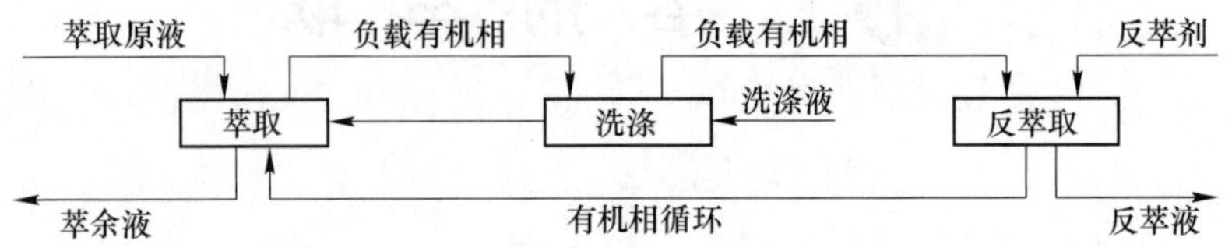

图 6.1 萃取与反萃取循环过程

溶剂萃取过程中常使用以下术语：

(1) 分配常数 (λ)。当溶质溶解在两个互不相溶的溶剂中并达到平衡时，若溶质在两相中存在的分子状态相同，则在某一温度时，溶质在两相中的浓度之比为一常数，且不随溶质的浓度变化而变化，此即为能斯特分配定律。公式为：

$$\lambda=[A]_2/[A]_1 \tag{6.1}$$

式中 λ——分配常数；

$[A]_2$，$[A]_1$——分别为组分在两相中的平衡浓度。

例如溴与碘在 CCl_4 和水中的分配就符合能斯特定律。但在金属提取中，被萃组分在两相之中存在状态不同，且有多种形态出现，其浓度可能较高，所以，能斯特定律在很多情况下并不适用。

(2) 分配系数 (D)。一定的温度下，萃取平衡时被萃取组分在有机相的总浓度与其在水相的总浓度之比定义为分配系数 D，即：

$$D=C_O/C_A \tag{6.2}$$

式中 C_O——被萃组分在有机相中平衡总浓度；

C_A——被萃组分在水相中平衡总浓度。

D 越大表示被萃组分越易被萃取。某一温度下，分配系数 D 不是常数，与被萃组分的浓度、溶液酸度、水相盐析剂和配合剂的种类与浓度、萃取剂的种类与浓度等因素有关。

(3) 萃取率 (ε)。萃取率的定义为：

$$\varepsilon=\frac{m_O}{m_O+m_A}\times 100\% \tag{6.3}$$

式中 m_O，m_A——萃取平衡时被萃物在有机相和水相的质量。

具体地说，对单级萃取和串级萃取有：

$$\varepsilon=\frac{C_O V_O}{C_O V_O+C_A V_A}\times 100\%=\frac{D}{D+V_A/V_O}\times 100\%=\frac{R\cdot D}{R\cdot D+1}\times 100\% \tag{6.4}$$

式中 V_O，V_A——分别为有机相与水相体积；

R——两相体积比，即相比 ($R=V_O/V_A$)，R 对串级萃取而言为两相流量比，对单级萃取而言为两相接触比；

C_O，C_A——分别为负载有机相和萃余水相的浓度。

反萃取率的表示方法与式 (6.3) 类似，但是，此时分子为反萃液中金属量，分母为进入反萃取的负载有机相金属量。

(4) 分离系数(β)。当萃取过程用于分离两种或两种以上的金属时，以分离系数β来表示分离效果，即：

$$\beta = D_1/D_2 \tag{6.5}$$

式中 β——分离系数；

D_1，D_2——两种金属在同一萃取过程中的分配系数。

分离系数β反映了两种金属元素从水相转移至有机相的难易程度。显然，易被萃取元素的分配比与不易被萃取元素的分配比相差越大，即β值越大，两种元素分离的可能性越大，分离的效果就越好。如果D_1与D_2接近，β值接近1，则表示该两种元素不能或难以萃取分离。通常以一种元素的萃取率$\varepsilon>99\%$ ($D\geqslant100$)、另一种元素的萃取率$\varepsilon<1\%$ ($D\leqslant0.01$) 的情况视为可以相互定量分离。因此，分离系数β必须等于或大于10^4。为此常常需要选择合适的萃取体系或改变萃取条件以达到定量分离的目的。

(5) 提取系数(μ)。提取系数是表示萃取平衡时，被萃物在有机相中的质量与其在水相中的质量之比，即有：

$$\mu = \frac{m_O}{m_A} = \frac{V_O \cdot C_O}{V_A \cdot C_A} = R \cdot D \tag{6.6}$$

萃取率与提取系数之间存在以下关系：

$$\varepsilon = \frac{\mu}{1 + \mu} \tag{6.7}$$

(6) 萃余率(φ)。萃取平衡时，萃余液中被萃物剩余的质量分数为萃余率，即有：

$$\varphi = \frac{m_A}{m_A + m_O} \times 100\% = 1 - \varepsilon = \frac{1}{1 + \mu} \tag{6.8}$$

(7) 萃取比(E)。当达到萃取平衡时，被萃取物在有机相与其在水相中的质量比称为萃取比，萃取比E可以用下式来表示：

$$E = (C_O \cdot V_O)/(C_A \cdot V_A) \tag{6.9}$$

6.2 萃取剂和萃取机理

6.2.1 萃取剂

萃取剂常分为酸性萃取剂、碱性萃取剂和中性萃取剂。

酸性萃取剂的功能基团上有可离解的H^+，酸性萃取剂又可细分为酸性磷型萃取剂、羧酸类萃取剂和酸性螯合萃取剂。酸性磷型萃取剂是当正磷酸中有一个或两个羟基为烷基酯化或取代时，其分子中仍有可离解出H^+的 —OH 基。羧酸类萃取剂，如脂肪酸、环烷酸等。酸性螯合萃取剂，如 LIX63、N-510 等。

碱性萃取剂主要包括各种有机胺等。

中性萃取剂包括中性磷型萃取剂（如磷酸三丁酯）和中性含氧萃取剂（如酮、醚、醇、醛和酯）等。

表 6.1 是常用的部分萃取剂。

表 6.1 常用的部分萃取剂

类别		萃取剂名称	结构式（或分子式）	代号或缩写	水溶度 /g·L^{-1}	相对分子质量	使用简况
酸性萃取剂	酸性磷酸酯	二（2-乙基己基）磷酸	$(C_4H_9\underset{C_2H_5}{CH}CH_2O)_2P(=O)OH$	D_2EHPA P204	0.02	322	在有色金属分离中广泛应用
		异辛基磷酸单异辛酯	$CH_3(CH_2)_3\overset{C_2H_5}{CH}CH_2-P(=O)(OH)-OCH_2\underset{C_2H_5}{CH}(CH_2)_3CH_3$	P507	0.029	306	用于稀土分组和重稀土分离
		单、双正十二烷基磷酸混合物	$50\%\,n-C_{12}H_{25}OP(=O)(OH)_2$ + $50\%(n-C_{12}H_{25}O)_2P(=O)OH$	PK 酸			从高酸度溶液中萃取铁（Ⅲ）
		二（1-甲庚基）磷酸	$[CH_3(CH_2)_5\overset{CH_3}{CH}O]_2P(=O)OH$	P215	0.972（20℃）	322	
	羧酸	叔碳酸	$R_1R_2C(CH_3)COOH$	Versatic911	0.30		用于氨溶液中 Ni、Co 分离
		环烷酸	R—(环戊基)—$(CH_2)_nCOOH$	Naphthenic acid	0.09		用于 Ni、Co 分离和稀土分离
	羟肟	5，8-二乙基-7-羟基-十二烷-6-酮肟	$C_4H_9\underset{C_2H_5}{CH}-\overset{OH}{CH}-\overset{NOH}{C}-\underset{C_2H_5}{CH}C_4H_9$	LIX63	0.02	271	主要用于 Cu 的协萃体系
		2-羟基-5-十二烷基二苯甲酮肟	$C_{12}H_{25}C_6H_3(OH)-C(=NOH)-C_6H_5$	LIX64 0-3045	0.005		从低酸度溶液中萃 Cu
		2-羟基-5-壬基二苯甲酮肟	$C_9H_{19}C_6H_3(OH)-C(=NOH)-C_6H_5$ （添加 1%LIX63）	LIX64N			从低酸度溶液中萃 Cu
		2-羟基-5-仲辛基二苯甲酮肟	$C_8H_{13}C_6H_3(OH)-C(=NOH)-C_6H_5$	N-510			从低酸低铜溶液中萃 Cu
		2-羟基-4-仲辛氧基二苯甲酮肟	$C_8H_{13}O-C_6H_3(OH)-C(=NOH)-C_6H_5$	N-530			从高酸（pH 值为 1）高铜（40g/L）溶液中萃 Cu

续表 6.1

类别		萃取剂名称	结构式（或分子式）	代号或缩写	水溶度 /g·L^{-1}	相对分子质量	使用简况
酸性萃取剂	羟肟	2-羟基-3-氯代-5-壬基二苯甲酮肟	C_9H_{19}；苯环–C(=NOH)–苯环；Cl，OH，NOH	LIX70			从高酸溶液中萃 Cu
	取代8-羟基喹啉	7-十二烯基-8-羟基喹啉	喹啉环（N，OH）–$CH(CH=CH_2)-CH_2-C(CH_3)_2-CH_2-C(CH_3)_2-CH_3$	Kelex 100			从高酸高铜溶液中萃 Cu
碱性萃取剂	伯胺	多支链二十烷基伯胺	$CH_3-C(CH_3)_2-[CH_2-C(CH_3)_2]_4NH_2$	Primene JM-TN116			从 H_2SO_4 介质中分离提取 Th、稀土
		仲烷基伯胺	R_2CH-NH_2　$(R=C_9\sim C_{11})$	N1923			萃取 Th、稀土
	仲胺	N-十二烯基三烷基甲胺	$C(R)(R')(R'')-NH-CH_2CH=CH-[CH_2-C(CH_3)_2]_2CH_3$	Amberlite LA1			萃U
	叔胺	三烷基胺	$(C_nH_{2n+1})_3N$　$(C_8\sim C_{10})$	Alamine-336 N235			从 H_2SO_4 介质中提U及Zr、Hf分离等
		三正辛胺	$(C_8H_{17})_3N$	TOA			U的萃取
		三异辛胺	$N(CH_2CH_2CH(CH_3)CH_2CH(CH_3)CH_3)_3$	TIOA			Ni、Co分离
		氯化三烷基甲铵	$[(C_nH_{2n+1})_3N\cdot CH_3]Cl$　$(C_8\sim C_{10})$	Aliquat 336 N263			萃取V、Nb
中性萃取剂	醇	仲辛醇	$CH_3(CH_2)_5CH(CH_3)-OH$	Octanol-2 辛醇-2	1.00		Nb、Ta分离等
	酮	甲基异丁基酮	$CH_3-C(=O)-CH_2CH(CH_3)_2$	MIBK	19.1		用于Nb、Ta和Zr、Hf分离
	中性磷酸酯	磷酸三丁酯	$(C_4H_9O)_3PO$	TBP	0.38		应用广泛，还用作P204添加剂
		甲基膦酸二甲庚酯	$CH_3-P(=O)-(OCH(CH_3)C_6H_{13})_2$	P350	0.01		主要用于稀土分离，性能优于TBP
		三正辛基氧化膦	$(C_8H_{17})_3PO$	TOPO			用作协萃剂、添加剂

续表 6.1

类别		萃取剂名称	结构式（或分子式）	代号或缩写	水溶度 /g·L^{-1}	相对分子质量	使用简况
中性萃取剂	取代酰胺	二仲辛基乙酰胺	$CH_3-C(=O)-N(CH(CH_3)-C_6H_{13})_2$	N503			从 H_2SO_4-HF 溶液中分离Nb、Ta，废水脱酚等
		N，N二正混合基乙酰胺	$CH_3-C(=O)-N(C_{7\sim9}H_{15\sim19})_2$	A101			

6.2.2 酸性配合萃取

酸性配合萃取的萃取剂为有机弱酸，被萃取物为金属阳离子，萃取过程属于阳离子交换过程，螯合物萃取、酸性磷类萃取剂萃取、有机羧酸和磺酸萃取均属于酸性配合萃取。

6.2.2.1 螯合物萃取

在螯合萃取体系中螯合剂常为有机酸，具有两种官能团（酸性官能团及配位官能团），可溶于惰性溶剂。螯合剂的酸性官能团能与金属阳离子形成离子键，配位官能团可与金属阳离子形成一个配位键，因此，螯合萃取剂可与金属阳离子形成疏水螯合物而被萃入有机相。常用的螯合剂为8-羟基喹啉类，Kelex类，羟肟类（如LIX64、N-510）等。螯合剂自身缔合趋势小，萃合物一般不含多余的萃取剂分子。螯合萃取过程的通式为：

$$Me^{n+} + n\overline{HA} \rightleftharpoons \overline{MeA_n} + nH^+ \tag{6.10}$$

羟肟类螯合萃取剂N-510萃取铜的反应如下式所示：

$$2\,\text{N-510} + Cu^{2+} \rightleftharpoons Cu(\text{N-510}-H)_2 \tag{6.11}$$

2-羟基-5-仲辛基二苯甲酮肟
(N-510)

可见N-510萃取铜离子时形成两种螯环，即不含氢键的六原子环和含氢键的五原子环。

6.2.2.2 酸性萃取剂萃取

有机磷酸、羧酸和磺酸萃取金属阳离子时，有机相性质对萃取的影响比螯合萃取大，有机磷酸或羧酸在非极性溶剂的有机相中常因氢键而形成二聚体或多聚体，在萃取剂和稀释剂之间也会有氢键存在。例如D_2EHPA在多数非极性溶剂（如煤油、烷烃、环烷烃和芳烃）中可形成二聚体：

```
RO      O…… HO      OR
    P            P
RO      OH…… O      OR
```
(6.12)

当萃取剂形成二聚体或多聚体时，萃取平衡可表示为：

$$Me^{n+} + n\,\overline{(H_2A_2)} \rightleftharpoons \overline{MeA_n\cdot nHA} + nH^+ \qquad (6.13)$$

有机磷酸、羧酸和磺酸萃取剂自身缔合趋势大，萃合物中一般含有多余的萃取剂分子。酸性磷酸类萃取剂主要有三类。

一元酸：

```
RO   O        RO   O        R    O
  P             P             P
RO   OH       R    OH       R    OH
二烷基磷酸    烷基膦酸单烷基酯    二烷基膦酸
```

二元酸：

```
RO   O        R    O
  P             P
HO   OH       HO   OH
单烷基磷酸     单烷基膦酸
```

双磷酰化合物：

```
RO   O     O    OR
  P           P
HO      O       OH
   二烷基焦磷酸

RO   O          O    OR
  P                P
HO     [CH2]n        OH
     烷基双磷酸
```

其中最重要的是一元酸，二元酸比一元酸多一个羟基，其水溶性增加，同样条件下其碳链应长一些。二元酸的萃取机理与一元酸类似，但聚合能力更大，更易形成多聚体，其萃取反应可表示为：

$$Me^{n+} + \overline{(H_2A)_m} \rightleftharpoons \overline{MeA_n(H_{2m-n}A_{m-n})} + nH^+ \qquad (6.14)$$

二元酸的萃取能力比一元酸大，反萃取较为困难，需用浓酸作为反萃剂。

羧酸中最重要的是环烷酸，其萃取机理与螯合萃取过程相似，但其与金属阳离子形成的配合物中存在空的配位位置可让水分子占据。环烷酸的水溶性较大，有溶剂配合能力的溶剂可取代水分子而进入配合物中，故在这类溶剂中的分配系数比在惰性溶剂中大。因此，为了减少萃取剂的损失，工业上可加入硫酸铵等作为盐析剂。

酸性配合萃取时，若金属离子不发生水解，不形成离子缔合，且萃合物不与稀释剂、添加剂等生成加成物，其萃取反应可认为是由下列过程组成：

（1）酸性萃取剂在两相间分配。

$$\overline{HA} \rightleftharpoons HA$$

$$\frac{1}{\lambda_{HA}} = \frac{[HA]}{[\overline{HA}]} \tag{6.15}$$

式中　　λ_{HA}——酸性萃取剂的分配常数；

$[HA]$，$[\overline{HA}]$——酸性萃取剂在水相和有机相中的平衡浓度。

萃取剂分子的碳链越长，其油溶性越大，水溶性越小，若引进亲水基团（如—OH、—NH，—SO_3H、—COOH 等）可增加其水溶性，降低其 λ 值，通常要求 $\lambda_{HA} > 100$，以降低萃取剂的水溶损耗。

（2）酸性萃取剂在水相电离。

$$HA \rightleftharpoons H^+ + A^-$$

$$K_a = \frac{[H^+][A^-]}{[HA]} \tag{6.16}$$

电离常数 K_a 大的为强酸性萃取剂，K_a 小的为弱酸性萃取剂，例如取代苯磺酸（$K_a>1$）为强酸性萃取剂，P204（$K_a = 4\times10^{-2}$ 正辛烷/0.1mol/L $NaClO_4$）为中等酸性萃取剂，羧酸（$K_a = 10^{-4}$）为弱酸性萃取剂。

（3）萃取剂阴离子（A^-）与金属阳离子（Me^{n+}）配合（$K_{配}$为配合常数）。

$$Me^{n+} + nA^- \rightleftharpoons MeA_n$$

$$K_{配} = \frac{[MeA_n]}{[Me^{n+}][A^-]^n} \tag{6.17}$$

（4）配合物在两相间分配。

$$MeA_n \rightleftharpoons \overline{MeA_n}$$

$$\lambda_{MeA_n} = \frac{[\overline{MeA_n}]}{[MeA_n]} \tag{6.18}$$

一般分配常数 λ_{MeA_n} 远远大于 λ_{HA}，即 $\lambda_{MeA_n} \gg \lambda_{HA} \gg 1$。

（5）在有机相中一级萃合物与萃取剂分子发生聚合（$K_{聚}$为聚合常数）。

$$\overline{MeA_n} + i\,\overline{HA} \rightleftharpoons \overline{MeA_n \cdot iHA} \tag{6.19}$$

$$K_{聚} = \frac{[\overline{MeA_n \cdot iHA}]}{[\overline{MeA_n}][\overline{HA}]^i} \tag{6.20}$$

所以，总的萃取反应（K 为萃合常数）为：

$$Me^{n+} + (n+i)\,\overline{HA} \rightleftharpoons \overline{MeA_n \cdot iHA} + nH^+$$

$$K = \frac{[\overline{MeA_n \cdot iHA}][H^+]^n}{[Me^{n+}][\overline{HA}]^{n+i}} = \frac{K_a^n K_{配} \cdot K_{聚} \cdot \lambda_{MeA_n}}{\lambda_{HA}^n} = D \cdot \frac{[H^+]^n}{[\overline{HA}]^{n+i}} \tag{6.21}$$

$$D = K \cdot \frac{[\overline{HA}]^{n+i}}{[H^+]^n} = \frac{K_a^n \cdot K_{配} \cdot K_{聚} \cdot \lambda_{MeA_n}}{\lambda_{HA}^n} \cdot \frac{[\overline{HA}]^{n+i}}{[H^+]^n}$$

两边取对数后，得到：

$$\lg D = \lg K + (n+i)\lg[\overline{HA}] + n\text{pH} \tag{6.22}$$

由于 $\lambda_{MeA_n} \gg \lambda_{HA} \gg 1$，且 $K_{配} \gg 1$，所以水相中的 [HA]、$[A^-]$、$[MeA_n]$ 可以忽略不计。

若一级萃合物不与萃取剂分子聚合，则有：

$$[\overline{HA}] = C_{HA} - n[\overline{MeA_n}] \tag{6.23}$$

此时

$$\lg D = \lg K + n\lg[\overline{HA}] + n\text{pH} \tag{6.24}$$

式中　C_{HA}——萃取剂的起始浓度。

若聚合为二聚分子，则有：

$$[\overline{H_2A_2}] = \frac{1}{2}C_{HA} - n[\overline{MeA_n \cdot nHA}] \tag{6.25}$$

此时

$$\lg D = \lg K + n\lg[\overline{H_2A_2}] + n\text{pH} \tag{6.26}$$

从上述分析可知，酸性萃取剂萃取金属阳离子的平衡常数（即萃合常数）除与萃取剂浓度和水相 pH 值有关外，还与萃取剂的酸度、萃合物的稳定性、萃合物与萃取剂配合的稳定性等因素有关。若其他条件相同时，则 K_a 越大，萃合常数 K 也越大，此时可在较低的 pH 值条件下进行萃取。

实际萃取反应比以上讨论的情况要复杂得多，例如金属阳离子除与萃取剂阴离子配合外，还可与其他配合剂配合，当 pH 值高时还将部分水解，这些因素对萃合常数均有影响。

6.2.3　离子缔合萃取

离子缔合萃取的萃取剂多为含氮和含氧的有机化合物，被萃取物常为金属配阴离子，两者形成离子缔合物而被萃入有机相。常用的含氮萃取剂为胺类萃取剂，它是氨的有机衍生物，有四种类型：

$R-NH_2$（伯胺）　R_1R_2N-H（仲胺）　$R_1R_2N-R_3$（叔胺）　$[R_1R_2R_3R_4N]^+ \cdot X^-$（季铵盐）

R_1、R_2、R_3、R_4 分别为相同或不同的烃基，X^- 为无机阴离子。常用的胺类萃取剂为脂肪族胺。低相对分子质量的胺易溶于水，用作萃取剂的为高相对分子质量（约为 250~600）的胺，难溶于水、易溶于有机溶剂。但是，相对分子质量过大也将降低其在有机溶剂中的溶解度。国内生产的 N-235 为多种叔胺混合物，其中含 $(C_7H_{15})_3N$（三庚胺）、$(C_8H_{17})_2NC_7H_{15}$（N-庚基二辛胺）、$(C_8H_{17})_3N$（三辛胺）、$(C_8H_{17})_2NC_{10}H_{21}$（N-癸基二辛胺），其物理化学常数与三辛胺相似。胺类萃取剂依其碱性的强弱，其萃取能力的变化顺序为：伯胺<仲胺<叔胺<季铵盐。

胺呈碱性，可与无机酸作用生成盐，酸以胺盐形态被萃入有机相：

$$\overline{R_3N} + HX \rightleftharpoons \overline{R_3NH^+ \cdot X^-} \tag{6.27}$$

例如，用胺萃取硫酸分两步进行：

$$2\,\overline{R_3N} \xrightleftharpoons{H_2SO_4} \overline{(R_3NH)_2SO_4} \xrightleftharpoons{H_2SO_4} 2\,\overline{(R_3NH)HSO_4} \tag{6.28}$$

由于胺为弱碱，用较强的碱液处理铵盐时可使其再生为游离胺：

$$\overline{R_3NHX} + OH^- \rightleftharpoons \overline{R_3N} + X^- + H_2O \tag{6.29}$$

$$2\,\overline{R_3NHX} + Na_2CO_3 \rightleftharpoons 2\,\overline{R_3N} + 2NaX + CO_2 + H_2O \tag{6.30}$$

用纯水可将酸从有机相中反萃取出来。其中，叔胺对酸有较大的萃取能力，但易被水反萃取，生成的铵盐会发生水解：

$$\overline{R_3NHCl} + H_2O \rightleftharpoons \overline{R_3NHOH} + HCl \tag{6.31}$$

生成的铵盐也能与水相中的阴离子进行离子交换：

$$\overline{R_3NH^+X^-} + A^- \rightleftharpoons \overline{R_3NH^+A^-} + X^- \tag{6.32}$$

一价阴离子的交换顺序为：$ClO_4^- > NO_3^- > Cl^- > HSO_4^- > F^-$。水相中的金属配阴离子也可与铵盐进行阴离子交换，原因是金属配阴离子与 R_3NH^+形成离子缔合物而萃取入有机相。其萃合常数 K 与金属配阴离子的稳定性和亲水性有密切关系。在相同条件下，金属配阴离子的稳定性越大，亲水性越小，越易被萃取。金属配阴离子的亲水性常用离子比电荷（电荷数与组成离子的原子个数之比）来衡量，比电荷越大，亲水性越强。从亲水性考虑，一价配阴离子较易萃取，二价配阴离子较难萃取；大离子易萃取，小离子较难萃取。金属配阴离子的亲水性除与其电荷数有关外，还与其配位体的亲水性有关，因此，离子缔合萃取时，一般采用非含氧酸根（如 F^-、Cl^-、Br^-、I^-、CNS^-等）作为配位体，而不采用含氧酸根（如 NO_3^-、HSO_4^-等）作为配位体，以降低金属配阴离子亲水性。

以氧为活性原子的中性磷氧和碳氧萃取剂在强酸介质中可与氢离子或水合氢离子生成𬭩阳离子，𬭩阳离子可与金属配阴离子生成𬭩盐而将金属离子萃入有机相。可作为𬭩盐萃取剂的为中性碳氧化合物（醇、醚、醛、酮、酯等）和中性磷氧化合物（三烷基磷酸等）。中性磷氧萃取剂的碱性和萃取能力顺序为：磷酸盐<膦酸盐<膦氧化物。中性碳氧萃取剂的碱性和生成𬭩离子的能力顺序为：

$$\underset{\text{醚}}{R_2O} < \underset{\text{醇}}{ROH} < \underset{\text{酸}}{RCOOH} < \underset{\text{酯}}{RCOOR} < \underset{\text{酮}}{RCPR} < \underset{\text{醛}}{RCOR}$$

生成𬭩盐和铵盐的能力与其活性原子的碱性有关，其碱性与萃取剂中的供电子基 R 有关。与活性原子结合的供电子基 R 的数目越多，其碱性越强，萃取能力越大；反之，拉电子基 RO 基数目越多，其碱性越小，萃取能力越小。但是，空间效应有时会使这个顺序发生变化，一般随支链的增加，萃取能力下降，但可增加萃取选择性。

6.2.4 协同萃取

两种或两种以上的混合萃取剂萃取某些物质的分配系数大于在相同条件下萃取剂单独使用时的分配系数之和，此种现象即为协同萃取效应，这种萃取体系称为协同萃取体系；若混合使用时的分配系数小于其单独使用时的分配系数之和，则被称为反协同萃取效应；若两者相等，则无协同萃取作用。实践表明，协同萃取效应是较为普遍的，表 6.2 中的体系皆有协同效应，其他如酸性磷类萃取剂、β-双酮、羧酸和醚、酮、醇、胺、酚等加在一起，也常产生协同萃取效应。

表 6.2 常见的协同萃取体系

类别	名 称	符 号	实 例
二元异类协萃体系	螯合与中性配合协萃体系 螯合与离子缔合协萃体系 中性配合与离子缔合协萃体系	A+B A+C B+C	UO_2^{2+} | HNO_3-H_2O | TTA TBP } 环己烷 Th^{4+} | HCl-LiCl | TTA TOA } 苯 Am^{3+} | HNO_3-H_2O | TDA TOPO } 环己烷
二元同类协萃体系	螯合物萃取协萃体系 中性配合协萃体系 离子缔合协萃体系	A_1+A_2 B_1+B_2 C_1+C_2	RE^{3+} | HNO_3-H_2O | HAA TTA } 环己烷 RE^{3+} | HNO_3-H_2O | TOPO TBPO } 煤油 Pa^{5+} | HCl-H_2O | $RCOOR^1$ ROH
三元协萃体系	螯合、中性与离子三元协萃体系 螯合、离子三元协萃体系 中性、离子三元协萃体系	A+B+C A_1+A_2+C $A+C_1+C_2$ B_1+B_2+C $B+C_1+C_2$	UO_2^{2+} | H_2SO_4-H_2O | TBP R_3N } 煤油

以 HTTA-TBP 协同萃取为例，其萃取反应的定量式为：

$$Me^{n+} + n\overline{HTTA} + x\,\overline{TBP} \rightleftharpoons \overline{Me(TTA)_n \cdot xTBP} + nH^+$$

$$K_s = \frac{[\overline{Me(TTA)_n \cdot xTBP}] \cdot [H^+]^n}{[Me^{n+}]\,[\overline{HTTA}]^n \cdot [\overline{TBP}]^x} \tag{6.33}$$

单独采用 HTTA 作为萃取剂时的平衡常数为：

$$K = \frac{[\overline{Me(TTA)_n}] \cdot [H^+]^n}{[Me^{n+}]\,[\overline{HTTA}]^n} \tag{6.34}$$

协同萃取反应为：

$$\overline{Me(TTA)_n} + x\,\overline{TBP} \rightleftharpoons \overline{Me(TTA)_n \cdot xTBP}$$

$$\beta_s = \frac{[\overline{Me(TTA)_n \cdot xTBP}]}{[\overline{Me(TTA)_n}] \cdot [\overline{TBP}]^x} = \frac{K_s}{K}$$

$$\lg\beta_s = \lg K_s - \lg K \tag{6.35}$$

从 β_s 值可以判断协同萃取效应的大小，比较各协同萃取体系的 β_s 值可获得以下结论：

（1）中性磷氧化合物的配位能力增加，协同萃取效应明显，如在 P204 中加入中性萃取剂，其协同萃取效应增加顺序为：$(RO)_3P{=}O<(RO)_2RP{=}O<(RO)R_2P{=}O<R_3P{=}O$，当 R 为苯基时，协同萃取效应下降。

（2）同一酸性萃取剂的 β_s 均随 K_s 的增加而增加，与单独酸性萃取剂的顺序相同。

（3）稀释剂对协同萃取效应的影响很大，不同稀释剂中的 β_s 值顺序为：煤油>己烷>CCl_4>苯>$CHCl_3$，极性较高 $CHCl_3$ 中的 β_s 值较小，或与 $CHCl_3$ 和 TBP 相互作用有关。

（4）金属离子对 β_s 值的影响较复杂，金属离子半径减小可增大金属离子与配位体的引力，但也可增加空间位阻，形成两个相反的影响因素。例如，稀土元素与 HTTA-TBP 能形成 $RE(TTA)_3 \cdot 2TBP$ 配合物，β_s 随离子半径增大而增大（轻稀土），但对碱土金属而言，

β_s则随离子半径增大而减小。

协同萃取的反应机理较为复杂，通常认为协同萃取作用是两种或两种以上的萃取剂与被萃物生成一种更加稳定和更疏水（水溶性更小）的含有两种以上配位体的萃合物，所以，形成的萃合物更易溶于有机相。协同萃取作用包含了以下几种作用过程：

（1）溶剂化作用。协同萃取剂分子取代了萃合物中的水分子使萃合物更疏水。

（2）取代作用。中性萃取剂分子取代了萃合物中的酸性萃取剂分子，即：

$$\overline{MeA_n \cdot iHA} + i\overline{B} \rightleftharpoons \overline{MeA_n \cdot iB} + i\,\overline{HA} \tag{6.36}$$

（3）加成作用。当萃合物配位饱和时，协同萃取剂强行打开螯合环而配位，从而生成更稳定更疏水的萃合物。

协同萃取作用可在混合使用萃取剂时大幅增加分配系数，还可缩短萃取平衡时间，萃取速度增加，这种加快萃取速度的协同萃取效应也称为动力协同萃取作用。例如，用N-510从硫酸铜溶液中萃取铜，若在有机相中加入0.1% P204，则萃取时间可缩短5/6～7/8。动力协同萃取作用可以提高生产率，还可使组分分离得更完全。

除协同萃取作用外，某些体系还会出现反协同萃取作用，如用P204-TBP萃取UO_2^{2+}为协同萃取，但萃取Th^{4+}则为反协同萃取。

6.2.5 中性配合萃取

中性配合萃取剂为中性有机化合物，被萃物为中性无机盐，两者生成中性配合物被萃入有机相。中性配合萃取剂中最重要的为中性磷氧萃取剂，其官能团为 $-\overset{|}{\underset{|}{P}}=O$ ，其次为中性碳氧萃取剂，其官能团为 $-\overset{|}{\underset{}{C}}=O$ 及 $-\overset{|}{\underset{|}{C}}-O-$ 。此外，还有中性磷硫 $-\overset{|}{\underset{|}{P}}=S$ 和中性含氮萃取剂等。目前使用较多的为中性磷氧和中性碳氧萃取剂。中性磷氧的萃取反应为：

$$m\left[\overline{-\overset{|}{\underset{|}{P}}=O}\right] + MeX_n \longrightarrow \left[\overline{-\overset{|}{\underset{|}{P}}=O}\right]_m\!-MeX_n \tag{6.37}$$

萃取是通过萃取剂氧原子上的孤电子对生成配价键O→Me来实现的，配价键越强，其萃取能力越大。中性磷氧萃取剂的疏水基团可为烷基（R）或烷氧基（RO）。烷氧基中含有负电性大的氧原子，吸电子能力强，所以烷氧基为拉电子基，$-\overset{|}{\underset{|}{P}}=\ddot{O}:$基中氧原子上的孤电子对有被烷氧基拉过去的倾向（使电子云密度降低），减弱了其与MeX_n生成配价键的能力。因此，中性磷氧萃取剂的萃取能力的顺序为：

$$(RO)_3P=O < (RO)_2\overset{R}{\overset{|}{P}}=O < R_2\overset{RO}{\overset{|}{P}}=O < R_3P=O$$

三烷基磷酸酯　烷基膦酸二烷基酯　二烷基膦酸烷基酯　三烷基氧化膦

从以上顺序可知，中性磷氧萃取剂中的C—P键越多，其萃取能力越大；反之，萃取能力则越小；而中性磷氧萃取剂的水溶性与该顺序相反。较常用的中性磷氧萃取剂为 TBP 和 P350，TBP 属 $(RO)_3P{=}O$ 类，P350 属 $(RO)_2RP{=}O$ 类，故 P350 的萃取能力比 TBP 大。

TBP 萃取中性盐时，其萃合物大致有三种类型：$Me(NO_3)_3 \cdot 3TBP$（Me 为三价稀土及锕系元素）、$Me(NO_3)_4 \cdot 2TBP$（Me 为四价锕系元素及锆、铪）、$MeO_2(NO_3)_2 \cdot 2TBP$（Me 为六价锕系元素）。如 TBP 萃取 $UO_2(NO_3)_2$时生成 $UO_2(NO_3)_2 \cdot 2TBP$，其结构式为：

即铀酰离子的六个配位原子位于平面六角形的顶点，铀酰离子中的两个氧原子位于与该平面六角形相垂直的直线上，可见 TBP 中的 P═O 键中的氧原子直接与金属离子配合。通常将这种直接与金属离子配合的称为一次溶剂化，若萃取剂分子不与金属离子直接结合，而是通过氢键与第一配位层的分子相结合的称为二次溶剂化。因此，常将中性配合萃取称为溶剂化萃取。

中性碳氧萃取剂萃取金属时，金属离子常以水合物的形式被萃取，其萃取能力比 TBP 差一些。因为中性碳氧萃取剂的萃取能力较小，需使用盐析剂提高其萃取能力。硝酸盐具有较强的盐析作用，此外，硝酸也可作为盐析剂使用。

6.3 影响萃取过程的因素

萃取过程实质上是萃取剂分子与极性水分子争夺金属离子，使金属离子由亲水性变为疏水性的过程。所以，影响萃取过程的因素主要有萃取剂、稀释剂、添加剂、水相的离子组成、水相 pH 值、盐析剂及萃取设备等。

6.3.1 萃取剂

萃取原液的组成及成本等因素是选择萃取体系的主要依据，萃取体系的选择主要依据被萃取组分的存在形态。例如，从铜矿原料的硫酸浸出液中萃取铜，铜多以阳离子存在，可选用螯合萃取剂；硫酸浸出铀矿，铀呈阳离子或配阴离子存在于浸出液中，故可选用 P204 或胺类萃取剂来萃取铀。萃取体系确定后，需选择萃取剂。

萃取剂选择通常有如下要求：萃取剂分子中至少有一个功能基；难溶于水而易溶于有机溶剂；对目的组分能选择性萃取，且易反萃；比重小、黏度低、易与水相分离；挥发性小、闪点高、不易燃、毒性小；化学稳定性与热稳定性好；价廉易得。选择萃取剂时还需考虑其选择性和经济性。

有机相中萃取剂的浓度对萃取效率也有较大的影响。当其他条件相同时，有机相中萃取剂的游离浓度随其原始浓度的增大而增大。增加有机相中萃取剂的游离浓度可提高被萃组分的分配系数和萃取率，但会降低有机相中萃取剂的饱和度，导致一起被萃取的杂质量增大，萃取选择性降低。

6.3.2　稀释剂

稀释剂的作用主要是降低有机相的密度和黏度，以改善相分离性能、减少萃取剂损耗，同时调节有机相中萃取剂的浓度，以达到较理想的萃取效率和选择性。

稀释剂的选择依据：

（1）闪点。闪点是指燃料液体表面挥发气体与空气的混合物遇火时发出蓝色火焰闪光的温度。闪点高表明操作中安全性大。

（2）水中溶解度。溶解度小则在萃取过程中损失小。对链烃而言，碳链越长，则溶解度越小，闪点越高，但同时黏度也越大，对萃取剂溶解度越小。

（3）极性与介电常数。稀释剂的极性增加，萃取率下降，可能是稀释剂影响萃取剂的溶剂化作用而使萃取率下降。稀释剂的介电常数降低，萃取率增加。

6.3.3　添加剂

添加剂可改善有机相的物理化学性质，增加萃取剂和萃合物在稀释剂中的溶解度，抑制乳浊液的形成，防止形成三相，并起到协同萃取作用。添加剂多为长链醇（如正癸醇等）和TBP，其用量一般为3%～5%。加入添加剂通常可改善相分离性能，减少溶剂夹带，提高分配系数并缩短平衡时间，以提高萃取作业的技术经济指标。

6.3.4　水相的离子组成

被萃取组分在水相中的存在形态是选择萃取剂的主要依据。

中性配合萃取只能萃取中性金属化合物。溶剂配合物的稳定性与金属离子的电荷多少成正比，而与其离子半径大小成反比，其离子势（z^2/r）越大，水化作用越强，越亲水。金属离子的电荷与其离子半径决定金属组分的分配系数。中性配合萃取时盐析作用很明显，当金属离子浓度增加后，自盐析作用能使分配系数增加，但是，当金属离子浓度过大时，有机相中游离萃取剂浓度会下降，从而使分配系数下降。

酸性配合萃取只能萃取金属阳离子。酸性配合萃取剂对金属阳离子的萃取能力主要取决于其萃合物的稳定常数 $K_{配}$，$K_{配}$ 越大则其萃合常数 K 也越大。$K_{配}$ 与金属离子的价数和离子半径有关。若酸性萃取剂的配位原子为氧原子，当其与惰性气体型结构（外层电子为 s^2p^6）的离子配位形成配合物时，稳定常数 $K_{配}$ 随离子价数的增大而增大，对同价离子而言，$K_{配}$ 随离子半径的减小而增大（该规律对非惰性气体型离子不太适用）。

离子缔合萃取只能萃取金属配阴离子。金属配阴离子的亲水性越小越有利于萃取，锌盐或铵盐离子的极性越小，萃合物的亲水性越小。在理想条件下稳定常数 $K_{配}$ 越大，萃合常数 K 也越大（实际上因体系复杂，会出现相反的情况）。增加配位体（X）的浓度可提高分配系数，但非配位体的其他阴离子浓度的增加会降低被萃取组分的分配系数。

6.3.5　水相 pH 值

酸性配合萃取时，当游离萃取剂浓度一定时，水相 pH 值每增加一个单位，分配系数

则增加 10^n。萃取剂浓度恒定时，萃取率（ε）与水相 pH 值的关系曲线如图 6.2 所示，图 6.3是 α-溴代月桂酸萃取金属时的萃取率与 pH 值的关系。

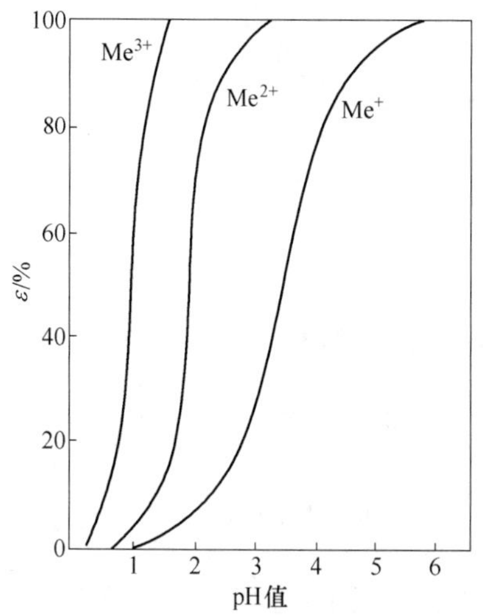

图 6.2 各种价态金属的理论萃取曲线

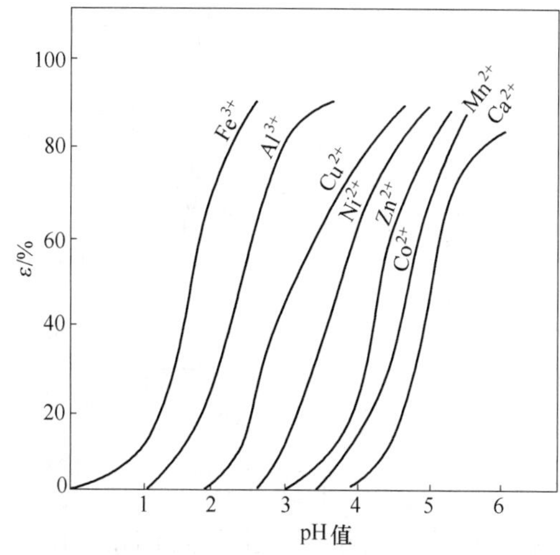

图 6.3 α-溴代月桂酸萃取金属时萃取率与 pH 值的关系

从图 6.2 和图 6.3 中的 S 形曲线可知，金属离子价数越大，曲线越陡直，但有一最大值。当水相 pH 值超过金属离子水解 pH 值时，分配系数将下降。因此，酸性配合萃取时一般宜在接近金属离子水解 pH 值时进行，以得到较高的分配系数。酸性配合萃取过程会不断析出 H^+，改变水相 pH 值，为了保持最佳萃取 pH 值，常将酸性萃取剂预先皂化，如将脂肪酸制成钠皂使用。当 pH 值太低时，因为质子化作用及金属离子存在形态发生改变，会使分配系数下降。

离子缔合萃取时，提高 H^+浓度可提高分配系数，但随 H^+浓度提高，分配系数可能出现峰值。原因是酸自身会被萃取，降低了有机相中游离萃取剂浓度，如胺盐或季铵盐萃取酸时生成所谓四离子缔合体 $R_3Cl_3N^+ \cdot NO_3^- \cdot H_3O^+ \cdot NO_3^-$。因此，水相酸度应适当，适宜的 pH 值会随萃取剂活性原子的碱性强弱而异。

中性磷类萃取剂从硝酸溶液中萃取不同价态金属元素时，酸度对分配比有明显的影响。例如，TBP 萃取锕系元素时，无论是从六价锕系还是从四价锕系的分配比开始随水相硝酸浓度的增高而上升，到 4~6mol/L 时出现极大值，然后随酸浓度的增加而减小，如图 6.4 所示。这是由于在水相硝酸浓度较低时，分配比随 NO_3^- 浓度的增加而增加，可把硝酸看作为供给 NO_3^- 的盐析剂；另一方面，当硝酸浓度增加到一定程度时，可能形成了更为复杂的配合物，如 $H_2[Pu(NO_3)_6] \cdot x$TBP 和 $H[UO_2(NO_3)_3] \cdot y$TBP。在硝酸浓度进一步提高时，硝酸分子也将被中性磷类萃取剂萃取形成 $HNO_3 \cdot$ TBP 溶剂化物，从而减少了自由 TBP 的浓度，使分配比下降。

6.3.6 盐析剂

在中性配合萃取和离子缔合萃取体系中，使用盐析剂可提高被萃取组分的分配系数。盐析剂是一种不被萃取、不与被萃物结合，但与被萃物有相同的阴离子从而使分配系数显

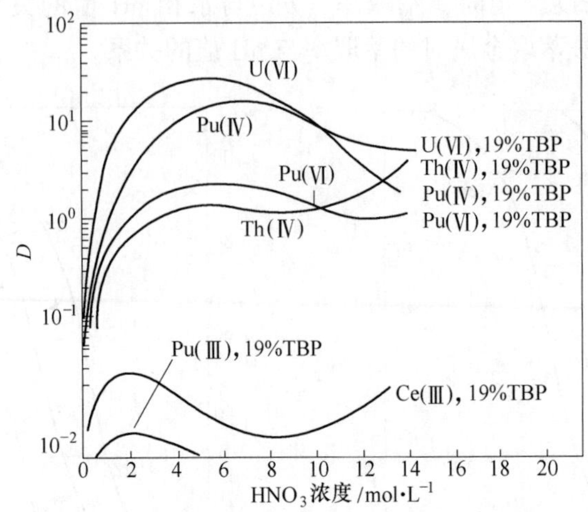

图 6.4 19%TBP 从硝酸溶液中对铀、钍、钚的萃取分配比

著提高的无机化合物。通常盐析剂的阳离子在盐析过程中，因在水溶液中有强烈的水合作用，能吸引大量自由水分子，降低水溶液中自由水分子浓度，可相对增加被萃物在水相中的浓度，有利于被萃物萃入有机相。一般来说，盐析剂中的金属阳离子的电荷数越大，盐析作用越强。在阳离子的电荷数相同的情况下，盐析作用与阳离子的半径成反比，这是因为价态高半径小的阳离子的水化能力较强，所以使自由水分子减少的作用较大。一般金属离子的盐析效应按下列次序递减：

$$Al^{3+}>Fe^{3+}>Mg^{2+}>Ca^{2+}>Li^{+}>Na^{+}>NH_4^{+}>K^{+}$$

盐析剂的选择除应考虑盐析作用外，还要考虑不影响下一步的分离和提纯、价格便宜、来源充足、水中溶解度大等因素。通常以 NH_4NO_3 的应用最为普遍。

6.3.7 配合剂

萃取时加入配合剂可改变分离系数。使分配系数增加的配合剂称为助萃配合剂，使分配系数下降的配合剂称为抑萃配合剂。采用中性萃取剂进行稀土分离时，常用氨羧配合剂（如 EDTA 等）作为抑萃配合剂，使分配系数减小，但却能增大相邻稀土元素的分离系数。

6.4 萃取工艺及设备

6.4.1 萃取工艺

萃取可采用一级或多级（串级）的形式进行。多级萃取时又可根据有机相和水相的流动接触方式分为错流萃取、逆流萃取、分馏萃取和回流萃取等形式。

无论是采用一级萃取工艺还是采用多级萃取工艺，在萃取过程中都要避免乳化和三相现象的发生。

乳化是指两相混合后长期不分层或分层时间很长，形成稳定乳浊液的现象。乳化严重时，在两相界面常产生乳酪状的乳状物，非常稳定，严重影响分离效率和萃取操作。防止乳化的关键是防止表面活性物质进入萃取体系。

萃取过程正常时只存在两个液相，若在两相之间或水相底部出现第二个有机相，则认为萃取过程出现了三相，三相的形成对萃取不利。形成三相的原因较多：生成不同的萃合物，萃合物的聚合作用使其在有机相中的溶解度下降，或者是萃取剂的容量小，萃合物在有机相中的溶解度较低，都可能形成三相。

6.4.1.1　一级萃取

将料液与新有机相混合至萃取平衡，然后静止分层而得到萃余液和负载有机相，此为一级萃取。一级萃取的物料平衡为：

$$V_A \cdot X_H = V_O Y_K + V_A \cdot X_K \tag{6.38}$$

因为

$$D = \frac{Y_K}{X_K},\quad R = \frac{V_O}{V_A}$$

所以

$$D \cdot R = \frac{X_H}{X_K} - 1 \tag{6.39}$$

式中　V_O，V_A——分别为有机相和水相体积；

X_H，X_K——分别为水相中被萃物的原始浓度和最终浓度；

Y_K——负载有机相中被萃物的浓度；

D——分配系数；

R——相比。

一级萃取流程简单，但萃取分离不完全，生产中应用较少，多在萃取试验过程中使用。

6.4.1.2　错流萃取

错流萃取是一份原始料液多次分别与新有机相混合接触，直至萃余液中的被萃组分含量降至要求值为止的萃取流程。每接触一次（包括混合、分层、相分离）称为一个萃取级。图6.5为多级错流萃取流程简图，错流萃取每次都与新有机相接触，故萃取较完全，但萃取剂用量大，负载有机相中被萃物的浓度低，最后几级的分离系数低。

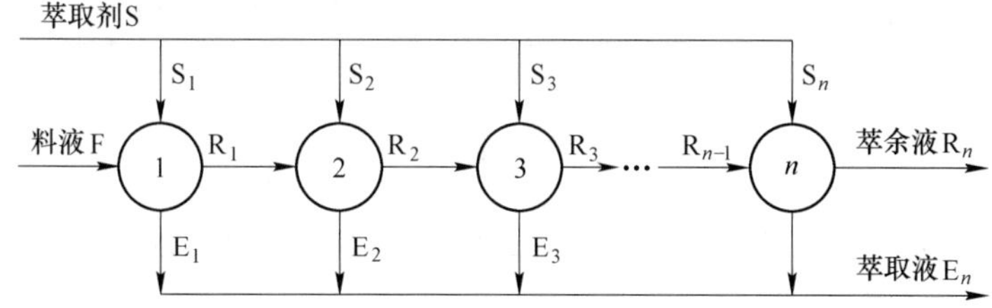

图6.5　多级错流萃取流程简图

设 m_0 为被萃物原始总量，m_1 为一次萃取后残留在水相中的被萃物总量，m_0-m_1 为一次萃取后进入有机相中的被萃物总量，可得：

$$D = \frac{(m_0 - m_1)/V_O}{m_1/V_A} = \frac{(m_0 - m_1)V_A}{m_1 V_O} \tag{6.40}$$

将式（6.40）整理后得：

$$\frac{m_1}{m_0}=\frac{1}{DR+1} \tag{6.41}$$

若一次萃取后的萃余液进行第二次萃取，第二次萃取后留在水相中的被萃物总量为 m_2，则有：

$$D=\frac{(m_1-m_2)/V_O}{m_2/V_A}=\frac{(m_1-m_2)V_A}{m_2V_O} \tag{6.42}$$

将式（6.42）整理后得：

$$\frac{m_2}{m_0}=\left(\frac{1}{DR+1}\right)^2 \tag{6.43}$$

对于 n 级错流萃取，同理可得：

$$\frac{m_n}{m_0}=\left(\frac{1}{DR+1}\right)^n \tag{6.44}$$

若已知单级萃取的分配系数 D、相比 R 和萃取级数 n，即可计算出经 n 级错流萃取后留在水相中的被萃物的质量分数。反之，若已知原始料液和萃余液中被萃物的质量、分配系数和相比，即可求得所需的萃取级数：

$$n=\frac{\lg m_0-\lg m_n}{\lg(DR+1)} \tag{6.45}$$

6.4.1.3 逆流萃取

图 6.6 为多级逆流萃取流程简图，即逆流萃取为水相（料液 F）和有机相（S）分别从萃取设备的两端给入，以相向流动的方式经多次接触分层而完成萃取的萃取流程。逆流萃取可使萃取剂得到充分利用，适于分配系数和分离系数较小的物质的分离，只要适当增加级数即可达到较理想的分离效果和较高的金属回收率。但级数不易太多，否则进入有机相的杂质量也将增加，使产品纯度下降。

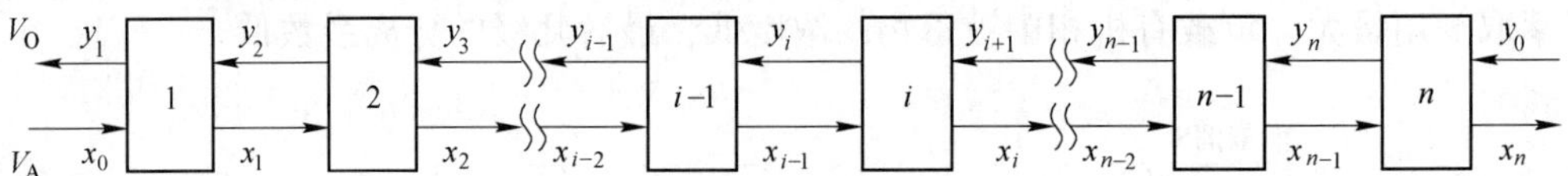

图 6.6 多级逆流萃取流程简图

逆流萃取理论级数可用计算法、图解法或模拟试验法求得，现简要介绍计算法求理论级数。

若有机相和水相互不相溶，且各级分配系数不变，且设多级逆流萃取时，各级出口浓度为 x_1，y_1；x_2，y_2；…；x_n，y_n，其中 x_i 为第 i 级出口水相中被萃物的浓度，y_i 为第 i 级出口水相中被萃物的浓度。则有：

$$D=\frac{y_1}{x_1}=\frac{y_2}{x_2}=\frac{y_3}{x_3}=\cdots=\frac{y_n}{x_n} \tag{6.46}$$

第一级被萃物质量平衡为：

$$V_A\cdot x_H+V_Oy_2=V_Ax_1+V_Oy_1$$

$$V_A x_H + V_O \cdot D \cdot x_2 = V_A x_1 + V_O \cdot D \cdot x_1$$

$$x_1 = \frac{V_A x_H + V_O \cdot D \cdot x_2}{V_A + V_O \cdot D} = \frac{x_H + R \cdot D \cdot x_2}{1 + R \cdot D} = \frac{x_H + \mu x_2}{1 + \mu} = \frac{\mu(\mu - 1)x_2 + (\mu - 1)x_H}{\mu^2 - 1} \tag{6.47}$$

第二级被萃物质量平衡为：

$$V_A x_1 + V_O y_3 = V_A x_2 + V_O y_2$$

$$V_A x_1 + V_O \cdot D \cdot x_3 = V_A x_2 + V_O \cdot D \cdot x_2$$

$$(1 + \mu)x_2 = \mu x_3 + x_1 = \mu x_3 + \frac{\mu x_2 + x_H}{1 + \mu} = \frac{\mu(\mu + 1)x_3 + \mu x_2 + x_H}{1 + \mu}$$

$$x_2 = \frac{\mu(\mu + 1)x_3 + x_H}{\mu^2 + \mu + 1} = \frac{\mu(\mu^2 - 1)x_3 + (\mu - 1)x_H}{\mu^3 - 1} \tag{6.48}$$

同理，第 n 级可得：

$$x_n = \frac{\mu(\mu^n - 1)x_{n+1} + (\mu - 1)x_H}{\mu^{n+1} - 1} \tag{6.49}$$

若有机相不含被萃物，即有：

$$y_{n+1} = 0, \quad x_{n+1} = \frac{y_{n+1}}{D} = 0$$

则

$$x_n = \frac{(\mu - 1)x_H}{\mu^{n+1} - 1} \tag{6.50}$$

由于水相和有机相互不相溶，原始料液与萃余液体积相等，即有：

$$\frac{m_n}{m_0} = \frac{x_n}{x_H} = \varphi_0$$

所以

$$\varphi = \frac{\mu - 1}{\mu^{n+1} - 1}$$

$$n = \frac{\lg\left(\frac{\mu - 1}{\varphi} + 1\right)}{\lg \mu} - 1 \tag{6.51}$$

当 $\mu=1$ 时，上式不适用，此时可采用下式计算：

$$\lim_{\mu \to 1} \frac{\mu - 1}{\mu^{n+1} - 1} = \frac{1}{(n + 1)\mu^n} = \frac{1}{n + 1}$$

即

$$\varphi = \frac{1}{n + 1} \tag{6.52}$$

对于难萃物质，$\mu<1$，而 $\mu^{n+1} \ll 1$，可得：

$$\varphi \approx 1 - \mu \tag{6.53}$$

若 μ 恒定，n 是 φ 的函数。为简化计算，可预先固定 μ 绘制对 φ 的关系曲线，如图 6.7 所示，采用查曲线法求取 n 值。但多级萃取时，各级分配系数不同，故计算值偏差较大，只有当被萃物浓度较低时才基本适用。

6.4.1.4　分馏萃取

分馏萃取是加上逆流洗涤的逆流萃取，如图 6.8 所示，又称为双溶剂萃取。此时有机

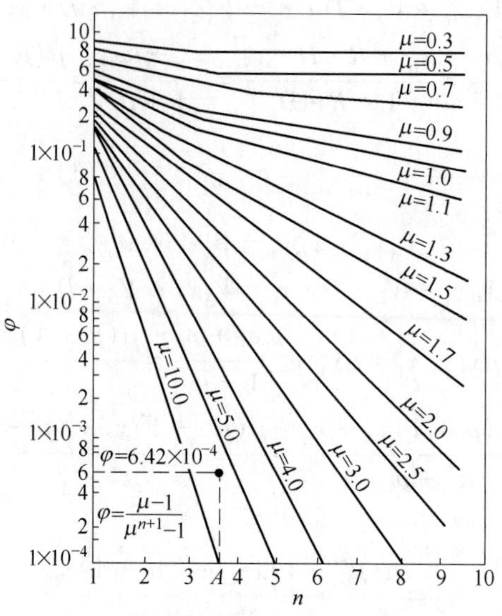

图 6.7 逆流萃取级数计算图

相和洗涤剂分别由系统的两端给入，而料液由系统的某级给入。分馏萃取将逆流洗涤和逆流萃取结合在一起，通过逆流萃取保证较高的回收率，而通过逆流洗涤保证较高的产品品位，使回收率和品位可以同时兼顾，使分离系数小的组分得到较好的分离。该流程在实践中应用最广。

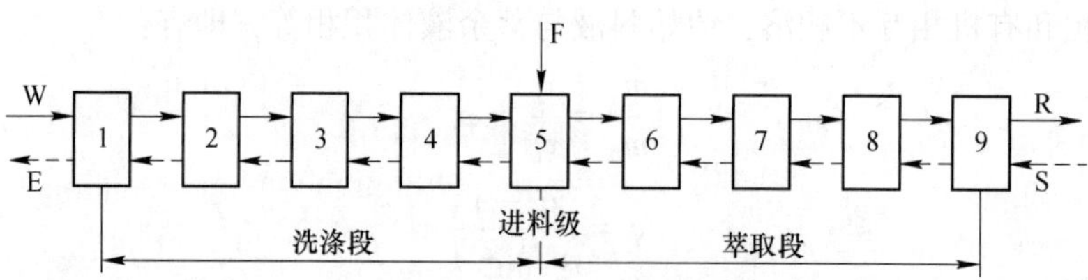

图 6.8 五级萃取四级洗涤的分馏萃取流程简图

6.4.1.5 回流萃取

回流萃取是改进的分馏萃取，与分馏萃取流动方式相同，只是使组分回流，如图 6.9 所示。设 A、B 两组分分离，A 为易萃组分，B 为难萃组分，若萃取剂中含有一定量的 B 组分或洗涤剂中含有一定量的 A 组分，或者同时使有机相中含 B 组分且洗涤剂中含 A 组分，则分馏萃取即变为回流萃取。组分回流可以提高产品品位，提高分离效果，但产量低一些。操作时萃取段水相中残留的少量 A 组分与有机相中的 B 组分“交换”，从而提高了水相中 B 组分的含量。在洗涤段，有机相中的少量杂质 B 可与洗涤剂中的 A “交换”，从而提高了有机相中 A 的含量。图 6.9 中转相段的作用是使循环有机相与萃余水相接触，使其含有一定量的 B 组分，以使组分回流。

6.4.2 萃取设备

萃取设备种类繁多，可按不同的方法来分类。可根据操作方式分为逐级接触式萃取设备和连续接触式萃取设备。萃取设备也可以根据所采用的两相混合或产生逆流的方式分为

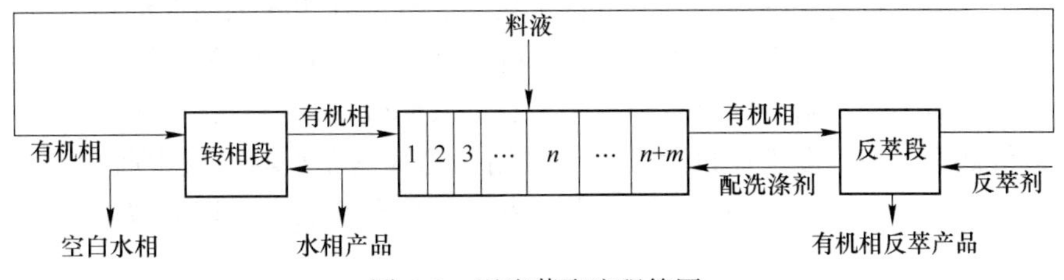

图 6.9 回流萃取流程简图

不搅拌和搅拌的萃取设备，或分为借重力产生逆流的萃取设备和借离心力产生逆流的萃取设备等类别。目前，主要的萃取设备的分类见表 6.3。

表 6.3 萃取设备分类表

产生逆流的方式	重力					离心力
相分散的方法	重力	机械搅拌	机械振动	脉冲	其他	离心力
逐级接触设备	筛板柱	多级混合澄清槽 立式混合澄清槽 偏心转盘柱		空气脉冲混合澄清		圆筒式单级离心萃取器、多级离心萃取器
连续接触设备	喷淋柱 填料柱 挡板柱	转盘柱（RDC） 带搅拌器的填料萃取柱 带搅拌器的挡板萃取柱 带搅拌器的多孔板萃取柱 淋雨筒式萃取器	振动筛板柱 带溢流口的振动筛板柱 双向振动筛板柱	脉冲填料柱 脉冲筛板柱 控制循环脉冲筛板柱	静态混合器 超声波萃取器 管道萃取器 参数泵萃取器	波式离心萃取器

6.4.2.1 筛板萃取柱

筛板萃取柱的结构如图 6.10 所示，主要由筛板和溢流管组成。分散相经筛板的小孔分散为液滴群，与流经溢流管的连续相接触实现传质。一个筛板萃取柱一般有十几块或几十块筛板，分散相在筛板上（下）形成一层凝聚层，然后以一定的孔速经过筛板，分散为大小不等的液滴，经过一定高度的板间距，在下一块筛板上（下）再聚结成凝聚层，因此，筛板萃取柱是一种逐板接触式逆流萃取设备。

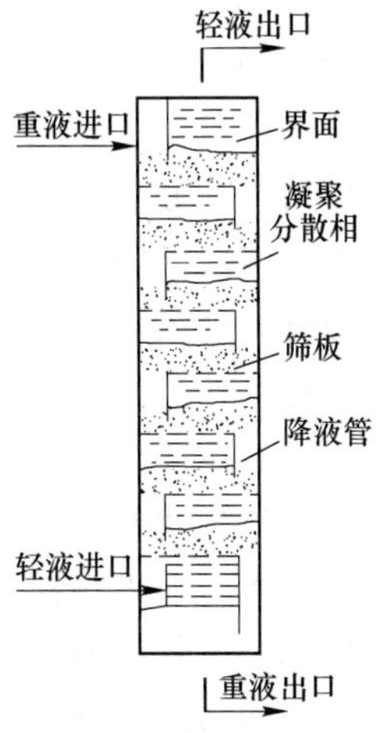

图 6.10 筛板萃取柱

如果轻相为分散相，如图 6.11（a）所示，轻液由底部进入，经筛板分散成液滴，在板间与连续相（重相）成分接触后，聚结在上块筛板的下面，然后借助压力的推动，再经筛孔分散，最后由塔顶排出。而重相由上部进入，经降液管至筛板，沿水平方向横过筛板后，流入下一个降液管进入下一块筛板，依次反复，最后由塔底排出。如果重相是分散相，如图 6.11（b）所示，则降液管起升液管的作用，连续相（轻相）通过升液管进入上一块筛板。因为每两块筛板间均有分散和聚结，故连续相的轴向返混被限制在筛板之间的范围内，而不会扩展至整个塔内，同时分散相液滴在每一块筛板上进行凝聚和再分散，使液滴的表面不断更新，因此，筛板萃取柱的效率较高。而且，由于筛板萃取柱的结构简单，造价低廉，在许多工业过程中得到应用，尤其是在萃取过程中所需理论级数少，处理量大及物系具有腐蚀性的场合，如在芳烃萃取分离和双氧水生产装置上，应用筛板萃取柱效果良好。

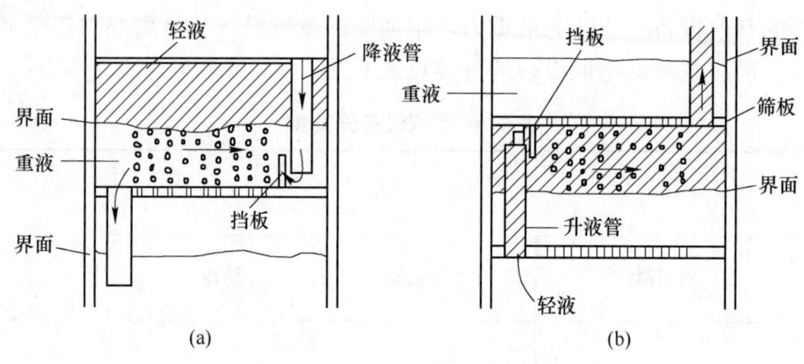

图 6.11 筛板萃取柱的结构

（a）轻相分散；（b）重相分散

6.4.2.2 转盘萃取塔

转盘萃取塔的构造如图 6.12 所示，它由带有水平静环挡板的垂直的圆筒构成。静环挡板为中心开孔的平板，静环挡板将圆筒分成一系列萃取室。萃取室中心有一转盘，转盘的直径略小于静环挡板的开孔直径，一系列转盘平行安装在转轴上，这样，转盘和轴可以方便装入塔内。最上面的静环挡板和最下面的静环挡板之间是萃取段，液-液传质过程主要在这里完成。最上面的静环挡板和塔顶以及最下面的静环挡板和塔底之间形成两个澄清段，分别用于澄清轻相和重相。

在萃取段和澄清段之间装有大孔筛板，重相从筛板下方进入塔内，轻相则从筛板上方进入塔内。筛板的作用是减少液体的搅动，以增强澄清段的分相效果。

与其他塔式萃取设备一样，工作时轻相和重相分别由塔底和塔顶进入转盘塔，在萃取塔内两相逆流接触。在转盘的作用下，分散相形成小液滴，增加两液间的传质面积。完成萃取过程的轻相和重相再分别由塔顶和塔底流出。

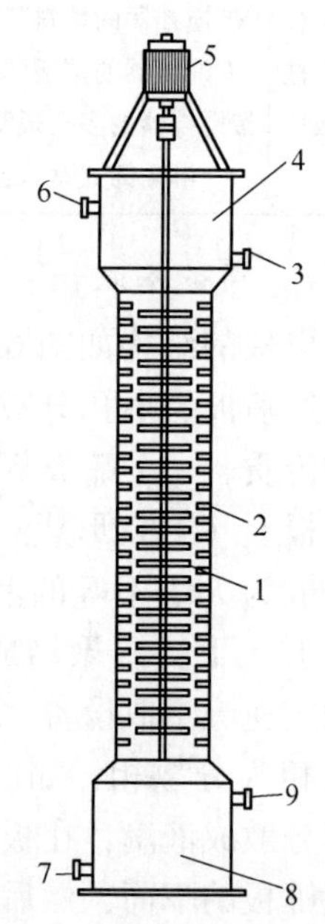

图 6.12 转盘塔 RDC 的构造

1—转盘；2—静环；3—重相入口；4—上澄清段；5—电动机；6—轻相出口；7—重相出口；8—下澄清段；9—轻相入口

复习思考题

6-1　什么是溶剂萃取，萃取率如何计算?

6-2　萃取的有机相由哪三部分组成，各自的作用是什么?

6-3　酸性配合萃取的机理是什么?

6-4　什么是协同萃取，为何协同萃取能提高萃取效率?

6-5　当萃取体系确定后，选择萃取剂的原则有哪些?

6-6　影响萃取过程的主要因素有哪些?

6-7　根据有机相和水相的流动接触方式不同，多级萃取有哪些形式?

6-8　如何防止萃取过程中乳化和三相现象的发生?

7 化学沉淀

7.1 概述

有价金属从矿物原料中经过浸出或分解进入溶液后，不可避免地使一些杂质也会或多或少地进入溶液中。为了获得合格的金属产品，使有价金属与杂质分离，除了采用离子交换和吸附、溶剂萃取等方法分离富集外，化学沉淀也是工业生产中常采用的方法。

化学沉淀法是在含有有价金属的溶液（如浸出液）中加入某种药剂使金属离子生成化合物，通过调整 pH 值，使形成的化合物由溶解状态转化为沉淀从而分离出来的方法。化学沉淀法既可用于回收金属，也可用于净化溶液和处理废水。采用化学沉淀法时，若溶液或浸出液中含有其他杂质，需预先进行净化或选择性沉淀。用化学沉淀法得到的沉淀物纯度一般不是很高，需进一步精炼才能得到较纯的金属。常用的化学沉淀法主要有离子沉淀法、置换沉淀法和气体还原沉淀法。

7.2 离子沉淀

离子沉淀是借助沉淀剂的作用，使溶液中的目的组分（离子）选择性地呈难溶化合物形态沉淀析出的过程。当被沉组分为杂质离子而有价组分留在溶液中时，通常称为溶液的净化过程；反之则称为难溶化合物的制取过程。若难溶化合物为最终产品时，则称为化学精矿或单独产品。沉淀物通常是各种难溶盐类、难溶硫化物和难溶氢氧化物等。

7.2.1 水解沉淀

水解沉淀是利用金属盐类和水发生分解反应，生成氢氧化物或碱式盐等沉淀的过程。水解沉淀是矿物化学处理中常用的分离方法之一，主要用于提取有价金属或除去杂质。金属离子从水溶液中沉淀，主要受水溶液的 pH 值和氧分压所控制。水溶液中存在的金属离子、氢离子和氧分压之间的关系如图 7.1 所示。水解沉淀可分为氢氧化物沉淀、碱式盐沉淀和氧化中和水解。

7.2.1.1 氢氧化物沉淀

溶液中的金属离子在氧分压一定的条件下，随溶液 pH 值的增加可形成难溶的氢氧化物沉淀。除部分碱金属和个别碱土金属之外，大部分金属离子，特别是重金属和高价金属离子很容易在水中生成各种氢氧化物和各种羟基配合物的沉淀，它们生成的条件和存在状态与溶液的 pH 值直接相关。氢氧化物的沉淀过程是从浸出液中分离富集目的组分的应用最广的过程。

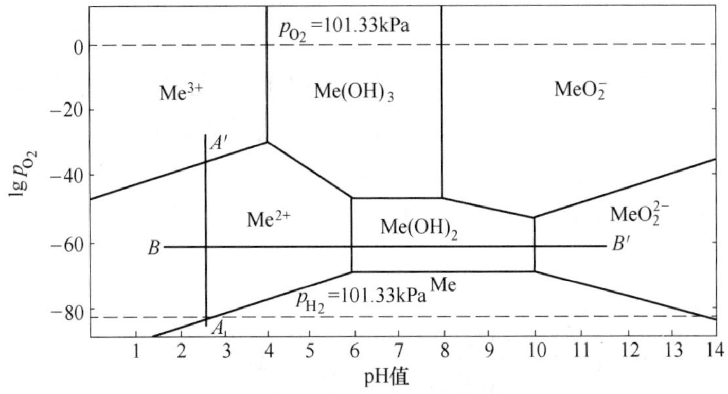

图 7.1 Me-H_2O 系的 $\lg p_{O_2}$-pH 值图

溶液中金属以氢氧化物形式析出的过程又叫水解，其反应通式为：

$$Me^{n+} + nOH^- \longrightarrow Me(OH)_n \downarrow \tag{7.1}$$

当水解反应达平衡时，由溶度积定义有：

$$K_{sp} = a_{Me^{n+}} \cdot a_{OH^-}^n$$

又从水的离解平衡可知：

$$a_{OH^-} = \frac{K_w}{a_{H^+}}$$

则有：

$$pH = \frac{1}{n}\lg K_{sp} - \lg K_w - \frac{1}{n}\lg a_{Me^{n+}} \tag{7.2}$$

式中 K_w——水的离子积；

K_{sp}——金属氢氧化物溶度积。

K_{sp}可直接查表或按公式 $\lg K_{sp} = \dfrac{\Delta G^{\ominus}}{2.303RT}$ 求出，其中 $\Delta G^{\ominus}$为反应金属离子水解标准自由能变化。

由式（7.2）可知，在温度一定时，形成金属氢氧化物沉淀的 pH 值由氢氧化物的溶度积、金属离子活度和价数决定。若规定 $a_{Me^{n+}} = 1mol/L$ 时开始水解，而 $a_{Me^{n+}} = 10^{-5}mol/L$ 时沉淀完全，则可由式（7.2）计算出相应于金属氢氧化物开始沉淀和沉淀完全时的 pH 值。但是这种由 K_{sp}计算得到的 pH 值只是近似值，与实际进行氢氧化物沉淀分离时所需控制的 pH 值往往还存在一定的差异，这是因为：

（1）沉淀的溶解度与析出的沉淀的形态、颗粒大小等条件有关，也随陈化时间的不同而改变。因此实际获得沉淀的溶度积与理论上计算的 K_{sp}值差别可能较大。

（2）计算 pH 值时，往往假定溶液中金属离子只以一种阳离子形式存在，实际上金属阳离子在溶液中可能和 OH^-结合生成各种羟基配离子，又可能和溶液中的阴离子结合成各种配离子。故实际的溶解度比计算所得的数值大得多。

对一种具体的金属离子，都存在一种水解沉淀平衡：

$$Me^{n+} + nH_2O \rightleftharpoons Me(OH)_n \downarrow + nH^+ \tag{7.3}$$

由此水解平衡可得到溶液中剩余金属离子活度与溶液 pH 值的下述关系：

$$\lg a_{\mathrm{Me}^{n+}} = -n\mathrm{pH} + \lg K \tag{7.4}$$

上式表明金属氢氧化物的溶解特征是关于 pH 值的函数。式中的 K 是水解反应式（7.3）的平衡常数，即 $\lg K = \lg K_{sp} - n\lg K_w$。对具体的氢氧化物而言，$\lg K$ 为定值，此时 pH 值与 $\lg a_{\mathrm{Me}^{n+}}$ 构成线性关系。在 298K 时，利用式（7.4）以 $\lg a_{\mathrm{Me}^{n+}}$ 对 pH 值作图，可绘制沉淀图，如图 7.2 所示，图中每条线对应一种水解沉淀平衡，线的斜率的负数为被沉淀金属离子的价数。

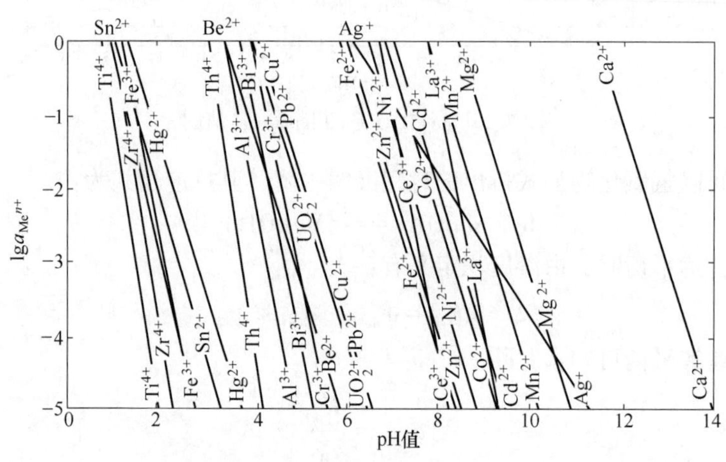

图 7.2 298K 下水解沉淀图

图 7.2 的曲线具有如下用途：

（1）从图上可看出各种氢氧化物的相对溶解度，从左至右溶解度增加。当氢氧化物从含有 n 种阳离子价数相同的多元盐溶液中沉淀时，首先开始析出的是位于图中左边、形成时 pH 值最低、溶解度也最小的氢氧化物。

（2）当 pH 值已知时，从相应平衡曲线上可求出金属氢氧化物的理论溶解度。

（3）可看出每种金属沉淀始末的 pH 值的覆盖区间。当溶液中某离子所处的状态（pH 值与浓度）处于其水解平衡曲线左边时则可稳定存在，而在曲线右边时则会产生沉淀。

（4）欲分离的两种金属的水解曲线应尽可能远离。若 pH 值的覆盖区部分重叠，则难以用水解沉淀法彻底分离。

（5）同一金属，其高价阳离子比低价阳离子水解的 pH 值低，这是由于高价氢氧化物比低价氢氧化物的溶解度更小的缘故。

7.2.1.2 碱式盐沉淀

形成纯净的氢氧化物沉淀是一种理想情况，只有在金属离子与酸根浓度很低时才可能实现。实际的浸出液难以满足此条件，因为在形成氢氧化物沉淀的同时金属盐也会沉淀，即碱式盐沉淀。从热力学角度看，形成碱式盐沉淀时其 $\Delta G^{\ominus}$（负值）绝对值更大。设碱式盐的分子式为 $x\mathrm{MeR}_{n/m} \cdot y\mathrm{Me(OH)}_n$，分子式中 x、y 为系数，n、m 分别为金属阳离子与酸根的价数，R 为相应的酸根。碱式盐形成反应为：

$$(x+y)\mathrm{Me}^{n+} + \frac{nx}{m}\mathrm{R}^{m-} + ny\mathrm{OH}^- = x\mathrm{MeR}_{n/m} \cdot y\mathrm{Me(OH)}_n \downarrow \tag{7.5}$$

其平衡条件为：

$$pH = \frac{\Delta G^{\ominus}}{2.303nyRT} - \lg K_w - \frac{x+y}{nx}\lg a_{Me^{n+}} - \frac{x}{my}\lg a_{R^{m-}} \tag{7.6}$$

式中，$\Delta G^{\ominus}$为反应（7.5）的标准自由能变化。

由式（7.6）可见，形成碱式盐沉淀的平衡 pH 值取决于金属阳离子的活度、价数、酸根的活度和价数、碱式盐的组成（x 和 y）。硫酸盐是最容易形成碱式盐的物质，且碱式硫酸盐沉淀形成的 pH 值略低于形成氢氧化物沉淀的 pH 值，见表 7.1。

表 7.1　298K 及 $a_{Me^{n+}} = a_{R^{m-}} = 1mol/L$ 时形成碱式盐的平衡 pH 值及 $\Delta G^{\ominus}$

碱式盐的化学式	$-\Delta G^{\ominus}/kJ \cdot mol^{-1}$	平衡 pH 值
$2Fe_2(SO_4)_3 \cdot 2Fe(OH)_3$	819.28	<0
$Fe_2(SO_4)_3 \cdot Fe(OH)_3$	305.14	<0
$CuSO_4 \cdot 2Cu(OH)_2$	252.89	3.1
$2CdSO_4 \cdot Cd(OH)_2$	123.31	3.9
$ZnSO_4 \cdot Zn(OH)_2$	114.95	3.8
$ZnCl_2 \cdot 2Zn(OH)_2$	206.07	5.1
$3NiSO_4 \cdot 4Ni(OH)_2$	401.28	5.2
$FeSO_4 \cdot 2Fe(OH)_2$	197.30	5.3
$CdSO_4 \cdot 2Cd(OH)_2$	190.61	5.8

以碱式硫酸盐的形态沉淀也是水解反应的一种，如在酸浓度较高的情况下（pH 值为 1.5 左右），采用添加 NaOH、NH_3的方法，$Fe_2(SO_4)_3$可形成碱式盐反应为：

$$3Fe_2(SO_4)_3 + 10H_2O + 2NH_3 \cdot H_2O = (NH_4)_2Fe_6(SO_4)_4(OH)_{12}\downarrow + 5H_2SO_4 \tag{7.7}$$

生成的黄钾铁矾（$Me_2Fe_6(SO_4)_4(OH)_{12}$，其中 Me 为 K^+、Na^+、NH_4^+等）很容易沉淀和过滤，这种除铁方法在处理锌浸出残渣（红泥）时已经得到实际应用。

7.2.1.3　氧化中和水解

根据高价金属阳离子比低价金属阳离子水解 pH 值更低的原理，可在沉淀前或沉淀的同时，将金属阳离子氧化成高价离子，从而更易沉淀或更易与其他元素分离。例如，由图 7.2 可知，Cu^{2+}与 Fe^{2+}水解 pH 值覆盖区部分重叠，单纯依靠调整溶液 pH 值无法实现分离。若在沉淀前或沉淀的同时将 Fe^{2+}选择性氧化为 Fe^{3+}，便可达到分离的目的。该过程叫做氧化中和水解。

Fe^{2+}氧化中和水解反应为：

$$Fe^{2+} + 3H_2O - e = Fe(OH)_3\downarrow + 3H^+ \tag{7.8}$$

其平衡条件为：

$$\varepsilon = 1.057 - 0.177pH - 0.0591\lg a_{Fe^{2+}} \tag{7.9}$$

式中，1.057 表示电对 $Fe(OH)_3/Fe^{2+}$的电极电位（V）。

而 Fe^{2+}的水解反应为：

$$Fe^{2+} + 2H_2O = Fe(OH)_2\downarrow + 2H^+$$

$$pH = 6.65 - \frac{1}{2}\lg a_{Fe^{2+}} \tag{7.10}$$

对比式（7.9）和式（7.10），当 $a_{Fe^{2+}}=10^{-5}$mol/L 时，Fe^{2+}不氧化，其水解平衡时 pH 值为 9.15；若加入氧化剂使溶液电位提高到 1.057 V，则当 $pH=\frac{0.0591\times 5}{0.177}=1.67$ 时，Fe^{3+}即可沉淀完全而铜则留在溶液中。

可供选择的氧化剂有 MnO_2、$KMnO_4$、H_2O_2、Cl_2、$NaClO_3$和空气中的 O_2 等。其中 H_2O_2、$KMnO_4$、$NaClO_3$ 等氧化能力强，但价格较贵；空气中的 O_2 取之不尽，但氧化速度慢，通常只在高温高压下使用；实际工程中应用较多的是 MnO_2 与 Cl_2。

7.2.2　硫化物沉淀

绝大多数金属硫化物的溶度积都很小，因此溶液中金属离子可以通过加入沉淀剂形成硫化物沉淀来定量地回收金属，这个过程称为硫化物沉淀。由于不同金属硫化物的溶度积数值不同，因此通过控制沉淀条件即可实现不同金属的分离。

可用作金属沉淀剂的主要有 Na_2S 和 H_2S，在金属提取中多选用气态的 H_2S。下面以 H_2S 为例研究硫化物沉淀过程的规律，金属硫化物的溶解反应为：

$$\frac{1}{2}Me_2S_m \rightleftharpoons Me^{m+}+\frac{m}{2}S^{2-}$$

硫化物溶度积为：

$$K_{sp}=a_{Me^{m+}}\cdot a_{S^{2-}}^{\frac{m}{2}}$$

取对数得：

$$\lg a_{Me^{m+}}=\lg K_{sp}-\frac{m}{2}\lg a_{S^{2-}} \tag{7.11}$$

常温常压下气态 H_2S 在水溶液中的溶解度约为 0.1mol/L，在水溶液中分步电离，其离解反应及相应的电离平衡常数为：

$$H_2S \rightleftharpoons H^++HS^- \qquad K_{a1}=10^{-7.6}$$

$$HS^- \rightleftharpoons H^++S^{2-} \qquad K_{a2}=10^{-14.4}$$

总的电离反应为：

$$H_2S \rightleftharpoons 2H^++S^{2-}$$

$$K_a=K_{a1}K_{a2}=10^{-22}=\frac{a_{H^+}^2\cdot a_{S^{2-}}}{[H_2S]}$$

因［H_2S］≈0.1 mol/L，对上式取对数有：

$$pH=11.5+\frac{1}{2}\lg a_{S^{2-}} \tag{7.12}$$

将式（7.11）和式（7.12）合并可得：

$$pH=11.5+\frac{1}{m}\lg K_{sp}-\frac{1}{m}\lg a_{Me^{m+}} \tag{7.13}$$

由式（7.13）可看出，硫化物的沉淀除受温度、压力影响外，受溶液的 pH 值的影响很大，而金属硫化物沉淀时的 pH 值还与金属离子的活度、价数、溶度积有重要关系。

按照水解沉淀中的规定，指定 $a_{Me^{m+}}=1$mol/L 时开始沉淀，$a_{Me^{m+}}=10^{-5}$mol/L 时沉淀完全。以 $\lg a_{S^{2-}}$ 为横坐标，左边的纵坐标为 $\lg a_{Me^{m+}}$，范围是 5~0，右边的纵坐标为 pH 值，范

围为 0~7，查表求出不同金属硫化物在 298K 下的 K_{sp} 值，根据式（7.13），便可作出金属硫化物的沉淀图，如图 7.3 所示（图中以体积摩尔浓度代替活度）。

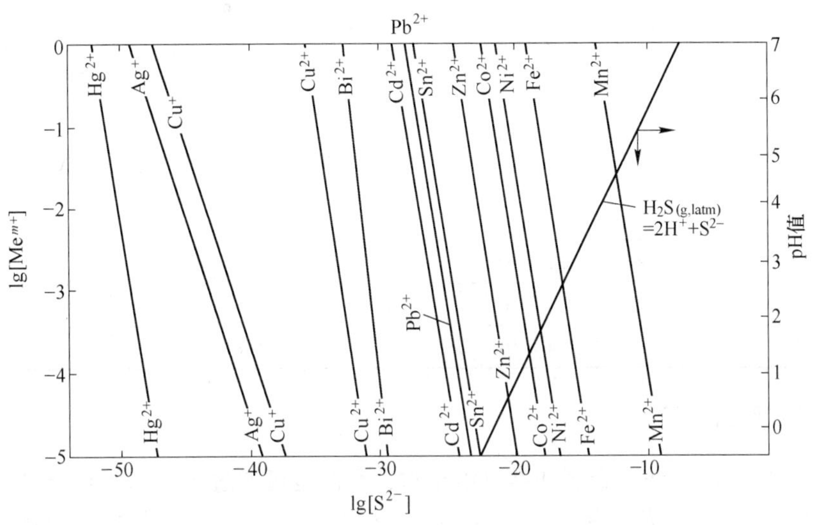

图 7.3 硫化物沉淀图

图 7.3 的曲线图用途如下：

（1）从图中可以看出各种金属硫化物的相对溶解度。金属的沉淀曲线越靠左其硫化物溶解就越小，在相同的外界条件下优先沉淀析出。

（2）当溶液 pH 值已知时，从不同的沉淀曲线上可求得相应硫化物的理论溶解度。例如当 pH 值为 3 时，由 H_2S 离解曲线可知，硫离子浓度［S^{2-}］约为 10^{-16}mol/L，此时 Co^{2+} 及其左面曲线上的金属离子从理论讲都可沉淀完全，而 Mn^{2+} 则还没开始沉淀。

（3）可看出金属沉淀始末溶液中［S^{2-}］的变化范围。再通过 H_2S 的离解曲线还可以求出某一金属沉淀始末的 pH 值覆盖区间。例如在 Ni^{2+} 的沉淀始末，相应的［S^{2-}］为 $10^{-19.5}$mol/L 和 $10^{-14.5}$mol/L，而对应的 pH 值为 1~3.7。

（4）欲分离的两金属沉淀曲线应尽可能远离。

但图 7.3 的硫化物沉淀曲线图也有一定的局限性，主要体现在：其温度条件为 $T=298$K，若沉淀不在 298K 下进行，则需另绘沉淀曲线图。此外，沉淀曲线图只提供反应进行的可能性，不涉及反应速度问题。某些反应从曲线上看可能发生，但由于动力学限制，实际上难以实现。例如图中表明在 pH 值为 2 时，从理论上讲，镍、钴可沉淀完全，即镍、钴浓度降到 10^{-5}mol/L 以下；但事实上，室温时只有在碱性条件下，镍、钴才能被 H_2S 所沉淀；在酸性条件下，要沉淀镍、钴，需要加入催化剂或者升高温度，才能提高反应速度。

表 7.2 是根据式（7.13）得出的一些二价金属硫化物形成沉淀时的有关数据。

除了在常温常压下进行金属硫化物沉淀外，还可在热压条件下进行金属硫化物的沉淀，研究表明，金属硫化物的溶度积随溶液温度的升高而增大。硫化氢离解反应的平衡常数也随溶液温度的升高而增大，但硫化氢在溶液中的溶解度却随溶液温度的升高而降低。因此，为提高硫化氢溶解度必须增大气相中硫化氢的气压。

表 7.2 某些金属硫化物沉淀时的有关数据

金属硫化物	K_{sp}	沉淀时的 pH 值	
		$a_{Me^{m+}}=1mol/L$	$a_{Me^{m+}}=10^{-5}mol/L$
MnS	1.4×10^{-15}	4.07	6.57
FeS	1.3×10^{-17}	3.06	5.56
NiS	2.8×10^{-20}	1.72	4.22
CoS	1.8×10^{-22}	0.63	3.13
ZnS	2.3×10^{-24}	-0.32	2.18
CdS	2.1×10^{-26}	-1.34	1.16
PdS	2.3×10^{-27}	-1.82	0.68
CuS	2.4×10^{-35}	-5.81	-3.31

7.2.3 其他难溶盐沉淀

除硫化物外，还有许多金属盐类难溶于水，因此也可通过形成这类金属盐来分离和回收溶液中的金属，如形成某些金属的磷酸盐、砷酸盐、碳酸盐、草酸盐、氟化物、氯化物、铀酸盐、钨酸盐、钼酸盐等。

（1）碳酸盐。利用碱金属盐中 Li_2CO_3 最难溶，且其溶解度随温度升高而下降的特点（见表 7.3、表 7.4），可以从含 Li 的溶液中以 Li_2CO_3 沉淀的形式回收 Li。

表 7.3 293K 时金属碳酸盐在水中溶解度

盐类名称	Li_2CO_3	Na_2CO_3	K_2CO_3	Rb_2CO_3	Cs_2CO_3
溶解度/g·（100g 溶液）$^{-1}$	1.31	17.6	53.2	极易溶	极易溶

表 7.4 温度对 Li_2CO_3 溶解度的影响

温度/K	273	293	323	373
溶解度/g·（100g 溶液）$^{-1}$	1.54	1.31	1.08	0.72

（2）氯化物。含有 $CuCl_2$ 的溶液可以通过形成难溶的 CuCl 的方式回收铜。因为在水溶液中 CuCl 的溶解度很低，约为 0.062g/L。将含有二价铜离子的溶液用 SO_2 还原或在隔绝空气的条件下与金属铜共热，使 Cu^{2+} 转化成 Cu^+，并析出沉淀。

（3）草酸盐。在从独居石的硫酸浸出液中提取稀土元素时，可用草酸盐沉淀法来分离稀土与铀。在浸出液中加入草酸钠，钍与稀土共沉淀，而铀则留在溶液中，即：

$$Th^{4+}+2C_2O_4^{2-}=\!=\!=Th(C_2O_4)_2\downarrow \tag{7.14}$$

$$2RE^{3+}+3C_2O_4^{2-}+nH_2O=\!=\!=RE_2(C_2O_4)_3\cdot nH_2O\downarrow \tag{7.15}$$

式中，RE 表示稀土元素，一般 $n=10$。稀土与钍的草酸盐均不溶于水与稀酸，固液分离后将该沉淀物与 NaOH 共同浸煮，使钍与稀土转化为氢氧化物沉淀，同时回收草酸钠用于再循环，即：

$$Th(C_2O_4)_2\downarrow+4NaOH=\!=\!=Th(OH)_4\downarrow+2Na_2C_2O_4 \tag{7.16}$$

$$RE_2(C_2O_4)_3\cdot nH_2O\downarrow+6NaOH=\!=\!=2RE(OH)_3\downarrow+3Na_2C_2O_4+nH_2O \tag{7.17}$$

（4）磷酸盐与砷酸盐。当原矿或精矿中含有磷酸盐与砷酸盐脉石时，经酸浸后溶液中就会含有一定量的磷酸根与砷酸根离子。调节溶液的酸度到目的组分的磷（砷）酸盐沉淀的 pH 值时，便可用磷（砷）酸盐的形态来回收或分离金属。

（5）铀酸盐。从铀矿的硫酸浸出液中回收铀，或从含铀淋洗液、反萃液中沉淀铀，可采用氢氧化钠或氨水作为沉淀剂，沉淀产品为重铀酸钠或重铀酸铵。

$$2UO_2SO_4 + 6NaOH \longrightarrow Na_2U_2O_7\downarrow + 2Na_2SO_4 + 3H_2O \tag{7.18}$$

$$2UO_2SO_4 + 6NH_3 \cdot H_2O \longrightarrow (NH_4)_2U_2O_7\downarrow + 2(NH_4)_2SO_4 + 3H_2O \tag{7.19}$$

为了防止沉淀母液中 SO_4^{2-} 积累过多而污染沉淀以及降低碱耗，通常采用两段沉淀法，即先以石灰乳中和到 pH 值为 3.5~4.2，滤去 $CaSO_4$沉淀，再以氢氧化钠或氨水中和到 pH 值为 8~9，以回收铀。

（6）钨酸盐与钼酸盐。黑钨矿或白钨矿经 NaOH 浸煮后，钨转化为钨酸钠，净化后的钨酸钠加入沉淀剂 $CaCl_2$便得到钨酸钙，即人造白钨。

$$Na_2WO_4 + CaCl_2 \longrightarrow CaWO_4\downarrow + 2NaCl \tag{7.20}$$

钨酸钙经盐酸分解后得到固体钨酸，经干燥煅烧，便产出 WO_3。

辉钼矿在有氧化剂 NaClO 的参与下用 NaOH 浸出，钼转化为 Na_2MoO_4，进入溶液，再以 $CaCl_2$沉淀，便得到钼酸钙。

$$Na_2MoO_4 + CaCl_2 \longrightarrow CaMoO_4\downarrow + 2NaCl \tag{7.21}$$

7.2.4 离子沉淀的工艺及应用

应用离子沉淀法分离回收溶液（或浸出液）中的金属，要选择合理可行的工艺和廉价高效的沉淀剂，以保证沉淀过程的实现和沉淀物的纯净，并且应尽量使产生的沉淀物是易过滤、易洗涤的粗颗粒晶体，以达到除去其他组分的目的。同时选用的沉淀设备也应简单可靠。

7.2.4.1 离子沉淀的工艺

A 沉淀剂的选择

水解沉淀通常只需用酸（碱）调整溶液的 pH 值，而各种难溶盐沉淀，除要求一定的 pH 值外，还要添加沉淀剂。选择一种沉淀剂除考虑经济因素之外，沉淀剂还应具有较高的选择性，以便获得较纯净的沉淀，且形成的沉淀物是极难溶的，以提高作业金属回收率或更彻底地去除杂质。

B 对沉淀物的要求

沉淀是一种结晶过程，包括晶核的形成与晶体长大两个方面。形成沉淀的首要条件是待沉淀的盐的溶解度要达到过饱和。但即使在过饱和条件下，晶核的形成也是一个很困难的过程。晶核的尺寸要达到某一临界值才能稳定地长大，否则又有重溶的可能。在晶核长大成晶体的过程中，在晶核附近又要产生新的晶核，称为“次要成核作用”，而把因过饱和度极大而产生的自发成核与外来固体粒子引起的非均相成核称为“主要成核作用”。

因此，对产品沉淀物的要求是：沉淀物应尽可能纯净，避免与杂质产生共沉淀；沉淀物应难溶；沉淀物应尽可能是晶形沉淀，且结晶颗粒粗，以利于后续的过滤与洗涤。对杂质沉淀物的要求是：对杂质的沉淀率要高，不与有价组分产生共沉淀；对沉淀物物理特性的要求与产品沉淀物相同。

C　沉淀条件

沉淀过程最佳工艺条件是通过试验求得的，一般要考虑以下因素对沉淀物性能的影响：

(1) 待沉淀金属离子的浓度；

(2) 沉淀剂的浓度；

(3) 沉淀终了的 pH 值；

(4) 沉淀剂的添加速度；

(5) 沉淀过程的温度；

(6) 沉淀搅拌槽的搅拌速度。

要得到晶形的粗颗粒的沉淀物，首要条件是待沉淀的金属离子浓度宜低不宜高。在稀溶液中进行沉淀，由于过程缓慢，晶体长大速度超过晶核形成速度，故能得到粗粒晶体。若待沉淀的金属离子浓度较高，则沉淀剂浓度要配低一些且添加速度要慢。否则，形成的晶核多而来不及长大，所得沉淀物颗粒较细，难以实现固液分离。若沉淀物颗粒较细，在不影响生产过程连续的前提下，可以采用“陈化”措施，即沉淀完毕之后并不立即进行固液分离，而让沉淀物与母液继续接触一段时间，使微小晶粒溶解再沉淀到较大的晶粒上去。

为了加快沉淀速度，改善沉淀物物理特性，沉淀过程往往在高于室温的条件下进行。对于铁、铝氢氧化物沉淀，通过加温可使沉淀物由无定形转化为晶形，改善固液分离性能。

沉淀剂的加入方式（一点或多点加入）和加入速度都要与搅拌速度配合得当。沉淀剂加入速度快而搅拌速度慢时，易产生局部过碱（酸）和局部过饱和现象，造成有价组分与杂质共沉淀，影响分离效果；而搅拌速度太快则容易使粗粒晶体受到破坏。

7.2.4.2　离子沉淀的工业应用

离子沉淀已经被广泛地应用在浸出液中金属的分离及沉淀—浮选方面。

A　镍、钴的氢氧化物沉淀分离

为了综合利用含钴黄铁矿烧渣，实现其中镍、钴的分离，可将烧渣进行氯化-硫酸化焙烧使镍、钴转化为可溶盐，然后用水浸焙砂，使镍、钴转入溶液。由于二价的镍、钴离子的水解平衡曲线相距很近，用简单的水解沉淀法无法使两者分离。若能将其中一种金属选择性氧化成高价阳离子，便可达到分离的目的。通常用次氯酸钠（NaClO）作为氧化剂，使 Co^{2+} 优先氧化成 Co^{3+}，而 Ni^{2+} 不氧化。再以 Na_2CO_3 作为中和剂，控制温度为 50℃ 左右，沉淀时间约 2h，在 pH 值为 2.0~2.5 时，钴以 $Co(OH)_3$ 沉淀析出，而镍留在溶液中，反应为：

$$2CoSO_4 + NaClO + 2Na_2CO_3 + 3H_2O = 2Co(OH)_3\downarrow + NaCl + 2Na_2SO_4 + 2CO_2\uparrow \tag{7.22}$$

B　多金属的硫化沉淀分离

某镍钴硫化精矿含有铁、铬、铝、铜、铅和锌等杂质，为了综合回收精矿中有价元素，采用高压充氧酸浸，固液分离后，溶液含镍约50g/L。由于Fe^{3+}、Al^{3+}和Cr^{3+}的水解曲线与Ni^{2+}、Co^{2+}水解曲线相隔较远，可以水解分离。若能把铁、铬均优先氧化成三价，便可达到这个目的。为此，在常压及$T=80℃$时，向溶液鼓入空气，使$Fe^{2+}\rightarrow Fe^{3+}$，$Cr^{2+}\rightarrow Cr^{3+}$，而钴不会氧化成高价。然后以氨中和到pH值为4.0~4.5，便可使Fe^{3+}、Cr^{3+}、Al^{3+}形成沉淀。滤去沉淀物，溶液中还含有铜、铅和锌等杂质，由于铜、铅的硫化物沉淀曲线与镍钴硫化物沉淀曲线相隔较远，可优先沉淀，而锌则不然。为此可向溶液中加酸调pH值，当pH值为1.0~1.5时，向溶液通入一定量的H_2S，使铜、铅完全析出而锌仅沉淀50%。滤去铜、铅和锌的沉淀物，溶液送后续工序提镍、钴并分离锌。不完全沉出锌是为了防止镍、钴与锌共沉淀，降低镍、钴回收率。

C 沉淀—浮选

上面提到的沉淀均应在清液中进行，为此必须对浸出后的矿浆进行固液分离以去除其中的矿渣。当固液分离工序发生困难时，为避免固液分离操作，可直接在浸出矿浆中加入硫化剂（例如Na_2S），使目的组分转化为硫化物沉淀，再用浮选法使其与矿浆中其他矿渣分离，实现富集，这就是沉淀—浮选联合流程。

沉淀—浮选联合流程不仅适于处理难选氧化矿的酸浸液，对氧化硫化混合矿，更显示出了优越性。一般地说，氧化矿比硫化矿优先被酸溶出。当氧化矿溶解之后，随即加入硫化剂，使目的组分以硫化物形态析出。沉淀过程的晶核常为矿浆中的固体颗粒，其中尚未溶解的硫化矿物更容易成为结晶核心。通过浮选把新老硫化矿物共同浮出而与脉石矿物分离。

7.3 置换沉淀

在水溶液中，用负电性较大的金属取代正电性较大的金属的过程叫做置换沉淀，简称置换。置换是一种氧化还原反应，即负电性较大的金属失去电子，成为金属离子存在于溶液之中，而被置换的金属离子则获得电子，在置换金属的表面上沉积下来。

在矿物化学处理中，广泛采用金属置换沉淀法从浸出液中回收有用组分、进行有用组分分离或除去某些杂质。

7.3.1 置换沉淀原理

金属置换沉淀法是采用一种负电性较大的金属作为还原剂，从溶液中将另一种正电性较大的金属离子沉淀析出的氧化还原过程。此时作为置换剂的金属被氧化而呈金属离子形态转入溶液中，溶液中被置换的金属离子被还原而呈金属态析出。其反应可表示为：

$$Me_1^{n+} + Me_2 = Me_1 + Me_2^{n+} \tag{7.23}$$

式中 Me_2——金属还原剂；

Me_1^{n+}——被置换还原的金属离子。

金属置换还原过程属电化学腐蚀过程，是由于形成微电池产生腐蚀电流的缘故。式(7.23)可分解为两个电化学方程：

$$Me_1^{n+} + ne = Me_1 \qquad \varepsilon_1 = \varepsilon^{\ominus}_{Me_1} + \frac{0.0591}{n}\lg a_{Me_1^{n+}}$$

$$-)\ Me_2^{n+} + ne = Me_2 \qquad \varepsilon_2 = \varepsilon^{\ominus}_{Me_2} + \frac{0.0591}{n}\lg a_{Me_2^{n+}}$$

$$Me_1^{n+} + Me_2 = Me_1 + Me_2^{n+} \qquad \Delta\varepsilon = \varepsilon_1 - \varepsilon_2 = \varepsilon^{\ominus}_{Me_1} - \varepsilon^{\ominus}_{Me_2} + \frac{0.0591}{n}\lg\frac{a_{Me_1^{n+}}}{a_{Me_2^{n+}}} \tag{7.24}$$

金属置换的推动力取决于微电池的电动势（$\Delta\varepsilon$），因此化学反应（7.23）进行的必要条件为 $\varepsilon_1>\varepsilon_2$。所以在热力学上采用较负电性的金属作为还原剂可从溶液中将较正电性的金属离子置换出来。溶液中金属离子的置换顺序主要取决于水溶液中金属的电位顺序。在温度 298K、酸性溶液中金属离子浓度 1mol/L 条件下，金属的电位顺序见表 7.5；在温度 298K、碱性溶液中金属离子浓度 1mol/L 条件下，金属的电位顺序见表 7.6。

表 7.5 298K 时酸性溶液中金属电位顺序

电 极	$\varepsilon^{\ominus}$/V	电 极	$\varepsilon^{\ominus}$/V	电 极	$\varepsilon^{\ominus}$/V
Li^+/Li	-3.05	U^{4+}/U	-1.40	Sb^{3+}/Sb	+0.10
Cs^+/Cs	-2.92	Mn^{2+}/Mn	-1.19	Bi^{3+}/Bi	+0.20
K^+/K	-2.93	V^{2+}/V	-1.18	As^{3+}/As	+0.30
Rb^+/Rb	-2.93	Nd^{3+}/Nd	-1.10	Cu^{2+}/Cu	+0.34
Ra^{2+}/Ra	-2.92	Cr^{2+}/Cr	-0.86	Co^{3+}/Co	+0.40
Ba^{2+}/Ba	-2.90	Zn^{2+}/Zn	-0.76	Ru^{2+}/Ru	+0.45
Sr^{2+}/Sr	-2.89	Cr^{3+}/Cr	-0.74	Cu^+/Cu	+0.52
Ca^{2+}/Ca	-2.87	Gd^{3+}/Gd	-0.53	Te^{4+}/Te	+0.56
Na^+/Na	-2.71	Ga^{2+}/Ga	-0.45	Te^{3+}/Te	+0.71
La^{3+}/La	-2.52	Fe^{2+}/Fe	-0.44	$Hg_2^{2+}/2Hg$	+0.79
Ce^{3+}/Ce	-2.48	Cd^{2+}/Cd	-0.40	Ag^+/Ag	+0.80
Mg^{2+}/Mg	-2.37	In^{3+}/In	-0.34	Rb^{3+}/Rb	+0.80
Y^{3+}/Y	-2.37	Tl^+/Tl	-0.34	Pb^{4+}/Pb	+0.80
Sc^{3+}/Sc	-2.08	Co^{2+}/Co	-0.27	Os^{2+}/Os	+0.85
Tb^{4+}/Tb	-1.90	Ni^{2+}/Ni	-0.24	Hg^{2+}/Hg	+0.85
Be^{2+}/Be	-1.85	Mo^{3+}/Mo	-0.20	Pd^{2+}/Pd	+0.99
U^{3+}/U	-1.80	In^+/In	-0.14	Ir^{2+}/Ir	+1.15
Hf^{4+}/Hf	-1.70	Sn^{2+}/Sn	-0.14	Pt^{3+}/Pt	+1.20
Al^{3+}/Al	-1.66	Pb^{2+}/Pb	-0.13	Ag^{2+}/Ag	+1.37
Ti^{4+}/Ti	-1.63	Fe^{3+}/Fe	-0.04	Au^{3+}/Au	+1.50
Zr^{4+}/Zr	-1.53	$2H^+/H_2$	0.00	Au^+/Au	+1.68

表 7.6 298K 时碱性液中金属的电位顺序

体系	$\varepsilon^{\ominus}$/V	体系	$\varepsilon^{\ominus}$/V
ZnO_2^{2-}/Zn	-1.22	$Cu(NH_3)_2^+/Cu$	-0.11
WO_4^{2-}/W	-1.10	$Cu(NH_3)_4^{2+}/Cu$	-0.05
$HSnO_2^{2-}/Sn$	-0.79	$Ag(NH_3)_2^+/Ag$	+0.37
AsO_2^-/As	-0.68	$Zn(CN)_4^{2-}/Zn$	-1.26
SbO_2^-/Sb	-0.67	$Cu(CN)_4^{3-}/Cu$	-0.99
$HPbO_2^-/Pb$	-0.54	$Cu(CN)_3^{2-}/Cu$	-0.98
$HBiO_2^-/Bi$	-0.46	$Cu(CN)_2^-/Cu$	-0.88
TeO_2^{2-}/Te	-0.02	$Ni(CN)_4^{2-}/Ni$	-0.82
$Zn(NH_3)_4^{2+}/Zn$	-1.03	$Au(CN)_2^-/Au$	-0.60
$Ni(NH_3)_6^{2+}/Ni$	-0.48	$Hg(CN)_4^{2-}/Hg$	-0.37
$Co(NH_3)_6^{2+}/Co$	-0.42	$Ag(CN)_2^-/Ag$	-0.29

下面以 Fe 从 $CuSO_4$溶液中置换 Cu^{2+}为例来说明电化学腐蚀机理。当把金属铁放入硫酸铜溶液中时，由于金属与溶液的电化学不均匀性，造成在金属表面上各点的电位不相等。在金属铁的某些区域，由于含有杂质（碳化铁与石墨），这些杂质点的电位就会高，因而成为无数的阴极，称为微阴极或局部阴极；而铁的电位低，成为无数的阳极或局部阳极。这无数的微阴极与微阳极就组成了无数的微电池或局部电池。在每一个微电池中，作为阳极的铁将失去电子进入溶液成为水合铁离子并把电子留在阳极上：

$$Fe - 2e = Fe^{2+}$$

阳极上的电子通过金属本身流向局部阴极，阴极上的电子将为溶液中的 Cu^{2+}吸收，从而还原为金属铜：

$$Cu^{2+} + 2e = Cu$$

总反应为：

$$Fe + Cu^{2+} = Cu\downarrow + Fe^{2+} \tag{7.25}$$

金属铜一旦析出，它本身就构成了新的阴极材料。在溶液中，阳极区的 Fe^{2+}将带着正电荷向阴极区迁移和扩散，而阴极区的 SO_4^{2-}将带着负电荷迁向阳极区，使整个溶液保持电中性。在微电池中，对外电路（即金属本身）而言，电流是从阴极流向阳极；而对内电路（即溶液）而言，电流是从阳极流向阴极的，内外电路形成一个闭合回路，回路电流叫做腐蚀电流。

电极反应的现代理论认为，从统计观点来看，当金属与溶液接触时，在金属表面的各点上，氧化反应与还原反应均可发生。因此，它对金属表面和溶液的电化学不均匀性不作要求，即在等电位的点上进行共轭的氧化还原反应。但当被置换金属析出之后，还是构成了腐蚀微电池。

置换过程的推动力取决于微电池的电动势。通过热力学计算，可以说明置换反应的可能性和置换过程所能达到的限度。

如上所述，当铜析出之后，由铜、铁及电解质溶液组成的微电池的电动势为：

$$\Delta\varepsilon = \varepsilon^{\ominus}_{Cu^{2+}/Cu} - \varepsilon^{\ominus}_{Fe^{2+}/Fe} + \frac{RT}{nF}\ln\frac{a_{Cu^{2+}}}{a_{Fe^{2+}}}$$

当 T=298K，且置换过程达平衡时，$\Delta\varepsilon=0$，可得：

$$\varepsilon^{\ominus}_{Cu^{2+}/Cu} - \varepsilon^{\ominus}_{Fe^{2+}/Fe} = \frac{RT}{nF}\ln\frac{a_{Fe^{2+}}}{a_{Cu^{2+}}}$$

$$\lg\frac{a_{Fe^{2+}}}{a_{Cu^{2+}}} = \frac{0.777}{0.0295} = 26.4$$

即

$$a_{Cu^{2+}} = 10^{-26.4}a_{Fe^{2+}}$$

同理，可计算出金属锌置换铜、钴时所能达到的限度：

$$a_{Cu^{2+}} = 10^{-38}a_{Zn^{2+}}$$

$$a_{Co^{2+}} = 3.7\times10^{-18}a_{Zn^{2+}}$$

由此可知，金属置换剂与被置换金属的电位相差越大，越易被置换，被置换金属离子的剩余浓度也越低；反之，金属置换剂与被置换金属的电位相差越小，则越难被置换，被置换金属离子的剩余浓度也越高。

从计算数值上可见，用铁置换铜，十分彻底，但这仅仅是热力学上的可能性，若考虑置换过程的阻力，则置换过程实际上不可能达到热力学平衡。腐蚀电流回路中的欧姆电阻、电极的极化以及阴极副反应等均将导致电极反应偏离平衡状态。阴极可能发生的副反应包括氧的还原反应和氢的析出反应。

在阴极上，溶液中的溶解氧发生还原反应：

$$O_2 + 4H^+ + 4e = 2H_2O$$

同时 H^+也可在阴极还原析出：

$$2H^+ + 2e = H_2\uparrow$$

由于 $\varepsilon^{\ominus}_{O_2/H_2O}$ 比 $\varepsilon^{\ominus}_{H^+/H_2}$ 大，故一般前一个反应趋势比后一个大。但当溶液 pH 值较低、且氢在阴极析出的电位小，使得氢的平衡电位大于被置换金属平衡电位时，则会析出氢气。由于两种副反应均会导致置换金属消耗量的增加，因此对置换过程不利。

7.3.2 影响金属置换过程的因素

影响金属置换过程的主要因素有：溶液中的氧浓度、溶液 pH 值、被置换金属离子浓度、置换剂与被置换金属的电位差、溶液中的其他离子、溶液流速、搅拌强度和设备类型等。

(1) 溶液中的氧浓度。氧为强氧化剂之一，其标准还原电位为+1.229V，可将许多金属氧化而呈金属阳离子形态转入溶液中。如金属锌被氧氧化的反应可表示为：

$$Zn + \frac{1}{2}O_2 + 2H^+ \longrightarrow Zn^{2+} + H_2O$$

可以看出，溶液中的溶解氧浓度越高，金属锌的消耗量越大。因此采用金属锌作为置换剂时，置换前溶液要有脱氧工序。

(2) 溶液 pH 值。图 7.4 是金属置换的原理图。

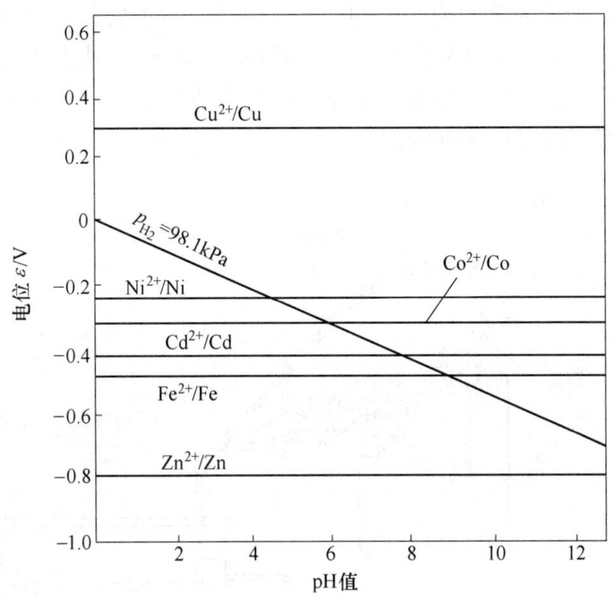

图 7.4 金属置换的原理图

由图 7.4 可知，若以氢线为标准，可将金属分为三类：

1）正电性金属。该类金属在任何 pH 值的溶液中，$\varepsilon_{Me^{n+}/Me} > \varepsilon_{H_2O/H_2}$，因此该类金属离子被置换剂还原置换时不会析出氢气，如金、银、铜等。

2）负电性大的金属。该类金属在任何 pH 值的溶液中，$\varepsilon_{H_2O/H_2} > \varepsilon_{Me^{n+}/Me}$，因此该类金属离子被置换剂还原置换时，将优先析出氢气，所以该类金属不宜采用金属置换法。

3）与氢线相交的金属。该类金属离子被置换剂还原置换与溶液的 pH 值有关。若溶液的 pH 值小于与氢线交点所对应的 pH 值，置换时将优先析出氢气（如铁、钴、镍等）；若溶液的 pH 值大于与氢线交点所对应的 pH 值，置换时氢气将不会析出。

（3）被置换金属离子浓度。溶液中的被置换金属离子浓度对置换沉淀物的物理性能和置换速度有较大的影响。溶液中的被置换金属离子浓度较低时，易生成多孔性沉淀物，较易剥落，但被置换金属离子浓度较高时，会在置换剂表面生成致密的黏附沉淀物，难以剥落。

（4）置换剂与被置换金属的电位差。很明显，置换剂与被置换金属的电位相差越大，置换越完全。

（5）溶液中的其他离子。溶液中其他离子的影响有促进置换过程的，也有阻碍置换过程的。如采用金属锌置换铜、镍、钴时，溶液中的铜离子可促进镍、钴的快速置换；采用金属锌置换银时，溶液中的钠、钾、锂离子可使析出的银表面粗糙，可提高其置换速度，但溶液中的氧使银氧化，在银表面形成致密的氧化膜，则会降低其置换速度。

（6）溶液流速或搅拌强度。金属离子被置换时，提高溶液流速或搅拌强度可降低扩散层的厚度，有利于置换剂表面的更新，可提高置换速度。

7.3.3 置换沉淀的设备

置换沉淀的常用设备有置换转鼓、锥形置换器、脉动置换塔和流化床置换塔等。

（1）置换转鼓。图7.5是置换转鼓的结构示意图。置换转鼓是利用梨形回转器来进行置换反应的，铁屑或其他置换材料分批加入转鼓内，然后连续地引入溶液，由于转鼓的旋转，置换出的金属不断剥落并随溶液排出鼓外，经澄清过滤回收有价金属。由于置换材料不断暴露出新鲜表面，故置换速度较快。

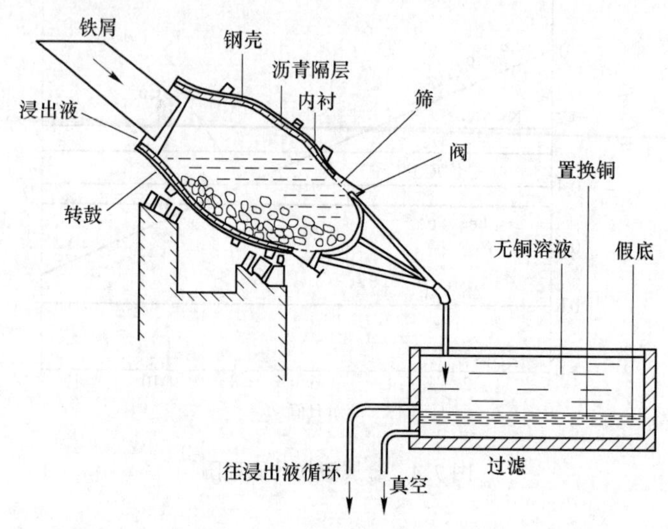

图7.5　置换转鼓结构示意图

（2）锥形置换器。锥形置换器的结构如图7.6所示。溶液由下部泵入置换器，沿倒锥的斜向喷流，溶液回旋上升通过铁屑层，进行置换反应。已置换出的金属由于溶液的冲刷而剥落被带向圆锥体的中部。由于圆锥体截面扩大，流速降低，金属在此得到浓密并通过锥体本身的网格进入外部的圆柱桶内予以收集，贫液则从上部排出。该设备处理量大，铁耗低，当处理量增加时，可将数个置换器并联使用。

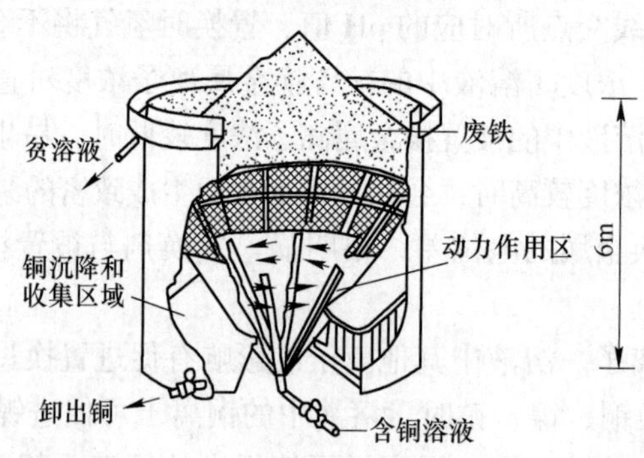

图7.6　锥形置换器结构示意图

（3）脉动置换塔。脉动置换塔的结构如图7.7所示。塔内装满置换剂，料液从塔底进入，在塔内呈脉动状流动完成置换过程。

（4）流化床置换塔。流化床置换塔的结构如图7.8所示。粉状或碎屑状置换剂间断加入塔内，料液以一定流速从塔的下部进入。置换剂在料液流速作用下，在塔内呈悬浮状态。剥离出的置换沉淀物则因其密度较大而沉积于塔底，可定期从塔底排出。

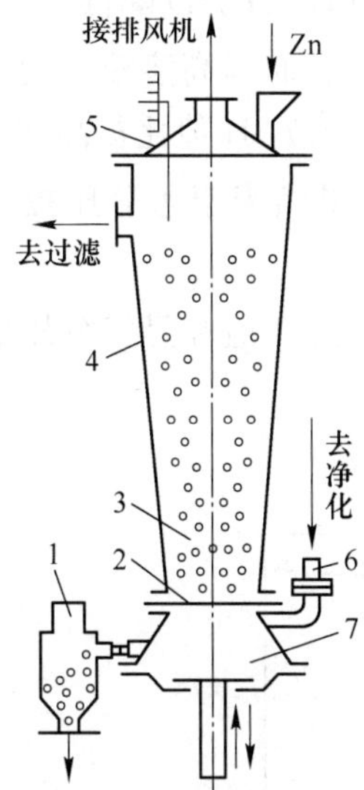

图 7.7 脉动置换塔

1—细粒物料收集器；2—栅格板；3—床层；4—塔壁；5—颗粒料位指示器；6—阀；7—隔膜

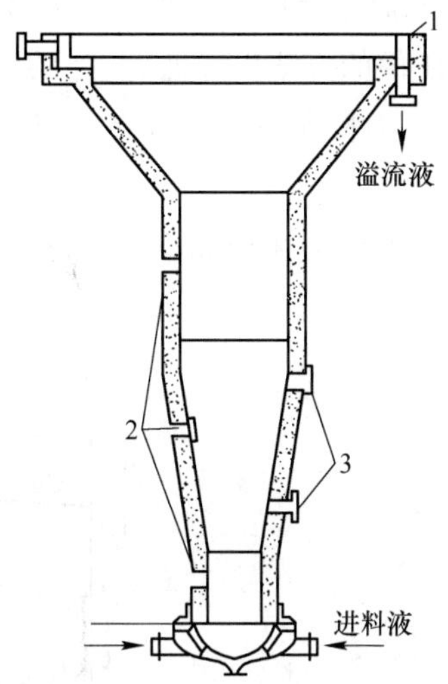

图 7.8 流化床置换塔

1—溢流管；2—排料支管；3—观察孔

7.4 气体还原沉淀

目前，工业上采用的气体还原剂主要是氢气和二氧化硫。

7.4.1 高压氢还原沉淀

7.4.1.1 高压氢还原沉淀法的原理

通常氢从溶液中还原沉淀金属的反应可表示为：

$$Me^{n+} + \frac{n}{2}H_2 \longrightarrow Me + nH^+ \tag{7.26}$$

$$\varepsilon_{Me^{n+}/Me} = \varepsilon^{\ominus}_{Me^{n+}/Me} + \frac{2.303RT}{nF}\lg a_{Me^{n+}}$$

$$H^+ + e \longrightarrow \frac{1}{2}H_2 \tag{7.27}$$

$$\varepsilon_{H^+/H_2} = 0 - \frac{2.303RT}{F}pH - \frac{2.303RT}{2F}\lg p_{H_2}$$

氢气从溶液中还原沉淀金属的必要热力学条件为：

$$\varepsilon_{H^+/H_2} < \varepsilon_{Me^{n+}/Me}$$

即

$$-0.0591pH - 0.02951\lg p_{H_2} < \varepsilon^{\ominus}_{Me^{n+}/Me} + \frac{0.0591}{n}\lg a_{Me^{n+}} \tag{7.28}$$

从式（7.28）可知，欲满足上述热力学条件，可采用提高溶液中金属离子活度（浓度）

以提高 $\varepsilon_{Me^{n+}/Me}$ 或采用提高溶液中的氢分压及提高溶液 pH 值的方法以降低 ε_{H^+/H_2}。但提高溶液中金属离子活度（浓度）以提高 $\varepsilon_{Me^{n+}/Me}$ 的作用很有限，而提高溶液中的氢分压及提高溶液 pH 值的方法以降低 ε_{H^+/H_2} 的作用很有效，其中提高溶液 pH 值比提高溶液中的氢分压更有效。对降低 ε_{H^+/H_2} 而言，溶液 pH 值提高 1.0 的效果相当于氢分压提高 100 倍的效果。

$\varepsilon_{Me^{n+}/Me}$ 与溶液中金属高子活度（浓度）及 ε_{H^+/H_2} 与溶液 pH 值和氢气分压的关系如图 7.9 所示。

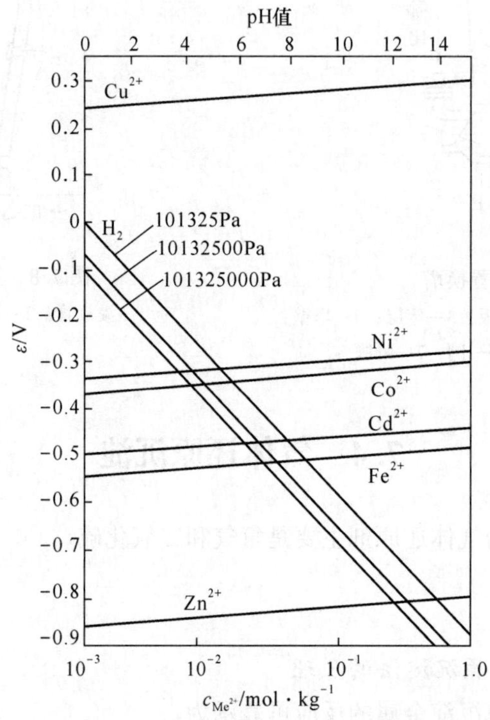

图 7.9 $\varepsilon_{Me^{n+}/Me}$ 与溶液中金属离子活度（浓度）及 ε_{H^+/H_2} 与溶液 pH 值和氢气分压的关系

从图 7.9 中曲线可知，溶液中金属离子浓度对提高 $\varepsilon_{Me^{n+}/Me}$ 的影响不很明显，氢气分压对降低 ε_{H^+/H_2} 的影响也不很明显，而提高溶液 pH 值对降低 ε_{H^+/H_2} 的影响非常明显。

氢气还原反应终了时，$\varepsilon_{H^+/H_2}=\varepsilon_{Me^{n+}/Me}$，由其平衡电极电位可导出溶液中金属离子被还原的完全程度与此时溶液 pH 值之间的关系，即：

$$\lg a_{Me^{n+}} = -n\text{pH} - 0.0295\lg p_{H_2} - \frac{n}{0.0591}\varepsilon^{\ominus}_{Me^{n+}/Me} \tag{7.29}$$

式（7.29）中，对某一金属而言，$\varepsilon_{Me^{n+}/Me}$ 为定值，在给定的氢分压条件下，氢还原终了时，溶液中该金属离子活度的对数与溶液的 pH 值呈直线关系，直线的斜率取决于金属离子的价数。

与氢电位相近的负电性金属被氢气还原时，常采用氨作为溶液 pH 值的调整剂。加入氨调整溶液的 pH 值是由于氨可中和金属离子被氢还原过程产生的酸，使溶液呈弱碱性，有利于还原反应的顺利进行。但此时镍、钴等金属离子可与氨生成一系列配位数不同的配阳离子，降低了游离金属离子的浓度，从而降低了该金属的平衡电位，不利于还原反应的顺利进行。

根据有关金属-配位体-水系平衡计算方法，计算氨与有关金属不同摩尔比的值对氢、镍、钴电位的影响，当 $[NH_3]:[Me^{n+}]=(2.0\sim2.5):1$ 时，氢还原反应的电位差最大，生产实践中的氨与金属的摩尔比控制在该范围内。

7.4.1.2 氢还原反应的主要影响因素

高压氢还原反应的反应速度和还原程度主要与氢分压、溶液组成、反应温度、晶种、催化剂等因素有关。

对任何金属离子的高压氢还原反应而言，提高氢气分压均可提高其反应速度和还原程度。

高压氢气还原的还原剂为氢气，氢气具有很大的惰性，计算表明，每摩尔氢分子解离为氢原子所需的能量高达430kJ。提高反应温度是提高反应活性的有效措施。随着反应温度的升高，氢气还原反应的反应速度可大幅度提高。

高压氢还原反应属气-液多相反应，反应产物为固体金属相。反应开始时的新相生成需要较大的能量。为此，高压氢气还原工艺开始时，常需加入产品金属的粉末作为晶种。

提高高压氢还原反应速度的另一有效方法是添加催化剂。常用的催化化剂为镍、钴、铁、铂、钯等金属，铁、铜、锌、铬的氢化物、盐类以及某些有机试剂。用高压氢气还原法制取镍、钴金属时，反应生成的金属镍或金属钴也起催化作用，故可将高压氢气还原制取镍、钴、铁等的反应当作是自身催化反应。

有学者认为高压氢还原过程可分为多相还原沉淀过程和均相还原沉淀过程两种。多相还原沉淀过程与晶种、催化剂有关，这些添加剂的比表面积大，对提高反应速度起了很大作用。而均相还原沉淀过程主要与溶液中的金属离子的起始浓度有关，而外来添加剂的影响不大。

7.4.1.3 生产应用

高压氢还原沉淀法目前主要用于生产铜粉、镍粉和钴粉等。

A 生产铜粉

采用常压氧化氨浸法浸出废杂铜原料，以氨和碳酸铵混合溶液作为浸出剂，在49~64℃的常压条件下充氧浸出，铜呈铜氨配离子形态转入浸出液中，浸出液中铜含量约50g/L。

浸出液经净化后送入高压釜，通入氢气，在202℃和6.3MPa压力下进行氢还原。为了防止铜粉在高压釜内壁结疤，还原时需加入晶种和少量的聚丙烯酸。还原后液经煮沸以回收氨和二氧化碳，回收的氨液返回铜废杂料的浸出作业，循环使用。

还原所得铜粉浆经离心分离、洗涤、干燥后，得到铜粉。铜粉中约含0.07%的碳和2.5%的氧，须将其在烧结炉中于590~610℃的氢气保护下进行烧结，使铜粉中碳含量和氧含量分别降至0.02%和小于1%。铜粉烧结块经磨细、筛分可得不同级别的铜粉。

B 生产镍粉和钴粉

以镍、钴硫化矿氨浸液为原料进行高压氢还原制取镍粉和钴粉。

a 生产镍粉

镍、钴硫化矿氨浸液经净化和调整组分含量后的组成为：Ni 45g/L、Co lg/L、硫酸氨350g/L、游离氨与镍钴的比值为2：1。净化液送高压釜，在200℃和2.5~3.2MPa的条件下，通入氢气进行高压氢还原。

高压氢还原作业为间断操作，主要包括制备晶种和镍粉晶粒长大两个步骤：

（1）制备晶种。将首批净化液送入高压釜内，首先用氨气调整釜内气氛，直至釜内气相中氧含量降至小于2%时，再换用氢气。换为氢气后，加入硫酸亚铁溶液作催化剂。当釜内氢气压力达2MPa、溶液温度达120℃左右时，开始产出大量微细粒的还原镍粉。还原终了时，首先停止搅拌，以使作为晶种的镍粉沉淀析出，然后将上清还原尾液经排料闸排出。

（2）镍粉晶粒长大。将净化液送入高压釜内，加入晶种，边搅拌边通入氢气，当溶液温度升至200℃、压力升至2.5~3.2MPa时，被氢还原产出的镍粉沉积在晶种上，镍粉晶粒逐渐长大。氢还原反应时间为30~45min。还原反应结束后，停止搅拌，澄清后排出上清尾液，然后再加入新的料液。为了减轻搅拌负荷，镍粉晶粒长大20~25次后，可每隔几次即可排出部分镍粉。经过滤、分离、洗涤和干燥等作业，可获得纯度为99.7%~99.85%的镍粉。

b 生产钴粉

钴粉制备主要包括钴液净化与富集、氢还原沉淀钴粉。

（1）钴液净化与富集。还原沉积镍粉的后液中含钴约1.5g/L，是生产钴粉的原料。在常压80℃条件下，加氨使溶液pH值调至9.0左右，采用硫化氢作沉淀剂使镍、钴呈硫化物沉淀析出。固液分离和洗涤后，可得镍钴硫化物。将镍钴硫化物送入高压釜内，在120℃和0.68MPa条件下，用硫酸进行热压氧浸。浸出终了溶液pH值为1.5~2.5，镍、钴呈硫酸盐（二价）形态转入浸出液中。热压氧化浸出液加氨调整pH值至4.5，喷入空气使铁杂质沉淀析出，过滤可得钴的净化液。将净化液送入高压釜内，在70℃和0.68MPa条件下，通入空气将溶液中的二价钴氧化为三价钴。其氧化反应为：

$$2CoSO_4 + (NH_4)_2SO_4 + 8NH_3 + \frac{1}{2}O_2 \longrightarrow [Co(NH_3)_5]_2(SO_4)_3 + H_2O \quad (7.30)$$

然后将溶液酸化至pH=2.6，使溶液中的镍呈镍铵盐形态沉淀析出。镍铵盐沉淀物含镍14.5%、含钴约2%，镍铵盐沉淀送镍系统回收镍。

除镍后的净化液中，钴呈三价形态存在，氢还原前须将其还原为二价钴。否则，加热时会沉淀析出氢氧化钴。因此，须用酸将除镍后的净化液调整pH值，保持溶液中游离氨与钴的摩尔比为2.6：1，采用金属钴粉作为还原剂，在65℃条件下，将三价钴还原为二价钴。其还原反应为：

$$[Co(NH_3)_5]_2(SO_4)_3 + Co \longrightarrow 3Co(NH_3)_2SO_4 + 4NH_3 \quad (7.31)$$

（2）氢还原沉淀钴粉。将含二价钴的净化液送入高压釜内，在175℃和氢分压为2MPa的条件下还原沉淀钴粉。其还原反应为：

$$3Co(NH_3)_2SO_4 + H_2 \xrightarrow{热压} 3Co\downarrow + (NH_4)_2SO_4 \quad (7.32)$$

钴粉生产过程与镍粉生产过程相似，所得钴粉含钴95.7%~99.6%。

7.4.2 二氧化硫还原沉淀

7.4.2.1 二氧化硫还原沉淀法的原理

二氧化硫因条件不同，可表现为氧化性或还原性。它易溶于水，其水溶液呈酸性。在水溶液中，二氧化硫具有还原性。其还原反应为：

$$H_2SO_4 + 2H^+ + 2e \longrightarrow SO_2 + 2H_2O \tag{7.33}$$

25℃时，其平衡还原电位为：

$$\varepsilon_{SO_4^{2-}/SO_{2(aq)}} = 0.17 - 0.1182pH + 0.0259\lg \frac{a_{SO_4^{2-}}}{a_{SO_{2(aq)}}} \tag{7.34}$$

二氧化硫溶于水转变为亚硫酸，其分级电离的电离常数为：

$$SO_2 + H_2O \longrightarrow H^+ + HSO_3^- \tag{7.35}$$

$$K_1 = \frac{[H^+]\cdot[HSO_3^-]}{[SO_2]} = 1.26 \times 10^2$$

$$HSO_3^- \longrightarrow H^+ + SO_3^{2-}$$

$$K_2 = \frac{[H^+]\cdot[SO_3^{2-}]}{[HSO_3^-]}$$

解离生成的亚硫酸根同样具有还原性，其还原反应为：

$$SO_4^{2-} + 2H^+ + 2e \longrightarrow SO_3^{2-} + H_2O \tag{7.36}$$

25℃时，其平衡还原电位为：

$$\varepsilon_{SO_4^{2-}/SO_3^{2-}} = -0.040 - 0.0591pH + 0.0259\lg \frac{a_{SO_4^{2-}}}{a_{SO_3^{2-}}} \tag{7.37}$$

由式（7.34）和式（7.37）可知，$\varepsilon_{SO_4^{2-}/SO_{2(aq)}}$和$\varepsilon_{SO_4^{2-}/SO_3^{2-}}$均随溶液中硫酸根活度的增大而增大，但随溶液 pH 值的升高而下降。因此，提高溶液中硫酸根浓度和氢离子浓度均可降低二氧化硫和亚硫酸根的还原能力。虽然降低溶液中的氢离子浓度（即提高溶液 pH 值）可以提高二氧化硫和亚硫酸根的还原能力，但会引起某些金属离子水解或沉淀析出亚硫酸盐。因此，用二氧化硫作为还原剂从溶液中还原沉淀金属时，通常均在酸性介质中进行。

生产实践中，有时采用亚硫酸钠或亚硫酸氢钠作为还原剂。该两种亚硫酸盐在酸性介质中会分解析出二氧化硫，其反应为：

$$Na_2SO_3 + 2HCl \longrightarrow 2NaCl + H_2O + SO_2\uparrow \tag{7.38}$$

$$NaHSO_3 + HCl \longrightarrow NaCl + H_2O + SO_2\uparrow \tag{7.39}$$

采用亚硫酸钠或亚硫酸氢钠作还原剂，具有价廉易得、操作方便等特点，其还原沉淀过程实属二氧化硫还原沉淀。

7.4.2.2 生产应用

工业生产中，常用二氧化硫作为还原剂回收溶液中的金和稀散元素硒等。有时可采用亚硫酸钠、亚硫酸氢钠等作为还原剂回收溶液中的金、银和稀散元素硒。

A 从金泥中回收金

用锌粉置换贵液中的金银可获得金泥，经过滤、干燥、酸洗等可除去大部分贱金属，然后送去提纯。

若金泥中银含量高，可用硝酸浸出使银转入浸出液中，从浸出液中回收银。

硝酸浸出渣可采用液氯或王水浸金，金均呈金氯配阴离子形态转入浸出液中。过滤洗涤后，所得含金溶液加热煮沸以赶氯或赶硝，然后采用二氧化硫（或亚硫酸盐）在常温常压条件下还原沉淀金，其反应为：

$$2AuCl_4^- + 3SO_2 + 6H_2O \longrightarrow 2Au\downarrow + 12H^+ + 8Cl^- + 3SO_4^{2-} \tag{7.40}$$

$$HAuCl_4 + 3FeSO_4 \longrightarrow Au\downarrow + FeCl_3 + Fe_2(SO_4)_3 + HCl \tag{7.41}$$

还原终了，可适当加温以利于金粉粒度的长大。过滤后，所得金粉可直接熔铸为金锭，其纯度高达 99.5%。

B 回收硒

铜阳极泥是提取回收稀散元素硒的重要资源之一，可采用多种方法从中回收硒。采用低温硫酸化焙烧法挥发硒时，硒、碲均呈二氧化硒和二氧化碲挥发，其反应为：

$$Se + 2H_2SO_4 \longrightarrow SeO_2\uparrow + 2H_2O + 2SO_2\uparrow \tag{7.42}$$

$$Te + 2H_2SO_4 \longrightarrow TeO_2\uparrow + 2H_2O + 2SO_2\uparrow \tag{7.43}$$

挥发的硒与烟气一起进入吸收塔，二氧化硒溶于水，生成亚硒酸：

$$SeO_2 + H_2O \longrightarrow H_2SeO_3 \tag{7.44}$$

亚硒酸易被还原，其还原反应为：

$$SeO_3^{2-} + 3H_2O + 4e \longrightarrow Se\downarrow + 6OH^- \tag{7.45}$$

其平衡还原电位为：

$$\varepsilon = \varepsilon^{\ominus} + \frac{RT}{4F}\ln\frac{a_{SeO_3^{2-}}}{a_{OH^-}}$$

$$= \varepsilon^{\ominus} + 0.0148(\lg a_{SeO_3^{2-}} - 6\lg a_{OH^-})$$

25℃时，$\varepsilon^{\ominus} = -0.336V$。当酸性液中氢离子活度为 1 时，则 $a_{OH^-} = 10^{-14}$。并设溶液中 $a_{SeO_3^{2-}} = 1$，则得：

$$\varepsilon = \varepsilon^{\ominus} + 0.0148 \times 6 \times 14 = -0.336 + 1.24 = +0.904V$$

因此，酸性液中亚硒酸易被常用还原剂还原为金属硒。

生产实践中，由于二氧化硒的挥发温度为 315℃，硫酸盐化焙烧温度愈高，硒的挥发速度愈高。为了不使二氧化硒与硒一起挥发及不使硫酸铜分解（分解温度为 650℃）为难溶于水的氧化铜，硫酸盐化焙烧温度常为 450~550℃。

烟气吸收塔为多级串联的水吸收塔，塔内温度为 70℃，硒的吸收率可达 90%以上。由于烟气中除含二氧化硒外，还含二氧化硫气体，水吸收的亚硒酸立即被还原为金属硒，其还原反应为：

$$H_2SeO_3 + 2SO_2 + H_2O \longrightarrow Se\downarrow + 2H_2SO_4 \tag{7.46}$$

因此，二氧化硒的吸收和还原实际上是在同一吸收塔内完成。

随着吸收液中硫酸浓度的上升，正硒酸的含量随之上升，这将降低硒的还原率。因此，生产中吸收液中的硫酸浓度常控制为 10%~48%。

二氧化硫还原沉淀硒的纯度为 96%~97%，称为粗硒。用热水洗至溶液呈中性后，可采用蒸馏法进一步提纯。

复习思考题

7-1　金属氢氧化物沉淀的 pH 值主要取决于哪些因素？

7-2　水解沉淀图具有什么用途？

7-3　金属硫化物沉淀的 pH 值主要有哪些因素决定？

7-4　置换沉淀的原理是什么？

7-5　影响金属置换过程的因素有哪些？

7-6　哪些因素影响高压氢还原反应的反应速度和还原程度？

7-7　二氧化硫还原沉淀法的原理是什么？

8　氰化浸出

8.1　概　　述

氰化浸出是氰化物在有氧化剂存在的碱性矿浆或溶液中，从物料中选择性地溶解金、银，使金、银与其他金属矿物和脉石相分离的一种化学处理方法。氰化浸出具有回收率高、成本低、设备投资少等优点，成为当今世界上从矿石、精矿、尾矿及冶金工业废料中提取金、银最主要的工艺之一，被国内外广泛采用。

氰化浸出所需要的药剂包括氰化物、氧化剂和碱。

（1）氰化物。分为无机氰化物和有机氰化物两大类。无机氰化物主要有氰化钾（KCN）、氰化钠（NaCN）、氰化钙（$Ca(CN)_2$）、氰化铵（NH_4CN）、氰熔体（40%的氰化钠和氰化钙，其他为杂质）等。粗乳腈、纯乳腈、扁桃乳腈等为有机氰化物，其分子式中的烃基（R）与氰基（CN）的碳原子相连接，可写为 R—CN 。选用氰化物时要综合考虑选用的氰化物对金、银的相对溶解能力、稳定性、所含杂质对浸出工艺的影响、经济成本等。

工业生产中，有机氰化物基本不用，应用最多的是无机氰化物，其中氰化钠应用最广。氰化钠，又名山奈、山奈钠，是一种白色立方结晶颗粒或粉末，溶于水和液氨，其水溶液呈碱性，适于在干燥避光处存放，否则遇潮气可放出氨气。氰化钠有剧毒，微量即可置人于死地，遇酸分解产生剧毒的 HCN 气体。氰化钠的特点是溶金、银能力强、价格较便宜、溶液稳定性好、使用方便等。在氰化浸出历史中，使用最早的是氰化钾，但由于它的相对溶金、银能力较低，价格又贵，所以逐渐被氰化钠所替代。工业上氰化钠常在调节槽内加水配成10%~20%的溶液，然后再根据生产要求添加到浸出系统中。

（2）氧化剂。氰化浸出是电化学腐蚀过程，不但需要浸出剂在阳极区表面溶解 Au^+，生成 $Au(CN)_2^-$，同时需要有足够的氧化剂在阴极表面中和带负电的电子，使电池反应连续进行下去。常用的氧化剂是空气中的氧气（O_2），工业上一般通过向矿浆中鼓入空气供给。

（3）碱。氰化浸出作业中，必须加入适量的碱使矿浆呈碱性，避免氰化物的挥发。向矿浆中加碱要适量，一般使矿浆 pH 值保持在 10.5~11.0 为宜。碱量过大，不但会降低浸出率，而且还会给后续作业造成困难。工业生产中使用的碱，多是氢氧化钠、氢氧化钙、氧化钙等。由于氧化钙（CaO）成本最低，故国内外应用最多。

8.2　氰化浸出的基本原理

8.2.1　氰化浸出的基本理论

氰化物溶解金、银的具体过程，目前还存在一定的争议，主要有以下三种观点。

（1）埃尔斯纳（Elsner）的氧论。1846年，埃尔斯纳研究了氧在氰化浸出过程中的作用，认为金、银在氰化物溶液中的溶解方式类似，氧是必不可少的条件。通过实验确定金、银的氰化浸出反应为一步反应：

$$4Au + 8NaCN + O_2 + 2H_2O = 4NaAu(CN)_2 + 4NaOH \tag{8.1}$$

$$4Ag + 8NaCN + O_2 + 2H_2O = 4NaAg(CN)_2 + 4NaOH \tag{8.2}$$

怀特（White）也有这种说法，故上述反应方程既叫埃氏方程也叫怀特方程。

（2）波特兰德（Bodlander）的过氧化氢论。1896年，波特兰德提出了涉及过氧化氢的氰化浸出机理，认为金在氰化物中的溶解分两步进行，只是在反应中间有H_2O_2产生的过程，但总反应式与埃氏方程一致。

$$2Au + 4NaCN + O_2 + 2H_2O = 2NaAu(CN)_2 + 2NaOH + H_2O_2 \tag{8.3}$$

$$2Au + 4NaCN + 2H_2O_2 = 2NaAu(CN)_2 + 2NaOH \tag{8.4}$$

后来有研究者对H_2O_2参加的反应进行观察，发现加入的H_2O_2只有15%左右进行反应，其余大部分逸去。因此认为反应可以分为式（8.3）的主要反应和式（8.4）的次要反应。

（3）布恩斯特（Boonstra）的腐蚀论。布恩斯特研究发现，金在氰化物溶液中溶解与金属的腐蚀过程相似，在此过程中，溶解的氧被还原成H_2O_2或OH^-。后来汤普森（Thompson）等许多学者接受了布氏观点，并得出结论：金在阳极溶解并释放出电子，电子又将溶解的氧在阴极还原成氢氧根（OH^-）；氰化物（CN^-）和氧（O_2）仍吸附于能斯特（Nernst）界面层内的金表面上；金溶解的速度取决于氧或氰化物在界面层的扩散速度。

8.2.2 氰化浸出热力学

科研工作者对金的氰化浸出热力学进行了大量研究。金的氰化浸出属于电化学腐蚀过程，其原电池可表示为：

$$CN^- \mid Au^+ \cdot Fe \mid O_2$$

上述电池由$CN^- \mid Au^+$的液固电极、$Au^+ \cdot Fe$的固体电极和$Fe \mid O_2$的固气电极所组成。该原电池的形成过程如下：

（1）矿石中自然金颗粒内部出现电位不平衡，有电子流动，从而在颗粒表面产生了带正电的阳极区和带负电的阴极区，如图8.1所示。结晶纯正的自然金表面部分，其金原子放出电子，以Au^+状态存在，形成所谓的阳极区，而结晶欠佳（有空穴或错位等）或含有杂质（以Fe的矿物为代表）的表面部分得到电子，从而荷有负电，形成所谓阴极区。以上客观存在的相邻两区组成固体电极。

（2）阳极区表面的Au^+吸引矿浆中的氰根（CN^-），使CN^-向颗粒表面扩散、吸附，形成液固电极，进而发生阳极反应：

$$Au^+ + 2CN^- = Au(CN)_2^- \tag{8.5}$$

（3）带负电的阴极区吸引矿浆中的电中心不重合（偶极子）的氧分子O_2，使其向自然金颗粒表面扩散、吸附，发生阴极反应：

$$O_2 + 2H_2O + 2e = H_2O_2 + 2OH^- \tag{8.6}$$

$$H_2O_2 + 2H^+ + 2e = 2H_2O \tag{8.7}$$

上述两极反应一旦产生，将使原电池的电动势迅速增加（阳极表面电位与阴极表面电位之差），固体电极内部电子流速加快，形成腐蚀电流I。I值的大小，标示出浸出速度的高低。

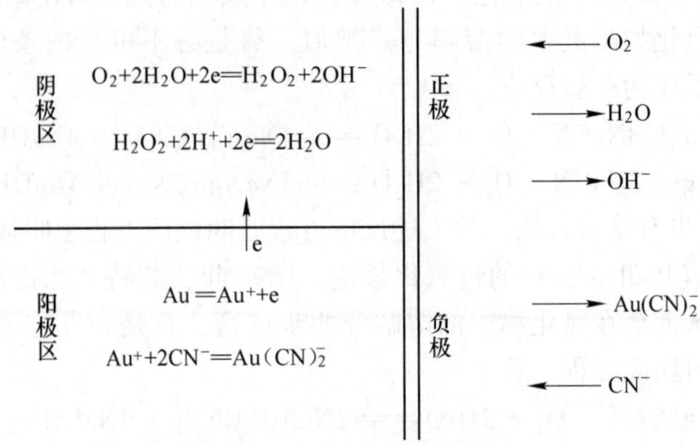

图 8.1 金氰化浸出的微电池反应

根据上述过程形成的原电池数量很多，遍布在自然金颗粒所有表面上。原电池电势推动电池反应（金的溶解）不断进行，因此又称为浸出的推动力。

氰化浸出的热力学方程（Nernst）可表示如下：

(1)
$$Au^+ + e \rightleftharpoons Au$$
$$\varepsilon_1 = 1.68 + 0.0591\lg a_{Au^+} \tag{8.8}$$

(2)
$$Au(CN)_2^- \rightleftharpoons Au^+ + 2CN^-$$
$$pCN = 19.5 + 0.5\lg \frac{a_{Au^+}}{a_{Au(CN)_2^-}} \tag{8.9}$$

(3)
$$Au(CN)_2^- + e \rightleftharpoons Au + 2CN^-$$
$$\varepsilon_3 = -0.58 + 0.118pCN + 0.0591\lg a_{Au(CN)_2^-} \tag{8.10}$$

(4)
$$O_2 + 2H^+ + 2e \rightleftharpoons H_2O_2 \tag{8.11}$$
$$O_2 + 2H_2O + 2e \rightleftharpoons H_2O_2 + 2OH^-$$
$$\varepsilon_4 = 0.68 - 0.06pH - 0.03\lg a_{H_2O_2} + 0.03\lg p_{O_2} = 0.83 - 0.06pH \tag{8.12}$$
（当 $a_{H_2O_2} = 10^{-5}mol/L$，$p_{O_2} = 101325Pa$ 时）

(5)
$$H_2O_2 + 2H^+ + 2e \rightleftharpoons 2H_2O$$
$$\varepsilon_5 = 1.77 - 0.0591pH + 0.03\lg a_{H_2O_2} = 1.62 - 0.0591pH \tag{8.13}$$

(6)
$$O_2 + 4H^+ + 4e \rightleftharpoons 2H_2O$$
$$\varepsilon_6 = 1.23 - 0.0591pH + 0.01478\lg p_{O_2} = 1.23 - 0.0591pH \tag{8.14}$$
（当 $p_{O_2} = 101325Pa$ 时）

(7)
$$2H^+ + 2e \rightleftharpoons H_2$$
$$\varepsilon_7 = -0.06pH - 0.03\lg p_{H_2} = -0.06pH \tag{8.15}$$
（当 $p_{H_2} = 101325Pa$ 时）

矿浆中 $a_{Au^+} = a_{Au(CN)_2^-} = 10^{-5}mol/L$。因为：

$$CN^- + H^+ \rightleftharpoons HCN \tag{8.16}$$

$$K = \frac{a_{HCN}}{a_{H^+} \cdot a_{CN^-}} = 10^{9.4} \tag{8.17}$$

则
$$a_{HCN} = 10^{9.4} \cdot a_{H^+} \cdot a_{CN^-} \tag{8.18}$$

而
$$[CN^-]_{总} = a_{HCN} + a_{CN^-}$$

代入上式得：

$$\begin{aligned}[CN^-]_{总} &= 10^{9.4} \cdot a_{H^+} \cdot a_{CN^-} + a_{CN^-} = a_{CN^-}(10^{9.4} \cdot a_{H^+} + 1) \\ &= 10^{9.4} \cdot a_{H^+} \cdot a_{CN^-}\left(1 + \frac{1}{10^{9.4} \cdot a_{H^+}}\right)\end{aligned} \tag{8.19}$$

得出：

$$pCN = 9.4 - pH - \lg[CN^-]_{总} + \lg(1 + 10^{pH-9.4}) \tag{8.20}$$

式中 a_{H^+}，a_{CN^-}——分别为 H^+ 和 CN^- 的活度；

$[CN^-]_{总}$——溶液中总氰根离子活度；

a_{HCN}——溶液中 HCN 的活度；

K——反应的平衡常数。

从 pCN 和 pH 值的换算式中可知，当矿浆中加入一定数量的氰化物后，即 $\lg[CN^-]_{总}$ 一定时，改变矿浆的 pH 值，可变更 pCN 的数值，控制浸出溶液中的 CN^- 数量，实际上控制了浸出过程。pH 值和 pCN 值之间的换算关系可从表 8.1 中查出，可直接计算出各电极反应的电位值。用 pH 值为横坐标，电极电位为纵坐标，绘制出 ε-pH 值的关系曲线，如图 8.2 所示。

表 8.1　25℃时 pH 值和 pCN 值换算关系

pH 值	0	2	4	6	8	10	12~14
pCN	11.4	9.4	7.4	5.4	3.4	2.3	约 2

由图 8.2 的 ε-pH 值图，可以知道：

（1）介质水的稳定区。f 线是水稳定上限，g 线则为稳定下限。

（2）金的反应行为。a、b 线之间为金离子（Au^+）的稳定区；在 b、c 线之间金氰配离子（$Au(CN)_2^-$）稳定地存在于水溶液中；在 a、c 线之间 Au 处于稳定态。a、b、c 线的位置受矿浆 pH 值控制，所以金的氰化浸出速度与 pH 值有关。

（3）阳极区（负极）的电位 ε_3 是随 pH 值的增加而变化的。pH 值在 0~9.4 之间时，ε_3 降低；pH 值为 9.4 时，ε_3 值最小；当 pH 值大于 9.4 后，ε_3 基本不变。正极（阴极区）电位，不论 $[O_2|H_2O_2]$ 的 ε_4 值还是 $[H_2O_2|H_2O]$ 的 ε_5 值都随 pH 值的增加而降低。正、负极的电位差（$\varepsilon_3-\varepsilon_4$ 或 $\varepsilon_3-\varepsilon_5$）在 pH 值等于 9.4 时达到最大值，即浸出推动力（电池电动势）达到最大值，说明金的浸出速度在 pH 值等于 9.4 左右时最高（腐蚀电流 I 值最大）。

（4）e 线高于 f 线，说明 H_2O_2 可作为氧化剂加快金的浸出速度，而本身被还原成 H_2O。

（5）d 线表明，氧或其他氧化剂可保证金的浸出顺利完成。

8.2.3　氰化浸出动力学

氰化浸出体系是固、液、气多相反应场所，反应过程基本上可表示为：溶于水中的氧

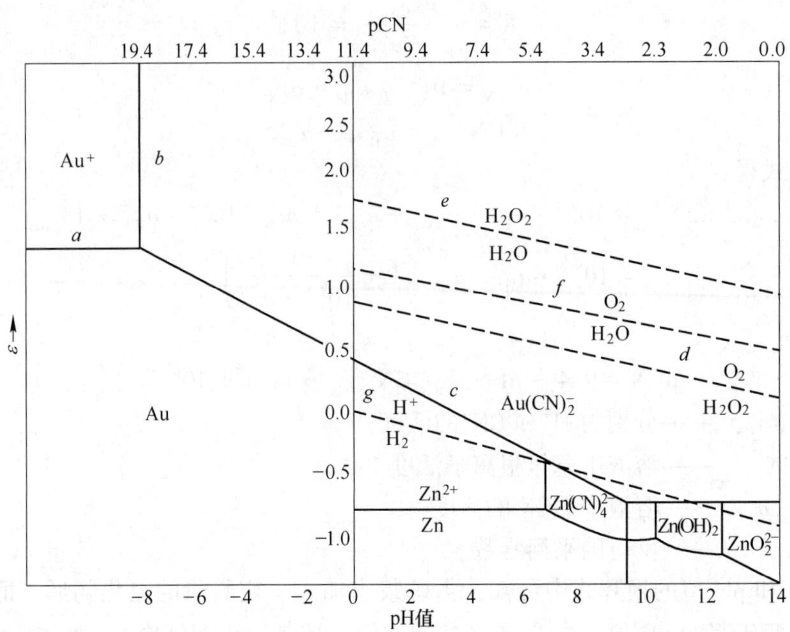

图 8.2 25℃时 Au-CN-H_2O 系 ε-pH 值图

(O_2) 和氰根 (CN^-) 向固体金粒表面的对流扩散 (正扩散); 扩散到金粒表面的 CN^- 和 O_2 被吸附; 被吸附的 CN^- 和 O_2 与金粒表面进行化学反应, 阳极区的 Au^+ 形成 $Au(CN)_2^-$, 阴极区 O_2 得到电子形成 H_2O_2 和 H_2O; 新生成的 $Au(CN)_2^-$、H_2O_2 和 H_2O 从金粒表面脱附; 脱附的产物向溶液内部扩散 (逆扩散)。以上各个过程都有自己的速度, 总的反应速度由最慢的过程来控制。

研究结果表明化学反应、吸附和脱附的速度很快, 而正、逆扩散速度较慢, 所以氰化浸出速度受扩散过程控制。因此扩散过程对金的氰化浸出是至关重要的。

O_2 和 CN^- 向金粒表面的正扩散是由浓度差引起的, 服从于菲克定律:

$$\frac{d[CN^-]}{dt} = \frac{D_{CN^-}}{\delta} A_2 \{ [CN^-] - [CN^-]_i \} \tag{8.21}$$

$$\frac{d[O_2]}{dt} = \frac{D_{O_2}}{\delta} A_1 \{ [O_2] - [O_2]_i \} \tag{8.22}$$

式中 $\frac{d[CN^-]}{dt}$, $\frac{d[O_2]}{dt}$ ——CN^- 和 O_2 的正扩散速度, mol/s;

D_{CN^-}, D_{O_2} ——CN^- 和 O_2 的扩散系数, cm^2/s;

$[CN^-]$, $[O_2]$ ——溶液内部 (有效边界层外) CN^- 和 O_2 的浓度, mol/L;

$[CN^-]_i$, $[O_2]_i$ ——金表面处的 CN^- 和 O_2 的浓度, mol/L;

A_2, A_1——阳极区和阴极区的表面积, cm^2;

δ——能斯特界面层的厚度, cm。

由于金粒表面上的吸附和化学反应非常快, 所以 $[CN^-]_i$ 和 $[O_2]_i$ 趋于零, 则有:

$$\frac{d[CN^-]}{dt}=\frac{D_{CN^-}}{\delta}A_2[CN^-]$$

$$\frac{d[O_2]}{dt}=\frac{D_{O_2}}{\delta}A_1[O_2]$$

根据主要反应方程（8.3）可知，当反应达平衡时，金的浸出速度为：

$$T=2\frac{d[O_2]}{dt}=\frac{1}{2}\frac{d[CN^-]}{dt}\ (\mathrm{mol/(cm^2\cdot s)})$$

即

$$2\frac{D_{O_2}}{\delta}A_1[O_2]=\frac{1}{2}\frac{D_{CN^-}}{\delta}A_2[CN^-]$$

因为与水相接触的金属总表面积 $A=A_1+A_2$，代入得：

$$\text{金的溶解速度}\ T=\frac{2AD_{CN^-}D_{O_2}[CN^-][O_2]}{\delta\{D_{CN^-}[CN^-]+4D_{O_2}[O_2]\}} \tag{8.23}$$

当氰化物浓度相对于氧的浓度很低时，式（8.23）的分母的第一项可忽略不计，则可简化为：

$$\text{金的溶解速度}\ T=\frac{1}{2}\frac{AD_{CN^-}}{\delta}[CN^-]=K_1[CN^-] \tag{8.24}$$

$$K_1=\frac{1}{2}\frac{AD_{CN^-}}{\delta}$$

式（8.24）表明当溶液中氰化物浓度低时，金的浸出速度取决于氰化物的浓度。

当氧的浓度相对于氰化物浓度很低时，式（8.23）的分母的第二项可忽略不计，则可简化为：

$$\text{金的溶解速度}\ T=2\frac{AD_{O_2}}{\delta}[O_2]=K_2[O_2] \tag{8.25}$$

$$K_2=2\frac{AD_{O_2}}{\delta}$$

式（8.25）表明当溶解氧浓度远低于氰化物浓度时，金的溶解速度仅取决于溶解氧的浓度。

但当金的溶解速度既取决于 $[CN^-]$ 又取决于 $[O_2]$ 时，即当 $D_{CN^-}[CN^-]=4D_{O_2}[O_2]$，$\frac{[CN^-]}{[O_2]}=4\frac{D_{O_2}}{D_{CN^-}}$ 时，金的溶解速度达到极限值。

18～27℃时 CN^- 和 O_2 的扩散系数数值见表 8.2。

表 8.2　18～27℃时 CN^- 和 O_2 的扩散系数

温度/℃	KCN/%	$D_{CN^-}/\mathrm{cm^2\cdot s^{-1}}$	$D_{O_2}/\mathrm{cm^2\cdot s^{-1}}$	D_{O_2}/D_{CN^-}
18		1.72×10^{-5}	2.54×10^{-5}	1.48
25	0.03	2.01×10^{-5}	3.54×10^{-5}	1.76
27	0.0175	1.75×10^{-5}	2.20×10^{-5}	1.26
平均值		1.83×10^{-5}	2.76×10^{-5}	1.5

表8.2表明18~27℃时CN^-和O_2的扩散系数的平均值分别为$1.83\times10^{-5}cm^2/s$和$2.76\times10^{-5}cm^2/s$，则可得到：

$$\frac{[CN^-]}{[O_2]}=4\times\frac{2.76\times10^{-5}}{1.83\times10^{-5}}=6$$

表明当矿浆或溶液中的氰根和氧的浓度比值达到6左右时，金的溶解速度达极限值，此时若单独增加氰根的浓度或溶解氧的浓度，金的溶解速度都不能增加。试验研究结果表明，$[CN^-]/[O_2]$在4.6~7.4之间时，金的浸出效果最佳，这与理论计算值是相符合的。

8.3 影响氰化浸出的因素

氰化浸出过程中，影响氰化的因素较多，主要影响因素分述如下。

8.3.1 矿浆pH值

工业生产实践表明，氰化浸出过程中矿浆pH值要维持在10.5~11.0之间。矿浆pH值低于9或高于12，氰化浸出率都会降低。

当矿浆pH值较低时，氰化物容易发生水解反应：

$$NaCN+H_2O\rightleftharpoons NaOH+HCN \tag{8.26}$$

反应中所形成的HCN，部分逸出溶液进入空气造成污染，部分会与金作用生成不溶的AuCN。如果向上述可逆反应中加入碱，则可逆反应向产生NaCN的方向移动，氰化物的水解作用减弱，即抑制了氰化物的水解。

氰化浸出作业过程充入大量空气做氧化剂，以保证矿浆中有足够的氧气（O_2），同时也带入大量的CO_2，在矿浆中形成了H_2CO_3，与氰化物作用生成HCN：

$$2NaCN+H_2CO_3=Na_2CO_3+2HCN \tag{8.27}$$

若向氰化物溶液中加入适量碱，可将酸中和：

$$Ca(OH)_2+H_2CO_3=CaCO_3\downarrow+2H_2O \tag{8.28}$$

从而阻止了氰化物与酸的反应。

矿浆中的黄铁矿氧化时，会生成$FeSO_4$，$FeSO_4$与氰化物将发生反应：

$$FeSO_4+6NaCN=Na_4Fe(CN)_6+Na_2SO_4 \tag{8.29}$$

当溶液中有足够的碱和氧时，$FeSO_4$被氧化成$Fe_2(SO_4)_3$，而$Fe_2(SO_4)_3$与氰化物不作用。

若氰化浸出过程中碱量过多而造成pH值超过12，会发生高碱性阻滞效应，明显地降低金的溶解速度，如图8.3所示。尤其用CaO调整矿浆pH值时，因金属表面生成过氧化钙（CaO_2）薄膜而使金的溶解速度下降更加明显。

8.3.2 氰化物和氧的浓度

氰化浸出动力学表明，当$\frac{[CN^-]}{[O_2]}=4\frac{D_{O_2}}{D_{CN^-}}$时，即氰化物和氧的浓度只有达到某一特定的比值，金、银的溶解速度才能达到极限值。

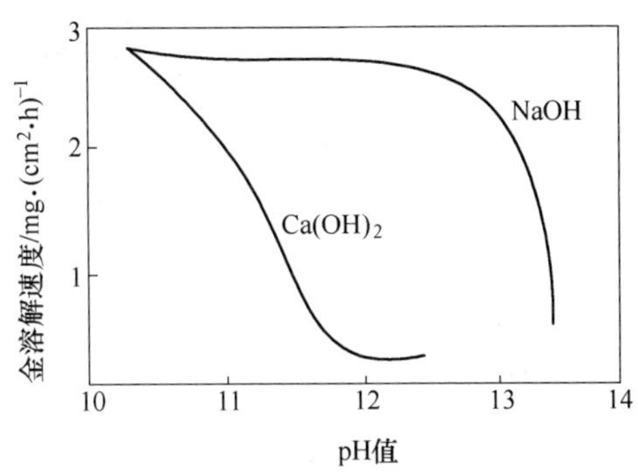

图 8.3 高碱性阻滞效应

常规氰化厂普遍使用充入氧气或空气做氧化剂。在常温常压下，当溶液中的氰化物浓度较低时，即 $[CN^-]<6[O_2]$ 时，金、银的溶解速度取决于 $[CN^-]$，此时氧的浓度并不重要，若增加氰化物的浓度，氰化浸出速度呈现的规律是：开始时随氰化物浓度的增加而呈线性增加，达极大值后，再增加氰化物浓度，金浸出速度增加缓慢；超过一定浓度后，金的溶解速度反而略有降低。这可能是由于氰化物浓度的增加，会使矿石中的大量贱金属矿物参加反应，消耗了矿浆中的溶解氧，阻碍了金的溶解，同时增加了氰化物消耗，如图 8.4 所示。

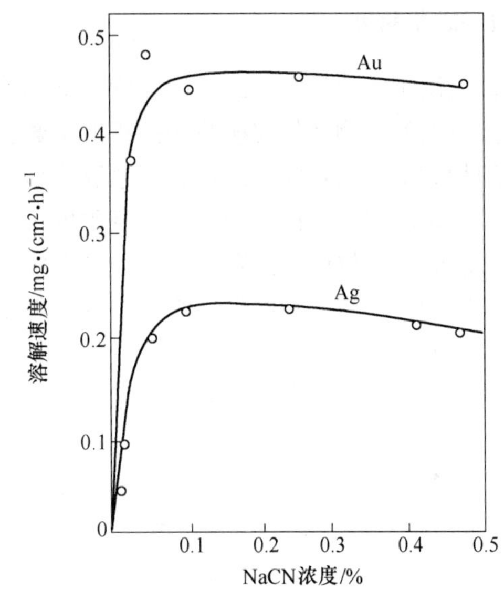

图 8.4 不同氰化物浓度对金、银溶解速度的影响

常温常压下，氧在氰化浸出液中的溶解度为 7.5~8.0mg/L。当溶液中的氰化物浓度较高时，即 $[CN^-]>6[O_2]$ 时，金、银的溶解速度取决于 $[O_2]$，此时氰化物的浓度并不重要，要进一步提高氰化浸出速度，必须提高溶液中氧的浓度，而氧的浓度又受控于气相中氧的分压，氧的分压越大，溶液中氧的浓度也就越大，金、银的溶解速度也就越大。试验表明，在空气压力为 686kPa 时，金、银溶解速度随其赋存矿石的特性不同，可提高为原来的 10~20 倍，甚至 30 倍，这就是高压浸出的机理。

8.3.3 温度

温度对氰化浸出速度的影响如图 8.5 所示。氰化浸出速度随温度的升高而加快，主要原因是提高温度将促使离子活动加快和扩散层减薄。但温度过高将会降低氧的溶解度从而降低溶液中氧的浓度，氧的去极作用骤减；氰化物自身水解增多，物料中的贱金属与氰化物反应加快，导致氰化物消耗量增加；已溶金的沉淀速度增加；同时矿浆加温必然增加生产成本。因此，工业生产中要根据实际情况确定合理的浸出温度。

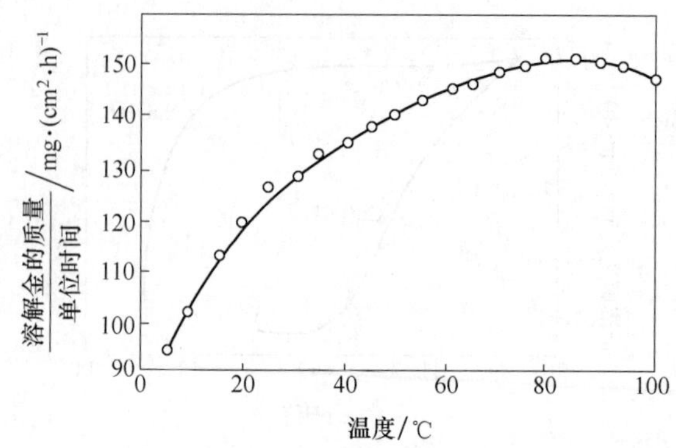

图 8.5　温度对氰化浸出速度的影响（在 0.25%KCN 溶液中）

8.3.4　矿浆黏度

氰化浸出动力学中金的溶解速度高低与氰化物和氧的扩散系数有关，而氰化矿浆的黏度直接影响氰化物和氧在矿浆中的扩散系数，同时矿浆黏度也影响着金粒或矿石颗粒与溶液间的相对滑动的强弱。因此，矿浆黏度对氰化浸出有着重要的影响。

在矿浆温度等条件相同下，矿浆黏度主要取决于矿浆浓度和固体物料的粒度组成。矿浆浓度高时，单位体积内颗粒数量大，颗粒间的水化层和吸附层阻止颗粒相互移动，使得矿浆黏度增高；固体物料粒度组成中的细粒部分（矿泥）所占比重增大，矿浆黏度增高，流动性变差。

随着矿浆浓度的升高，矿浆中溶解氧的含量迅速降低（见表 8.3），从而影响金、银的氰化浸出速度。

表 8.3　矿浆浓度与氧含量的关系

矿浆液固比	3 : 1	2 : 1	1 : 1
氧含量/mg · L^{-1}	3.7	2.2	1.2

浸出矿浆中的矿泥包括原生矿泥和次生矿泥两部分。原生矿泥来自存在于矿床中的高岭土之类的黏性矿物；次生矿泥是矿石在采矿、运输、破碎和磨矿过程中形成的矿泥，主要为石英、硅酸盐、硫化矿物之类的物质。矿浆中的矿泥极难沉降，有时呈胶体存在，长时间悬浮在矿浆中，不但增加了矿浆黏度，降低了氰化物和氧的扩散速度及金的浸出速度，矿泥还会吸附氰根（CN^-）和已溶金，导致金的浸出率下降。

合理的矿浆浓度应通过试验研究来确定。对于含泥较少、杂质不多的粒状物料，可采用高浓度浸出，一般将矿浆浓度控制在 40%~45%；而对矿物组成复杂、含泥较多的细粒物料，应采用低浓度的氰化浸出，多将矿浆浓度控制在 23%~26%。

8.3.5　粒度和形状

在氰化物浓度、氧浓度、温度等浸出条件相同的条件下，自然金的粒度大小是金完全溶解时间的决定因素，粒度越大，其完全溶解时间就越长；而粒度越小，完全溶解时间越短。

具有一定尺寸的金粒，完全溶解所需的时间可用下式计算：

$$t = \frac{\delta}{T} R \tag{8.30}$$

式中 t——金粒完全溶解时间，h；

δ——金的密度，g/cm^3；

T——金粒浸出速度，一般取 $T = 0.0018 g/(cm^2 \cdot h)$；

R——金粒的球半径，cm。

可以计算出当金粒直径分别为 0.104mm、0.074mm 和 0.043mm 时，金粒的完全溶解时间分别为 55.8h、39.7h 和 23.1h。所以，为了缩短金的溶解时间，降低生产成本，粗粒金（大于 0.07mm）多用重选法在氰化浸出前予以回收。

根据式（8.23）和式（8.30），金粒的完全溶解时间与金粒的球半径和金粒与氰化液接触的面积有很大关系，即金粒的形状对金的溶解时间有明显的影响。金粒形状常见的有：浑圆状、片状、树枝状、脉状、内有孔穴和不规则状等。浑圆状金粒的比表面积较小，浸出速度慢，完全溶解的时间最长；片状的金，浸出过程中金的浸出量与时间呈直线关系；脉状、树枝状及其他形状金粒的氰化浸出速度均比浑圆状快得多，其中有内孔穴的金粒由于表面积增加，金的浸出速度会加快。

8.3.6 浮选药剂

氰化浸出要取得好的效果，必须保证氰化物与金粒的充分接触反应。原矿石中金的表面多没有被污染，有利于金的溶解。而对浮选精矿或浮选后的尾矿进行氰化时，其颗粒表面某些活性区常吸附有一定量的浮选药剂，形成了浮选药物薄膜（例如黄原酸盐薄膜等），阻止了金粒与氰化物的接触反应，从而严重影响金的溶解，导致金的氰化浸出率较差。不同浮选药剂及含量对氰化浸出率的影响见表 8.4。

表 8.4 不同浮选药剂及含量对氰化浸出率的影响

药剂名称	不同药剂含量的金氰化浸出率/%		
	药剂含量 $0g/m^3$	药剂含量 $250g/m^3$	药剂含量 $500g/m^3$
松油	96	94.5	93
杂酚油	96	92.7	91.8
黑药	96	92.0	89.5
乙基黄药	96	87.0	77.0
丁基黄药	96	54.5	44.0

表 8.4 表明，不同类型的浮选药剂对氰化浸出的影响差别较大：同等药剂含量的条件下，丁基黄药对金的氰化浸出率影响最大；而同种药剂则用量越大，对氰化浸出的影响越严重，氰化浸出效果就越差。为了降低浮选药剂对氰化浸出的影响，氰化前多进行脱药，脱药方式主要有浓缩、过滤、精矿再磨等。

8.3.7　搅拌

含金、银物料浸出研究表明，金、银溶解过程在大多数情况下都具有扩散特征。扩散速度随矿浆搅拌速度的提高而提高，在合适的搅拌强度下，氰化物、氧、金银矿物颗粒等发生反应的概率最大，从而有利于金、银的氰化浸出。

8.3.8　伴生矿物的影响

氰化浸出的物料组成十分复杂，与物料中其他矿物相比，金的含量是非常小的部分，所以在金氰化过程中，各种伴生矿物对氰化过程的干扰是必然的，而且多数的干扰是有害于金的氰化浸出。物料中常见矿物在金浸出过程中的行为如下。

8.3.8.1　*铁矿物*

在氰化浸出过程中，不同种类的铁矿物的影响也是不相同的。

铁的氧化矿物，如赤铁矿（Fe_2O_3）、磁铁矿（Fe_3O_4）、针铁矿（$Fe_2O_3 \cdot H_2O$）和菱铁矿（$FeCO_3$）等，在氰化液中几乎不溶解，对金的浸出没有什么大的影响。

铁的硫化矿物，如黄铁矿（FeS_2）、白铁矿（FeS_2）、磁黄铁矿（Fe_nS_{n+1}）等，其分解、氧化产物都会与氰化物发生反应，并消耗溶液中的溶解氧：

$$FeS_2 + NaCN = FeS + NaCNS \tag{8.31}$$

$$Fe_5S_6 + NaCN = 5FeS + NaCNS \tag{8.32}$$

$$S + NaCN = NaCNS \tag{8.33}$$

$$FeS + 2O_2 = FeSO_4 \tag{8.34}$$

以上反应仅仅是铁矿物的部分反应，实际硫化铁矿物的氧化产物与氰化液的反应是复杂的。为了降低硫化铁矿物对氰化浸出的不利影响，多在氰化浸出前进行预处理，例如在氰化浸出前进行适当的碱浸，尽量将黄铁矿、磁黄铁矿、白铁矿等矿物的氧化产物变为不溶性的氢氧化铁沉淀。

8.3.8.2　*铜矿物*

金矿石中常伴生的铜矿物有自然铜、黄铜矿、斑铜矿、孔雀石、蓝铜矿、赤铜矿等，它们在氰化物溶液中的溶解程度差异很大。在氰化物浓度0.1%、氧化钙用量5kg/t、浸出浓度9.09%、浸出时间24h条件下，不同温度下铜矿物的氰化浸出率见表8.5。

表8.5　不同温度下铜矿物的氰化浸出率

矿物名称	分子式	铜浸出率/%	
		23℃	45℃
蓝铜矿	$2CuCO_3 \cdot Cu(OH)_2$	94.5	100.0
辉铜矿	Cu_2S	90.2	100.0
孔雀石	$CuCO_3 \cdot Cu(OH)_2$	90.2	100.0
自然铜	Cu	90.0	100.0
赤铜矿	Cu_2O	85.5	100.0

续表 8.5

矿物名称	分子式	铜浸出率/%	
		23℃	45℃
斑铜矿	Cu_5FeS_4	70.0	100.0
硫砷铜矿	Cu_3AsS_4	65.8	75.1
黝铜矿	$Cu_{12}Sb_4S_{13}$	21.9	43.7
硅孔雀石	$CuSiO_3 \cdot nH_2O$	11.8	15.1
黄铜矿	$CuFeS_2$	5.6	8.2

辉铜矿与氰化物溶液的反应为：

$$2Cu_2S + 4NaCN + 2H_2O + O_2 = Cu_2(CN)_2 + Cu_2(CNS)_2 + 4NaOH \quad (8.35)$$

生成的 $Cu_2(CN)_2$、$Cu_2(CNS)_2$ 进一步与氰化物反应：

$$Cu_2(CN)_2 + 4NaCN = 2Na_2Cu(CN)_3 \quad (8.36)$$

$$Cu_2(CNS)_2 + 6NaCN = 2Na_3Cu(CNS)(CN)_3 \quad (8.37)$$

其上述反应的总反应式为：

$$2Cu_2S + 14NaCN + 2H_2O + O_2 = 4NaOH + 2Na_3Cu(CNS)(CN)_3 + 2Na_2Cu(CN)_3 \quad (8.38)$$

铜的硫化矿物易氧化生成 $CuSO_4$，与氰化物溶液的反应为：

$$2CuSO_4 + 4NaCN = Cu_2(CN)_2 + 2Na_2SO_4 + (CN)_2\uparrow \quad (8.39)$$

孔雀石和蓝铜矿在氰化物溶液中的反应为：

$$2Cu(OH)_2 + 8NaCN = 2Na_2Cu(CN)_3 + 4NaOH + (CN)_2\uparrow \quad (8.40)$$

$$2CuCO_3 + 8NaCN = 2Na_2Cu(CN)_3 + 2Na_2CO_3 + (CN)_2\uparrow \quad (8.41)$$

铜矿物及氧化产物在氰化浸出过程中与氰化物反应消耗氰化物，妨碍金的溶解，污染浸出液，增加了氰化提金的困难。因此，当物料中铜矿物含量较高时（铜含量大于0.3%），最好采用浮选、酸法预浸等预处理手段，提高金的氰化浸出率。

8.3.8.3 锑矿物

辉锑矿（Sb_2S_3）是金-锑矿石中最常见的锑矿物，在氰化浸出中与氰化物和氧反应：

$$Sb_2S_3 + 6NaOH = Na_3SbS_3 + Na_3SbO_3 + 3H_2O \quad (8.42)$$

$$4Na_3SbS_3 + 6NaCN + 6H_2O + 3O_2 = 2Sb_2S_3 + 6NaCNS + 12NaOH \quad (8.43)$$

由于浸出过程中氧和氰化物的大量消耗和各种锑盐积累，辉锑矿严重影响金的氰化浸出。研究表明，矿浆中含锑在 1~5mg/L 以上时，金的浸出速度可由 $1.3mg/(cm^2 \cdot h)$ 降至 $0.3 \sim 0.2mg/(cm^2 \cdot h)$。

8.3.8.4 砷矿物

雄黄（As_4S_4）、雌黄（As_2S_3）和毒砂（FeAsS）等是矿石中常见的砷矿物。毒砂在碱性氰化液中很难溶解，而雄黄和雌黄在碱性氰化液中易溶解，发生以下反应，从而影响氰化浸出过程：

$$2As_2S_3 + 6Ca(OH)_2 = Ca_3(AsO_3)_2 + Ca_3(AsS_3)_2 + 6H_2O \quad (8.44)$$

$$Ca_3(AsS_3)_2 + 6Ca(OH)_2 = Ca_3(AsO_3)_2 + 6CaS + 6H_2O \quad (8.45)$$

$$2CaS + H_2O + 2O_2 = CaS_2O_3 + Ca(OH)_2 \quad (8.46)$$

$$2CaS + 2NaCN + 2H_2O + O_2 = 2NaCNS + 2Ca(OH)_2 \quad (8.47)$$

$$Ca_3(AsS_3)_2 + 6NaCN + 3O_2 = 6NaCNS + Ca_3(AsO_3)_2 \quad (8.48)$$

$$As_2S_3 + 3CaS = Ca_3(AsS_3)_2 \quad (8.49)$$

$$3As_4S_4 + 3O_2 = 2As_2O_3 + 4As_2S_3 \quad (8.50)$$

$$3As_4S_4 + 3O_2 + 18Ca(OH)_2 = 4Ca_3(AsO_3)_2 + 2Ca_3(AsS_3)_2 + 18H_2O \quad (8.51)$$

8.3.8.5　锌矿物

大部分锌矿物在氰化物溶液中有中等的溶解度，锌的硫化物、氧化物都能与氰化物起反应：

$$ZnS + 4NaCN \rightleftharpoons Na_2Zn(CN)_4 + Na_2S \quad (8.52)$$

$$ZnO + 4NaCN + H_2O = Na_2Zn(CN)_4 + 2NaOH \quad (8.53)$$

$$ZnCO_3 + 4NaCN = Na_2Zn(CN)_4 + Na_2CO_3 \quad (8.54)$$

生成的 Na_2S 还进一步与 NaCN 作用：

$$2Na_2S + 2NaCN + 2H_2O + O_2 = 2NaCNS + 4NaOH \quad (8.55)$$

上述反应消耗氰化溶液中的氰化物和氧，当锌含量高时会在一定程度上影响金、银的氰化浸出效果。

8.3.8.6　铅矿物

金、银矿石中常见的铅矿物是方铅矿，它在氰化过程中作用微弱。铅适量时，它可以消除氰化液中碱金属硫化物的有害影响，有利于金、银的浸出。但当氰化液中的铅过量时，会给氰化浸出带来不利，使金、银的氰化浸出率降低，同时会增加锌置换作业的锌耗量，并使金泥的品位降低。

8.3.8.7　含碳矿物

当氰化的物料中有含碳矿物时，容易发生碳矿物吸附已溶金使其损失的现象。工业上多采取以下措施：在氰化浸出前，矿浆中加入适量煤油、煤焦油等，在碳表面形成不吸附已溶金的薄膜；选用炭浆法氰化浸出，形成竞争吸附，减弱含碳矿物对已溶金的吸附能力。

8.4　氰化浸出中金银的回收

金（银）的氰化浸出是氰化物在氧化剂的作用下将固态金（银）转变成液态金（银）配合离子的过程，要实现金（银）的回收，必须采取措施将金（银）的离子状态转变为金属状态。目前，从氰化浸出液中回收金（银）的方法主要有两大类：

（1）吸附法，包括活性炭吸附和离子交换树脂吸附；

（2）锌置换法，包括锌粉置换和锌丝置换。

8.4.1　活性炭吸附法

活性炭吸附法是从氰化浸出液中回收金应用最广泛的方法之一。活性炭吸附工艺回收金的过程如下：

（1）含金溶液（贵液或矿浆）与活性炭接触，金氰配合离子吸附于活性炭上，载金炭与溶液分离；

（2）载金炭用淋洗液（或解吸液）解吸，形成含金量很高的贵液；

（3）贵液进行电沉积，金在电积槽的阴极析出，成为金泥，冶炼后成为合质金；

（4）解吸后含金量很低的脱金炭，再生或直接返回吸附作业循环使用。

有关活性炭的性质和吸附机理在第5章中已有介绍，本节主要介绍影响活性炭吸附金的因素、载金炭的解吸、贵液的电沉积金和脱金炭的再生等。

8.4.1.1 影响活性炭吸附金的因素

从活性炭吸附金的基本理论可知，影响吸附的因素大致可分为两类，即影响吸附速度的因素和影响平衡（或准平衡）的因素。对于前者来说，包括溶液中金的浓度、炭的类型和粒度、溶液浓度、炭与溶液的混合程度；影响平衡的因素包括溶液 pH 值、游离氰根浓度、与金吸附有影响的其他成分浓度、过程的温度以及炭吸附的操作技术条件等。现结合炭浆法工艺过程，将影响活性炭吸附金的主要因素进行介绍。

（1）溶液中金的浓度。溶液中金的浓度越高，达到吸附平衡后的平衡浓度也越高，活性炭的吸附容量也就越大。活性炭吸附金的容量随平衡浓度变化的情况如图 8.6 所示。很明显，金的平衡浓度越高，活性炭上载金量越高。

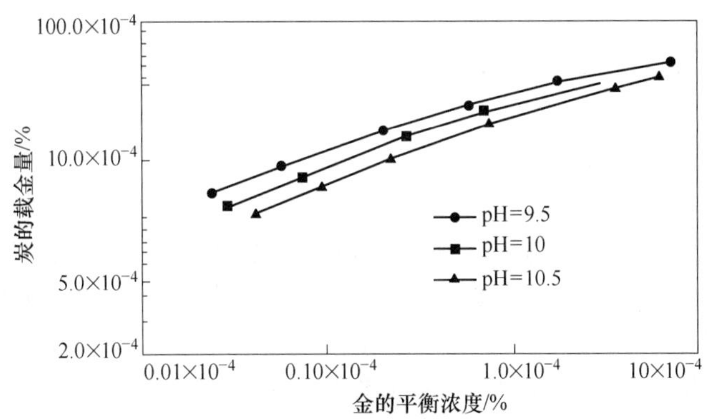

图 8.6 pH 值和金的平衡浓度对炭上平衡载金量的影响

由于 $Au(CN)_2^-$ 的离子半径和吸附电位比 $Ag(CN)_2^-$ 大，所以在浓度相同的情况下，$Au(CN)_2^-$ 被优先吸附，被吸附的容量大约为 $Ag(CN)_2^-$ 的3倍，但当溶液中银的含量增加时，将会增加被吸附的机会，而相对降低活性炭吸附金的容量。

（2）活性炭的类型和粒度。不同类型的活性炭对金的吸附容量也不相同。试验表明，椰壳和果核制造的活性炭对金的吸附容量比木材、煤质和石油焦炭制成的活性炭要高一些。

相同类型的活性炭，颗粒的大小对吸附速度影响显著，其吸附速度与平均粒径具有反比例关系，如图 8.7 所示。尽管粒度细的活性炭比粒度粗的活性炭吸附金的速度快，在相同时间内吸附金的容量大，但粒度并不会影响最终吸附容量。

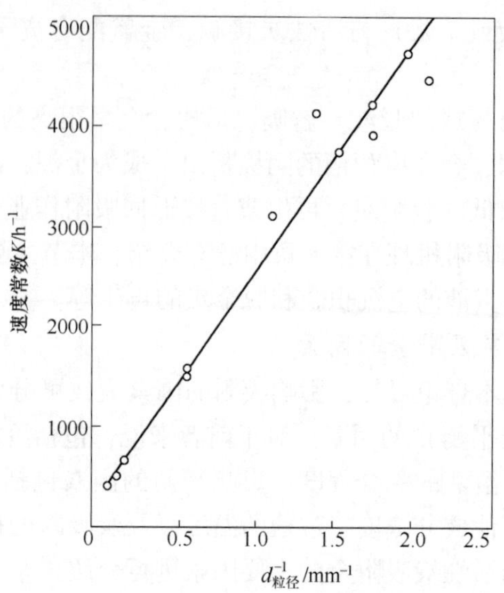

图 8.7　活性炭平均粒度对吸附速度的影响

（3）矿浆浓度。在带有挡板的吸附槽中，活性炭与含金的矿浆溶液相接触，得到表 8.6 的结果。

表 8.6　矿浆浓度对吸附速度的影响

矿浆浓度/%	0	10	20	30	50
速度常数/h^{-1}	2070	1860	1480	1250	1190

注：试验条件：离子强度为 0，搅拌强度为 1250r/min，pH 值为 7，炭粒度为 0.5~0.7mm。

结果表明，矿浆中固体含量对活性炭吸附金的速度有相当大的影响，即矿浆浓度增大，吸附速度降低。这是由于增大矿浆浓度使矿浆和活性炭混合程度下降，或者是矿浆中的细泥机械地“黏结”在炭的表面而影响吸附进行的缘故。相反，矿浆浓度过低，炭粒就有可能沉积在吸附槽底部，减少炭粒与矿浆作用时间。在炭浆厂的生产中，为了保证活性炭与矿浆的有效混合和悬浮，矿浆浓度一般应保持在 40%~45%。

（4）炭与矿浆的混合程度。活性炭与矿浆的混合程度可以用搅拌速度表示。研究表明，在带有挡板的吸附槽内，搅拌速度对活性炭吸附金的速度的影响很大，随着搅拌速度的增加，即混合程度变好，活性炭吸附金氰配合物的速度急剧增加。尽管试验中物料的搅动强度可能大大超过了大型吸附槽所达到的强度，但仍可以得出结论：活性炭与矿浆的混合程度对于炭浆厂的生产来说，尤其是在每槽吸附的起始阶段很重要。这是由于活性炭与矿浆一开始接触，活性炭就很快地吸附固液界面处的金氰配离子，并加快了矿浆中已溶金向活性炭表面扩散。但应指出的是激烈地搅拌将会增加活性炭的磨损，并对炭吸附强度、吸附层的稳定性以及炭的合适悬浮都有很大的影响，同时还会增加动力的消耗。所以，在实际生产中应选择合适的搅拌速度。

（5）矿浆 pH 值。表 8.7 表示矿浆 pH 值对活性炭从氰化溶液中吸附已溶金的速度和吸附容量的影响。

表 8.7 矿浆 pH 值对吸附速度和平衡容量的影响

矿浆 pH 值	11.3	9.1	7.1	4.2	3.1	1.5
速度常数/h^{-1}	3010	3000	3660	3900	4420	4880
吸附容量/%	7.5	8.6	9.2	12.2	14.3	21.6

由表可知，随着 pH 值的降低，活性炭的吸附速度和吸附容量均有所提高，而且对于吸附容量的影响远大于动力学效应。但 pH 值不能太低，太低会使其浸出率降低，但过高又会影响吸附率，所以，生产中要力求 pH 值维持稳定。

（6）温度和氰根浓度。活性炭对金氰配合物的吸附反应是一个放热反应。因此，随着温度升高，活性炭对金氰配合物的吸附明显减弱。表 8.8 的数据表明了温度和游离氰根浓度对活性炭从含金氰配合物的溶液中吸附金的吸附速度和平衡容量的影响情况。可以看出，温度升高时平衡容量下降，而吸附速度却随温度升高而提高，反应的活化能为 10.9kJ/mol。所以，吸附温度是个重要的操作控制参数。

表 8.8 温度和氰化钠浓度对活性炭吸附金的影响

温度/℃	游离氰根/%	速度常数/h^{-1}	吸附容量/%
20	0	3400	7.3
25	0.013	3390	6.2
24	0.026	2520	5.7
23	0.13	2950	6.9
44	0	4190	4.8
43	0.013	4070	4.7
42	0.026	3150	4.2
43	0.13	3010	3.3
62	0	4900	2.5
62	0.013	4920	2.9
62	0.026	3900	2.9
62	0.13	4050	2.6
81	0.026	5330	2.0

注：试验条件：溶液含金 0.0025%，pH 值为 10.4～10.8。

氰化物浓度是炭浆工艺中对吸附容量反映最敏感的操作参数之一。氰化物浓度过高，一些难溶的金属将被溶解，炭吸附杂质增多且氰化物消耗量增大，氰化物对环境污染加重。但氰化物浓度过低，会降低金在吸附作业中的浸出率。

（7）溶液中的杂质。像 Ca^{2+} 这样的二价阳离子对金的吸附有一定的促进作用，但 Ca^{2+}、Mg^{2+} 等离子又易吸收空气中的二氧化碳，生成的碳酸盐在炭上沉淀，会造成炭的孔道堵塞和减少炭表面吸附位置，从而又对吸附金的速度起钝化作用。实践中，当钙的吸附量小于 10～20kg/t 时，对炭吸附的操作影响不大；当超过 50kg/t 时，会使炭浆工艺的效果变差。

溶液中的铜、锌、铁、镍等金属离子和硅酸都会被炭吸附，这种与金在活性炭表面的竞争性吸附会减少活性炭吸附金的晶格数量而使金被吸附的容量减少，其对活性炭吸附金量的影响程度的次序是：$Fe(CN)_6^{4-} > Ni(CN)_4^{2-} > Zn(CN)_4^{2-}$（或$Cu(CN)_4^{2-}$）。为防止上述离子在炭浆工艺中聚集而影响操作的工艺条件，常用的方法是定期化验并及时处理。

浮选药剂及机械油之类在水中不溶的有机化合物，由于它们对活性炭有较大的亲和力，所以对活性炭从含金氰配合物溶液中吸附金均有有害影响。

（8）炭吸附的操作因素。活性炭在矿浆中的密度、炭吸附的段数、炭吸附时间、串炭速度以及炭的载金量等操作因素对活性炭吸附金有着显著影响，而且这些因素之间是相互联系的。

在既定的吸附段数和吸附时间条件下，增大炭密度，可提高炭吸附矿浆中已溶金的速度。若保持一定的炭密度，则矿浆中较高的含金浓度需要较多的吸附段数。矿浆中炭密度大，可以减少吸附段数和吸附时间；但过大的炭密度会使吸附段数和吸附时间减少，吸附系统则难以进行合理设置。活性炭对矿浆中已溶金的吸附时间也影响着吸附段数的确定，较长的吸附时间应设置较多的吸附段数。较多的吸附段数有利于炭和浆的混合，可以使炭的相对装料量、金的相对吸附量有所降低，但会增大基建投资、操作费用及整个系统中金的损失。

活性炭在吸附阶段的串炭速度，应保持在单位时间内进出吸附作业的金属量大致平衡的水平上，以免系统中金积压或炭载金量过低。较低的串炭速度和串炭量能提高炭载金量，虽可减少解吸和再生费用，但系统中滞留的金属量增多，不利于企业资金周转。

活性炭对金的较高的吸附量会导致吸附时间增长、吸附速度降低。这是由于吸附过程开始时吸附是在炭浆接触面上进行的，当系统接近平衡时变为向炭粒内部扩散。这一转变是在炭的吸附量达到平衡容量的60%~70%时开始的，发生这一转变后，吸附的效率会变低。但炭载金量若过低，则会导致炭的解吸、运输过于频繁和炭损的增加。在生产中，较适宜的炭载金量是4~8kg/t。

8.4.1.2　载金炭的解吸

载金炭的来源有两种类型：一种是渗滤氰化所得含金贵液经固定吸附柱（塔、槽）所得；另一种是搅拌氰化厂（即炭浆厂）提出的载金炭。从载金炭上回收已吸附的金，工业上常用的处理方法有：直接焚烧载金炭，熔炼炭灰回收金；从载金炭上解吸出吸附金的含金贵液，贵液经过电积法或锌置换法回收金。工业实践表明，载金炭解吸法不仅使金的提取率高，活性炭可反复使用，而且经济效益好。所以，本节将着重介绍这种方法。

A　解吸原理

载金炭上解吸金的机理，至今仍是一个尚未研究透彻的问题。目前普遍认为，从载金炭上解吸已吸附金是活性炭吸附金的一个逆过程。在含金氰化物溶液中金被活性炭吸附之后，体系中活性炭表面的金与氰化物溶液中的金建立了可逆平衡状态。这一平衡受金的浓度，氢氧根、氰根等阴离子的浓度，以及钙、钠、钾等阳离子的浓度所影响。当改变平衡体系中金在活性炭和氰化物溶液中的平衡分配时，金则由活性炭表面转移到氰化物溶液中，亦即金被解吸出来。

Davidson 等人认为，氰化物溶液中的金是以钙的金氰配合物的形式被吸附在活性炭上。这是一种与炭键较为牢固的结合形式，与钙的金氰配合物相比，钠和钾的氰配合物与炭键的结合则较为松散，更容易从炭上解吸下来。所以，在实际解吸过程中，都采用在氰化钠和氢氧化钠这类强碱性氰化物溶液中进行金氰配合物的转换，而后用水、有机溶剂等从炭上洗脱下金的钠或钾的金氰配合物。

很明显，解吸过程中不能用氢氧化钙或氧化钙这类碱进行洗脱，因为在解吸过程中会生成碳酸钙在炭上沉淀从而影响解吸。而使用氰化钠和氢氧化钠，可促使氰亚金酸盐配合物中钠对钙的取代。

在氰化物溶液中，从载金炭上解吸金的过程是个缓慢的液相和固相中的质量传递过程。这主要是由于金氰配合物在较大粒度活性炭的微孔内部扩散很慢，即使采取有效措施，也需要较长的时间才能使金被解吸出来。解吸过程一开始，金氰配合物从炭中扩散到界面上，并且在界面上立即与溶液中的金氰配合物建立平衡。之后金氰配合物又以另一种速度由界面向溶液进行扩散，解吸过程便进行下去了。有研究者以传质系数来描述活性炭内部金的扩散速度，并认为上述两个过程有两个数值不同的传质系数，常用两者的平均值（即平均传质数）来描述这一扩散过程。还有学者将解吸过程描述成下列形式：

$$C \xrightarrow[\text{炭}]{K_C} C_i \xrightleftharpoons[\text{界面}]{} S_i \xrightarrow[\text{溶液}]{K_S} S$$

上式中 C 和 S 分别代表炭上和溶液中金的浓度。可见，解吸过程中主要控制参数是：改变金在活性炭和氰化物溶液中的平衡分配；提高在活性炭内和界面层的传质系数。

B 解吸方法

按解吸过程压力的大小，可分为加压解吸和常压解吸。解吸方法主要有下列五种：

（1）扎德拉（Zadra）法。扎德拉法是应用最广泛的方法之一。该法用 1%～2%的 NaOH 和 0.1%～0.2%的 NaCN 的混合液作为解吸液，解吸液与载金炭体积比为（8～15）∶1，在常压下加热至 90℃左右，溶液均匀给入解吸罐（柱、塔）内，给入速度为每小时 1～2床层体积，将载金炭上的金洗脱下来进入解吸液。该法具有生产成本较低、设备投资不高的特点，但解吸时间较长，一般需要 24～72h。

（2）酒精解吸法（海默法）。酒精解吸法用 1%～2% NaOH，0.1%～0.2% NaCN 和 10%～20%（体积分数）酒精的混合液作为解吸液，在温度 60～85℃、常压下进行解吸。该法的优点是可大大缩短解吸时间，经 5～8h 便可达到较好的解吸效果。但该法存在酒精易燃且消耗量大的缺点，现在一些矿山用甲醇、丙醇或乙二醇代替酒精。

（3）英美解吸法（AARL 法）。英美解吸法是南非的英美研究所发明的。即先用 1 倍炭体积的 5%NaOH 和 2%NaCN 的混合液作为解吸液，在 95℃下将载金炭浸泡 0.5～1h，然后用 5 倍炭体积的热水、去离子水或软化水（100～200℃）洗涤（流速为每小时 3 床层体积）即可，所得解吸贵液送电沉积。采用这种方法一般 3～12h 便可完成解吸—电沉积全过程。但该法存在预处理液和洗涤液必须合并送电解，且不能连续操作的缺点。

（4）加温加压法。用 0.4%～1.0%的 NaOH 和 0.1%～0.2%NaCN 作为解吸液。解吸液与载金炭体积比为（8～15）∶1，温度一般为 120～130℃，高的可达到 150～170℃，解吸罐内压力为 3～5kg/cm^2。该法解吸时间一般只需要 4～8h，解吸剂用量少，炭循环周期较短，但必须采用高压设备。现在该法得到了较多应用。

（5）无氰解吸法。前四种解吸法的解吸液中都有 NaCN，由于氰化物容易造成解吸电解车间的环境污染，无氰解吸法得到迅速发展。现在一些矿山已采用 Na_2CO_3 和 NaOH，或

Na_2S 和 NaOH 作为解吸液代替原始的 NaCN 和 NaOH。另外，在温度 83℃的条件下用 1% 的 NaOH 和 20%（体积分数）的乙醇作为解吸液，也已在工业上得到应用。

C　解吸设备

解吸柱（塔）是解吸的主要设备。解吸柱的结构是由圆柱筒体和上下端盖组成，如图 8.8 和图 8.9 所示。

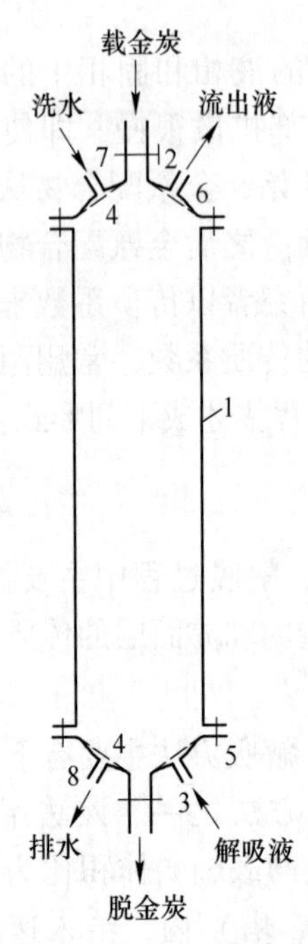

图 8.8　解吸柱示意图

1—柱体（内有衬层，外有保温层）；
2，3—上、下盖（柱、盖间法兰盘连接）；
4—筛网；5—解吸液给入管道；6—解吸液流出管道；
7，8—洗水管道

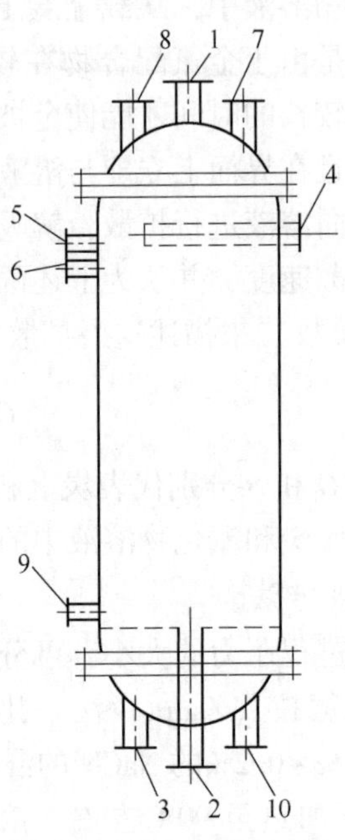

图 8.9　加压解吸柱示意图

1—炭入口管；2—炭出口管；3—液体入口；
4—液体出口；5—温度计接头；6—温度电极插座；
7—压力指示接管；8—安全装置接头；
9—备用接头；10—排液管

上部与贵液出口相连处装有管式筛网，目的是防止细粒炭随贵液流出。筒体下部装有平面筛网，防止排贫液时，解吸炭被一同排出。另外，筒体上还焊有检查孔及用于安装压力表、温度表等的短管。

上下端盖为蝶形，上端盖上焊有载金炭进口管、排气管、用于安装安全阀的短管等。下端盖上焊有解吸炭出口管、解吸液进口管、贫液排放管等。上、下端盖以及各短管均用法兰盘将筒体与外部管连接或阀门封闭，以保证解吸柱的密闭性。

D　影响载金炭解吸效果的因素

载金炭的解吸是一个复杂的过程，影响解吸效果的因素较多。

(1) 解吸柱（塔）的长径比。解吸柱（塔）的长径比直接影响解吸效果和解吸液的流速。生产实践证明，长径比大于 6 时，解吸液流速对解吸效果影响不明显，解吸时间较短。因此，为方便操作和缩短解吸时间，解吸柱（塔）的长径比一般大于 6。

(2) 解吸液流态。解吸柱（塔）内解吸液的流量要合适。当解吸液流量较大时，柱

（塔）内呈活塞流状态，即柱（塔）的横断面上流速分布较均匀，此时各个位置的载金炭接触解吸液的数量是相当接近的，有利于载金炭的解吸。但若解吸液流量过小，解吸液呈滞留状态，柱（塔）的横断面的流速分布十分不均匀，将导致不同位置的载金炭解吸率差别很大，影响载金炭总的解吸效果。生产实践表明，解吸液流量在每小时 1~5 个床层体积范围内较合适。

此外，载金炭在柱（塔）内的充填特性也将影响解吸液的流态。应该将载金炭在柱（塔）内垂直和水平面上各处充填均匀，不能各点松紧不一。

（3）温度。温度是解吸过程的重要影响因素。一般情况下，温度越高，$Au(CN)_2^-$ 的溶解度越大，被吸附的机会就越小。同时温度的高低又有效影响溶液中 CN^- 的活度，温度增高时 CN^- 的水化膜变薄，CN^- 的活度增加，则从载金炭微孔中交换 $Au(CN)_2^-$ 的能力变强，有利于解吸的进行。因此，解吸塔内各点温度要均匀，温差越小越好，这可通过自动控温系统来实现。但温度不宜过高，否则将使解吸液中的氰根离子（CN^-）分解，导致氰化物用量增加。

（4）解吸时间。解吸时间短，解吸率低，但若解吸时间过长，则设备利用率降低。合适的解吸时间要通过试验来确定，工业上一般将解吸时间控制在 8h 左右。

（5）压力。解吸时压力增加，不利于活性炭吸附金氰配合离子，但有利于金的解吸。同时，压力的增加，可使解吸温度超过 100℃。因此，系统的压力越高，金的解吸速度越快，但加压将使解吸设备投资增大。

（6）碱度。解吸过程中，碱度增加有利于金的解吸，不利于活性炭吸附金。但碱度过高将造成设备腐蚀严重，工业上一般将 NaOH 浓度按制在 1%~5%范围内。

8.4.1.3 解吸贵液的电沉积金

A 电沉积金的机理

金在解吸贵液中以 $Au(CN)_2^-$ 存在，电积过程中金在阴极析出，同时由于水的还原而析出氢；氧在阳极析出，并发生氰根离子的氧化而析出二氧化碳和氮气。两极反应如下：

阴极

$$Au(CN)_2^- + e = Au + 2CN^- \quad (8.56)$$

$$2H^+ + 2e = H_2\uparrow \quad (8.57)$$

阳极

$$CN^- + 2OH^- - 2e = CNO^- + H_2O \quad (8.58)$$

$$2CNO^- + 4OH^- - 6e = 2CO_2\uparrow + N_2\uparrow + 2H_2O \quad (8.59)$$

$$4OH^- - 4e = 2H_2O + O_2\uparrow \quad (8.60)$$

B 电沉积设备

常用的电沉积槽多为长方形，一个槽分成几个电沉积室，如图 8.10 所示。

电沉积槽的阳极一般用不锈钢板、石墨等制成。阴极常用不锈钢棉（丝），它的比表面积大，电流密度小，易于洗脱沉积的金粉。随着材料科学的发展，相关学者研发了新的阴极材料，比如用碳纤维作为电沉积槽的阴极材料，具有金泥卸取简单、劳动强度低、指标稳定等优点。

C 电沉积的工艺指标

a 阴极效率

阴极效率（电流效率）是阴极上实际析出金的质量与按法拉第定律计算出的应析出金

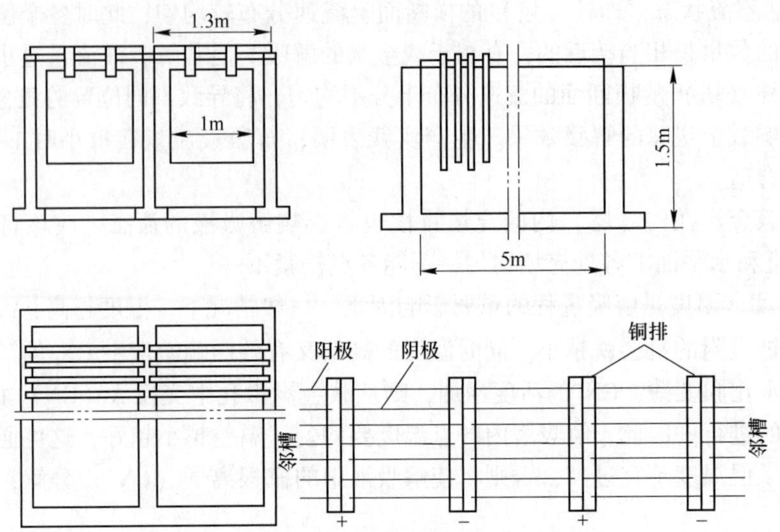

图 8.10　长方形电沉积槽示意图

的质量之比的百分数，即：

$$\eta_i = \frac{\text{阴极实际析出金的质量}}{\text{理论析出金的质量}} \times 100\% \tag{8.61}$$

$$= \frac{m}{Q \cdot I_0 \cdot t} \times 100\%$$

式中　m——阴极析出的金量，g；

Q——金的电化当量，g/(A·h)；

I_0——理论电流强度，A；

t——通电时间，h。

b　电能效率

电能效率是在电沉积过程中产出一定量的金，其理论上消耗的电量与实际消耗的电量之百分比，即：

$$\eta_e = \frac{\text{析出定量的金理论上消耗的电量}}{\text{析出同样重量的金实际耗电量}} = \frac{I_0 t E_0}{I t E_{槽}} = \eta_i \cdot \eta_v \tag{8.62}$$

式中　η_v——电压效率，$\eta_v = \frac{E_0}{E_{槽}}$；

η_i——电流效率；

E_0——理论电压，V；

I——实际电流强度，A；

$E_{槽}$——槽电压，V。

c　槽电压

槽电压就是电沉积槽内两相邻的阴、阳极之间的电位差，可用电压表直接测量，也可由下式计算：

$$E_{槽} = \frac{V_1 - V_2}{N} \tag{8.63}$$

式中　V_1——电沉积槽的总电压，V；

V_2——导电母板（棒）上的电压降，V；

N——串联电沉积槽的个数。

槽电压包括理论分解电压、电沉积过程的超电压、电解液的电压降、金属导体的电压降和接触点电压降等，可表示为：

$$E_{槽} = E_{分} + \sum IR$$

式中　$E_{分}$——理论分解电压；

$\sum IR$——电沉积过程的超电压、电解液的电压降、金属导体的电压降和接触点电压降之和。

d　电能消耗

常用电能消耗来说明电能的利用情况，它是以析出1t金实际消耗的电量来衡量电沉积作业的经济效果。

$$W_e = \frac{实际消耗的电量}{实际析出的金属质量} \times 100\% \tag{8.64}$$

$$= \frac{E_{槽} It}{QIt\eta_i} \times 1000 = \frac{1000E_{槽}}{Q\eta_i}$$

可以看出，设法降低槽电压 $E_{槽}$ 和提高电流效率 η_i，可大大地降低电沉积的成本。

D　影响电沉积的主要因素

影响电沉积的主要因素有贵液中的金浓度、温度、电积液流速、电积液澄清度等。

（1）贵液金浓度。贵液金浓度决定向阴极表面扩散的 $Au(CN)_2^-$ 的数目，因此，金的浓度低，金的沉积速度就慢，金的回收率自然降低，电流效率也随之下降。一般要求金浓度在 $8\times10^{-4}\%$ 以上。

（2）温度。提高电积液温度，使电积液导电率提高，可加快 $Au(CN)_2^-$ 的扩散速度，金在阴极的沉积速度也相应加快，金的回收率也增高。但温度过高，电沉积过程中会产生大量有害的HCN气体和氨气，恶化操作环境。

（3）电积液流速。电积液流速增大，金在阴极表面沉积速度加快，但同时随贫液损失量也增大。因此，要通过试验来确定适当的电积液流速，以避免金损失在贫液中。

（4）电积液澄清度。由于载金炭洗涤不彻底，往往造成解吸贵液的澄清度下降，当这些杂质进入电积槽时，会阻碍 $Au(CN)_2^-$ 向阴极表面扩散，降低金的沉积速度，从而影响金的回收率。因此，贵液进行电积前可进行适当的净化处理。

（5）阴极表面积。增大阴极表面积，则会扩大金氰配离子与阴极的接触面，可加速金的沉积，提高金的回收率，这也是钢棉的回收率大于平板电极的原因。

（6）槽电压。增加槽电压，离子运动速度加快，即金的沉积速度加快，但电流效率随之下降。这是由于槽电压升高后，引起水的分解和促使电积液中其他杂质的析出而消耗电能的结果。

（7）电流密度。通常情况下，电流密度决定阴极金属沉积速度和沉积量，电流密度一般为20~50A/m²。实践证明，电流密度为20A/m²时，金在阴极的沉积速度与电流密度的增加成正比关系。但当电流密度超过60A/m²，电流效率则明显下降，并会大大增加电能和阴、阳极材料的消耗。

8.4.1.4 活性炭的再生

活性炭经多次吸附、解吸循环使用后，一些解吸不掉的有机物和无机物必然污染炭粒，降低活性炭对金的吸附能力，且随着循环使用次数的增加，活性炭上的剩余金含量也将增加。为了更好地使用活性炭，提高其吸附效率，对循环使用一定时间的活性炭，必须进行再生，使其恢复活性。

活性炭的再生可通过酸洗、热再生和解吸来加以处理。下面简述酸洗和热再生两个工艺过程。

A 酸洗

工业生产中，主要是溶液（矿浆）中CaO、MgO等无机物使活性炭的细孔堵塞，阻碍了$Au(CN)_2^-$向炭粒内部扩散，降低了活性炭的吸附量。可用3%~7%的稀盐酸或稀硝酸洗涤活性炭，这些无机物大部分可除去，从而恢复活性炭的吸附功能。如果炭的细孔被硅酸盐严重堵塞，可用氢氟酸（HF）的水溶液处理。但在酸洗过程中易产生氰化氢（HCN）气体，要采取适当的防护措施。

酸洗作业可在专门设立的酸洗槽内进行，酸洗时间为2~4h，洗后排出酸溶液，再用NaOH水溶液洗涤，排出碱液后，用清水洗涤至中性。再生后的活性炭的活性有时可恢复到50%~60%，仍可返回吸附作业使用。

B 热再生

酸处理一般不能完全地恢复活性炭的活性，如有机物结垢对炭的活性影响很大，其中以浮选药剂和腐殖酸为甚，它们与炭牢固地结合在一起，只有通过热处理的办法才有可能将其大部分烧掉，从而使炭活化再生。热处理不仅能除去有机物，而且还能扩张炭的孔隙，使炭的表面生成氧化物活性中心，使炭的活性得以充分恢复。

将湿的脱金炭用高温气体慢慢的干燥，在加热过程中，被吸附的有机物按其性质不同，再通过水蒸气蒸馏、解吸或热分解等过程，以分解、炭化、氧化的形式从脱金炭的颗粒上消除，如图8.11所示。通过热再生，活性炭的活性可恢复到85%~95%。

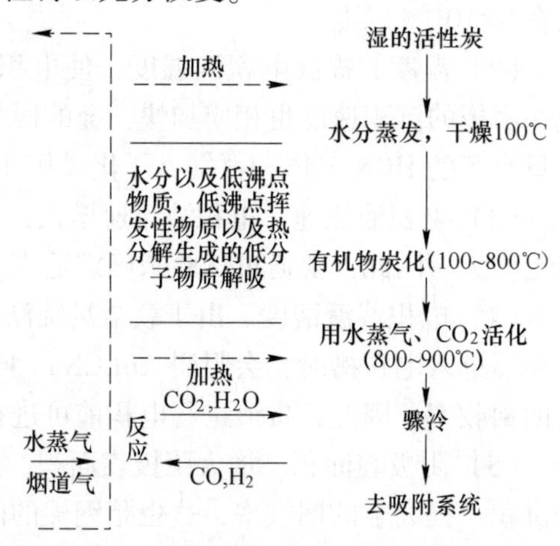

图8.11 活性炭热再生原理示意图

活性炭再生的效果，经常用再生炭的回收率（收得率、实收率或损耗率）、活性率（再生炭的活性系数与新炭活性系数的百分比）和成本（每吨炭的经济投资）等来衡量。

活性炭的热再生设备种类很多，主要有回转炉、多层炉、移动床炉和流态化床炉等。

8.4.2 离子交换树脂法

用离子交换树脂吸附金、银等贵金属，其生产工艺流程由吸附、解吸、树脂转型再生等组成。离子交换树脂既可以直接加在矿浆内进行多级逆流吸附，也可以只与含金贵液相接触（交换柱吸附）。

离子交换树脂的结构、性质以及吸附机理等在第5章中已有介绍，本节主要介绍金的树脂吸附、载金树脂的解吸和离子交换树脂的再生。

8.4.2.1 金的树脂吸附

矿浆中 $Au(CN)_2^-$ 为阴离子，必须用阴离子交换树脂（碱性树脂）进行吸附。碱性树脂又分为强碱性树脂和弱碱性树脂。

离子交换树脂吸附和解吸 $Au(CN)_2^-$ 是一对逆相反应过程，其交换反应可表示为：

$$R—X + Au(CN)_2^- \underset{\text{解吸}}{\overset{\text{吸附}}{\rightleftharpoons}} R - Au(CN)_2^- + X^- \tag{8.65}$$

式中 R—X——离子交换树脂；

R——碱性活性基；

X——交换基（反离子）。

离子交换树脂吸附 $Au(CN)_2^-$ 的过程如下：

（1）溶液（矿浆）中的 $Au(CN)_2^-$ 向树脂表面扩散；

（2）树脂颗粒内部离子的扩散；

（3）树脂内的反离子和 $Au(CN)_2^-$ 发生离子交换反应；

（4）被交换出的反离子从树脂颗粒内部向表面扩散；

（5）反离子向溶液中扩散，实现动态平衡。

8.4.2.2 载金树脂的解吸

载金树脂的解吸方法根据树脂的碱性强弱不同，其解吸方法也不同。

A 弱碱性树脂

弱碱性树脂含有叔胺官能团，呈游离碱的形式而不带电荷。弱碱性树脂不能直接用于高 pH 值的氰化浸出矿浆中与阴离子进行交换，需要在使用前先进行酸处理实现叔胺基团的质子化，即用弱碱性树脂提取 $Au(CN)_2^-$，必须使其转型：

$$| — NR_2 + H^+X^- \xrightarrow{pH < pK_a} | —N^+ R_2HX^-$$

式中 $| — NR_2$——弱碱性树脂矩阵；

H^+X^-——转型介质（稀酸）；

$| —N^+R_2HX^-$——转型后可用的树脂矩阵；

pK_a——树脂转型的临界 pH 值。

可以看出，pH 值小于弱碱性树脂的临界值（pK_a）是树脂转型和吸附 $Au(CN)_2^-$ 发生的条件。因此从理论上讲，经质子化后的弱碱性载金树脂，只要采用碱溶液处理使树脂脱除质子化，树脂上吸附的金、银及许多杂质即可全部解吸下来。一般说来，用 0.1mol/L 的稀氢氧化钠（NaOH）溶液，在 20℃左右就可以按下式顺序进行解吸：

$$| —N^+R_2HX^- + Au(CN)_2^- \xrightarrow[\text{交换}]{\text{吸附}} | —N^+ R_2HAu(CN)_2^- + X^- \tag{8.66}$$

$$| —N^+ R_2HAu(CN)_2^- + NaOH \xrightarrow[\text{交换}]{\text{解吸}} | — NR_2 + H_2O + NaAu(CN)_2 \tag{8.67}$$

解吸贵液中的 $NaAu(CN)_2$ 将进一步分解为 Na^+ 和 $Au(CN)_2^-$，从而实现弱碱性载金树脂的解吸。但当弱碱性树脂中含有较多强碱性基团时，用该法进行解吸效果较差。

B 强碱性树脂

强碱性树脂含有季胺官能团，其吸附交换反应为：

$$| —N^+R_3X^- + Au(CN)_2^- \longrightarrow | —N^+R_3Au(CN)_2^- + X^- \quad (8.68)$$

强碱性载金树脂比弱碱性载金树脂更难解吸，单纯用 NaOH 溶液解吸效果差。大量研究表明，以下是有效的强碱性载金树脂的解吸方法。

（1）硫氰酸铵法。硫氰酸铵法可用于在强碱性载金树脂和含强碱性基团的弱碱性载金树脂中解吸金。将氢氧化钠和硫氰酸铵配制成混合水溶液（溶液中 NaOH 含量 4~6g/L，SCN^-含量 130g/L 左右），在 20℃左右的温度下，以 3L/min 的流量解吸 40h 左右，解吸效果理想。其解吸反应为：

$$| —N^+R_3Au(CN)_2^- + SCN^- \longrightarrow | —N^+R_3SCN^- + Au(CN)_2^- \quad (8.69)$$

（2）酸性硫脲法。酸性硫脲解吸金是基于：树脂能强烈地吸附硫脲分子（物理吸附）；被树脂吸附的硫脲能取代（CN_2）$^-$并与金形成稳定的 Au（SCN_2H_4）$_2^+$配离子而被解吸。即在酸性条件下（pH 值为 3~5）发生如下反应：

$$| —N^+ R_3 Au(CN)_2^- + 2SC(NH_2)_2 + 2HX \longrightarrow | —N^+R_3X^- + 2HCN + Au(SCN_2H_4)_2^+X^- \quad (8.70)$$

式中 $| —N^+R_3Au(CN)_2^-$——载金强碱性树脂矩阵；

$SC(NH_2)_2$——硫脲；

HX——调整矿浆 pH 值用的酸；

$| —N^+R_3X^-$——解吸金后的强碱性树脂矩阵；

$Au(SCN_2H_4)_2^+$——金硫脲配离子。

可以看出用酸性硫脲法进行载金炭树脂的解吸，其贵液中金以带正电荷的金硫脲配离子形态存在。

（3）锌氰化物法。由于强碱性树脂对锌氰化物的吸附交换能力大于金氰配离子，所以 $Zn(CN)_4^{2-}$ 是一种非常有效的解吸剂。

硫脲法解吸载金树脂产生 HCN 气体，危害操作环境，而锌氰化物法可在高 pH 值中进行。将制备的 NaOH 和 Zn（CN）$_4^{2-}$ 的混合溶液连续喷淋载金强碱性树脂，发生如下解吸交换反应，解吸贵液中金以 $Au(CN)_2^-$ 形式存在：

$$2| —N^+ R_3 Au(CN)_2^- + Zn(CN)_4^{2-} \longrightarrow (| —N^+R_3)_2 Zn(CN)_4^{2-} + 2 Au(CN)_2^- \quad (8.71)$$

上述方法解吸后得到的贵液，用电积法回收金，产出的金泥送冶炼车间进一步处理。

8.4.2.3 树脂的再生

离子交换树脂循环使用一段时间后，其交换性能必然下降，故要对其进行再生，恢复其交换活性。离子交换树脂再生的基本工艺流程为：

（1）洗涤矿泥和脱除药剂。载金树脂一般含有矿泥，需用热水除去矿泥，该过程需 3~5h，耗水量为树脂体积的 2~3 倍，在洗泥的同时，也脱除了树脂表面的浮选药剂。洗水返回氰化作业。

（2）氰化处理。洗泥后的树脂中的铁和铜的氰化配合物，用 4%~5%的 NaCN 溶液进一步处理。

（3）洗涤氰化物。用4~5倍于树脂体积的水对氰化处理后的树脂进行洗涤，洗涤时间约需5~18h。

（4）酸处理。用0.3%~0.5%的稀硫酸液，溶解锌和部分铅的氰化配合物，并使氰化物呈HCN形态挥发除去。酸处理时间为30~36h，酸液耗量约6倍于树脂体积。

（5）硫脲解吸金。先用1.5~2倍于树脂体积的解吸剂（3%的硫酸和9%的硫脲混合液）进行硫脲吸附30~36h，然后再用上述解吸剂进行二次解吸金，时间为75~90h。

（6）洗涤硫脲。用3倍于树脂体积的水进行硫脲的洗涤，洗脱下来的硫脲返回解吸过程再次使用。

（7）碱处理。用3%~4%NaOH溶液（4~5倍于树脂体积）除去树脂中的硅酸盐等不溶物，并使树脂由SO_4^{2-}型转化为OH^-型。碱处理后的处理液与酸处理后的处理液进行中和后送至尾矿坝。

（8）洗涤除碱。用清水对碱处理后的树脂进行洗涤，排出的洗水用于下次配制碱液用，所得干净的树脂返回吸附作业使用。

8.4.3 锌置换法

在氰化浸出过程中，预使一价金氰配合物从溶液中还原出来，还原剂的还原电位必须低于一价金氰配合离子的电位。锌的还原电位低于一价金氰配合离子还原为金所需的电位，当锌与含金溶液作用时，金被锌置换转化为金属状态析出，同时，锌溶于碱性氰化物溶液中。锌置换主要有锌丝置换和锌粉置换两种。

8.4.3.1 锌置换金的原理

物料中原有的铅、锌中含有的铅以及置换过程中向贵液中加入的铅（如$Pb(AC)_2$等）与锌表面接触时，铅与锌形成固体电偶，锌为阳极，铅等其他杂质为阴极。在电偶的影响下，配离子$Au(CN)_2^-$与锌起作用，锌进入溶液形成$Zn(CN)_4^{2-}$配离子，而金则以金属粉末状态沉淀。其原电池可表示为：

$$Au(CN)_2^- \mid Zn \cdot Pb \mid H^+$$

电池模型如图8.12所示。

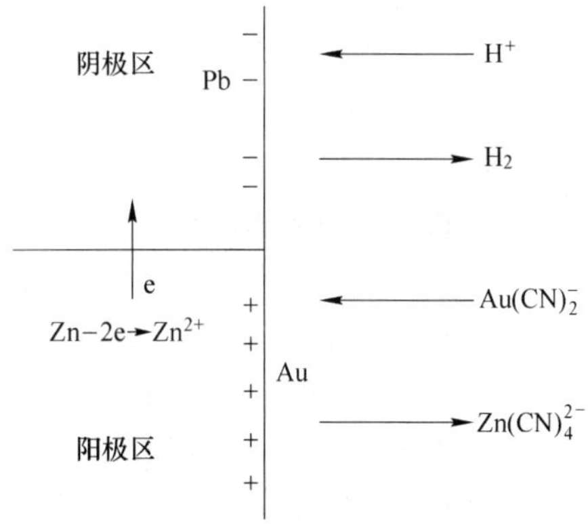

图8.12 锌置换金反应电池模型

阴极区产生去极反应：

$$2H^+ + 2e = H_2\uparrow \tag{8.72}$$

阳极区金被还原为金属：

$$2Au(CN)_2^- + Zn = 2Au\downarrow + Zn(CN)_4^{2-} \tag{8.73}$$

同时存在锌的消耗反应：

$$Zn + 4CN^- = Zn(CN)_4^{2-} + 2e \tag{8.74}$$

$$Zn + 4OH^- = ZnO_2^{2-} + 2H_2O + 2e \tag{8.75}$$

$$ZnO_2^{2-} + 4CN^- + 2H_2O = Zn(CN)_4^{2-} + 4OH^- \tag{8.76}$$

若含金溶液中氰化物浓度和碱浓度都较小，而溶解氧浓度较大时（超过0.5g/m³），会使已沉淀的金再溶解，并使锌氧化成白色氢氧化锌沉淀：

$$Zn + \frac{1}{2}O_2 + H_2O \xlongequal{} Zn(OH)_2 \downarrow \qquad (8.77)$$

同时，由于含金溶液中的 CN^- 浓度偏低（小于 0.03%），氢氧化锌就会与 $Zn(CN)_4^{2-}$ 反应生成不溶的氰化锌：

$$Zn(CN)_4^{2-} + Zn(OH)_2 \xlongequal{} 2Zn(CN)_2 \downarrow + 2OH^- \qquad (8.78)$$

上述反应生成的 $Zn(OH)_2$ 和 $Zn(CN)_2$ 沉淀会沉积在锌的表面妨碍金的置换，导致金的置换率降低。

当含金溶液中氰化物浓度和碱浓度较高时，阴极区放出的 H_2 与溶液中的 O_2 反应生成水，使已沉淀的金不再溶解，金属锌不被氧化，但会导致锌的耗量增大。因此，置换过程中，一般氰化物浓度在 0.03%～0.06%之间，pH 值在 11～12 之间，以免 $Zn(OH)_2$ 和 $Zn(CN)_2$ 的生成，使金的置换过程顺利进行。

8.4.3.2 影响锌置换金的因素

影响锌置换金的因素主要有锌的状态、氰化物的浓度、碱的浓度、氧的浓度、铅盐、温度、贵液中的杂质、贵液中的悬浮物等。

（1）锌的状态。置换金用的锌有锌丝和锌粉，锌粉置换比锌丝置换的单位质量锌与氰化溶液接触面积大，置换反应快，所用时间短，置换效率高，锌的用量低。而用锌丝置换的单位质量锌与氰化溶液接触面积小，反应缓慢，所用时间长，置换效率低，锌的用量高。锌粉置换时，锌粉越细，表面积越大，金的置换速度越快。锌的质量好坏直接关系到锌的耗量和金泥的质量。工业生产中，多数工厂使用锌粉作为还原剂，而对于小厂，为节省设备投资，用锌丝的比较多。

（2）氰化物的浓度。在锌置换金的过程中，保持一定的氰化物浓度，有利于置换作业的顺利进行。氰化物浓度过低，置换过程中生成的 $Zn(OH)_2$ 和 $Zn(CN)_2$ 沉淀会沉积在锌的表面使锌和溶液的接触面积减小，降低金置换速度，还进入金泥进而影响金泥质量。氰化物浓度过高，则增加氰化物耗量，同时增加锌的耗量，并可使置换的金反溶。若采用锌丝置换，贵液中氰化物浓度一般控制在 0.05%～0.08%；若采用锌粉置换，贵液中氰化物浓度一般控制在 0.03%～0.06%。

（3）碱的浓度。在置换过程中，碱具有维持氰化物稳定的作用，碱的存在同时抑制了一些不良反应，降低了杂质离子的置换率，比如杂质铜离子在较高的碱浓度下，铜被还原的概率下降了 50%以上，有利于金的置换。碱浓度过高时，锌可在无氧条件下溶解，增加锌的耗量，甚至反应无法进行；同时由于锌的溶解使锌不断暴露新鲜表面而有利于金的置换，加速金的沉淀析出。生产中，锌丝置换时碱的浓度一般为 0.03%～0.05%，锌粉置换时碱的浓度一般为 0.01%～0.03%。

（4）氧的浓度。金在氰化物中的溶解必须有氧参加，而置换是金溶解的逆相过程，置换过程中的溶解氧对置换是有害的，溶液中有氧存在时，已经沉淀的金将发生反溶现象；并且氧的存在还能加快锌的溶解，增加锌耗，产生大量的 $Zn(OH)_2$ 和 $Zn(CN)_2$ 沉淀，影响置换效果。因此，贵液在采用锌粉置换之前必须脱氧。工业上采用脱氧塔脱氧，一般控制溶液中的溶氧量在 0.5mg/L 以下。

（5）温度。锌置换金的反应速度主要取决于 $Au(CN)_2^-$ 离子向锌表面扩散的速度。温度增高，扩散的速度加快，锌置换金的反应速度增加；而温度降低则反应速度变慢。但温度过高（超过 HCN 的挥发温度），会造成操作环境恶化；若温度过低（低于 10℃）则反应速度缓慢。因此，生产中贵液温度一般在 15~25℃之间为宜。

（6）铅盐。锌置换金的过程中，铅的存在使锌与铅形成锌-铅电偶使金溶解，加速金的置换。从铅极析出的 H_2与贵液中的 O_2作用生成 H_2O，从而降低了贵液中的溶解氧量，这对没有脱氧作业的锌丝置换更有意义。铅离子还具有除去溶液中杂质的作用，如溶液中硫离子与铅离子反应生成硫化铅沉淀而被除去：

$$Pb^{2+} + S^{2-} \xlongequal{} PbS\downarrow$$

所以生产中常采用加铅盐（醋酸铅、硝酸铅）的方法加速置换过程。但铅盐的用量不能过大，否则铅将覆盖于锌表面而减慢金的置换速度；过量的铅进入金泥使金泥品位下降，增加冶炼费用，并会造成污染。生产中，金泥氰化铅盐用量为 5~10g/m³（贵液），精矿氰化铅盐用量为 30~80g/m³（贵液）。

（7）贵液中的杂质。贵液中的杂质主要是悬浮物和铜、汞以及可溶性硫化物等。悬浮物在置换过程中会污染锌表面，从而降低锌的置换率，悬浮物还会进入金泥影响金泥质量。铜的配合物与锌反应，铜被锌置换在锌表面形成黄红色薄膜，妨碍金的置换；汞的配合物与锌反应生成的汞再与锌形成汞锌合金而使锌变脆，影响置换效果；可溶性硫化物与锌和铅作用，生成的 PbS 和 ZnS 薄膜覆盖于锌表面，妨碍锌对金的置换。因此，贵液进行锌置换前必须进行净化处理。

8.4.3.3 锌丝置换法

锌丝置换法是从含金氰化液中置换金的方法之一，该工艺具有投资少、工艺简单、设备制造容易等优点，多被小型氰化厂所采用。

A 锌丝置换工艺

锌丝置换金的工艺流程如图 8.13 所示。

氰化浸出产出的贵液经砂滤箱和储液池沉淀，除去部分悬浮物，加入适量铅盐后，给入置换箱进行置换沉淀，在置换箱里预先加入足量锌丝，贵液通过置换箱后金被锌置换而留在箱中。置换出的金呈微小颗粒在锌丝表面析出，增大到一定程度后，以粒团状靠自重或外力从锌丝上脱落，并沉淀在箱的底部，而贫液则从箱的尾端排出。

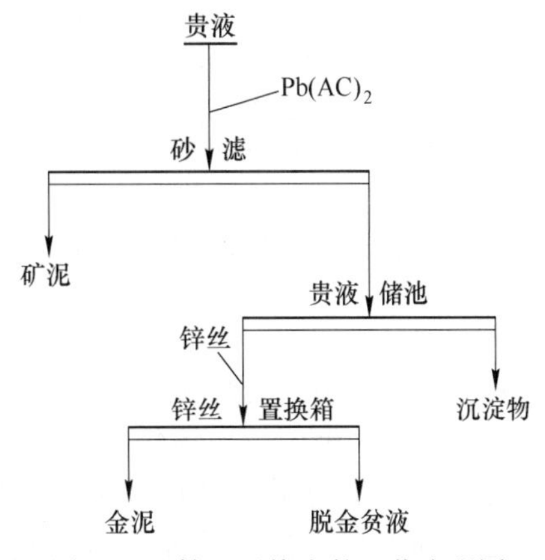

图 8.13 锌丝置换金的工艺流程图

置换时间是溶液通过铺满锌丝的置换箱所需的时间，一般为 30~120min。由于锌丝置换时间较长，溶液又未被脱氧，所以锌的耗量就大。氰化物浓度低时锌易氧化成白色的氢氧化锌和氰化锌沉淀，所以锌丝置换要求氰化物浓度为 0.05%~0.08%，以产生足够的 H_2与贵液中的 O_2反应，避免锌的氧化。

B 锌丝置换设备

锌丝置换设备主要有砂滤箱和置换箱。

a　砂滤箱

砂滤箱一般用混凝土、钢板或木板制成，可做成长方形或圆形。图 8.14 为砂滤箱结构示意图。距箱底 100mm 的高度放一筛网，其上铺上滤帘（草袋或麻袋等），滤帘上铺上一层细河砂（粒度为 3~5mm），河砂层上为 30mm 左右的卵石，最上层又是滤帘（仍是麻袋或草袋等物）。上滤帘是保证过滤层不被贵液冲散，下滤帘起托住滤层和防止细泥被净液带走的作用。贵液由上部给入，渗过滤层，细泥留在卵石和河砂层内，净液由下部管道排出。砂滤箱都安装有两个，以便交替使用。

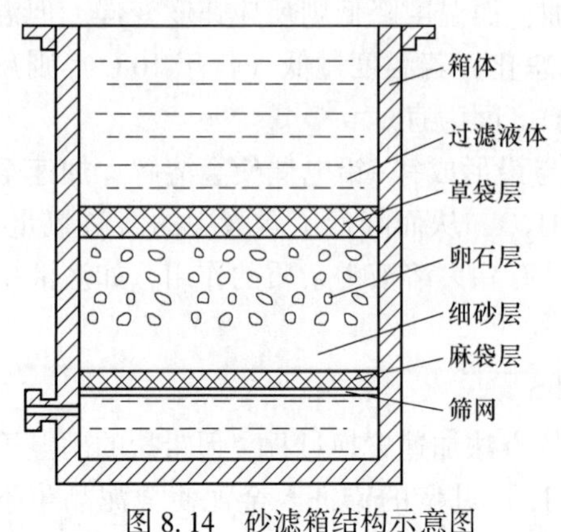

图 8.14　砂滤箱结构示意图

b　置换箱

图 8.15 是锌丝置换箱的示意图。置换箱可由木板、钢板或水泥构件制成。箱体一般为长方形，长、宽、高由生产中的净化贵液量来确定，要保证贵液与锌丝的接触时间，通常箱长 3.5~7m，宽 0.5~1.0m，高 0.75~0.9m。箱内由上下隔板分成若干置换室（一般为 7~9 室）。下隔板的下端与箱底紧密相连，而上端低于箱顶 50mm 左右；上隔板下端距箱底 150~200mm，上端则与箱顶相平；上、下隔板间有一间隙，其宽度50~70mm。全箱除第一室和最后一室以外，每个置换室下部装有筛孔为 1.68~3.36mm 的筛网。筛网上装满锌丝，第一室不装锌丝，用以沉淀贵液或加入 $Pb(AC)_2$，最后一室完全是为了收集贫液携带的金泥。箱体内的金泥通过在箱体底部的排出口放出。

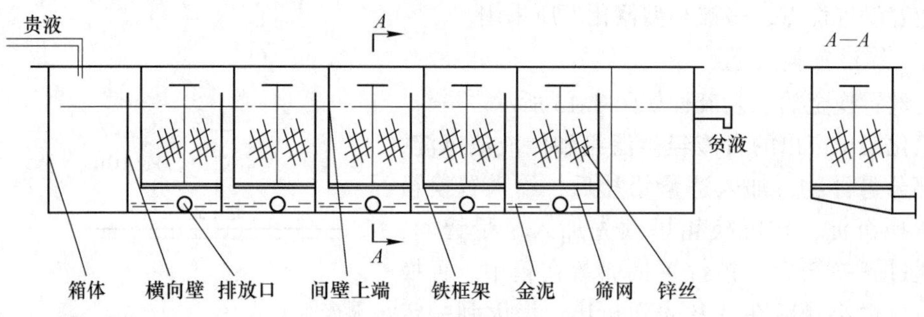

图 8.15　锌丝置换箱示意图

锌丝厚度 0.02~0.04mm，宽 1~3mm，压紧的锌丝孔隙率为 79%~98%。加锌丝时，力求将每室的四角塞满，并要有一定的压紧程度，以避免产生空洞，保证贵液在各空间点都具有相近的流动状态，尽力根除贵液的短路流动现象。

8.4.3.4　锌粉置换法

A　锌粉置换工艺

锌粉置换由贵液净化、脱氧和置换过滤三个作业组成，其工艺流程如图 8.16 所示。贵液经板框式真空过滤器或管式过滤器除去悬浮物，加入铅盐后去脱氧塔脱氧，

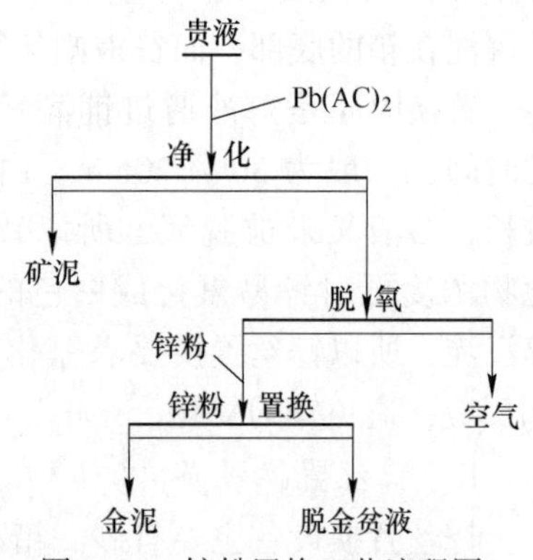

图 8.16　锌粉置换工艺流程图

将贵液中的含氧量降至0.5g/m³以下，脱氧后的贵液进入锌粉置换反应设备，进行金的置换，最终得到金泥和脱金贫液，金泥去冶炼合质金，脱金贫液返回氰化作业循环使用。

B 锌粉置换设备

图8.17为锌粉置换的设备联系图。

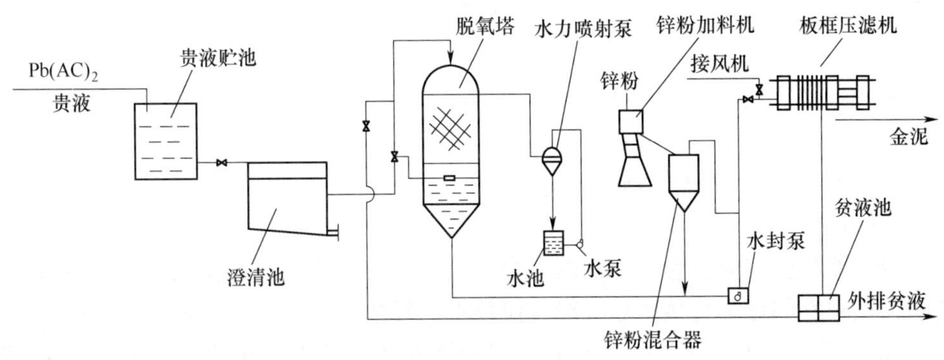

图8.17 锌粉置换设备联系图

a 真空脱氧塔

贵液的脱氧通常采用真空脱氧塔，如图8.18所示。

脱氧塔为底锥圆柱形塔体，塔内上部装有溶液喷淋器，中部为填料层，其作用为阻止液体直接下落和增大液体表面积，填料可用木格板堆或塑料管堆及塑料点波填料等，填料堆由塔下部的筛板支承，筛板下方为脱氧液储存室，并设有液面控制装置。液面控制装置是指在进液管上装有蝶形阀，通过连杆与塔内液面上的浮漂相连，当液面上升时，浮漂随之上浮，带动连杆使蝶形阀开口减小，流量减少；反之，则蝶形阀开口增大，流量增加，这样可以保持塔内液面稳定，如果液面过高将浸没填料层，影响脱氧效果，严重时溶液会充满塔体并被真空吸走而流失，使脱氧失效。塔内液面过低会导致水泵抽空而终止置换。脱氧塔内的溶液是由真空作用吸入塔的顶部，由喷淋器洒到填料层上的。在真空作用下液体内溶解的气体被脱出，达到脱氧目的。脱氧溶液由锥底的排液口被泵吸出而压入置换作业。

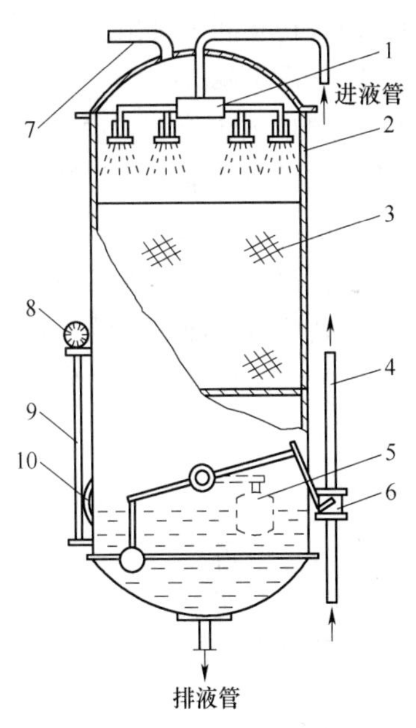

图8.18 真空脱氧塔示意图

1—淋液器；2—外壳；3—点波填料；4—进液管；5—液位调节系统；6—蝶阀；7—真空管；8—真空表；9—液位指示管；10—检查孔

在脱氧塔外装有水位标尺玻璃管及真空表，可以随时观察塔内液面高度和真空度。生产中的真空度为90.66~95.99kPa，脱氧率达95%以上，脱氧贵液含氧降为0.5g/m³以下。

脱氧塔的选择可按贵液在塔内的通过时间来确定，或按脱氧塔单位横截面积的处理能力来计算。当按通过时间来确定时，塔内被液体全部充满（不计木格或塑料点波填料所占空间）并按 10~12min 考虑，据此求出脱氧塔所需的容积，即：

$$V=\frac{1}{K}\cdot Q\cdot T$$

式中　V——所需脱氧塔的容积，m^3；

K——校正系数，对小塔取 $K=0.9$，对大塔取 $K=0.85$；

Q——贵液流量，m^3/min；

T——脱氧时间，一般按 10~12min 考虑。

根据脱氧塔所需容积，再决定高和直径，一般情况下，脱氧塔的高（H）和直径（D）之比（$H:D$）为（2~5）：1（大型塔取小值）。

b　锌粉混合器

锌粉混合器主要完成锌粉、铅盐的混合以及向置换作业加料的作用。锌粉混合器是给料系统的关键，它的好坏直接影响锌粉置换效果的好坏。

（1）锥斗形混合器。锥斗形混合器由锌粉漏斗和液位调节桶组成，如图 8.19 所示。调浆用液体首先给入调节桶，通过桶内浮漂与进液管上的蝶形阀（二者通过连杆相连）控制液面和流量。调节桶与锌粉漏斗用管连通，其液面高度一致。锌粉通过锌粉加料机给入漏斗调成锌浆，斗内设有阀杆控制锌粉浆排放，阀杆由锌粉加料机上装设的凸轮带动作上下运动，使锌粉浆间歇排出，一般每分钟排放 20~30 次。浮漂与蝶阀可保持液面稳定在一定范围，防止系统漏气。

（2）底锥阀式混合器。底锥阀式混合器在国内比较常用，如图 8.20 所示。桶体为底锥形的圆桶，桶底排浆口装有锥形阀，连杆与锥形橡胶阀体及液面控制装置相连。液面是通过连杆连接的浮漂和橡胶锥形阀塞来实现的。随着进液量的增加液面上升，迫使浮漂提起锥形阀塞，使锌浆排入置换系统；反之，进液量减少，液面下降，阀塞排放口缩小，直至关闭，达到调节液面的目的。若发生断流现象，还可使桶内仍然保有一定量的浆液，不会使系统漏气。该设备构造简单、运行连续可靠。

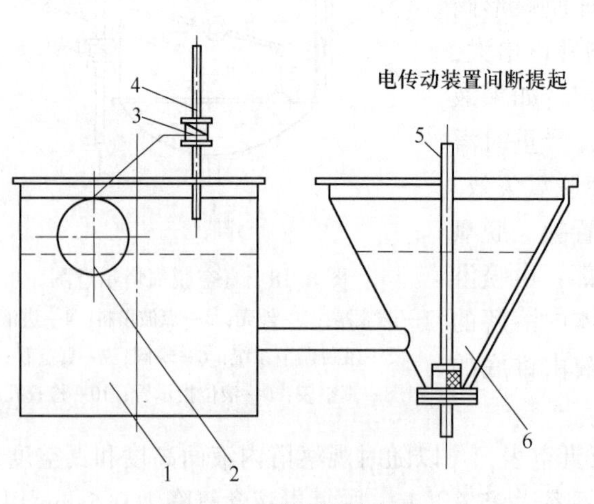

图 8.19　锥斗形混合器

1—液位调节桶；2—浮漂；3—蝶形阀；4—进液管；5—阀杆；6—锌粉漏斗

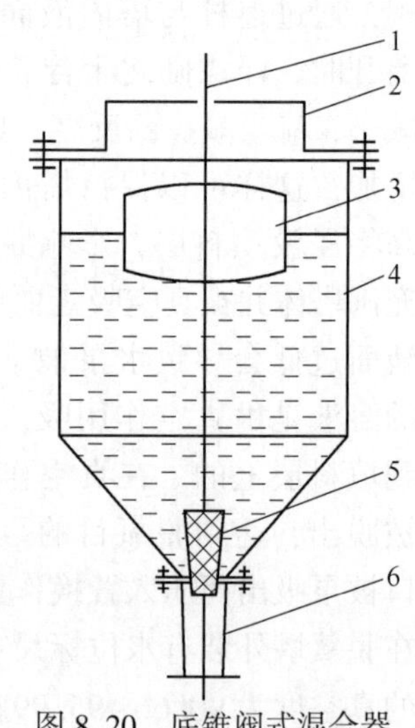

图 8.20　底锥阀式混合器

1—连杆；2—固定支架；3—浮漂；4—槽体；5—橡胶阀体；6—阀母管

8.5 氰 化 工 艺

从含金、银物料中氰化回收金、银的工艺分为渗滤氰化和搅拌氰化两大类。

渗滤氰化是基于氰化溶液渗透通过物料层而使含金、银物料中的金、银浸出的方法，适用于砂矿和疏松多孔的物料。成熟的渗滤氰化工艺主要是堆浸和槽浸（池浸）。

搅拌氰化是指细磨后的矿浆在搅拌浸出槽中进行氰化的方法，适用于细粒物料的处理。按照工艺过程搅拌氰化又可分为：（1）氰化浸出—固液分离—洗涤—贵液锌置换的 CCD（Counter-current-decantation）法；（2）氰化浸出—活性炭吸附—解吸—电沉积的 CIP（Carbon-in-pulp）和 CIL（Carbon-in-leach）法；（3）氰化浸出—树脂交换吸附—解吸—电沉积的 RIP（Resin-in-pulp）和 RIL（Resin-in-leach）法。

本节主要介绍堆浸、CCD 法、炭浆法和树脂矿浆法等。

8.5.1 堆浸

美国矿务局于 1967 年发明了堆浸提金技术，并在内华达州的 Carlin 金矿建成了世界上第一座黄金堆浸厂。将地表矿、一些结构不甚致密的低品位矿石等按一定形状堆放于预先建造的浸垫上，从上面均匀地向矿堆喷淋碱性氰化物溶液，连续循环一段时间（几天、十几天甚至几十天），物料中的金被浸出，获得的贵液用活性炭、树脂吸附或锌粉置换沉淀，再经解吸—电沉积得到金泥，金泥送冶炼最后得到合质金，如图 8.21 所示。

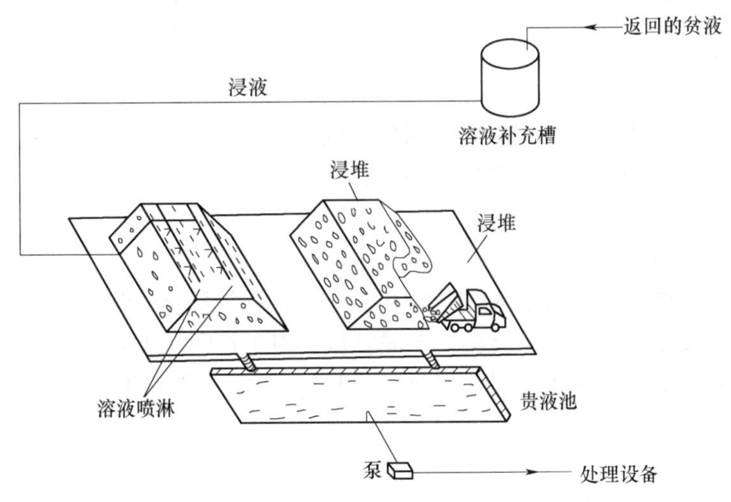

图 8.21 堆浸系统示意图

堆浸工艺具有投资少、见效快、设备简单、成本低的特点，特别适于处理金品位低、储量大的物料。现在堆浸工艺已在加拿大、澳大利亚、中国、巴西、智利、俄罗斯、南非等国获得广泛的应用。

8.5.1.1 堆浸对物料的要求

不是所有的物料都适合堆浸，适于堆浸的物料主要表现为：

（1）金粒细小而洁净；

（2）物料具有天然孔隙度和良好的渗透性，或通过碎磨手段可使金矿物得以充分暴露；

（3）物料基本不含对氰化浸出有害的杂质，如铜、锑、砷、碳等；

（4）物料的自然 pH 值应呈中性或碱性；

（5）物料中不含大量的细泥或黏土。

实践表明，砂岩、石灰岩、风化石英岩、蚀变岩等松散性好，表面孔隙多，渗透性比较好的矿石堆浸浸出效果较好。如果堆浸物料中含大量的-0.05mm 矿泥，物料的渗透性将会大大降低，堆内将会出现液沟，致使矿堆内部浸出不均，甚至在堆内某些区域出现“死区”（即氰化液透不过的未浸区），导致浸出时间延长，浸出效果变坏。更严重时，微细粒矿泥完全封闭矿堆，使氰化液从矿堆表面流出而不透过矿堆，失去浸出作用。

8.5.1.2　制粒（团矿）

为解决堆浸物料中矿泥含量高的问题，能够用堆浸法有效地处理边界品位以下的含泥物料，科研工作者研究出了制粒（团矿）技术，即通过黏结剂的黏结力或水的表面张力使细小的矿泥颗粒聚合成强度较大的、渗透性好的大聚团或矿泥颗粒黏附于矿石大颗粒表面，改善矿石颗粒间的渗透性，如图 8.22 所示。通过制粒，使那些含大量细粒和黏土而不能直接进行堆浸或堆浸效果较差的矿石得到有效处理；团矿的多孔性使矿堆内部的氧量增加，加速了金与氰化物的反应。

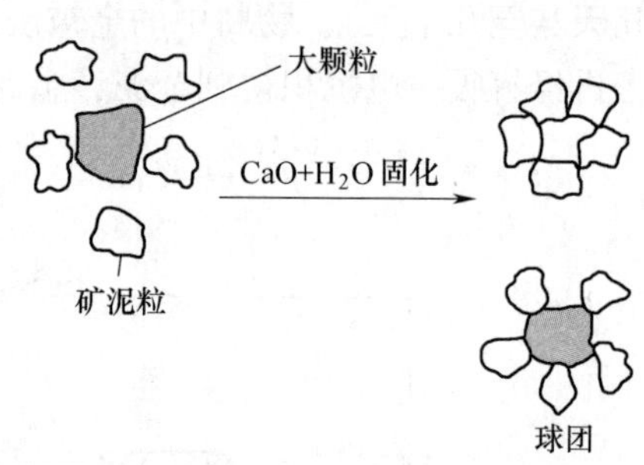

图 8.22　球团的形成机理

大量的研究表明团矿中的三个重要技术参数是：往干给料中加入黏结剂的量；加入混合物料中的水量；形成硅酸钙连接链所需要的固化时间。对这三个技术参数进行适当的调整，可成功地预处理渗透性差的已碎矿石、含黏土和泥量大的矿石和细粒尾矿及废料等。

制团方法主要有溶液制团和黏结剂制团。当物料中含泥量较少时，可用溶液制团，即只需加溶液（水或氰化物溶液）就会使矿泥颗粒黏附于粗颗粒表面。而当物料中含泥量较大（一般-0.074mm 超过 10%），要用黏结剂制团，即需向物料中加入黏结剂来改善颗粒间的黏结能力。

A　溶液制团

加入的液体量和加入方式是溶液制团的关键。在溶液制团过程中，加水或氰化液的量不能太多和太少，合适的加水量应使制成的团矿用手能挤压成块状。通常情况下，加入的水量取决于矿石的细度和含泥量，一般为 10%～15%，如果矿石洁净，也可低至 6%左右。由于工业生产中物料的含水量和细度一直在变化，所以操作过程中必须每隔一定的时间观察和测量制团的物料，随时调整加水量。

溶液制团的加水方式对团矿的强度有很大的影响。溶液制团过程中，润湿粗物料要比润湿细粒物料好，如有可能最好将粗、细物料分开，粗粒物料润湿后再将两种物料混合。由于不易操作，实际生产过程中很少这样做。

溶液制团方法形成的矿团强度较差，当筑成矿堆时，应注意保持一定的喷淋强度。一般情况下，喷淋强度多保持在 0.12～0.24L/(m^2·min) 之间。若喷淋强度过大（超过 4L/(m^2·min) 时），渗过矿堆的快速液流将冲掉黏附于粗颗粒上的细粒，矿团间的空隙被堵塞，造成矿堆渗透性变差，堆浸效果变坏。

B 黏结剂制团

当物料中泥含量较大时，在制团过程中就要既加水又加黏结剂，使细颗粒之间、细颗粒与粗颗粒之间的黏结力更强。常用的黏结剂主要有水泥、石灰、硅藻土、田菁胶及其他有机高分子黏结剂。金矿石堆浸中主要用水泥和石灰作为黏结剂，因为它们在起黏结作用的同时，还提供了矿堆中足够的碱量，保证了浸出的顺利进行。

黏结剂必须加在干性物料中，当与物料充分混合后再加入溶液润湿。若处理的是原矿，黏结剂可加在破碎回路中，在矿石破碎的同时进行混合，还可以吸收矿石中过量的水分，有利于回路中筛分效率的提高。黏结剂制成的矿团，必须固化一定时间（一般 8h 以上），原料中的细粒物料越多，其所需的固化时间越长。

制备的团矿性能好坏与制团设备有很大关系，常用的制团设备主要有：皮带运输机、圆筒制团机、圆盘制团机等。

a 皮带运输机

皮带运输机制团适于处理较细物料，如图 8.23 所示。

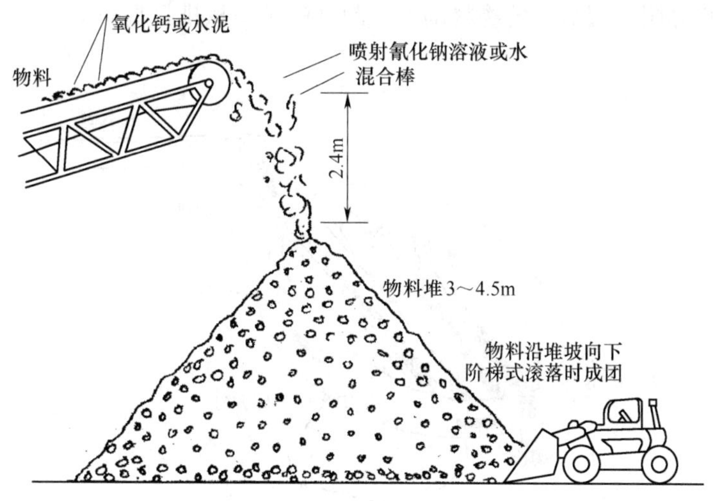

图 8.23 皮带运输机制团

用皮带运输机将细粒物料运至距地面一定高度，将物料、石灰（或水泥）的混合物从前卸料端卸下，物料下落过程中用喷液器向其喷洒水或氰化钠溶液，在喷洒器下面有一个或多个较重的混合棒，其作用是使润湿的物料在下落过程中得到充分的混合，当混合物料沿矿堆的堆坡向下滚动时，实现颗粒间的聚合，成为聚团。为使物料混合更均匀，又制造出了多带式和逆向带式制团设备。

b 滚筒制粒机

滚筒制粒机对物料含水量和给入物料速度的变化适应能力强，是一种最常用的制团设备，如图 8.24 所示。

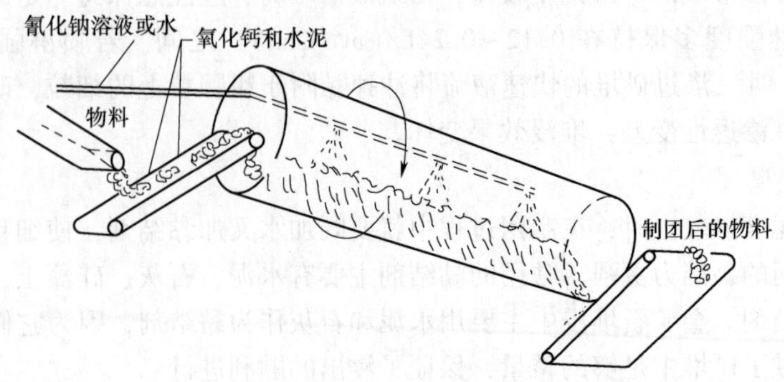

图 8.24　滚筒制粒机

滚筒的转速、滚筒的倾角和挡板的位置是滚筒制粒机的三个主要作业参数，通过调整这三个作业参数，可改变物料在滚筒内的停留时间。滚筒的转速根据矿量、细粒的含量及含水量来调整，一般为临界转速的20%~60%；滚筒的倾角一般为1°~4°；挡板一般设置在给料端，有时也会在排料端。

c　圆盘制粒机

圆盘制粒机多用于细粒物料（如尾矿等）的制粒，如图8.25所示。皮带给入的物料、石灰、水泥的混合物通过溜槽给入旋转的圆盘，在圆盘内混合物料与喷洒的液体混合，滚动成团，刮板将黏附于圆盘上的物料刮下，制好的矿团从排料端溢出。

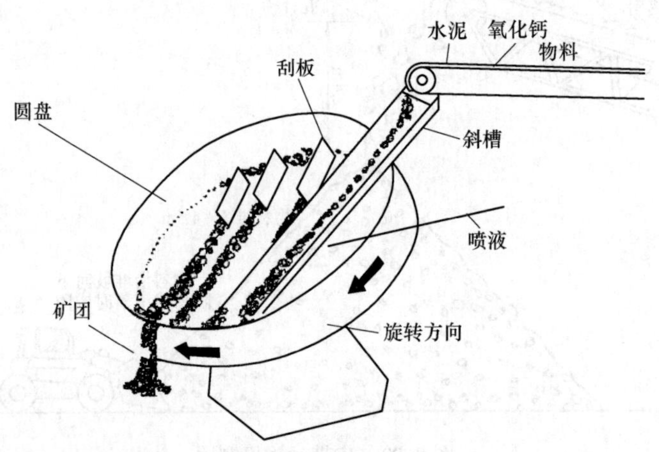

图 8.25　圆盘制粒机

圆盘制粒机的主要制粒参数有：圆盘的坡度（倾角），一般在40°~65°之间；圆盘的转数（转数与圆盘的坡度和直径有关），一般控制在30~50r/min；圆盘的深度（取决于物料的粒度和圆盘的直径），一般在0.5~1.0m之间；溶液的喷洒位置，在物料的给入点和刮板的位置等。

8.5.1.3　堆浸的工艺过程

堆浸的工艺过程包括堆浸场地的选择和浸垫的建造、筑堆、喷淋浸出、浸出贵液中金的回收和废矿堆的处理等。

(1) 堆浸场地的选择和浸垫的建造。堆浸必须在一个远离水源和生活区、不透水的场地上进行，用土把该场地筑成一斜坡（坡度通常为5%~15%），用压路机平整、压实斜坡，斜坡上沿坡度方向每隔一定距离设一个30~90cm深的地下排液沟，在斜坡的下端设一集液沟（收集贵液），用10~15cm厚的细砂和小砾石铺盖于浸垫表面，用重锤夯实浸垫底面，铺上塑料或橡胶薄膜，再在塑料或橡胶薄膜上铺一层细砂，防止大块物料的棱角扎破浸垫材料。

(2) 筑堆。筑堆很关键，直接影响矿堆的渗透性和金的回收率。矿堆的高度和筑堆方式是影响矿堆渗透性的关键。常用的筑堆方法有多堆法、多层法、斜坡法、移动式筑堆法。

(3) 喷淋浸出。洗矿和碱处理：用清水洗去矿石中的矿泥，然后用$Ca(OH)_2$溶液喷淋使待浸出矿堆的pH值维持在9~11，必要时可加少量NaOH。

喷淋浸出：将喷淋管路从矿堆侧面向上架设，均匀遍布堆顶，将喷淋器沿管路均匀布置，使各喷淋器的喷淋范围相互交叠，以保证喷淋浸出效果。用氰化物和$Ca(OH)_2$的混合液进行喷淋，一般喷淋时间为40~50d，喷淋时间至少8~12h/d，喷淋强度为10~20L/(m^2·h)。

(4) 浸出贵液中金的回收。从堆浸所得的含金贵液中回收金的方法很多，有锌置换法、活性炭吸附法、树脂吸附法、溶剂萃取法等。其中锌置换和活性炭吸附工艺比较成熟，应用也最广泛。一般大型堆浸场多采用活性炭吸附工艺，而小型堆浸场一般采用锌置换法。

活性炭吸附工艺是将堆浸产出的含金贵液连续给入多段的活性炭固定床或流化床内，溶液与活性炭逆向流动，使活性炭和溶液中的$Au(CN)_2^-$充分接触并将金吸附。工业上堆浸的活性炭吸附工艺与设备主要有以下四类：

1) 多槽阶梯吸附。该工艺由若干个吸附槽按一定的高差成阶梯串联排列。贵液通过槽中央的下导管进入槽底，通过分配盘进入炭床，然后从吸附槽上部溢流进入下一个吸附槽。活性炭则用提炭器（一般用喷射泵）由下一槽按一定数量提到上一槽中，最后从第一槽提出吸附系统。

2) 闭盖式吸附系统。该系统由若干吸附槽串联而成，但各槽均设在同一水平面上。吸附槽和整个系统都密闭，溶液依靠泵的压力从槽底部分配盘下方进入，再从槽上部出口靠泵压入下一槽的底部，直至从最后一槽排出。活性炭则用水压从最末的吸附槽加入，靠水压将活性炭从最后一槽串至第一槽提出。

3) 塔式吸附柱。塔式吸附柱的结构为一个竖立的圆柱形塔，塔内部自下而上分成若干层，用分配盘间隔，每层加入一定量的活性炭。贵液从塔底部用泵输入，吸附后的贫液从塔顶溢出，新鲜炭或再生炭从塔顶加入，然后自上往下靠排炭水管输送，最后载金炭从塔底层排出送解吸系统。

4) 吸附柱系统。该系统由一定量的小型吸附柱密闭组成。其与闭盖式系统不同之处是活性炭是预先按一定量装入柱中，柱与柱间的活性炭并不移动。贵液用泵或借助压差从第一个吸附柱底部输入，通过带孔的隔板进入炭床，再由吸附柱的上部溢出进入下一个吸附柱的底部，贫液由最后一个吸附柱排出并返回浸出系统。该装置使用比较灵活，适用于中小型堆浸厂。

(5) 废矿堆的处理。堆浸完成后，先用水或贫液对矿堆洗涤几次，洗水收入储液池中(下次喷淋使用)，洗涤后的矿堆表面用氧化剂（漂白粉、双氧水等）处理，以除去残余的氰化物。对于一次性堆浸场地，处理后的废矿堆自然放置；而对于多次堆浸的场地，需将废石运走，以便在原场地再次筑堆浸出。

8.5.1.4　堆浸的应用实践

某金矿矿石物质组成结构比较简单，金属矿物含量为3%~5%。主要是褐铁矿和针铁矿，脉石矿物主要以石英为主，约占90%，其次是地开石和其他黏土矿物约占3%。金是矿石中唯一有用组分，除少量银外，其他有益、有害组分的含量极低。金矿物为自然金，自然金形状为粒状、片状、树枝状和不规则状，赋存状态以裂隙金为主占77%，晶隙金占15%，包体金占8%。堆浸主要步骤如下：

(1) 矿石准备。紫金山金矿露天开采的粉矿产率达30%，其中含黏土等细泥占10%以上，所以，矿石经两段破碎、洗矿之后，含金细泥去炭浸，颗粒矿石进堆场。

(2) 堆浸场建造。紫金山金矿建造堆浸场时，先对坡地或山谷进行清理，按照堆场纵向5%坡度、横向3%的坡度，平整出100m×150m左右的场地，铺上矿渣或细粒废石，用压路机压实，再铺上1层100mm左右的黏土或细砂，再用压路机压实，其上铺高强度聚乙烯薄板（1.0~1.5mm），聚乙烯薄板上铺1.0~2.0m厚黏土或细砂。堆场靠近石壁方向，在石壁上刻200mm深的槽，再把聚乙烯薄板头塞进去，用水泥和黏土混合物充填，其表面黏糊均匀，防止贵液渗漏。在堆场周围不靠石壁地方，建造宽2m、高2m的挡墙，挡墙表面也需压实，作为底垫的聚乙烯薄板同样需要覆盖挡墙。聚乙烯薄板之间用专用焊机焊接，确保焊接质量，做到底垫不渗漏。在堆场最低点埋放贵液收集箱。收集箱规格为3m×3m×1.5m，收集箱中间加一隔板，一半沉淀泥沙，一半作为集液箱。收集箱贵液用300mm无缝钢管自流到贵液沉淀池进行二次澄清。堆场一般2~3年更换一次聚乙烯薄板。

(3) 矿石筑堆。筑堆设备选用20t重型汽车，破碎矿石采用一次性筑堆。筑堆高度10~12m；每堆长度约150m，宽度80m，体积12.5万立方米；松散矿石质量约21万吨；筑堆时间8d左右。筑堆结束后，用推土机向四周推去堆场表面0.5m厚的板结层，平整表面，并依次在堆场表面拉沟，增强喷淋液渗透性。

(4) 喷淋。喷淋主管道采用40mm无缝钢管，支管用25mm塑料管，堆场顶部表面采用摇摆式喷头，堆场四周边坡采用雨鸟式喷头，喷淋支管间距4m，喷头间距3m。喷嘴钙化以后，用5%的盐酸清洗，一般每年1次。

在堆浸喷淋开始时，采用CN^-浓度0.1%左右的喷淋液连续喷淋，喷淋3d时间。接下来采用CN^-浓度0.05%~0.06%的喷淋液，喷淋1.5h停0.5h，喷淋持续10d左右。然后采用喷1h停1h的喷淋制度，1个月以后当场集金品位降至0.3g/m^{3}以下时，采取喷1h停2h的喷淋制度。

整个堆场喷淋量控制在1~2m^3/t，喷淋前期（前10d）喷淋量大一些，中期喷淋量小一些，后期（后10d）喷淋量大一些，带洗堆的性质。

(5) 贵液吸附。堆浸贵液经富液池沉淀澄清后，采用敞开式固定床静态吸附槽进行吸附作业，吸附率达94%以上。吸附介质为椰壳活性炭，粒度1.18~2.36mm，单系列吸附底炭量为20t。吸附后载金炭（金品位4000g/t左右）送冶炼厂用无氰常压解吸装置解吸，贵液经电解、冶炼获得标准金锭。

(6) 洗堆与卸堆。洗堆用 pH 值为 8~10 的工业用水进行连续喷淋，检测场集溶液［CN^-］和金品位，一般喷淋 2~3d，检测场集［CN^-］小于 0.002%、金品位小于 0.10g/m^3 时停止洗堆。

卸堆采用装载机铲装，汽车运输。第一次卸堆时，在堆场底部留 2m 厚一层废渣，以保护底垫免遭破坏。

该金矿在堆浸原矿金品位 0.5~0.8g/t 条件下，金的回收率大于 70%。

8.5.2 CCD 法

CCD 法适于处理物料成分较简单，含泥量不高且易于固液分离的物料，在国内外应用广泛。根据浸洗的次数，CCD 法又可分为一段浸洗和多段浸洗。实践证明，物料经过多次浸出，多次洗涤，特别是物料中杂质含量高时，多段浸洗流程可大幅度提高金的浸出率，但基建费用和生产成本相对也高。

8.5.2.1 浸前物料的准备和预处理

用 CCD 法处理的物料在进行氰化浸出前，需经过一系列必要的准备和预处理作业：

(1) 将物料磨至一定的细度，保证金的充分暴露，以使氰化物和金能够接触发生反应。

(2) 处理浮选精矿时，由于浮选药剂影响氰化浸出，要对浮选精矿进行脱药处理。工业上一般有两种脱药方式，一种是精矿再磨后用单层浓密机脱药，另一种是单层浓密机脱药后再进行磨矿处理。

(3) 当物料中含有影响氰化浸出的有害杂质时，应进行预处理以消除杂质的影响，如预先碱浸消除耗碱、耗氧物质的影响；加入一定量铅盐沉淀矿浆中的 S^{2-}；加入煤油、煤焦油抑制有机物对金的吸附等。

8.5.2.2 浸出

CCD 法最关键的作业段是浸出段，若浸出效果不好，将造成金的总回收率降低。

工业生产中浸出矿浆浓度一般控制在 25%~35%之间为宜。若浓度过低，尽管有利于浸出介质的扩散，加快了浸出速度，但将导致氰化厂的单位处理量减小，生产成本增加。若浓度过高，将影响浸出介质和氰化反应生成物的扩散速度，降低浸出速度，从而降低浸出率。

生产实践中，石灰一般配制成石灰乳加入浸出槽，氰化物则是配制成 10%或 20%的溶液加入浸出槽。这两种药剂的加入点一般不固定，有的企业将二者加入球磨机中，有的矿山将二者加入旋流器入口处，具体加药点根据实际流程而定。

浸出作业在氰化浸出槽中进行，金被浸出的多少，与矿粒在搅拌槽中的停留时间关系很大。矿粒在槽内的停留时间是不均等的，有的进入后很快就排出（短路粒子），有的则为“顽粒”，要等停车检修才能排出。矿粒停留时间长短除与槽子结构有关以外，还与槽子的数量有密切关系（同一形式的浸出槽）。

A 单槽的停留时间分布规律

设矿粒在槽内停留时间为 θ，而 θ 值对各粒级（部分）矿料是不相同的。矿粒总数为 N，其中从 $\theta \sim \theta+\Delta\theta$ 之间停留的矿粒数量为 ΔN，则 $\Delta N/N$ 表示停留时间介于 $\theta \sim \theta+\Delta\theta$ 之间

的矿粒占总矿粒的比例。

$\Delta N/N$ 值本身是关于 θ 的函数，取不同的 θ 值，则 $\Delta N/N$ 值也不同。由数学分析可知：

$$\frac{\Delta N}{N}=\frac{1}{\bar{\tau}}e^{-\frac{\theta}{\bar{\tau}}}d\theta=E(\theta)d\theta \tag{8.79}$$

$$\bar{\tau}=V/F$$

式中　$\bar{\tau}$——矿粒在槽内平均停留时间，min；

V——浸出槽的有效容积，m^3；

F——矿浆流量，m^3/min。

函数式 $\frac{1}{\bar{\tau}}e^{-\frac{\theta}{\bar{\tau}}}$ 决定着单槽顺流连续浸出槽中停留时间为 $\theta\sim\theta+\Delta\theta$ 之间的矿粒比例，$\Delta N/N$ 与 θ 的关系，称为矿粒分布函数，以 $E(\theta)$ 表示。

当 $\bar{\tau}$ 等于90min时，$E(\theta)$ 与 θ 的关系如图8.26所示，该曲线称为分布曲线。分布曲线在 $\theta_1\sim\theta_1+\Delta\theta$ 的区间内所包括的面积（图8.26中的阴影部分）即是 $E(\theta_1)\cdot\Delta\theta$ 的数值，它代表停留时间为 $\theta_1\sim\theta_1+\Delta\theta$ 之间的矿粒所占的比例（即 $\Delta N/N$）。很明显，绝大部分矿粒的停留时间与平均停留时间差别很大，这表明多数矿粒处于短路流动，即未达到平均时间（$\bar{\tau}$）就被排出槽外，仅有少部分矿粒长时间地留在槽内。为保证矿粒的浸出时间接近于平均浸出（停留）时间，可采用多槽串联生产。

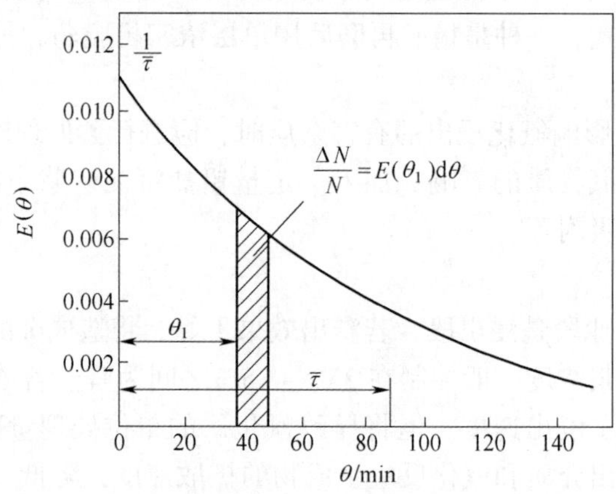

图8.26　$\bar{\tau}$ 为90min时单槽分布函数曲线

B　多槽串联时的停留时间分布规律

对于由 n 个容积相等的浸出槽串联工作而言，矿粒停留时间分布函数 $E'(\theta)$ 可写作下式：

$$E'(\theta)=\frac{1}{\bar{\tau}}e^{-\frac{\theta}{\bar{\tau}}}\frac{\left(\frac{\theta}{\bar{\tau}}\right)^{n-1}}{(n-1)!} \tag{8.80}$$

即

$$\frac{\Delta N}{N}=\frac{1}{\bar{\tau}}e^{-\frac{\theta}{\bar{\tau}}}\frac{\left(\frac{\theta}{\bar{\tau}}\right)^{n-1}}{(n-1)!}=E'(\theta)d\theta$$

式中 n——串联工作浸出槽的数量，台；

$\bar{\tau}$——矿粒在每个槽的平均停留时间，min。

比较两个顺流浸出系统，其一是容积等于 $5V$ 的单槽，另一个则是容积为 $1V$ 的五个单槽串联工作系统。虽然两个系统的平均停留时间（矿浆充满时间）相等，但矿粒在这两个系统中的真正停留时间分布曲线是完全不同的，它仍分别服从于式（8.79）和式（8.80），如图 8.27 所示。图中是假定五槽串联系统中，每槽平均停留时间 $\bar{\tau}$ 等于 60min，而单槽系统中，平均停留时间 $\bar{\tau}'=5\bar{\tau}=300$min。不难看出，多槽系统中矿粒停留时间接近平均停留时间的比例（即 $\Delta N/N$）增大了。因此，多槽串联浸出系统比单槽浸出系统的浸出效果要好。据此，生产中都采用多槽串联系统。

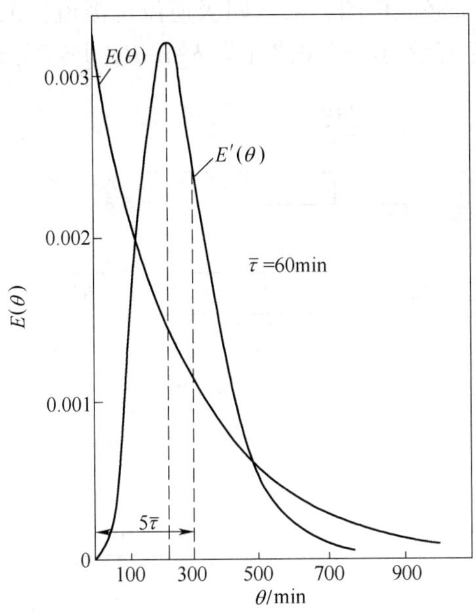

图 8.27 五槽串联系统和单槽停留时间分布曲线

多槽系统矿粒停留分布函数（曲线）的位置和形状，由槽数 n 来确定。槽数越多，则曲线的峰值越高，而曲线越窄，接近平均停留时间矿粒的比例 $\Delta N/N$ 越大。理论上，槽数 n 值无限大时，$\Delta N/N$ 值可达极大值。生产中浸出槽的数量由实验确定。

8.5.2.3 固液分离

氰化浸出结束后，矿浆需进行固液分离。洗涤作业的指标以洗涤率来衡量，洗涤率是指洗涤作业所得的贵液中含金量与矿浆或溶液中含金量之比的百分数。洗涤率的高低对金的总回收率有较大影响。假设各级洗涤作业的排矿量与给矿量相等，洗水、各级洗涤的溢流（或滤液）中所含固体量可忽略不计，同级洗涤的溢流和排矿中的液体含金品位相同，洗涤作业中固体金不溶解、已浸出的金不发生沉淀，则可导出各洗涤作业的洗涤率。

A 多级逆流洗涤

多级逆流洗涤是指被洗涤的浸出渣与洗涤水多次逆流接触（每接触一次称为一级洗涤），流程如图 8.28 所示。生产中逆流洗涤级数在 2～5 级之间，多数矿山洗涤级数为 3 级。

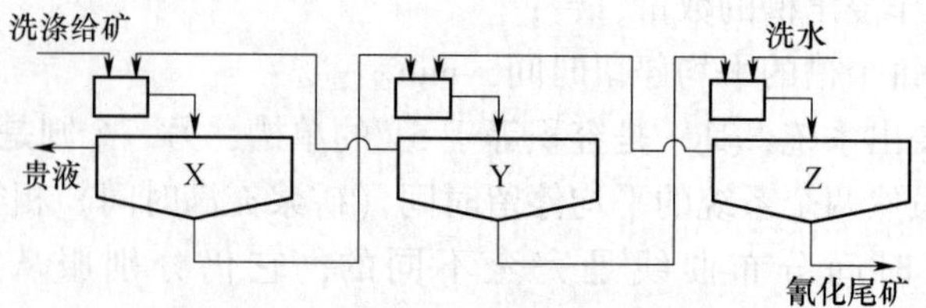

图 8.28　多级逆流洗涤流程图

X—第一级逆流洗涤浓密机；Y—第二级逆流洗涤浓密机；Z—第三级逆流洗涤浓密机

多级逆流洗涤的设备主要有两种：一种是多台单层浓密机，它们分别按不同落差单独安装（以保证自流）；另一种则是多层浓密机。

图 8.29 是四级逆流洗涤流程图，依据四级逆流洗涤流程的液体量平衡关系，可得出第一级逆流洗涤浓密机溢流量与给矿量之比为 $F+L-R$，并规定 $K=a_{洗}/a_1$。

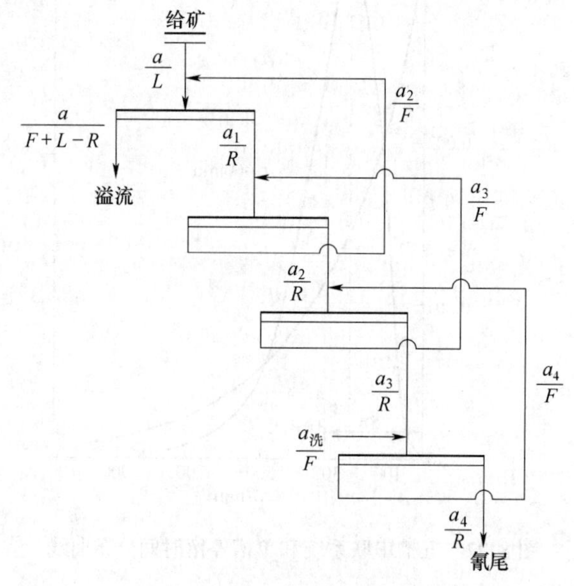

图 8.29　四级逆流洗涤流程图

L—浸出后矿浆的液固比；R—各级浓密机底流的液固比；F—洗涤水量与给矿量之比；
a_1，a_2，a_3，a_4—分别为第一、二、三、四级逆流洗涤浓密机中液体含金品位；$a_{洗}$—洗涤水中含金品位

由各级逆流洗涤流程的液体含金量平衡原理，则可列出：

$$aL = a_1(F + L - R) + a_4 R - Ka_1 F \tag{8.81}$$

$$aL + a_2 F = a_1(F + L - R) + a_1 R \tag{8.82}$$

$$a_1 R + a_3 F = a_2(F + R) \tag{8.83}$$

$$a_2 R + a_4 F = a_3(F + R) \tag{8.84}$$

$$a_3 R + a_1 KF = a_4(F + R) \tag{8.85}$$

解式（8.85）得：

$$a_4 = \frac{a_3 R + a_1 KF}{F + R} \tag{8.86}$$

将式（8.86）代入式（8.84）：

$$a_2R + F\frac{a_3R + a_1KF}{F + R} = a_3(F + R)$$

$$a_3 = \frac{a_2R(F + R) + a_1KF^2}{(F + R)^2 - FR} \tag{8.87}$$

将式（8.87）代入式（8.83）：

$$a_1R + \frac{a_2RF(F + R) + a_1KF^3}{(F + R)^2 - FR} = a_2(F + R)$$

$$a_2 = \frac{a_1R + \dfrac{a_1KF^3}{(F + R)^2 - FR}}{F + R - \dfrac{FR(F + R)}{(F + R)^2 - FR}} \tag{8.88}$$

将式（8.88）代入式（8.82）：

$$aL + \frac{a_1RF + \dfrac{a_1KF^4}{(F + R)^2 - FR}}{F + R - \dfrac{FR(F + R)}{(F + R)^2 - FR}} = a_1(F + L)$$

$$aL = a_1\left|(F + L) - \frac{RF + \dfrac{KF^4}{(F + R)^2 - FR}}{F + R - \dfrac{FR(F + R)}{(F + R)^2 - FR}}\right| \tag{8.89}$$

据定义，四级逆流洗涤效率 E_4为：

$$E_4 = \frac{a_1(F + L - R)}{aL + Ka_1F} \tag{8.90}$$

将式（8.89）代入式（8.90）：

$$E_4 = \frac{F + L - R}{F + L - \dfrac{FR\,(F + R)^2 - (FR)^2 + KF^4}{(F + R)(F^2 + R^2)} + KF}$$

同理可算出一、二、三级逆流洗涤效率 E_1，E_2，E_3：

$$E_1 = \frac{F + L - R}{F + L}$$

$$E_2 = \frac{F + L - R}{F + L - \dfrac{FR + KF^2}{F + R} + KF}$$

$$E_3 = \frac{F + L - R}{F + L - \dfrac{FR(F + R) + KF^3}{(F + R)^2 - FR} + KF}$$

对于五级逆流洗涤，同样可得 E_5为：

$$E_5 = \frac{F + L - R}{F + L - \dfrac{FR[(F + R)^3 - 2FR(F + R)] + KF^5}{(F + R)^4 - 3FR(F + R)^2 + (FR)^2} + KF}$$

B　浓缩—过滤联合洗涤

浓缩—过滤联合洗涤有两种方式：一种是氰化浸出矿浆先进入单层浓密机洗涤，单层浓密机的底流依次再给入过滤机进行过滤洗涤，过滤机可以是多台串联使用；另一种是氰化浸出矿浆先用多层浓密机洗涤，多层浓密机的底流再进入过滤机进行过滤。浓缩—过滤联合洗涤流程，根据洗涤级数和滤液返回地点的不同，可以形成多种多样的洗涤流程。浓缩—过滤联合流程的设备主要有单层或多层浓密机、真空过滤机和压滤机等。

图 8.30 是单层浓密机与过滤机组成的过滤洗涤流程。假设各级洗涤加入的洗水含金品位相等，各级过滤机的滤液都返回单层浓密机澄清。

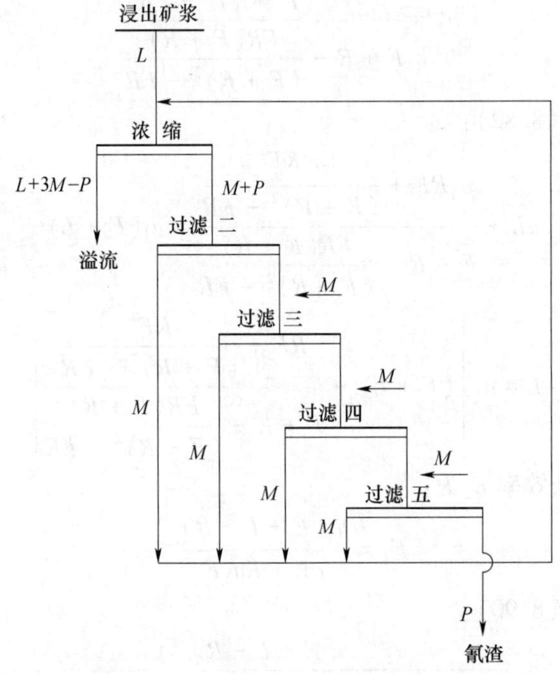

图 8.30　五级过滤洗涤

M—过滤洗涤水量与给矿量之比；P—滤饼含水量与给矿量之比

依据单层浓密机和各级过滤机液体含金量平衡的关系，可计算出第二、三、四、五级经过滤洗涤的洗涤效率 E'_2、E'_3、E'_4、E'_5 为：

$$E'_2 = \frac{L - R}{L}$$

$$E'_3 = \frac{L + M - P}{L + M - P + \dfrac{P(P + KM)}{M + P}}$$

$$E'_4 = \frac{L + M - P}{L + 2M - P + \dfrac{P^3 + KMP^2}{M + P} + \dfrac{KMP}{M + P}}$$

$$E'_5 = \frac{L + M - P}{L + 3M - P + \dfrac{P^4 + KMP^3}{(M + P)^3} + \dfrac{KMP^2}{(M + P)^2} + \dfrac{KMP}{M + P}}$$

图 8.31 是三层浓密机和过滤机组成的联合洗涤流程，即四级联合洗涤流程。

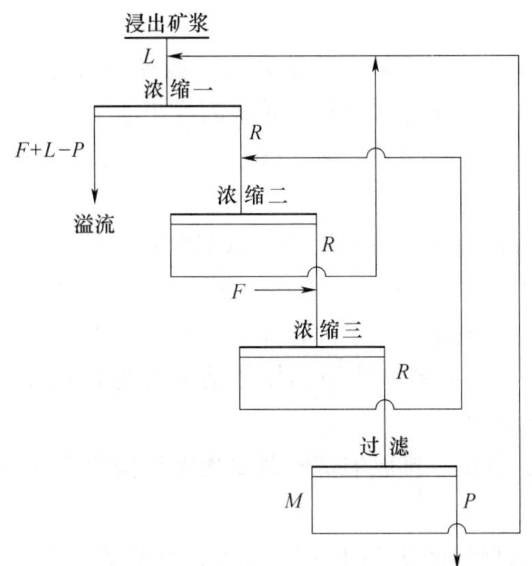

图 8.31 四级联合洗涤流程

依据液体含金量的平衡关系可算出洗涤效率 E''_3、E''_4 为：

$$E''_3=\frac{F+L-P}{F+L+M-\dfrac{(R+M)(F+M)}{F+R}+KF}$$

$$E''_4=\frac{F+L-P}{F+L+M-\dfrac{R(F+R)+KF^2}{(F+R)^2}\left(F+\dfrac{RM}{F+R}\right)-\dfrac{KFM}{F+R}+KF}$$

固液分离和洗涤后所得的含金贵液，经过净化、脱氧、锌粉置换等过程得到金泥，最终完成 CCD 法提金的全过程。

8.5.2.4 应用实践

某金矿的矿石产自含金硫化矿床。主要金属矿物有黄铁矿、磁铁矿、褐铁矿、闪锌矿、自然金，其次为赤铁矿、黄铜矿、辉钼矿等。脉石矿物种类较多，主要有石英、碳酸盐类、斜长石、绢云母、绿泥石等。自然金颗粒很细，一般在 0.005~0.025mm 之间，主要产在黄铁矿中（约占 58%），其次是产在石英中（占 35%左右），少量分布在褐铁矿与石英接触处。浮选产出的金精矿进行氰化浸出主要步骤如下：

（1）脱药。采用一台 ϕ12m 浓密机进行脱药，其底流加清水调浆后，给入 ϕ1200mm×1200mm 调浆槽。

（2）磨矿。采用两段闭路流程，第一段和第二段磨矿均由 ϕ1200mm×2400mm 球磨机与 ϕ125mm 旋流器构成闭路。磨矿细度为−0.043mm 占 99%以上；球磨机排放浓度 60%；旋流器给矿浓度 35%~45%；旋流器溢流浓度 28%~30%。

（3）浸出。采用两段浸出工艺流程，其中石灰加在磨矿系统中，石灰浓度 0.03%左右。旋流器溢流直接给入第一段浸出的两台 ϕ3500mm×3500mm 浸出槽串联，浸出矿浆浓度为 28%~30%，氰化钠浓度为 0.05%~0.055%，充气压力大于 0.06MPa。第二段浸出同

样使用两台串联的 ϕ3500mm×3500mm 浸出槽，氰化钠浓度为 0.045%～0.05%，其他操作条件与第一段浸出相同。

（4）洗涤。第一段浸出结束后的矿浆给入第一段逆流洗涤 ϕ7.5m 双层浓密机进行洗涤，浓密机排矿浓度为 50%，加清水调浆成矿浆浓度 30%后，给入第二段浸出。第二段浸出的矿浆再给入第二段逆流洗涤的 ϕ7.5m 浓密机进行洗涤，浓密机底流经泵排到氰化尾矿库。

（5）置换。采用锌粉置换法。在贵液中加入醋酸铅，经 3.0m×1.6m×2.0m 净化槽净化（贵液的浑浊度小于10mg/L），进入 ϕ1.0m×3.5m 脱氧塔脱氧（脱氧塔真空度 9.3～9.6MPa），脱氧后的贵液（含氧量小于 0.1g/m^3）加入锌粉，给入 20m^{2}置换压滤机进行锌置换，定期取出金泥。置换作业控制贵液的氰化钠浓度为 0.04%～0.05%，氧化钙浓度为 0.03%，醋酸铅浓度为 0.003%。

（6）含氰污水处理。氰化厂排放的贫液及氰化尾坝溢流进入污水处理作业，采用碱氯法进行处理。

该矿的 CCD 法工艺流程如图 8.32 所示，技术指标见表 8.9。

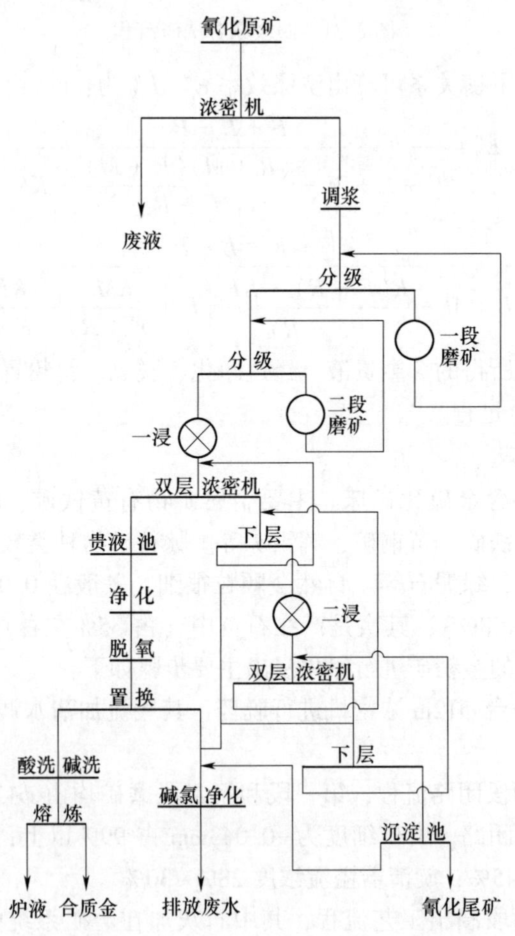

图 8.32 某金矿 CCD 法工艺流程图

表 8.9 某金矿 CCD 法技术指标

编号	氰化原矿含金/$g \cdot t^{-1}$	氰渣含金/$g \cdot t^{-1}$	贵液含金/$g \cdot m^{-3}$	贫液含金/$g \cdot m^{-3}$	浸出率/%	洗涤率/%	置换率/%	氰化总回收率/%
1	137.42	3.54	17.87	0.02	97.29	99.79	99.91	97.00
2	117.45	3.37	9.99	0.01	97.07	99.78	99.87	96.73

8.5.3 炭浆法（CIP 法和 CIL 法）

炭浆法是指从搅拌氰化的矿浆中使用活性炭将已经溶解的金回收的方法。传统的炭浆法简称为 CIP 法，由浸出矿浆的准备、氰化浸出、活性炭吸附、载金炭解吸、含金贵液电沉积金、脱金炭再生和浸渣的净化等工艺段组成。后来在 CIP 法基础上发展成为边浸边吸的炭浆法，即 CIL 法。CIL 法与 CIP 法相比，浸出槽可以完全省去或数目大为减少，其他作业则完全相同。由于浸出比吸附需要的时间长，故 CIL 法的炭浸槽内底炭密度可略低于 CIP 法的吸附槽底炭密度。

8.5.3.1 炭浆法的生产过程

A 矿浆的准备

炭浆法为搅拌氰化工艺，矿浆的准备工作包括磨矿、调浆、预先筛除木屑以及调整矿浆 pH 值等。工业生产中，磨矿细度一般为-0.074mm 占 90%以上，矿浆浓度控制在40%~45%，pH 值为 10.5~11.0，预先除去混入的木屑等杂质。

B 氰化浸出和吸附

采用 CIP 法浸出时，矿浆先进入氰化浸出槽（数量一般 5~7 个），浸出完成后的矿浆再进入吸附槽（数量一般 4~6 个），活性炭在吸附槽内吸附已溶金。CIP 法工艺流程如图 8.33 所示。

图 8.34 是 CIP 法吸附段设备联系图。来自氰化的矿浆给入第一个吸附槽，由最后一个吸附槽排出，经安全筛后成为氰化尾矿。而再生炭或新炭由最后一槽加入，由提炭泵定期逐槽前移，提炭泵将活性炭和矿浆一起泵入前一槽，由每个吸附槽内的隔炭筛将炭留在本槽，而矿浆通过隔炭筛又流回下一槽，实现炭由最后一槽串至第一槽，并由第一槽提出，经筛分洗涤成为载金炭送去解吸—电沉积。整个过程中矿浆和活性炭逆向流动。

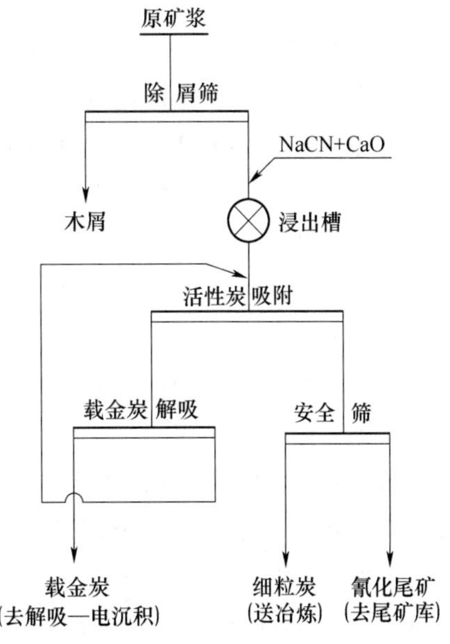

图 8.33 CIP 法工艺流程图

8.5.3.2 炭浆法的设备

炭浆法的设备主要有浓密机、除屑筛、炭浸槽、隔炭筛、提炭泵和安全筛等。

（1）除屑筛。给料中可能含有木屑等杂质，一旦进入浸出吸附作业，会造成已溶金的

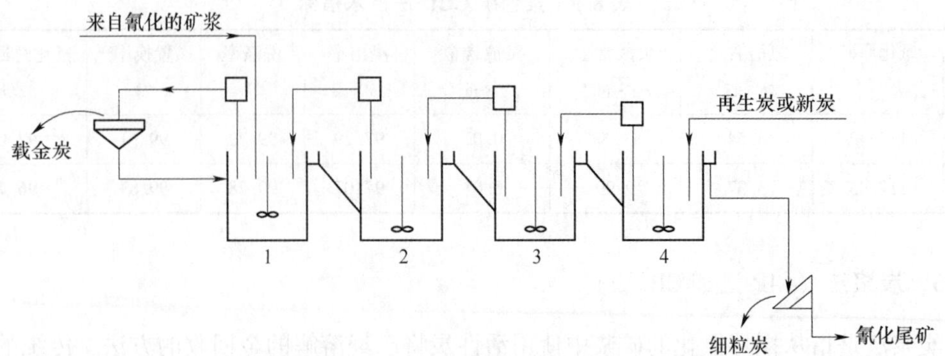

图 8.34　CIP 法吸附段设备联系图

损失和隔炭筛的堵塞。因此，应将这些杂质在浸出作业前除去。生产中一般采用滚筒筛或直线振动筛安放于浓密机给矿或分级机溢流处，除去大颗粒杂物。

（2）隔炭筛。隔炭筛放置于炭浸槽（或吸附槽）内，一半在矿浆面上，一半在矿浆面下，是实现活性炭逆向流动的主要设备。隔炭筛的形式有桥式和圆筒式两种。

图 8.35 是圆筒形隔炭筛。一般用圆钢筋做一个圆形长笼，外面包一层筛网，一端再装上导矿管即可。该筛面不用专门安装清扫装置，只要定期抖动圆筒筛的一端即可排除筛面的堵塞物。

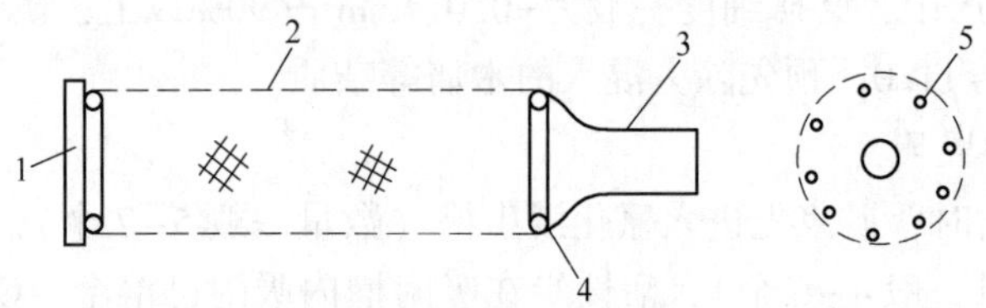

图 8.35　圆筒形隔炭筛

1—端盖；2—筛面；3—导矿管；4—支撑环；5—圆钢支架

（3）提炭设备。CIP 或 CIL 法都要把矿浆与炭一起泵送至前一槽，矿浆通过隔炭筛返回，而炭则留在前槽。提炭设备主要有涡轮提升泵、射流泵和空气提升泵三种。

（4）安全筛。炭浆工艺中，由于机械的搅拌作用和提炭泵的磨损，必然造成部分活性炭的粉末化，易透过隔炭筛损失于尾矿中，造成已溶金的损失。因此，在最后一槽的排矿端设置了安全筛，防止载金的粉炭流失，将捕捉到的粉炭送冶炼以回收其中的金。安全筛主要有直线振动筛、圆筒筛和平面固定筛等。

8.5.3.3　吸附段数和各段底炭密度

下面讨论吸附段数和各段底炭密度的确定。

A　吸附段数的确定

吸附段数又称吸附级数。CIL 工艺因其浸出与吸附同时进行，吸附段数（即加炭的槽子数）的确定是一个极其复杂的过程。吸附段数除与矿浆中金的浓度有关外，还与浸出速度有关。现场 CIL 工艺一般采用 5~7 段的炭浸作业。

CIP 工艺的吸附段数可用等温吸附平衡曲线来确定。若某矿山氰化浸出矿浆的金品位（原液浓度）c_0和吸余液（尾矿浆）的金品位 c_i是已知的，可按如图 8.36 所示的作图法来确定吸附段数。

步骤为：

（1）将粉炭与矿浆（溶液）接触，做出算术坐标的吸附平衡曲线 a；

（2）引出操作线 b；

（3）作图初定各段吸余液的品位 c_1，c_2，…，c_i；

（4）依据初定的 c_1，c_2，…，c_i 值，分别计算出各段用炭量和总用炭量。按上述步骤，反复多做几次，可得到不同段数时的总用炭量。其中，总用炭量最小者，便为最理想的吸附段数。

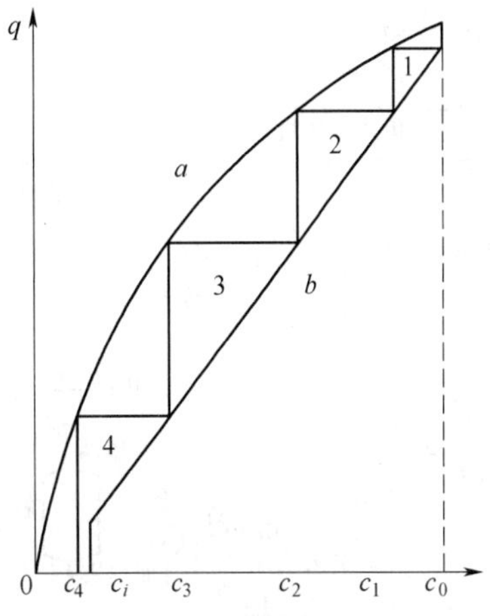

图 8.36　平衡线与操作线关系图

B　各段底炭密度的确定

炭浆工艺中，若已知矿浆流速、矿浆中金浓度以及炭的吸附量，则可计算出活性炭的移动速度。矿浆在流过该段（槽）损失的金量等于活性炭吸附的金量。因炭的流动速度对于整个流程来说都是均衡的，根据数量平衡关系则有：

$$v_s(c_0 - c_i) = v_c(q - q_e)$$

式中　v_s——矿浆流速，L/s；

c_0——浸出矿浆中金的品位（原液品位），g/L；

c_i——吸附后尾矿浆（吸余液）金品位，g/L；

v_c——活性炭的移动速度，g/s；

q——载金炭上吸附的金量，g/g；

q_e——加入流程中活性炭上的剩余载金量，g/g。

若为新炭，则 $q_e=0$；若为解吸炭，则 $q_e \neq 0$。在实际生产中，$c_i \ll c_0$，$q_e \ll q$，故上式可改写为：

$$v_s \cdot c_0 = v_c \cdot q$$

对于具体的氰化厂，v_s 和 c_0 是在建厂时就确定的。至于 q 值，一般选取 3~5kg/t 为宜，有时可高达 6~8kg/t。q 值一旦确定，活性炭的移动速度 v_c 值也随之确定。

根据已确定的 v_c 值，可计算出各段的活性炭的数量 M_i 为：

$$M_i = v_c \cdot t_i \tag{8.91}$$

式中　M_i——某段（槽）所加活性炭的量，g；

t_i——某段（槽）活性炭的吸附时间，s。

吸附槽（炭浸槽）有效容积 V_i 和该槽所加炭量 M_i 之比 M_i/V_i，即为该吸附段（槽）的底炭密度，一般以 g/L 表示。

8.5.3.4　应用实践

某金矿中金赋存于热液交代的碳酸盐岩石中，与黄铁矿、白铁矿、雌黄、雄黄、重晶石及有机物共生。金不仅存在于硫化带中，也存在于氧化带中。在硫化矿中，金以微细粒包裹在黄铁矿、白铁矿和有机物中，游离金与石英和方解石共生。在氧化矿中，金全部以自然金状态存在。自然金嵌布粒度为 10~1μm，半数以上在 5μm 以下。Mercur 金矿采用 CIL 法（如图 8.37 所示）回收金，生产规模 3500t/d，金总回收率 82%~87%。

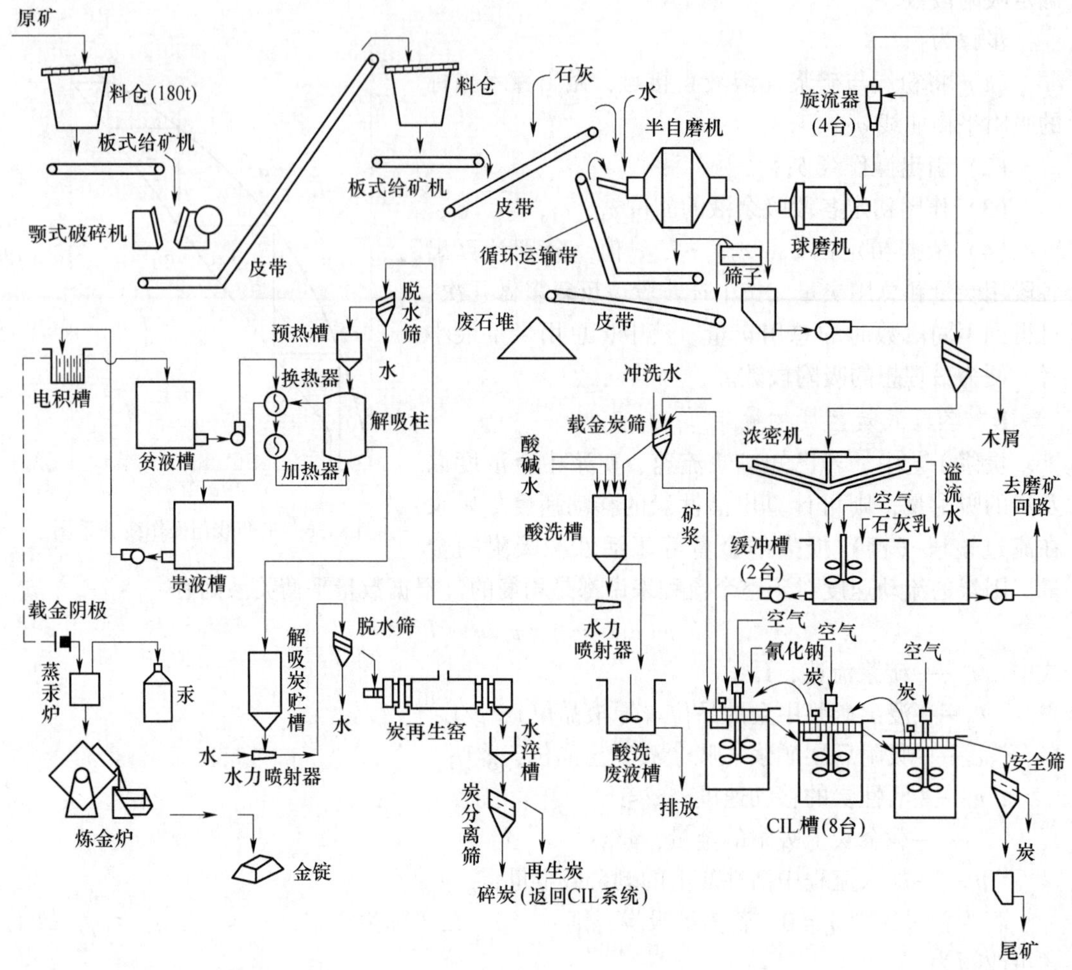

图 8.37　某金矿 CIL 法工艺流程

（1）磨矿。磨矿流程为两段一闭路，第一段用 ϕ6.1m×1.8m 半自磨机，排料经过一台 2.4m×4.9m 的泰勒（Tyler）筛进行分级，筛上小于 25mm 的物料返回半自磨机，大于 25mm 的物料可以返回半自磨机，也可堆存起来作为建筑材料或堆浸用，筛下物料直接给入旋流器，旋流分级设备为 4 台 660mm 的克莱布斯（Krebs）旋流器，旋流器沉砂给入 ϕ3.8m×4.7m 球磨机。溢流细度为-0.074mm 占 80%。

（2）浓缩。旋流器溢流经一台筛孔 0.59mm 振动筛除去木屑等杂物，除屑后的矿浆经一台 ϕ46m 的 EIMCO 浓密机脱水，浓密机底流给入 2 台缓冲槽，该缓冲槽的作用一是稳定 CIL 系统的给料速度；二是调整 pH 值，也可添加氰化物作浸出槽使用。

（3）炭浸。CIL 系统有 8 个槽子，矿浆滞留时间为 24h，槽内装有筛孔 0.72mm 的桥式筛，与离心提炭泵配合进行逆流串炭。炭浸尾矿浆通过炭安全筛后泵入尾矿库。尾矿水返回磨矿回路使用，也用于稀释 CIL 系统的矿浆。载金炭品位 2400g/t，经一台 610mm×1800mm 炭浆分离筛洗净矿浆后进入金回收系统。

（4）酸洗。炭浆厂酸洗作业位于解吸作业之前，以防重金属和碳酸盐进入解吸电积系统。酸洗槽可容纳 4.8t 炭，酸洗程序如下：用 3% HNO_3 浸泡；用自来水冲洗至中性；用

1%NaOH 溶液浸泡。

(5) 解吸电积。解吸电积先用喷射器将酸洗炭输送到一个预热槽。预热时间为 12h，预热温度 82℃，可使解吸时间大为减少。解吸柱规格为 ϕ1.5m×6.4m，设计装炭量 6t，生产中控制在 4.8t。电积出的金送去熔炼、铸锭。

(6) 炭再生。活性炭再生采用 ϕ914mm×8300mm 卧式回转窑，再生气氛为水蒸气，再生温度 810℃。再生炭经水淬冷却后利用脱水筛进行分级，筛上粗炭返回 CIL 系统使用，筛下细炭过滤回收。

该金矿炭浆厂的工艺条件见表 8.10。

表 8.10　某金矿炭浆厂工艺条件

磨矿浓密回路	给矿粒度	-200mm	CIL 回路	解吸时间	9.5h
	磨矿细度	-0.074mm 占 80%		电积槽电压	2.5V
	浓密机给矿浓度	16%~17%		电流	50A/极
	絮凝剂	配制浓度 0.3% 添加浓度 0.03%		阴极钢毛量	450g/极
	浓密机底流浓度	55%		矿浆浓度	40%~45%
酸洗	总酸洗时间	6h		氰化物浓度	0.05%~0.12%
解吸电积	解吸温度	150℃		浸出时间	24h
	解吸压力	0.03~0.35MPa		吸附时间	24h
	解吸液成分	1.0%NaOH		pH 值	10.5
		0.5%NaCN		炭密度	10g/L

8.5.4 树脂矿浆法

树脂矿浆法的工艺流程基本上与炭浆法相同，差别是载金树脂的解吸方法与载金炭的解吸方法不同。树脂矿浆法类可分为 RIP（Resin-in-pulp）和 RIL（Resin-in-leach）法，其工艺设备与炭浆法相同。

因树脂具有机械强度大、吸附容量大、使用寿命长、不易污染等优点，树脂矿浆法已在加拿大、中国、南非、俄罗斯等国得到广泛应用。

8.5.4.1　树脂吸附过程的工艺参数

工艺参数主要是吸附时间、吸附周期和树脂的加入量等。

(1) 吸附时间。生产中离子交换树脂吸附金的量达到最大值时所需的时间称为吸附时间。当采用 RIL 工艺时，吸附时间由金的溶解速度所决定；而当采用 RIP 工艺时，吸附时间取决于离子交换速度。一般情况下，吸附时间多在 8~24h 范围内波动，通常由实验确定。

(2) 吸附周期。吸附周期是指树脂从加入到提出流程所需要的时间总和。一般树脂的吸附周期为 160~180h。时间过短，树脂未达饱和状态，吸附容量达不到最佳值，树脂的吸附效率下降；但吸附周期过长（一般超过 200h），会因树脂过度磨损而增大树脂和金的损失。

(3) 树脂的加入量。树脂在矿浆中的浓度以体积百分数表示。当采用全泥氰化树脂法时，树脂的浓度以1.5%~2.5%为好；而采用精矿氰化时，树脂的浓度以3%~4%为好。树脂的加入量应至少与前槽提出的树脂量相同，若加入的树脂是再生树脂时，应适当增加用量，保证其吸附效率。

8.5.4.2 树脂与矿浆的分离和洗涤

树脂吸附金的作业大多在氰化后的矿浆中进行。一般情况下，通过级间筛能很好地实现树脂与矿浆的分离。由于离子交换树脂的粒度比活性炭小，因此级间筛的筛孔要比采用炭浆法时小。

有时载金树脂在级间筛上与矿浆分离后，加水洗涤，再送跳汰机分离出大于0.4mm的矿砂，再经摇床选出精矿返回球磨机再磨矿。而跳汰机产出的树脂送再生工段解吸提金。

8.5.4.3 应用实践

某金矿矿石为绢云母化蚀变岩型及贫硫化物含金石英脉型。主要金属矿物为褐铁矿，其次为黄铁矿和赤铁矿，偶见黄铜矿；非金属矿物为石英、长石、绿泥石、绿帘石、云母和方解石等。金主要呈角粒状，其次为板片状，少量为针线状和浑圆状，其嵌布粒度很细，均小于0.037mm，与硫化物关系不密切，大部分与非金属脉石矿物共生，仅有少量与褐铁矿连生，且嵌布极不均匀。研究表明，全泥氰化法比较适合该矿石，树脂矿浆法工艺流程如下：

(1) 碎矿。原矿仓内矿石由DZG1300×3000电振给矿机给入C80颚式破碎机粗碎，粗碎产品由皮带运输机给入YAH1848圆振筛筛分，筛上物料送入细碎前的缓冲矿仓，再由DZG800×2500电振给矿机给入GP100破碎机细碎，细碎产品也进入粗碎产品皮带运输机，给入振动筛筛分；筛下物料粒度为10~0mm，由皮带运输机送入粉矿仓供磨矿用，构成两段一闭路破碎。

(2) 磨矿。粉矿仓内物料由DZG400×1000电振给矿机给到球磨给矿皮带运输机上，再送入一段球磨机中磨矿，一段磨矿排矿流入螺旋分级机分级，分级机沉砂返回一段磨机再磨。分级机溢流泵入旋流器进行二次分级，旋流器沉砂进入二段球磨机进行二段磨矿，二段磨矿产物与分级机溢流合在一起，泵入旋流器分级，旋流器溢流经除屑筛后自流入ϕ15m浓缩机浸前浓缩，溢流作为回水，返回磨矿再用，磨机给矿粒度为10~0mm，磨矿细度-0.074mm占95%。

(3) 浸出与吸附。浓密机底流浓度为40%，泵入10台ϕ6m×6.5m装有树脂的浸出槽进行边浸边吸。桥间筛为3000mm×1200mm（长×高）V型筛，筛孔0.542mm。浸吸后的矿浆经安全筛回收细粒树脂后泵入压滤车间压滤，滤饼送入尾矿库干式堆存，滤液返回生产流程再用。树脂由空气提升器进行逆向串联输送，从前部浸吸槽提出的载金树脂送去解吸电解，得到金泥后进行火法冶炼，最终产品为金锭，冶炼废酸加石灰中和沉淀。解吸树脂经再生活化后返回浸吸作业。

浸出吸附作业条件为：磨矿细度-0.074mm占95%，矿浆浓度38%~40%，氧化钙用量4kg/t，氰化钠用量2kg/t，浸吸时间40h（10段），树脂型号为D301G大孔弱碱型阴离子交换树脂，矿浆中树脂密度30kg/m^3。

(4) 尾矿处理。尾矿浆泵入压滤车间经2台箱式XMZ600/2000压滤机压滤，滤饼送尾矿库干式堆存，滤液返回流程循环使用。

（5）解吸电解。载金树脂一般含金 2500g/t，每天提载金树脂 2.12m³，湿树脂容重 0.737t/m³，含水 55%；将载金树脂用清水洗涤后，自流入载金树脂储罐，经加风、加水输送至解吸柱中，解吸液为硫氰酸铵和氢氧化钠，其浓度分别为 140～150g/L 和 35g/L。解吸液流量为 30L/min，解吸时间为 48h，解吸温度控制在 50℃左右。贵液以 30L/min 的流量进入电解槽，电解槽阳极为石墨板，阴极为聚乙烯碳纤维，电解后的贫液流入储液槽再经磁力泵泵回解吸柱循环使用。每批解吸至终点后的贫液补加一定量的硫氰酸铵和氢氧化钠，作为下次解吸的解吸液。每批树脂处理量为 4.24m³，载金树脂品位 2500g/t，每柱解吸金属量为 3500g。

解吸电解设备有：解吸柱（2 个）为 ϕ1000mm×6000mm（直径×高）；电解槽（2 个）为 700mm×700mm×2000mm（宽×高×长）；阳极板为石墨板；阴极板为聚乙烯碳纤维，共 21 板；树脂再生槽为 ϕ2000mm×1700mm（直径×高）。

解吸电解作业条件为：硫氰酸铵浓度 140～150g/L，氢氧化钠 35g/L，解吸液流量 25L/min，解吸时间 48h，解吸温度 55℃，槽电压 2.5～3.5V，面积电流 50A/m²。

（6）树脂再生。解吸后的贫树脂打入高位再生槽，加入清水洗涤至中性，洗涤后加入体积为树脂体积 2～3 倍的、5%的盐酸溶液浸泡 10h，然后用清水洗涤至中性，再用体积为树脂体积 2～3 倍的、2%的氢氧化钠溶液浸泡 10h，用清水洗涤干净，用振动筛筛去碎树脂，将筛上树脂流入贫树脂储罐，分批加风、加水输送至 10 号浸吸槽返回浸出吸附系统循环使用。

树脂再生作业条件为：盐酸浓度 5%，酸洗时间 10h，氢氧化钠浓度 2%，碱洗时间 10h，浸泡液用量 0.01m³/kg。

树脂矿浆法的生产技术指标如下：矿石处理量 550t/d，原矿金品位 3.2g/t，浸渣金品位 0.10g/t，尾液金品位 0.24g/m³，金浸出率 96.88%，金吸附率 98.95%，金浸出吸附回收率 95.86%，树脂载金品位为 2500g/t；解吸后贫树脂品位为 100g/t，解吸率为 96%，电解回收率 100%，金冶炼回收率 99.5%，金选冶总回收率 95.38%。

8.6 含氰废水处理

氰化浸出过程产生的含氰废水是泛指含有各种氰化物的废水，如澄清的贫液、氰尾液和澄清水等。大多数无机氰化物属剧毒、高毒物质，极少量的氰化物就会使人、畜在很短的时间内中毒死亡，因此含氰废水的处理及排放非常重要，排放要求需符合相应的国家标准。

8.6.1 含氰废水的种类

根据氰化物的含量，含氰废水分为高浓度含氰废水、中等浓度含氰废水和低浓度含氰废水三大类。

8.6.1.1 高浓度含氰废水

以精矿（金精矿、银精矿等）为氰化原料的氰化厂，由于精矿中金、银品位高，伴生矿物含量相对较高，因此在氰化过程中氰化钠耗量也较高。一般氰化钠加入量为 15～50kg/t，废水含氰化物最高达 4000mg/L，称高浓度含氰废水。由于从贵液中回收已溶金的方法不同，废水组成尤其是锌和铅的浓度也有很大差别。

（1）精矿氰化—锌粉置换工艺产生的废水。该工艺外排的是贫液，氰化物、硫氰化物浓度均在1000~4000mg/L，铜浓度为200~1500mg/L，锌浓度为100~300mg/L，铅、铁的浓度为5~50mg/L。伴生矿含量越高，杂质浓度越高，废水排放量越大。

（2）精矿氰化—炭浆工艺产生的废水。该工艺浸出条件与精矿氰化—锌粉置换工艺相同，外排的是氰尾浆。铜氰配合物在炭吸附工艺中被吸附较多，故氰尾液中铜浓度较低。氰尾液中氰化物、硫氰化物浓度常在1500mg/L以下，铜浓度由精矿中铜含量决定，有时高达1500mg/L。

（3）精矿氰化—贵液直接电积工艺产生的废水。该工艺浸出条件与前两种工艺相似，浸出后，用浓密机或过滤机进行固液分离，得到贵液。贵液直接采用电沉积法回收金，贫液大部分循环使用，少部分贫液需处理后排放。这种废水含锌量来自矿石，一般含量不高。

8.6.1.2　中等浓度含氰废水

原矿（氧化矿、混合矿、硫化矿）以及精矿烧渣（除铜、铅后）一般伴生矿物含量较低，浸出过程中氰化物的加入量为0.6~4kg/t。贫液或氰尾液中氰化物浓度低于400mg/L。废水中铜、硫氰化物浓度的高低，取决于矿石中铜、硫含量，不采用锌粉置换法时，废水中锌浓度较低。

（1）全泥氰化—锌粉置换工艺产生的废水。原矿经过氰化浸出和固液分离得到贵液，采用锌粉置换法回收已溶金后，产生的贫液用于洗涤和浸出，剩余部分混入含已溶金很少的氰尾中进行处理。该工艺所需处理的主要是氰尾，废水中氰化物浓度为80~350mg/L，铜、硫氰化物浓度为30~250mg/L，锌浓度为50~150mg/L，铅、铁浓度为2~25mg/L。

（2）全泥氰化—炭浆工艺产生的废水。全泥氰化—炭浆工艺适用于从含泥量高的矿石中提取金、银。尾矿浆——氰尾澄清液含金一般小于0.1mg/L，金的回收率较高。该工艺不产生贫液，所需处理的废水为氰尾液（废矿浆），其组成一般较简单，杂质浓度也低。氰尾液中氰化物浓度为50~200mg/L，铜、硫氰化物浓度一般低于100mg/L。如果氰化过程不加入铅盐，废水中基本不含铅和锌。

8.6.1.3　低浓度含氰废水

产生低浓度含氰废水的氰化工艺主要是堆浸工艺。堆浸提金大部分采用原矿（一般为低品位氧化矿）堆浸—贵液炭吸附工艺，贵液经过炭吸附柱回收了金，也除去了部分杂质。堆浸原料组成一般很简单，因而贫液常一直使用到堆浸工作完成，所产生的废水量一般为堆浸矿石量的1%~2%，废水氰化物浓度一般低于100mg/L，其他组分浓度更低，但有时矿石为原生矿，硫氰化物含量可能高于1000mg/L。

8.6.2　酸化回收法

8.6.2.1　工艺原理

HCN是一元弱酸，其电离常数 $K_a = 6.2\times10^{-10}$。即使在pH值为10时，溶液中绝大多数游离氰也会以HCN形式存在，随着 H^+ 浓度的增加（pH值降低），电离平衡向生成HCN的方向移动，CN^- 浓度进一步降低，促使金氰配合物几乎全部解离，形成了金属氰化物和硫氰化物沉淀，又因 HCN 的蒸气压很高，在 26℃时达 100kPa，所以溶液中的 HCN 并不稳定，很容易挥发到气相中，直至气-液平衡。向含氰废水中加入硫酸，使废水呈酸性，废水中的配合氰化物趋于形成 HCN；向废水中充入气体时，HCN 就会从液相逸入气相而被气流带走，载有 HCN 的气体与吸收液中的 NaOH 接触并反应生成 NaCN，氰化物得以回收，重新用于浸出。

8.6.2.2 工艺及设备

酸化回收法工艺流程如图 8.38 所示，主要包括废水的预热、酸化、HCN 的吹脱（挥发）、HCN 气体的吸收、废水中沉淀物的分离等。

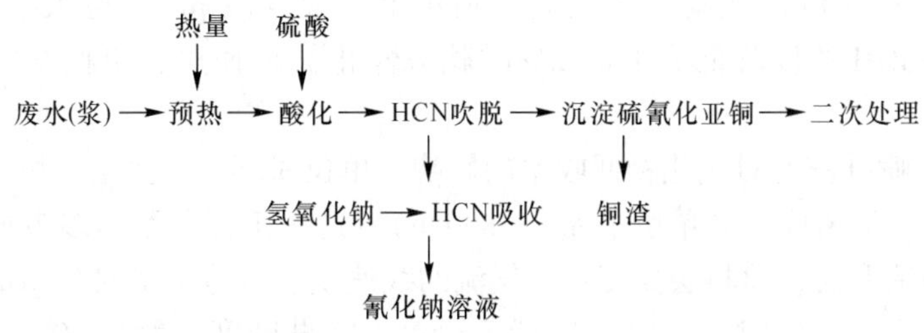

图 8.38 酸化回收法工艺流程示意图

废水（贫液）首先贮于贫液调节池内，由泵输送到加温槽，通过换热器由蒸汽加热到 26℃以上。加热后的废水由泵输送到混酸器，具有一定压力的硫酸经流量计调节后，流入混酸器与废水混合，酸性废水在发生塔顶部经喷头喷淋到塔内填料上，向塔底流动。与此同时，加压气体由塔底向上流动，由于填料的作用，气液两相密切接触，HCN 从液相逸入气相，气体从塔上部经气液分离器分离掉水分后，流到吸收塔底部，在塔底部向上流动与塔顶上喷淋下来的 30%NaOH 水溶液逆流接触，HCN 被碱液吸收，气体由风机抽出，经风机加压再送到发生塔。气体是闭路循环的，NaOH 水溶液由泵循环使用，直到残碱接近 1.5%时，由泵输送到氰化工段，再更换新的 NaOH 水溶液作吸收剂。从发生塔底部流出来的废水流入中间池，再从中间池由泵送到浓缩设备，液相中的铜盐等悬浮物沉淀在浓缩设备下部，定期排放到泥浆池中，然后用板框压滤机过滤，滤出的滤渣出售给冶炼厂，滤液由泵送到中和槽，浓缩设备上清液也送到中和槽，进行二次处理，处理达标后排放。

8.6.2.3 影响氰化物回收率的因素

酸化回收法处理效果即氰化物的回收率与废水组成、酸化程度、吹脱温度、吸收碱液浓度、发生塔的喷淋密度、气液比、发生塔结构等有较大关系。前四项由该方法的基本原理决定，最后三项与设备性能有关。

（1）Cu 与 SCN^- 比对氰化物回收率的影响。在酸化过程中，几乎全部铜都与硫氰化物生成难溶的硫氰化亚铜：

$$Cu(CN)_3^{2-} + 3H^+ + SCN^- \xlongequal{} CuSCN\downarrow + 3HCN \tag{8.92}$$

大部分矿山废水中的硫氰化物浓度高于铜浓度，保证了铜氰配合物中氰化物的解离。

（2）酸化程度对氰化物回收率的影响。根据酸化回收法反应机理可知，不同的配合物由于其稳定常数不同以及酸化解离时生成的产物不同，其解离起始 pH 值和达到平衡时的 pH 值也不同。生产上为了较彻底地回收氰化物，一般控制处理后废水含酸 0.2%左右。

(3) HCN 吹脱温度对氰化物回收率的影响。提高吹脱温度时，由于 HCN 的蒸气压升高，HCN 就更容易从液相逸入气相。提高温度的另一个好处是降低了废水的黏度，提高了 HCN 通过液膜扩散到气体的速度。一般把废水加热到 35～40℃ 再酸化吹脱。但吹脱温度与氰化物去除率并非成正比，随着吹脱温度的提高，氰化物去除率的增加幅度变小，过分提高吹脱温度在经济上并不合理。

(4) 吸收液碱浓度对氰化物回收率的影响。HCN 为弱酸，故吸收液必须保持一定的碱度才能保证 NaCN 不水解。由于吸收液是批量加入、循环使用，实践表明当吸收液中 NaOH 残余量降低到 1%以下时，HCN 的吸收率开始降低，载气中 HCN 的残余浓度增高导致处理后废水残留氰化物浓度增高。理论上，吸收液 pH 值应大于 10。工业生产中，吸收液中 NaOH 浓度降低到 1%～2%时就应停止循环使用，更换新的 NaOH 水溶液作吸收剂。

(5) 发生塔喷淋密度对氰化物回收率的影响。单位时间、发生塔空塔单位截面积上通过的废水量称为喷淋密度，其单位是 $m^3/(m^2 \cdot h)$。这一工艺参数由多方面因素决定，如塔填料种类、装填形式、填料层高度、载气流的线速度、液体进塔时分布的情况等。其规律是喷淋密度达到某一值时，HCN 的吹脱率最高，喷淋密度一般为 10～15，可通过试验确定。

(6) 发生塔气液比对氰化物回收率的影响。单位时间内通过发生塔的气体和液体的体积比称为气液比。发生塔气液比决定 HCN 从液相向气相扩散的动力学特性。气液比越大，气体中 HCN 浓度越低，液相的 HCN 越容易逸出。HCN 的扩散受液膜阻力控制，如果气液比增大，则液膜阻力减小，扩散速度加快，但过大的气液比会造成液泛以及使塔的气阻增加，气液比一般为 300～1000。

8.6.2.4 酸化回收法的特点

酸化回收法适合处理高浓度含氰贫液和部分中等浓度含氰贫液。贫液经过酸化法处理，氰化物浓度一般低于 20mg/L，最低可达到 3mg/L。工业实践证明，酸化回收法具有如下优点：

(1) 药剂来源广、价格低，废水组成对药耗量影响较小。

(2) 可处理澄清的废水（如贫液），也可以处理矿浆。

(3) 废水氰化物浓度高时具有较好的经济效益。

(4) 除了回收氰化物外，亚铁氰化物、绝大部分铜等也可以得到回收。

(5) 硫氰酸盐生成 CuSCN 沉淀，其去除量与铜浓度相当。

(6) 易实现自动化。

酸化回收法的缺点：

(1) 废水中氰化物浓度低时，处理成本高于回收价值。

(2) 经酸化回收法处理的废水还需进行二次处理才能达到排放标准。

8.6.3 二氧化硫—空气法

8.6.3.1 工艺原理

二氧化硫—空气法处理含氰废水要求反应 pH 值在 7.5～10 之间，在此条件下，废水中含有 50mg/L 以上的铜或外加如此数量的铜盐，当空气和 SO_2 通入废水后生成 SO_3^{2-}，SO_3^{2-} 与水中的氧气发生反应生成 SO_4^{2-} 和活性氧，活性氧与 CN^- 反应生成 CNO^-，反应式如下：

$$SO_2 + 2OH^- \longrightarrow SO_3^{2-} + H_2O \tag{8.93}$$

$$SO_3^{2-} + O_2 \longrightarrow SO_4^{2-} + [O] \tag{8.94}$$

$$CN^- + [O] \longrightarrow CNO^- \tag{8.95}$$

$$CNO^- + 2H_2O \longrightarrow HCO_3^- + NH_3 \tag{8.96}$$

总反应式：

$$CN^- + SO_2 + O_2 + 2OH^- + H_2O = HCO_3^- + NH_3 + SO_4^{2-} \tag{8.97}$$

二氧化硫—空气法去除氰化物的途径有三种：一是废水 pH 值降低使氰化物转变为 HCN，进而被参加反应的气体吹脱逸入气相，随反应废气外排，在反应 pH 值为 8~10 时，这部分占总氰化物的 2%以下；二是被氧化生成氰酸盐，这部分占全部氰化物的 96%以上；三是以沉淀物（如金属和氰化物形成的难溶物）形式进入固相的氰化物，占全部氰化物的 2%左右。

8.6.3.2 工艺及设备

二氧化硫—空气法处理含氰废水的工艺，根据 SO_2 的加入形式不同及是否加铜催化剂而有所不同。由铜盐溶液、石灰乳制备和计量装置、SO_2 制备和计量装置以及反应器构成，其中 SO_2 制备和计量装置是根据采用的 SO_2 形式不同有很大不同。反应器是能充气和搅拌（类似于浮选槽）的装置。

如果采用含 SO_2 大于 2%的废气，只需配备计量仪表（转子流量计或孔板式流量计）。当废气压力不足时，可配备鼓风机使其增压。

使用含 SO_2 固体药剂时，把药剂溶于水制备成 10%溶液，通过计量加入反应槽即可，制备槽应是防腐设备。铜盐（如 $CuSO_4 \cdot 5H_2O$）配成 10%溶液，然后，再经流量计计量加入反应器。

二氧化硫—空气法的反应器要求能使空气以微小气泡均匀分布于废水中，反应器应密闭，防止 HCN 等气体污染操作环境，为提高处理效果，常用几台反应器串联。

8.6.3.3 二氧化硫—空气法的特点

二氧化硫—空气法适合处理低浓度含氰废水和部分中等浓度含氰废水。该工艺的优点：

（1）废水中总氰化物（CN_T^-）可降低到 0.5mg/L；

（2）可处理废水，也可处理矿浆；

（3）通过形成沉淀物除去废水中的金属，但铜有时超标；

（4）所需设备为氰化厂常用设备，工艺较简单，手控、自控均可取得满意的处理效果；

（5）催化剂适量时，反应在 0.5~1.0h 内完成；

（6）既可间歇处理，又可连续处理。

二氧化硫—空气法的缺点：

（1）不能消除废水中的硫氰化物；

（2）处理后的废水含一定浓度的亚硫酸盐，使氰酸盐水解速度变慢；

（3）对反应 pH 值的控制要求较严格。

8.6.4 过氧化氢氧化法

8.6.4.1 工艺原理

利用过氧化氢的强氧化性，在碱性条件下对氰化物及其金属配合物进行高效分解。将pH值维持在9~11，使用Cu^{2+}作为催化剂，将游离的氰根离子及金属配合物转化为氰酸根，氰酸根继续水解，产生碳酸根和铵根，以配合物形式存在的金属离子发生水解，形成氢氧化物，进而沉淀。具体反应如下：

$$CN^- + H_2O_2 \xrightleftharpoons{Cu^{2+}} CNO^- + H_2O \tag{8.98}$$

$$CNO^- + 2H_2O = NH_4^+ + CO_3^{2-} \tag{8.99}$$

$$Me(CN)_4^{2-} + 4H_2O_2 + 2OH^- = Me(OH)_2 + 4CNO^- + 4H_2O \tag{8.100}$$

8.6.4.2 工艺及设备

过氧化氢氧化法不需空气中氧参加反应，因此可使用普通搅拌槽。工业品过氧化氢在常温下是液体的，直接计量、加入反应器即可，需要配制和计量硫酸铜溶液的设备。

过氧化氢氧化法处理含氰废水的主要反应条件如下：反应pH值8~9.5；过氧化氢加药比4：1~5：1；催化剂（一般为$CuSO_4 \cdot 5H_2O$）适量，废水含一定浓度铜时可不加硫酸铜；连续反应或间歇反应均可。

8.6.4.3 过氧化氢氧化法的特点

过氧化氢氧化法适合处理低浓度含氰废水及部分中等浓度含氰废水，该工艺的优点为：

(1) 能使可释放氰化物降低到0.5mg/L以下，由于铁氰配合物的去除率较高，使总氰化物大为降低；

(2) 废水中Cu、Pb、Zn等金属以氢氧化物及亚铁氰化物难溶物形式除去；

(3) 过氧化氢的反应产物是水，故在反应过程中和反应后不会使废水中增加其他有毒物质；

(4) 处理后废水COD低于二氧化硫—空气法处理后的废水COD。

过氧化氢氧化法的缺点为：

(1) SCN^-不能被氧化，废水实际上仍然有一定毒性；

(2) 过氧化氢是氧化剂，腐蚀性大，运输使用有一定困难和危险；

(3) 产生的氰酸盐需要在尾矿库停留一段时间，以便分解生成CO_2和NH_3。

8.6.5 其他处理方法

8.6.5.1 臭氧氧化法

臭氧具有强氧化性，在水中易分解为氧，不含其他有害成分。向氧化体系中添加铜离子，可以起到催化作用并加快臭氧与氰根的反应速度。当除氰体系中含有1mg/L铜离子时，其除氰效率可至少达到无铜离子时的1.5倍。HCN等含氰离子的配合物很容易在臭氧体系下被破坏。臭氧一般是由高压放电产生的，其间不产生任何副产物。此方式对低浓度氰根的脱除效果较好，不适用于含铁氰化物和亚铁氰化物。臭氧氧化去除氰根离子的反应机理如下。

$$CN^- + O_3 = CNO^- + O_2 \quad (8.101)$$

$$SCN^- + O_3 + H_2O = CN^- + H_2SO_4 \quad (8.102)$$

$$2CNO^- + 3O_3 + H_2O = 2HCO_3^{2-} + N_2 + 3O_2 \quad (8.103)$$

8.6.5.2 微生物降解法

微生物降解法的除氰机理是当氰根离子浓度较低时，利用能破坏氰根的一种或几种微生物并以氰化物和硫氰化物为碳源和氮源，将氰离子氧化为二氧化碳、硫酸盐、碳酸盐以及硝酸盐，进而生成 CO_2 和 NH_3；或是将氰化物进行水解，同时金属被细菌作为能源物质而吸收。该方法的关键是培养出能直接处理氰化物的优势菌种。常见的微生物降解菌种有诺卡氏菌、荧光假单胞菌、无色菌、木糖氧化产碱菌、施氏假单胞菌、短小芽孢杆菌和黄氏菌等。

8.6.5.3 自然降解法

氰的配合物在自然环境的作用下会在液、气、固三相中发生一系列化学反应，并在自然环境中将氰化物转化成无毒无害的化合物。首先，当空气与含氰废水接触时，空气中的 CO_2 溶于废水中，使废水的 pH 值降低，促使氰化物中 CN^- 解离与 H^+ 接触形成 HCN，反应形成的 HCN 挥发并进入大气。在紫外线的照射下，废水中的铁氰配合物会分解出 CN^-，在 pH 值较低时仍可形成 HCN 挥发。挥发出的 HCN 在光照作用下会被光解并氧化成 N_2 和 CO_2。大气湿度较高时，其可被水解成 NH_3 和醋酸根。最后，废水中的氰离子由于沉降、吸附等作用，从液相转化为固相。固相长期处于缺氧的条件，所以有利于进行消化反应，氰根和硫氰根等也转为有机物等。自然降解法受环境影响较大，且周期漫长，故难以作为主要的处理方法，通常用于充当辅助方法。

8.6.6 应用实践

某金矿的氰化废水含氰 1150mg/L，采用酸化回收法作为一级处理，回收废水中的绝大部分氰化物，用二氧化硫—空气法作为二级处理，处理废水中的残余氰化物，使其达到排放标准，实现了环境效益、经济效益和社会效益三者的统一。

（1）废水的酸化及氰化物的吹脱。氰化废水首先进入废水处理车间的贫液贮池，用泵经流量计计量后通过换热器；在换热器中，废水被加热到 30~35℃后进入混酸器；在混酸器中，废水与硫酸高位贮槽而来的浓硫酸混合，使其 pH 值降低到 1~3；废水从混酸器流出后进入氰化氢发生塔顶部向下喷淋，即在发生塔中废水自上而下与空气自下而上通过塔填料逆流接触进行氰化氢传质过程。在发生塔中，采用有机耐腐蚀材质的高效填料来提供充分的气液传质表面，含氰化氢的废水在塔顶经喷淋装置均匀地喷淋在填料层上，与从塔底进入的空气逆向接触，靠重力经填料层流入塔底，废水中的氰化氢逸入空气中。被除去大部分氰化氢的废水自塔底流出，进入废水循环槽，然后用泵送到中间贮池。

（2）硫氰化亚铜的回收。经过酸化法处理后，硫氰化亚铜悬浮物的酸性废水进入中间贮池，经沉淀后，清液由泵经流量计计量后送至吸附柱回收金、银，沉积在中间贮池底部的硫氰化亚铜以沉淀物形式被回收。

（3）氰化钠的回收。载有氰化氢的气体从吸收塔底进入吸收塔，与从塔顶喷淋的氢氧化钠溶液逆向接触，氰化氢被氢氧化钠溶液吸收，气体从吸收塔顶部经风机返回发生塔底部循环使用。氢氧化钠吸收液经吸收塔底部返回到碱液循环槽，然后经泵进行循环喷淋，当碱吸收液的氰化钠质量浓度达到一定值时，用泵送至氰化工序使用。

（4）二氧化硫—空气法二次处理。酸性废水在中和池中用石灰乳中和至 pH 值为 9~10.5，上清液用泵打回氰化废水处理车间反应槽中。在反应槽中，定量加入 10%硫酸铜溶液和 10%焦亚硫酸钠溶液，与罗茨风机鼓入的空气一同作用使氰化物得到氧化，流出反应槽的废水经澄清以后用泵送至尾矿库。

通过两级处理，氰化物回收率达到 99.80%，最终氰化废水中氰化物含量小于 0.32mg/L，满足排放要求。

复习思考题

8-1 氰化浸金的原理是什么？
8-2 矿石中的锑和铜是如何影响氰化浸出过程的？
8-3 载金炭和载金树脂上的金如何解吸？
8-4 锌置换金的原理是什么？
8-5 影响锌置换金的因素有哪些？
8-6 锌粉置换工艺和锌丝置换工艺有什么不同？
8-7 堆浸的工艺过程包括哪些？
8-8 什么是 CCD 法，其工艺流程有什么特点？
8-9 CIL 法和 CIP 法的区别是什么？
8-10 酸化回收法处理含氰废水的基本原理是什么，其工艺有何特点？
8-11 二氧化硫—空气法的基本原理和工艺特点是什么？

9 氯化浸出

9.1 概　述

氯化浸出是指在水溶液介质中进行的湿法氯化过程，亦即通过氯化使原料中的有价金属以氯化物形态溶出的过程。常用的氯化浸出剂为盐酸、氯盐和氯气等，依介质种类和作业方式的不同，氯化浸出可分为四种不同的类型，即盐酸浸出、氯盐浸出、氯气浸出和电氯化浸出。

由于氯和氯化物在化学活性、溶解度及配合能力等方面的特点，氯化浸出过程得到了较快的发展。与火法氯化过程相比较，氯化浸出可以在常温常压下进行，不会污染大气，处理的物料对象广泛，生产规模伸缩性大。

本章在讨论氯化浸出基本理论的基础上，分别介绍四种氯化浸出工艺。

9.2 氯化浸出的基本理论

9.2.1 氯化浸出的溶解反应的机理

在四种不同类型的氯化浸出工艺中，除电氯化浸出外加直流电因而附加有电能转变为化学能的氧化还原作用外，它和其余的盐酸浸出、氯盐浸出、氯气浸出的反应都是氧化还原反应。通常称为氧化浸出的过程，乃是浸出的物料被氧化，而浸出剂本身被还原的过程；还原浸出则是指浸出的物料本身被还原，而浸出剂被氧化的过程。但它们的实质都是伴随有电子迁移（或交换）的氧化还原反应。

氯化浸出是一种非均相的氧化还原反应，亦即是在晶格表面上的部分离子和从溶液中吸附到晶体表面的另一种离子之间的反应。如三氯化铁浸出黄铜矿的过程，可用下列电化反应表示。

阴极区发生氧化剂的还原，如：

$$Fe^{3+} + e \longrightarrow Fe^{2+} \qquad (9.1)$$

阳极区发生还原剂的氧化，如：

$$CuFeS_2 \longrightarrow Cu^{2+} + Fe^{2+} + 2S + 4e \qquad (9.2)$$

三氯化铁溶液溶解黄铜矿的机理，具体说可认为包括以下阶段：

（1）Fe^{3+}类离子向 $CuFeS_2$ 表面扩散；

（2）Fe^{3+}类离子的吸附；

（3）吸附的 Fe^{3+}与 $CuFeS_2$ 反应生成 Fe^{2+}、Cu^{2+}和 S，Fe^{2+}、Cu^{2+}进一步与 Cl^-产生配合离子，这些反应可能发生在晶体表面或溶液中；

（4）反应生成物的解吸。

三氯化铁浸出黄铜矿是受化学反应控制的，因此，阶段（3）在溶解过程中是速度的控制阶段。

关于铁在盐酸溶液中溶解反应的机理，认为包括以下阶段。

阳极溶解，特别是在晶粒界面上：

$$Fe \longrightarrow Fe^{2+} + 2e \tag{9.3}$$

阴极析出氢气，经过以下阶段。

（1）由于扩散及对流作用，氢离子从溶液中向阴极表面迁移形成双电层：

$$(H_3O^+)_{液} \longrightarrow (H_3O^+)_{双} \tag{9.4}$$

（2）双电层中氢离子放电并吸附在铁的表面；

$$(H_3O^+)_{双} + e + M \longrightarrow M—H + H_2O \tag{9.5}$$

（3）吸附的氢原子结合成氢分子并析出：

$$2M—H \longrightarrow 2M + H_2 \tag{9.6}$$

（4）氢离子二次放电：

$$(H_3O^+)_{双} + M—H + e \longrightarrow M + H_2O + H_2 \tag{9.7}$$

这一反应也是受化学反应所控制的，看来在阴极上析出氢是反应速度的限制阶段。而氯化亚铁对反应速度的影响可能是由于使阴极表面上双电层的特性改变，使得氢析出的超电压降低从而加快了溶解速度。

9.2.2 氯化浸出热力学

氯及其余的 89 种金属或非金属元素-H_2O 系的 ε-pH 值图，曾被详细地研究过，可在专门的电化平衡图集中查阅。这里只讨论与氯化浸出过程热力学关系比较大的 Cl-H_2O 系及 MeS-H_2O 系两个 ε-pH 值图。

9.2.2.1 Cl-H_2O 系 ε-pH 值图

氯或氯化物是氯化浸出过程的重要反应剂，研究 Cl-H_2O 系中有关组分稳定存在的条件，对于判断氯化浸出反应进行的情况，具有一定的意义。根据实际测定，Cl-H_2O 系中可能存在的离子及化合物很多，例如，处于溶解状态的有 Cl^-、Cl_2、HClO、ClO^-、$HClO_2$、ClO_2^-、ClO_3^- 和 ClO_4^-；处于气体状态的有 HCl、Cl_2 和 Cl_2O 等。要全面地讨论这些物质间的反应平衡条件是一件相当繁杂的事情，这里只讨论常见的 Cl^-、Cl_2、HClO 与 ClO^-之间的平衡问题。图 9.1 表示了它们在 25℃时的平衡关系。图中涉及的反应及计算电极电位的方程式，依图线标号分别列出；当取溶液中所有参加反应的物质的活度等于 1（如是气体它们的分压等于 101.325kPa），并所有元素和氢离子的生成等压位为 0 时，即可从有关电极电位方程式计算出 ε 或 pH 值，从而作出图中的有关线段（下列各序号加“′”表示）。

(1) $HClO = ClO^- + H^+$，$\lg\dfrac{[ClO^-]}{[HClO]} = -7.49 + pH$

(1′) $$pH = 7.49$$

(3) $Cl_{2溶} + 2e = 2Cl^-$，$\varepsilon = 1.36 - 0.0295\lg\dfrac{[Cl^-]^2}{[Cl_{2溶}]}$

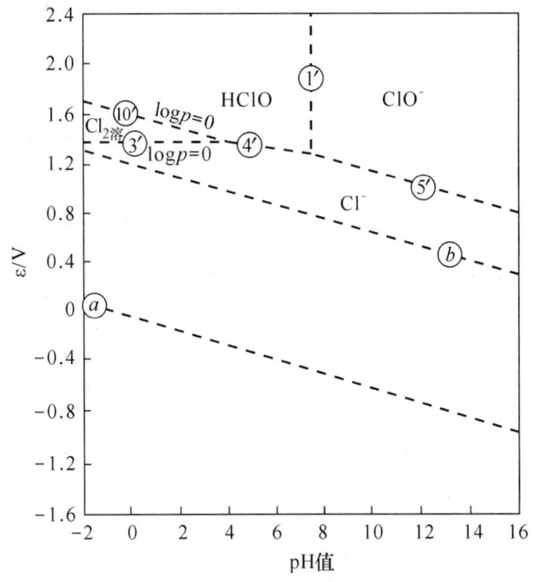

图 9.1　25℃时 Cl-H_2O 系的 ε-pH 值图

（Cl^-、HClO、ClO^- 与溶解的 Cl_2 的平衡曲线）

(3′)　　$\varepsilon = 1.36 + 0.0295\lg C$

(4) $HClO + H^+ + 2e = Cl^- + H_2O$，$\varepsilon = 1.494 - 0.0295pH - 0.0295\lg\dfrac{[Cl^-]}{[HClO]}$

(4′)　　$\varepsilon = 1.494 - 0.0295pH$

(5) $ClO^- + 2H^+ + 2e = Cl^- + H_2O$，$\varepsilon = 1.715 - 0.0591pH - 0.0295\lg\dfrac{[Cl^-]}{[ClO^-]}$

(5′)　　$\varepsilon = 1.715 - 0.0591pH$

(10) $2HClO + 2H^+ + 2e = Cl_{2溶} + 2H_2O$，$\varepsilon = 1.594 - 0.0591pH - 0.0295\lg\dfrac{[Cl_{2溶}]}{[HClO]^2}$

(10′)　　$\varepsilon = 1.594 - 0.0591pH - 0.0295\lg C$

式中　$Cl_{2溶}$——不离解的溶解氯，其浓度为 C 。

图 9.1 中，同时绘出了由 a、b 线所构成的水的稳定存在区，说明水仅在一定的电位范围内才是稳定的，超过了这个范围就不稳定，会析出 O_2 或 H_2。

从图 9.1 所示 Cl_2、Cl^-、HClO、ClO^-与 H_2O 的稳定存在区的分布可以看出：盐酸作为一种强酸，按照反应式 $HCl = H^+ + Cl^-$离解产生的 Cl^-很稳定；Cl^-的稳定存在区扩展在 pH 值的全部刻度上，并且完全覆盖水的稳定区。

气体氯能够使水氧化，按反应：

$$Cl_2 + H_2O = 2Cl^- + 2H^+ + \frac{1}{2}O_2 \tag{9.8}$$

析出氧，能使溶液中存在的亚硫酸盐氧化成硫酸盐，亚铁盐氧化成正铁盐。Cl_2 的稳定区很狭小，它只是在酸性（pH 值较低）的溶液中才能够稳定存在，在碱性溶液介质中，Cl_2 则转变为次氯酸盐、氯酸盐或高氯酸盐。

由 Cl_2 转变而成的次氯酸 HClO 是一种弱酸，其平衡 pH 值约为 7.5。次氯酸是一种强氧化剂，HClO 和 ClO^- 的稳定范围分布在水和气体氯（酸性溶液中）的稳定范围之上，表明次氯酸和次氯酸盐能使水和氯化物氧化（在酸性溶液中）生成氧和氯。

Cl_2-H_2O 系 ε-pH 值图的研究说明，Cl_2 在水溶液介质中是一种很强的氧化剂，无论在酸性或碱性水溶液介质中，Cl_2 都能够直接或间接地将水和常见的金属或化合物氧化。

9.2.2.2 MeS-H_2O 系 ε-pH 值图

图 9.2 是一幅综合各常见 MeS 在水溶液中稳定存在区的简图。当在图上叠加了 Cl_2/Cl^-、Fe^{3+}/Fe^{2+} 等表示氯化浸出剂的电极电位方程式的线条时，就可用来判断各 MeS 是否能够被上述浸出剂所溶解。

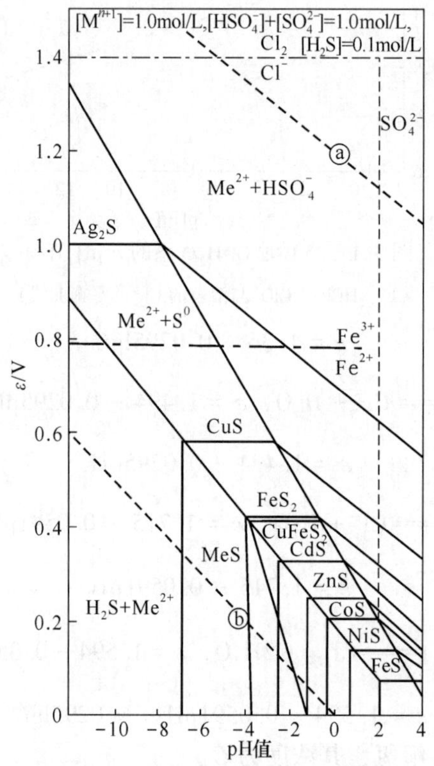

图 9.2 MeS-H_2O 系的 ε-pH 值图

当用氯气浸出时，ε_{Cl_2/Cl^-} 高于图 9.2 所列各 MeS 的氧化反应，即：

$$MeS \longrightarrow Me^{2+} + S + 2e \tag{9.9}$$

的 ε 值，表明在热力学上氯气能够将硫化物氧化，使金属呈离子状态存在于溶液中。

当用盐酸作为浸出剂浸出金属硫化物时，发生

$$MeS + 2H^+ =\!=\!= H_2S + Me^{2+} \tag{9.10}$$

的反应，图 9.2 上反映了各 MeS 的这一反应的平衡（或标准）pH 值。从热力学上看，平衡 pH 值较大的 FeS、NiS、CoS 是可用盐酸浸出的，而平衡 pH 值很负的 CuS 难以简单酸溶，此时需要采用氧化酸性浸出。

用氯盐浸出时，$\varepsilon_{Fe^{3+}/Fe^{2+}}$ 高于图上除 Ag_2S 外的其余 MeS 的 ε 值，表明在热力学上 Fe^{3+} 能够浸出除 Ag_2S 外的其余 MeS。但是，必须指出，在实际浸出过程中，由于配合物的形

成，Ag_2S 也能够被部分浸出，而 FeS_2 却是难浸出的。可见，ε-pH 值图虽然对浸出过程具有一定的指导意义，但由于热力学数据的欠准确以及 ε-pH 值图绘制时往往对实际的浸出条件过于简化，因而所得结果与实际情况尚有差距，这也正是湿法冶金热力学研究方面需要解决的问题。据实际测定而绘制的 ε-pH 值图，还有助于研究反应的机理。

9.2.3 氯化浸出动力学

氯化浸出的扩散速度和反应速度也可以分别根据菲克定律和质量作用定律表示（详见第 3 章）。氯化浸出过程影响溶解速度的因素较多，本节将引用某些具体数据分别对主要因素进行一般的讨论。

9.2.3.1 物料粒度的影响

溶解速度随物料粒度减小而增加，因为颗粒越小，单位质量的表面积就越大。例如，在转速为 250r/min 的条件下，用含 Fe^{3+} 212g/L、HCl 9g/L 的三氯化铁溶液，在 106℃下，对 200g 含 Cu 26.0%、Fe 29.7%、S 33.9%、SiO_2 4.4%、Al_2O_3 6.4%的黄铜矿精矿进行浸出试验，发现细磨程度不同，同一浸出时间下铜的浸出率是不同的，较细的颗粒有较高的浸出率。然而，浸出前的矿石粒度即细磨程度，通常由经济因素决定。

9.2.3.2 温度的影响

温度的影响是明显的，溶解速度随温度的升高而提高。例如，研究认为，三氯化铁浸出黄铜矿的反应是一级反应，属于在动力学区域进行的反应。用三氯化铁溶液在 30℃、55℃、80℃与 106℃的温度下，对一定粒度的黄铜矿精矿进行浸出试验，发现加热对浸出速度有十分明显的影响，只有加热到溶液的沸点 106℃，才有较好的浸出率。温度对 $FeCl_3$ 溶液浸出 $CuFeS_2$ 的影响如此明显，是矿物结构状态带来的。实践表明，由于矿物结构状态不同，各自要求的浸出温度大不一样。例如，用 $FeCl_3$ 溶液浸出铋精矿时，在常温下搅拌 4h（浸出剂含 Fe^{3+} 30g/L、HCl 20g/L、液固比为 4），铋浸出率一般便可达 80%~90%。又如，在低温下，用 $FeCl_3$ 溶液浸出铅锌精矿，约 30min 铅的浸出率达 100%。因此，控制不同的浸出温度，有时也可能作为选择浸出多金属矿物原料的一种手段。

9.2.3.3 浸出剂浓度或用量的影响

溶解速度随浸出剂的浓度或用量的增加而提高。对一种含 Cu 5.06%、WO_3 28.20%、Zn 1.83%、As 1.80%的铜钨中矿细泥进行浸出的试验发现，在煮沸浸出时，当 $FeCl_3$ 用量为理论量的 1.5 倍时，铜浸出 96%，钨也被浸出了 13.10%。若改变 $FeCl_3$ 用量为 1.12 倍时，铜浸出率虽然降低到 95.5%，但钨的浸出率仅有 1.45%。这说明降低 $FeCl_3$ 用量可以实现溶铜留钨的预期目的。但若 $FeCl_3$ 用量太低时，即使长时间煮沸浸出，也达不到高的浸出率。

应当指出，在氯化浸出中，氯气和氯离子既是浸出剂，又是氧化剂和配合剂。它们的氧化还原电位较高，氯气的 $\varepsilon^{\ominus}_{Cl_2/Cl^-}$ 为 1.36V，三氯化铁的 $\varepsilon^{\ominus}_{Fe^{3+}/Fe^{2+}}$ 为 0.77V。使用氧化还原电位高的氧化剂，其溶解速度必然快些。维持一定氯离子浓度或添加某些氯盐（如 NaCl），使反应物形成稳定的配合阴离子，从而提高某些难溶金属氯化物的溶解度，消除钝化等，均有助于加速溶解反应。有学者研究指出，配位体 SO_4^{2-}、Cl^-、OH^- 等与有关的阳离子形成配合物，这种配合物离子在氧化或其他化学反应中要比非配合物离子具有较大的活性。

9.3 氯化浸出工艺

9.3.1 盐酸浸出

盐酸是湿法冶金的一种溶剂，也是湿法氯化过程的一种氯化剂，能够与多种金属、金属氧化物、碱类以及某些金属硫化物作用生成可溶性金属氯化物。由于在不同的条件下盐酸可表现出还原性或氧化性，因而盐酸浸出可以区分为还原浸出与氧化浸出。以下按不同的原料对象，叙述盐酸浸出的特点。

9.3.1.1 钴渣的盐酸浸出

钴渣是镍电解精炼净液过程中产出的中间产品之一。过去某些工厂曾采用氯气沉淀分离镍钴的方法处理钴渣，但此法过程复杂、金属回收率低。随着胺类萃取剂在有色冶金中得到日益广泛的应用，钴渣盐酸浸出已引起人们的重视，因为盐酸浸出与萃取法相配合提取钴渣中的镍和钴，可以简化流程及提高金属回收率。

钴渣中的钴、镍、铁均以高价态的氢氧化物存在，它们可视为氧化剂，钴渣盐酸浸出过程是还原浸出的一种典型过程。

钴渣盐酸浸出反应如下：

$$2Co(OH)_3 + 6HCl \xlongequal{} 2CoCl_2 + 6H_2O + Cl_2\uparrow \tag{9.11}$$

$$2Ni(OH)_3 + 6HCl \xlongequal{} 2NiCl_2 + 6H_2O + Cl_2\uparrow \tag{9.12}$$

$$2Fe(OH)_3 + 6HCl \xlongequal{} 2FeCl_3 + 6H_2O \tag{9.13}$$

$$Zn(OH)_2 + 2HCl \xlongequal{} ZnCl_2 + 2H_2O \tag{9.14}$$

$$Cu(OH)_2 + 2HCl \xlongequal{} CuCl_2 + 2H_2O \tag{9.15}$$

$$Pb(OH)_2 + 2HCl \xlongequal{} PbCl_2 + 2H_2O \tag{9.16}$$

钴渣中钴的浸出反应（9.11）可认为是 Co^{3+} 与 Cl^- 之间进行氧化-还原反应的结果。即 Co^{3+} 由于获得 Cl^- 放出的一个电子而被还原为 Co^{2+} 进入溶液，而 Cl^- 因失去电子后被氧化变为氯原子，继而变为氯分子。

溶液中进行的这一氧化-还原反应的热力学原理，可用图 9.3 所示的 ε-pH 值图来说明。图 9.3 中的线 1~5 分别表示以下反应的平衡条件，即：

(1) $Co^{2+} + 2e \xlongequal{} Co$　　$\varepsilon_1 = -0.277 + 0.0295\lg[Co^{2+}]$

(2) $Co^{2+} + 2H_2O \xlongequal{} Co(OH)_2 + 2H^+$　　$pH = 6.4 - 0.5\lg[Co^{2+}]$

(3) $Co(OH)_2 + 2H^+ + 2e \xlongequal{} Co + 2H_2O$　　$\varepsilon_3 = 0.095 - 0.0591pH$

(4) $Co(OH)_3 + H^+ + e \xlongequal{} Co(OH)_2 + H_2O$　　$\varepsilon_4 = 1.01 - 0.0591pH$

(5) $Co(OH)_3 + 3H^+ + e \xlongequal{} Co^{2+} + 3H_2O$　　$\varepsilon_5 = 1.77 - 0.1773pH - 0.0591\lg[Co^{2+}]$

由上述 5 根线构成的 ε-pH 值图展现出四个不同相即 Co、Co^{2+}、$Co(OH)_2$ 及 $Co(OH)_3$ 的稳定存在区域。当控制适当的电位及 pH 值时，可以使钴按上述四种不同的形态稳定存在；欲使钴渣浸出即将 $Co(OH)_3$ 转变为 Co^{2+} 进入溶液，显然必须控制电位低于 $\varepsilon_{Co(OH)_3/Co^{2+}}$。

用盐酸作为钴渣浸出剂时，还原剂是 Cl^-。Cl^- 与 Cl_2 之间的氧化-还原反应的电位 $\varepsilon^{\ominus}_{Cl_2/Cl^-}$ 值用虚线（Cl_2 线）表示在图 9.3 中。

图 9.3 中虚线与 5 线的交点（H），指示出钴渣盐酸浸出的条件，因为只有在 H 点的左边，$\varepsilon^{\ominus}_{Cl_2/Cl^-}$ 值才低于 $\varepsilon_{Co(OH)_3/Co^{2+}}$；也就是说，只有浸出过程溶液的 pH 值在 2 以下，浸出反应才能够进行。

从图 9.3 中还可以看出，钴渣盐酸浸出的标准氧化-还原电位差是不大的，亦即在低温下浸出过程的推动力并不大，实际应用时，通常需要使浸出过程在较高温度（80~90℃）条件下进行。

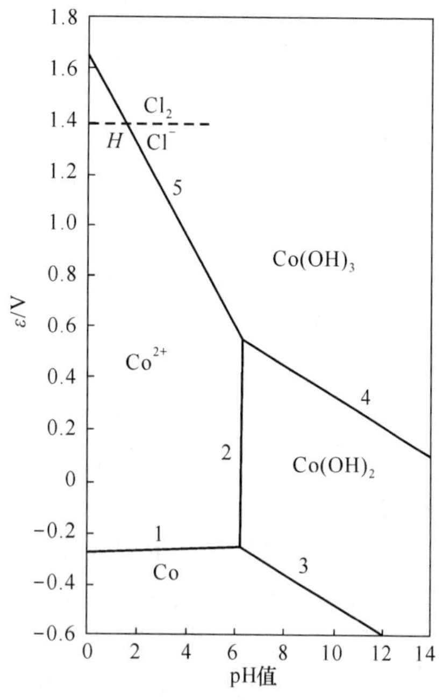

图 9.3　钴渣还原浸出 ε-pH 值图

9.3.1.2　铂族金属精矿的王水浸出

含铂的铜镍硫化矿经富集所获得的铂族金属精矿是提炼铂族金属的主要原料之一，目前多用传统的王水浸出法使其中的铂、钯、金转变为氯络酸，而氯化银与其他铂族金属铑、铱、锇、钌等则进入不溶残渣，然后进一步分别提取金、银及铂族元素。

1 体积 HNO_3 加 3 体积 HCl 形成王水的时候发生下列化学反应：

$$HNO_3 + 3HCl = Cl_2 + NOCl + 2H_2O \tag{9.17}$$

生成的 Cl_2 为新生态氯，是一种强氧化剂。由于铂、钯、金卤化性能和配合性能强于银、铑、铱、锇、钌，因此用王水浸出铂族金属精矿时新生态 Cl_2 及 HCl 首先与铂、钯、金作用发生下列化学反应：

$$Pt + 2Cl_2 + 2HCl = H_2[PtCl_6] \tag{9.18}$$

$$Pd + 2Cl_2 + 2HCl = H_2[PdCl_6] \tag{9.19}$$

$$2Au + 3Cl_2 + 2HCl = 2H[AuCl_4] \tag{9.20}$$

$$Pt + 2Cl_2 = PtCl_4 \tag{9.21}$$

$$PtCl_4 + 2HCl = H_2PtCl_6 \tag{9.22}$$

$$Pt + 4NOCl = PtCl_4 + 4NO \tag{9.23}$$

HNO_3 与 HCl 作用生成的亚硝酰（NOCl），也能与一些铂族金属氯化物形成亚硝基配合物，亚硝基配合物的产生将影响铂的回收，因此用王水浸出时要加入少许 H_2SO_4 使其分离。

王水浸出时以元素状态存在的其他铂族元素也能与王水作用生成氯配酸，但一些呈合金状态存在的铂族金属如锇铱矿、铂铱合金等不溶于王水，而进入不溶残渣。

9.3.2　氯盐浸出

氯盐浸出是用含有氯盐的酸性溶液浸出物料。氯盐在浸出过程中的作用有两种不同的情况：一是作为添加剂在浸出时不与物料直接发生反应，只是增加盐酸溶液中氯离子浓度，提高被提取金属在溶液中的溶解度，常用的氯盐有 NaCl、$CaCl_2$、$MgCl_2$ 等；二是作为氧化剂，浸出时与物料发生反应将其中被提取的金属溶解，如 $FeCl_3$、$CuCl_2$ 等。本节主要是讨论后一种作用。

三价铁离子是一种有效的氧化剂，在适宜的温度和适当的浓度下，可将悬浮的硫化物氧化，使硫氧化为元素硫。从原理上讲，所有的三价铁盐均可使用，但实际上仅有氯化物和硫酸盐较为合适。研究证明，三氯化铁在高铁化合物中是更好的氧化剂。三氯化铁浸出过程具有如下优点：

（1）三氯化铁在水溶液中溶解度较大，稳定性高，不易生成黄钾铁钒之类的不溶配合物；

（2）有适当的氧化电位，能使金属硫化物中的硫以元素硫形态析出，消除了 SO_2 烟气对大气的污染；

（3）浸出具有一定的选择性，能在常压下进行浸出；

（4）用电解法或氯气氧化等方法可以使三氯化铁再生。

但三氯化铁浸出法也有缺点，即在浸出液中铁量很大，给浸出液分离净化带来一定的困难，而且三氯化铁是强氧化剂，腐蚀性较强。

金属硫化物与三价铁盐的理想浸出反应为：

$$MeS + 2Fe^{3+} \longrightarrow Me^{2+} + 2Fe^{2+} + S^0 \tag{9.24}$$

根据三氯化铁浸出各种金属硫化矿的试验结果，各种金属硫化矿的溶解情况按照由难到易的顺序排列如下：

辉钼矿→黄铁矿→黄铜矿→镍黄铁矿→辉钴矿→闪锌矿→方铅矿→辉铜矿→磁黄铁矿。

可见，这种排列顺序与按氧化反应标准电极电位的排列顺序稍有不同，这可能是与浸出过程中硫化物的溶解速度不同或硫化物的热力学数据不准确有关。

Fe^{3+} 在浸出硫化物时的反应还可能有：

$$MeS + 8Fe^{3+} + 4H_2O \longrightarrow Me^{2+} + 8Fe^{2+} + SO_4^{2-} + 8H^+ \tag{9.25}$$

反应（9.24）和反应（9.25）表明硫的反应产物是元素硫或硫酸根。但浸出实践表明，硫化物中的硫主要被氧化成元素硫，而氧化成硫酸根形态的硫很少。如用三氯化铁浸出 CuS 时，只有 4% 的硫被氧化成 SO_4^{2-}，大部分是以元素硫析出。浸出黄铜矿时，仅 2.7%~3.3% 的硫被氧化为 SO_4^{2-}，而从 ε-pH 值图看，反应产物却是以 HSO_4^- 或 SO_4^{2-} 为主。

以下以铋精矿的三氯化铁浸出为例介绍此法的应用。

某厂在选矿过程中产出一种高砷（15%~24%）和高锡（3%~4%）的铋精矿。精矿含铋 8%~15%，大部分（约 78%）呈自然铋形态存在，尚有少量硫化铋（约 4.5%）和氧化铋（约 17%）。若将这种精矿直接进行沉淀熔炼，由于砷和锡的含量较高，会产出含砷高的铋-锡合金，给精炼带来很大困难。用三氯化铁浸出法处理这种精矿，可使铋与锡、砷分离，依图 9.4 所列工艺流程生产纯铋。

铋精矿用盐酸-三氯化铁溶液浸出时，金属铋、氧化铋及硫化铋中的铋均以氯化物形

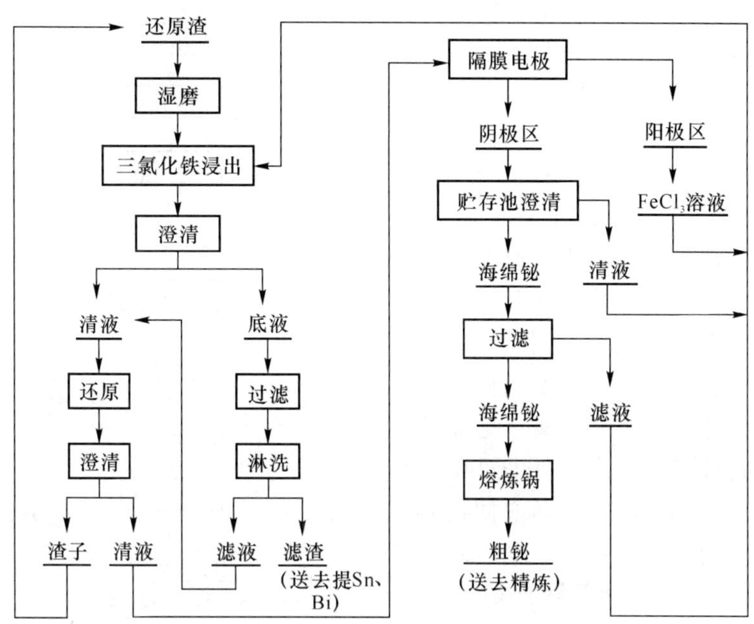

图 9.4　某厂三氯化铁浸出法处理铋精矿工艺流程

态进入溶液，浸出反应为：

$$Bi + 3FeCl_3 \longequal BiCl_3 + 3FeCl_2 \tag{9.26}$$

$$Bi_2S_3 + 6FeCl_3 \longequal 2BiCl_3 + 6FeCl_2 + 3S \tag{9.27}$$

$$Bi_2O_3 + 6HCl \longequal 2BiCl_3 + 3H_2O \tag{9.28}$$

当采用含 Fe^{3+} 25~30g/L、HCl 20g/L 的氯化物溶液作为浸出剂，在液固比为 4 的条件下，常温搅拌浸出 4h，可以使浸出残渣中的含铋量降低至 0.5%~1.0%，铋精矿所含的砷、锡，则基本上不被浸出而留在残渣中。为了防止浸出液中残存的 Fe^{3+} 发生水解和影响随后的电积过程，需要用铋精矿将浸出液还原，使 Fe^{3+} 变为 Fe^{2+}。

浸出过程加入的盐酸，除与 Bi_2O_3 作用外，主要是为了保持溶液有一定的酸度，防止 $BiCl_3$ 水解形成 BiOCl 沉淀。

该厂采用隔膜电积法从还原后的溶液中提取铋，并同时再生回收三氯化铁。电积是在电解槽内进行的，每一电解槽装有 8 块石墨阴极板及 9 块石墨阳极板。阴极板装在隔膜套内，保持阴极液面高于阳极液面 10~20mm。电积过程的主要技术条件为：槽电压 2V，电流密度 100~150A/m^2，电解液温度 55~60℃，极间距 40mm。

9.3.3　氯气浸出

氯气是一种重要的氯化剂。在酸性水溶液中通入氯气，使金属氯化溶出的过程称为氯气浸出。

氯气浸出目前主要应用于从含贵金属的原料（如各种金属电解精炼阳极泥、电路板等）中提取贵金属。

目前国内外处理含铂铜镍硫化矿多用硫化镍电解代替粗镍电解。硫化镍电解的特点是，阳极泥产率高达80%，其中含硫量高达90%~97%，所以富集的铂族金属量相对降低。国内某厂硫化镍直接电解所得阳极泥成分约为Pt 60~70g/t、Pd 25~35g/t、Au 50~70g/t、Ni 1.1%~1.9%、Cu 1.4%~1.8%、Fe 1%、S 90%、SiO_2 0.7%。由于贵金属品位低，采用通常的富集方法不能得到含铂族金属50%以上的精矿，经过试验选用了如图9.5所示的生产工艺流程。该流程包括分级洗涤、热滤脱硫、二次电解、氯气浸出、直接浓缩，分离铂、钯、金并精炼得纯金属。此流程的主要优点是：直接回收率高，所得回收率为Pt 88%、Pd 92%、Au 92%，冶炼总回收率均在97%以上；试剂消耗少；生产成本低；综合回收程度高；设备较简单而易于投产。

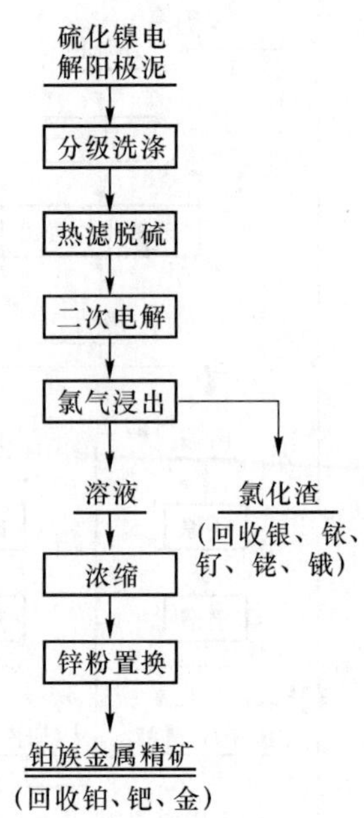

图9.5 硫化镍电解阳极泥提取铂族金属原则流程

如前所述，氯气是一种强氧化剂，其氧化-还原电位均高于除金以外的其他贵金属。贵金属的氧化-还原电位如表9.1所示。

表9.1 贵金属的氧化-还原电位

电极	Au/Au^{+}	Au/Au^{3+}	Pt/Pt^{4+}	Ir/Ir^{3+}
电位/V	+1.58	+1.42	+1.2	+1.15
电极	Pd/Pd^{2+}	Ag/Ag^{+}	Ru/Ru^{3+}	Rh/Rh^{3+}
电位/V	+0.98	+0.759	+0.49	+0.8

此外，由于氯在水溶液中会水解生成盐酸和次氯酸，盐酸可以使已氯化的贵金属呈氯配酸状态溶解，而次氯酸具有比氯更正的氧化-还原电位，它能使包括金在内的所有贵金属氯化。

因此，在水溶液中通氯气氯化贵金属是完全可能的，而且溶解的铂族金属元素由于原子结构中d电子层未被充满而具有较强的配合能力，在溶液中可以形成稳定的配合阴离子如$PtCl_6^{2-}$、$PdCl_6^{2-}$等。

贵金属在氯气浸出过程中的反应如下：

$$Pt + 2Cl_2 + 2HCl(2NaCl) = H_2PtCl_6(Na_2PtCl_6) \quad (9.29)$$

$$Pd + 2Cl_2 + 2HCl(2NaCl) = H_2PdCl_6(Na_2PdCl_6) \quad (9.30)$$

$$2Au + 3Cl_2 + 2HCl(2NaCl) = 2HAuCl_4(2NaAuCl_4) \quad (9.31)$$

$$2Ag + Cl_2 = 2AgCl \quad (9.32)$$

反应生成的AgCl在浓盐酸和碱金属氯化物溶液中，由于形成$AgCl_3^{2-}$配合离子而有明显的溶解现象。

部分贱金属及硫在氯气浸出过程中的反应为：

$$Cu_2S + 5Cl_2 + 4H_2O = CuSO_4 + CuCl_2 + 8HCl \tag{9.33}$$

$$CuFeS_2 + \frac{17}{2}Cl_2 + 8H_2O = CuSO_4 + FeCl_3 + H_2SO_4 + 14HCl \tag{9.34}$$

$$Cu_2S + 4FeCl_3 = 2CuCl_2 + 4FeCl_2 + S^0 \tag{9.35}$$

$$S^0 + 4H_2O + 3Cl_2 = 6HCl + H_2SO_4 \tag{9.36}$$

镍一部分被氯化进入溶液，另一部分被溶液中新生态氧氧化而钝化，使它在酸中的溶解减慢。物料中经高温氧化作用而形成的 Fe_2O_3 是难溶于酸的。所以，按氯化的难易程度表现出铜、镍、铁递减的顺序，硅、铝氧化物不被氯化而残留在渣中。

氯气浸出是一个固-液-气的多相反应过程。试验表明，贵金属氯化率与氯气用量、溶液成分、温度、搅拌、物料粒度等因素有关。无论用何种溶液成分氯化，提高温度使除金以外的其他金属的氯化率都得到提高。例如，通常可使铂族金属的氯化率增高 2%~3%，但是，温度又不宜太高，因为温度过高会大大降低氯在水中的溶解度，从而会降低铂族金属的氯化速度。强烈的搅拌可加速氯气扩散，同时使固体颗粒表面薄膜破坏，从而为气-固相的接触创造了条件。

国内某厂铜阳极泥浸出渣（除硒脱铜后）成分为 Ag 9.7%、Au 1.16%、Pt 0.0035%、Pd 0.0075%、Rh 0.0004%、Cu 3.7%、Pb 19.7%、As 0.43%、Sb 7.16%、Si 3.32%、Sn 5.07%。采用氯气浸出法处理可使大部分元素（主要是贵金属）氯化，并以配合阴离子形态进入溶液，进一步用萃取法提取。该厂对影响氯气浸出率的主要因素如酸度、温度、氯用量、液固比及搅拌等条件进行了研究。结果表明，当液固比为 4∶1、酸度 1~2mol/L HCl、温度 90℃左右、料∶氯 = 1∶1、料∶NaCl = 1∶0.2 时，产出渣率为 82.5%，Au、Pt、Pd 浸出率分别为 99%、98%、99%，Ag 则 99.99%富集在渣中。

9.3.4 电氯化浸出

电氯化浸出是氯气浸出的一种发展，它是利用电解氯化钠产出的氯气直接在电解槽内进行氯化浸出。

电氯化浸出时，存在以下两个同时进行的过程：电解氯化钠溶液制取氯；含有氯气的氯化钠水溶液与处理物料相互作用，使物料中欲氯化之金属转变为氯化物进入溶液。

在隔膜电解槽内电解氯化钠时，可能有以下电极反应。

阴极上：

$$2H^+ + 2e \longrightarrow H_2 \tag{9.37}$$

$$Na^+ + e \longrightarrow Na \tag{9.38}$$

阳极上：

$$2OH^- - 2e \longrightarrow H_2O + \frac{1}{2}O_2 \tag{9.39}$$

$$2Cl^- - 2e \longrightarrow Cl_2 \tag{9.40}$$

$$2ClO^- - 2e \longrightarrow 2Cl^- + O_2 \tag{9.41}$$

$$2ClO_3^- - 2e \longrightarrow 2Cl^- + 3O_2 \tag{9.42}$$

上列反应取决于电解条件及介质的性质。当用金属铁作为阴极时，甚至在碱性很大的电解液中，由于H^+放电的电位比Na^+的电位更正，故首先放电的是H^+，而溶液中的OH^-则在阴极附近，与Na^+按以下反应生成碱，即：

$$Na^+ + OH^- \longrightarrow NaOH \tag{9.43}$$

在隔膜电解槽中电解中性的浓氯化钠溶液时，在铁阴极和石墨阳极上进行的主要反应是：

$$2Cl^- \longrightarrow Cl_2 + 2e \tag{9.44}$$

$$2H_2O + 2e \longrightarrow H_2 + 2OH^- \tag{9.45}$$

总反应为：

$$2H_2O + 2Cl^- \longrightarrow Cl_2 + H_2 + 2OH^- \tag{9.46}$$

电解产物是氯、氢和碱。

分子氯在阳极上生成的过程按以下两步进行，即：

$$Cl^- - e \longrightarrow Cl \tag{9.47}$$

$$2Cl \longrightarrow Cl_2 \tag{9.48}$$

相比之下第二步速度较小。因此，装在电解槽阳极室中的含金物料主要是与电解产生的初生态氯原子相互作用生成三氯化金进入溶液，三氯化金继而在电解液中生成金氯氢酸及其复盐，即：

$$2Au + 3Cl_2 + 2HCl \longrightarrow 2HAuCl_4 \tag{9.49}$$

$$2Au + 3Cl_2 + 2NaCl \longrightarrow 2NaAuCl_4 \tag{9.50}$$

所以采用有隔膜的电解槽可以把阳极室的电解产物氯与阴极室电解产物碱、氢分开，消除它们彼此的机械混合，不致于影响金的顺利溶解。一般的电氯化浸出是采用隔膜电解槽进行的。但隔膜电解槽结构复杂，造价高。

如果采用无隔膜电解槽电解中性氯化钠溶液，由于电解产物的混合而导致一系列副反应的产生，结果是阳极上生成氯酸钠和气态氧，在阴极上生成气态氢。电解过程的总反应为：

$$2Cl^- + 9H_2O \longrightarrow 2ClO_3^- + 9H_2 + \frac{3}{2}O_2 \tag{9.51}$$

但是，这一过程只有当来自阴极的 NaOH 的数量与在阳极上生成的氯量相当时才有可能进行。如果 NaOH 的量较少，则在阳极上的气态氯和气态氧会同时析出，而Cl_2与O_2在析出数量上的比例与相互作用的碱与氯的量有关，也与最初溶液中的氯化钠含量有关。根据在无隔膜电解槽中发生的副反应，如果往电解液中加入一定数量的盐酸，则可在一定程度上抑制氯气的水解反应，而且还可以中和从阴极来的 NaOH，从而破坏 NaOH 与Cl_2反应的数量关系，有利于提高氯的析出量。因此，采用结构简单的无隔膜电解槽进行电氯化浸出，也是可能的。

电氯化浸出过程速度的影响因素很多，主要是阳极电流密度、氯化钠溶液的起始浓度、氯化钠溶液的酸度、温度、搅拌条件、电解槽的结构及电极材料等。

金属的浸出速度是随溶液中氯化钠起始浓度的升高而增大。对于一定氯化钠起始浓度而言，金属溶解速度增大至某一数值后，往往又因为极化，氯化钠浓度随着电解进行而降低以及副反应加速等原因而使溶解速度降低。

阳极电流密度是影响电氯化浸出过程速度的重要因素之一，随着电流密度的提高金的溶解速度加快，以后则减小；溶液中氯化钠的起始浓度愈大，最高点形成愈早。这可用溶液中氯的浓度增长很快来解释。但是，随着电流密度的增高，溶液的温度由于焦耳热而升高，导致氯的溶解度降低，以及促进生成 HClO 及 $NaClO_3$ 的副反应而降低溶液中氯的浓度，结果使物料的溶解速度降低。所以，适宜的电流密度往往要通过具体的研究来确定。

复习思考题

9-1　氯化浸出溶解反应的机理是什么？

9-2　影响氯化浸出速度的主要因素有哪些？

9-3　氯盐浸出工艺的特点是什么？

9-4　氯化浸出在贵金属浸出中的应用有哪些？

10 微生物浸矿

10.1 概　　述

随着社会的发展，对矿物资源的需求越来越大，而矿石的不断开采使高品位、易处理的矿源日渐匮乏，矿石越来越“贫”“杂”“细”。传统冶金工艺的利用率低、能耗大、环境污染严重等缺点日益突出，生物浸出技术由于其反应温和、能耗低、流程简单、环境友好等特点，得到了迅速发展。

微生物浸矿是借助某些微生物的催化氧化作用，使矿石中的矿物（金属）溶解的化学处理过程。根据微生物作用于目的矿物的过程与结果的不同，微生物浸矿可以分为两类：生物氧化和生物浸出。

生物氧化是指利用细菌对包裹目的矿物（或元素）的非目的矿物进行氧化，被氧化后的非目的矿物以离子状态进入溶液中，溶液被丢弃处理，而目的矿物（或元素）或被解离，或呈裸露状态仍留存于氧化后的渣中，待进一步处理提取有用元素的过程。如细菌对含有金、银的黄铁矿、砷黄铁矿等矿物的氧化，即属于生物氧化。

生物浸出是指利用细菌对含有目的元素的矿物进行氧化，被氧化后的目的元素以离子状态进入溶液中，然后对浸出的溶液进一步处理，从中提取有用元素，浸渣被丢弃的过程。如细菌对铜、锌、铀、镍、钴等硫化矿物的氧化，即属于生物浸出。

1947 年，美国人 Colmer 和 Hinkle 从矿山酸性坑水中分离、鉴定出氧化亚铁硫杆菌，并证实了微生物在浸出矿石中的生物化学作用。继 1958 年美国利用微生物浸铜和 1966 年加拿大利用微生物浸铀的研究及工业化应用得到成功之后，已有 30 多个国家开展了微生物在矿冶工程中的应用研究工作。而且继铜、铀、金的微生物湿法提取实现工业化生产之后，钴、锌、镍、锰的微生物湿法提取也正由实验室研究向工业化生产过渡。

我国微生物浸矿技术的研究是从 20 世纪 60 年代末开始的，主要集中在浸矿微生物的筛选和优化、影响微生物浸出的因素、浸出工艺、生物浸出的规律等方面。经过科研工作者多年的努力，已在铀、铜、金等金属的生产浸出应用中取得成功，先后在江西德兴铜矿、福建紫金山金铜矿等多家企业建设了生物氧化浸出厂。随着国内外生物技术的迅速发展和对环境保护的日益重视，微生物浸矿技术的研究及应用越来越受到关注。

10.2 浸矿微生物

10.2.1 浸矿微生物的种类和特性

浸矿微生物按其适宜生长的温度可分为三个类型，即嗜中温类型（25~40℃）、中等嗜热类型（40~55℃）和极端嗜热类型（55~85℃或更高），如图 10.1 所示。

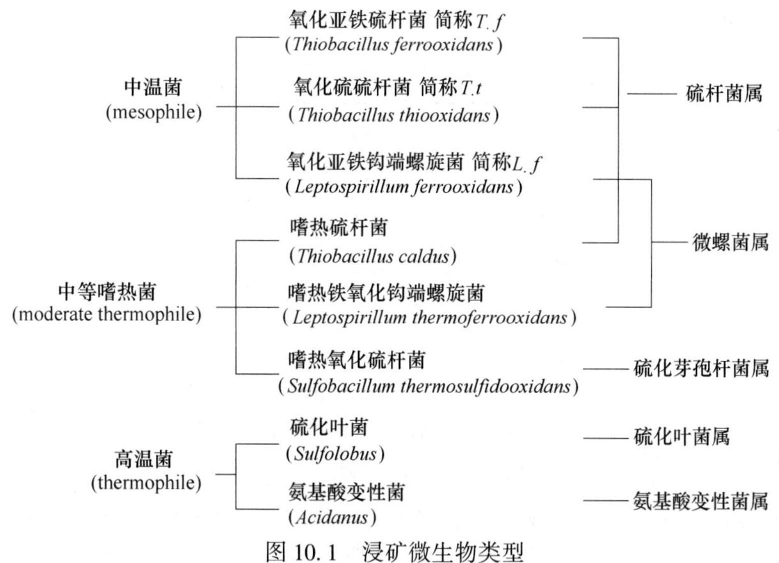

图 10.1 浸矿微生物类型

迄今已报道的浸矿微生物至少遍布 6 个属，营养类型从专性自养菌到兼性自养菌、混养菌和异养菌，其中应用最广的微生物大部分属于自养菌。自养菌广泛分布于金属硫化矿、煤矿的酸性矿坑水中，在生长和繁殖过程中，不需要任何有机营养，而是从无机物的氧化中取得能源。它们以铁、硫氧化时释放出来的化学能作为能源，以大气中的二氧化碳为唯一的碳源，并吸收氮、磷等无机物养分合成自身的细胞。在酸性条件下，它们能快速地将硫酸亚铁氧化为硫酸高铁，将元素硫及低价硫化合物氧化为硫酸。此外，还发现了将硫酸盐还原为硫化物、将硫化氢还原为硫单质、将氮氧化为硝酸的微生物。

氧化亚铁硫杆菌（*Thiobacillus ferrooxidans*，简称 *T. f*）、氧化硫硫杆菌（*Thiobacillus thiooxidans*，简称 *T. t*）和氧化亚铁钩端螺旋菌（*Leptospirillum ferrooxidans*，简称 *L. f*）是目前工业生产中应用最广泛的三种常温浸矿细菌，形貌特征如图 10.2 所示。其中氧化亚铁硫杆菌可以氧化 Fe^{2+}、硫单质（S^0）和还原态硫化物；氧化硫硫杆菌能氧化单质硫，但不能氧化 Fe^{2+}；氧化亚铁钩端螺旋菌能氧化 Fe^{2+}，但不能氧化单质硫。在微生物浸矿过程中，氧化硫硫杆菌和氧化亚铁钩端螺旋菌通常与其他菌种混合使用，以提高矿物的浸出率。

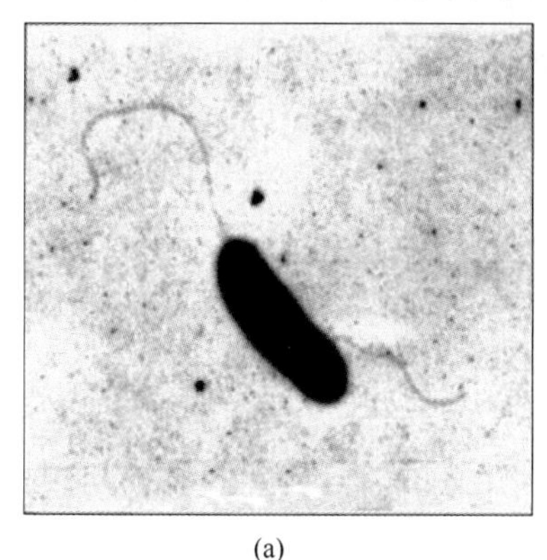
(a)

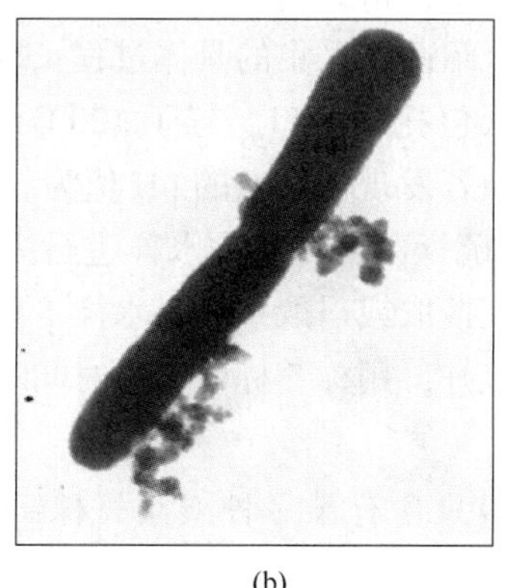
(b)

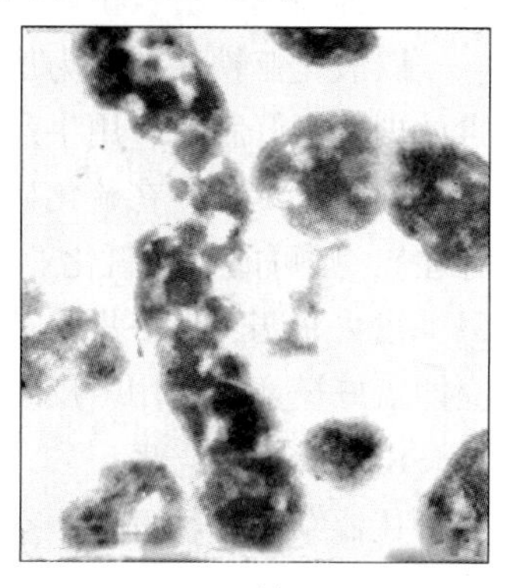
(c)

图 10.2 细菌形貌特征

（a）氧化亚铁硫杆菌；（b）氧化硫硫杆菌；（c）氧化亚铁钩端螺旋菌

一些用于处理硫化物矿石的微生物及其特性见表 10.1。

表 10.1 几种微生物的特性

微生物名称	生长温度（最佳）/℃	生长 pH 值（最佳）	形态学特征Ⅰ	形态学特征Ⅱ
氧化亚铁硫杆菌	5~40（28~35）	1.2~6.0（2.5~2.8）	杆状，大小为（0.3~0.5）μm×（1.0~1.7）μm，典型的革兰氏阴性菌，单鞭毛，可动	严格好氧，无机化能自养，可氧化铁、还原态硫（S、$S_2O_3^{2-}$）及金属硫化物矿物
氧化亚铁钩端螺旋菌	5~40（30）	1.5~4.0（2.5~3.0）	螺旋状，大小为（0.2~0.4）μm×（0.9~1.1）μm，典型的革兰氏阴性菌，有鞭毛，可动	严格好氧，无机化能自养，可利用铁和黄铁矿为能源，但不能氧化硫
氧化硫硫杆菌	5~40（28~30）	0.5~0.6（2.0~3.5）	杆状，大小为（0.5~1.0）μm×2.0μm，典型的革兰氏阴性菌，单鞭毛，可动	严格好氧，无机化能自养，可氧化还原态硫（S、$S_2O_3^{2-}$），但不能氧化铁和金属硫化物矿物
布赖尔利叶硫球菌	55~80（70）	1.0~5.09（2.0~3.0）	球状，大小为 0.8~1.0μm，典型的革兰氏阴性菌，不可动	严格好氧，无机化能营养条件下可氧化 Fe^{2+}、S、金属硫化物矿物
嗜热硫氧化菌	20~60（50~55）	1.0~5.0（1.0~5.0）	杆状，典型的革兰氏阳性菌	严格好氧，无机化能营养条件下可氧化 Fe^{2+}、S、金属硫化物矿物，形成内生孢子

10.2.2 浸矿微生物的采集、分离和保藏

10.2.2.1 浸矿微生物的采集和分离

A 采集

获得浸矿微生物的优良菌种是进行浸矿的先决条件。浸矿微生物分布很广，土壤、水体及空气中都可能存在，但相对比较集中的地方是金属硫化矿及煤矿的酸性矿坑水中。因此，采集浸矿微生物菌种的最佳取样点是铜矿、铀矿、金矿、煤矿等的酸性矿坑水处。

具体实践中，应根据浸矿细菌的具体用途，选择适当的矿山采集水样（菌样）。例如，细菌主要为了氧化黄铜矿，可到含铜硫化矿的矿山采集；而主要为了氧化砷黄铁矿，则可以到含砷高的砷黄铁矿矿山采集，依此类推。

以氧化亚铁硫杆菌为例介绍菌种采集的具体过程：取 50~250mL 的细口瓶，洗净、消毒处理并配好胶塞，用牛皮纸包扎好瓶口，置于 120℃烘箱中灭菌 20min，待冷却后即可作为细菌采集瓶。在硫化矿山若发现矿坑水的 pH 值为 1.3~3.5 并呈红棕色（说明有 Fe^{3+} 存在），则可能存在氧化亚铁硫杆菌，可对此水样进行采集。取样时将牛皮纸取下，用一只手拔去瓶塞，另一只手持瓶接取或舀取水样，水样不能取满，须留一定的空间。取样后立即盖好瓶塞，并用牛皮纸包好，用标签标明取样时间和地点，带回实验室备用。

B 分离与纯化

从混杂微生物群体中获得只含有某一种或某一株微生物的过程称为微生物的分离与纯化。

采集到的矿水样中往往含有多种微生物，为了分离得到所需的目的菌种，首先要进行目的菌种的培养。培养步骤如下：

（1）配好的专供目的菌种生长的培养基用蒸汽灭菌 15min 后，在无菌操作下分装于数个已洗净并灭菌的 100mL 三角瓶中。

（2）每瓶装培养基 20mL，用洗净干燥的吸液管分别取 1～5mL 矿水样加到各个三角瓶中，塞好棉塞置于 20～30℃恒温条件下，静置培养（或振荡培养）7～10d。

（3）目的菌种的生长繁殖，使三角瓶中悬浮物浓度迅速增加。选择变化最快、浓度最高的三角瓶，在瓶中取 1mL 培养液，接种到装有新培养基的三角瓶中，按与之前同样的方法培养。

（4）按同样方法反复转移培养 10 次以上。每转移一次只需 1～2 滴，接种量逐渐减少而所培养的目的菌种却越来越活跃。

以氧化亚铁硫杆菌为例，通过上述转移培养，借助培养基的高酸度，可杀死淘汰掉一些不嗜酸的杂菌，同时由于培养基中的高浓度亚铁离子，只有氧化亚铁的细菌才能生长繁殖，其他菌则被杀死淘汰掉，而氧化亚铁硫杆菌则得到充分繁殖，活性越来越大。

微生物在固体培养基上生长形成的单个菌落，通常是由一个细胞繁殖而成的集合体。因此，可通过挑取单菌落而获得一种进行纯培养。获取单个菌落的方法可通过稀释涂布平板或平板划线等技术完成。要指出的是，从微生物群体中经分离生长在平板上的单个菌落并不一定保证是纯培养。因此，纯培养的确定除观察其菌落特征外，还要结合显微镜检测个体形态及其他鉴定方法才能最终确定。

10.2.2.2　*浸矿微生物的保藏*

不同浸矿微生物由于遗传特性不同，因此适合采用的保藏方法也不一样。一种良好有效的保藏方法，首先应能保持原菌种的优良性状长期不变，同时还须考虑方法的通用性、操作的简便性和设备的普及性。下面是常用的几种菌种保藏方法。

（1）斜面低温保藏法 。将菌种接种在适宜的斜面培养基上，待菌种生长完全后，置于 4℃左右的冰箱中保藏，每隔一定时间（保藏期）再转接至新的斜面培养基上，生长后继续保藏，如此连续不断。放线菌、霉菌和有芽孢的细菌一般可保存 6 个月左右，无芽孢的细菌可保存 1 个月左右，酵母菌可保存 3 个月左右。如以橡皮塞代替棉塞，再用石蜡封口，置于 4℃冰箱中保藏，不仅能防止水分挥发并隔绝氧气，还能防止棉塞受潮而污染，可有效延长菌种的保藏期。

该法由于采用低温保藏，大大减缓了微生物的代谢繁殖速度，降低突变频率；同时也减少了培养基的水分蒸发，使其不至于干裂。该法的优点是简便易行，容易推广，存活率高，故科研和生产上对经常使用的菌种大多采用这种保藏方法。但其缺点是菌株仍有一定程度的代谢活动能力，保藏期短，传代次数多，菌种较容易发生变异和被污染。

（2）石蜡油封藏法。石蜡油封藏法是在无菌条件下，将灭过菌并已蒸发掉水分的液体石蜡倒入培养成熟的菌种斜面（或半固体穿刺培养物）上，石蜡油层高出斜面顶端 1cm，使培养物与空气隔绝，加胶塞并用固体石蜡封口后，垂直放在室温或 4℃冰箱内保藏。使用的液体石蜡要求优质无毒，化学纯规格，其灭菌条件是：150～170℃烘箱内灭菌 1h；或 121℃高压蒸汽灭菌 60～80min，再置于 80℃的烘箱内烘干除去水分。

由于液体石蜡阻隔了空气，使菌体处于缺氧状态下，而且又防止了水分挥发，使培养物不会干裂，因而能使保藏期达 1～2 年，甚至更长。

（3）砂土管保藏法。该法是一种常用的长期保藏菌种的方法。其制作方法是：先将砂与土分别洗净、烘干、过筛，按砂与土的比例为(1~2)：1混匀，分装于小试管中，砂土的高度约1cm，以121℃蒸汽灭菌1~1.5h，间歇灭菌3次，50℃烘干后经检查无误后备用。需要保藏的菌株先用斜面培养基充分培养，再以无菌水制成10^8~10^{10}个/mL菌悬液滴入砂土管中，而后置于干燥器中抽真空2~4h，用火焰熔封管口（或用石蜡封口），置于干燥器中，在室温或4℃冰箱内保藏。

砂土管法兼具低温、干燥、隔绝氧气和无营养物等诸多条件，故保藏期较长（1~10年）、效果较好，且微生物移接方便，经济简便。

10.3 微生物浸出的机理

不同微生物浸出不同矿物的过程复杂多变，本节主要讲述研究较多的微生物浸出硫化矿的机理，包括微生物代谢铁和硫的机理、微生物浸出的机制、金属硫化矿微生物浸出途径等。

10.3.1 微生物代谢铁和硫的机理

10.3.1.1 铁的代谢机理

Fe^{2+}的生物氧化分两步完成：

$$2Fe^{2+} = 2Fe^{3+} + 2e \tag{10.1}$$

$$2e + 1/2O_2 + 2H^+ = H_2O \tag{10.2}$$

电子通过呼吸链成对传递给氧，每氧化2mol Fe^{2+}，细胞获得14kcal能量，形成1mol ATP（腺嘌呤核苷三磷酸）。

上述两步是在细胞膜的两个部位进行的，第一步是与外膜或周质区相联系；第二步则与细胞内膜相联系，这种分离对阻止Fe^{3+}进入细胞及将Fe^{3+}及时送到膜外有重要意义，总的反应式为：

$$Fe^{2+} + H^+ + 0.25O_2 = Fe^{3+} + 0.5H_2O \tag{10.3}$$

10.3.1.2 硫的代谢机理

S^{2-}的生物氧化也分两步完成：第一步是在S^{2-}氧化酶的作用下，S^{2-}失去两个电子，结果发生了S原子的聚合。第二步包括短链多聚硫化物到多聚硫复合物的氧化，多聚硫化物的氧化是与细胞膜相连的，而且必须有细胞质的参与。反应过程如下：

$$SH^- = [S] + H^+ + 2e\text{(硫化酶催化)} \tag{10.4}$$

$$2[S] = [S—S] \tag{10.5}$$

$$[S—S] + SH^- + X = X—S—S—SH + e \tag{10.6}$$

$$2[X—S—S—SH] = X—S_6—X + 2H^+ + 2e\text{(多聚硫化酶催化)} \tag{10.7}$$

其中，X是一种有机复合物。

10.3.2 微生物浸出的机制

微生物浸出矿物的机制主要有接触浸出机制、间接浸出机制和协作浸出机制。

10.3.2.1 接触浸出机制

微生物的接触作用是指浸矿细菌在其紧固器、菌毛或矿物表面黏着力的作用下，附着在矿石表面，使该目的矿物氧化而溶解。事实上，矿物中的还原态硫和铁化合物被细菌直接氧化是一个极复杂的多级过程。首先，必须使硫化物或分子硫的晶格破裂，接着让氧化剂渗入晶格内，然后在各种酶系统的影响下进行氧化过程，这些酶系统参与了由基质传递电子给氧的过程。同时，这些无机化能自养型细菌也正是靠氧化 Fe^{2+}、硫和可溶性的硫化合物来获得生命过程所需能量的。

细菌接触作用可用下式统一表示：

$$MeS + 2O_2 \xrightarrow{\text{细菌作用}} Me^{2+} + SO_4^{2-} \tag{10.8}$$

其中 Me 为某种被浸金属元素。

接触作用的特征是：细菌必须吸附在矿石表面；在吸附菌的作用下，矿石中的 S^{2-} 被氧化成 SO_4^{2-}，金属呈可溶性离子形式由固相进入液相中。

10.3.2.2　间接浸出机制

悬浮在浸出液中的游离细菌在溶液中氧化 Fe^{2+} 为 Fe^{3+}，细菌的间接作用依赖于 Fe^{3+} 来氧化硫化矿物，生成 Fe^{2+} 和单质硫，在细菌的作用下，Fe^{2+} 和单质硫被氧化成 Fe^{3+} 和 H_2SO_4，又可循环作为浸矿剂来浸出硫化矿物。

$Fe_2(SO_4)_3$ 是一种很有效的金属矿物氧化剂和浸出剂，铜及其他多种金属矿物都可被 $Fe_2(SO_4)_3$ 氧化浸出：

黄铁矿　$FeS_2 + 7Fe_2(SO_4)_3 + 8H_2O = 15FeSO_4 + 8H_2SO_4$　(10.9)

辉铜矿　$Cu_2S + 2Fe_2(SO_4)_3 = 2CuSO_4 + 4FeSO_4 + S$　(10.10)

氧化亚铜　$Cu_2O + Fe_2(SO_4)_3 + H_2SO_4 = 2CuSO_4 + 2FeSO_4 + H_2O$　(10.11)

铀矿　$UO_2 + Fe_2(SO_4)_3 = UO_2SO_4 + 2FeSO_4$　(10.12)

10.3.2.3　协作浸出机制

协作浸出机制是指在细菌浸出当中，既有细菌的接触浸出，又有通过 Fe^{3+} 氧化的非接触浸出。有些情况下以接触浸出为主，有时则以间接浸出为主，但两种作用都不可排除。这是迄今为止绝大多数研究者都赞同的细菌浸出机制。实际上，大多数矿石总会多少存在一些铁的硫化矿，所以浸出时 Fe^{3+} 的作用不可排除。

例如，铜蓝（CuS）一方面可以被细菌接触氧化浸出，反应如下：

$$CuS + 2O_2 = CuSO_4 \tag{10.13}$$

另一方面因为多金属硫化矿构成的复杂铜硫化矿中，一般都存在黄铁矿，黄铁矿在细菌作用下生成 H_2SO_4 和 $Fe_2(SO_4)_3$，从而构成铜蓝的间接反应如下：

$$CuS + Fe_2(SO_4)_3 = CuSO_4 + 2FeSO_4 + S \tag{10.14}$$

以上两个反应的区别是：接触作用不产生硫单质，而间接作用产生硫和 Fe^{2+}，所生成的硫又被细菌氧化为硫酸，减少了细菌浸矿过程所需的硫酸用量，从而降低了浸矿成本。

其他许多矿物的细菌浸出，一般只要这些矿物与黄铁矿共生，就会同时存在接触浸矿作用和间接浸矿作用，问题只是何种作用占主导地位。

10.3.3　金属硫化矿生物浸出途径

硫化矿一般可分成酸溶性和酸不溶性两大类，前者如闪锌矿（ZnS）、黄铜矿（$CuFeS_2$）和砷黄铁矿（FeAsS），后者如黄铁矿（FeS_2）、辉钼矿（MoS_2）和辉钨矿（WS_2）。根据金属硫化矿物的酸溶解性，生物浸出途径可分为硫代硫酸盐途径和多聚硫化物途径，如图 10.3 所示。

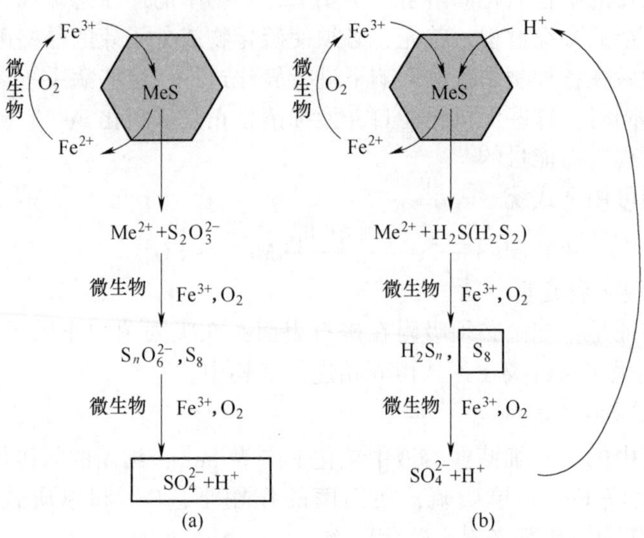

图 10.3 金属硫化矿生物浸出的途径
（a）硫代硫酸盐途径；（b）多聚硫化物途径

其中硫代硫酸盐途径适用于非酸溶性金属硫化物（如黄铁矿）的分解，多聚硫化物途径则适用于酸溶性金属硫化物（如闪锌矿、黄铜矿）的分解。

10.3.3.1 硫代硫酸盐途径

酸不溶性硫化矿物可抵抗质子攻击，不能被酸溶解，仅仅能被 Fe^{3+} 氧化，并产生副产物硫代硫酸盐。铁氧化菌可将 Fe^{2+} 氧化到 Fe^{3+}，因此酸不溶性硫化矿物只能被铁氧化菌溶解。反应式可表示为：

$$FeS_2 + 6Fe^{3+} + 3H_2O = 7Fe^{2+} + S_2O_3^{2-} + 6H^+ \tag{10.15}$$

上述反应形成的硫代硫酸盐在酸性溶液中并不稳定，尤其是遇到 Fe^{3+} 时易被氧化成连四硫酸盐，而连四硫酸盐又可经过一个复杂的中间产物分解成其他的连多硫酸盐、硫单质和硫酸。

$$S_2O_3^{2-} + 8Fe^{3+} + 5H_2O = 2SO_4^{2-} + 8Fe^{2+} + 10H^+ \tag{10.16}$$

10.3.3.2 多聚硫化物途径

酸溶性硫化物很容易被嗜酸性硫氧化细菌降解。在这种途径中，矿物一方面遭遇到质子的攻击，在酸的作用下释放出可溶的金属阳离子和硫化氢：

$$MeS+2H^+ = Me^{2+}+H_2S \tag{10.17}$$

而硫化氢被细菌氧化成硫酸：

$$H_2S + 2O_2 \xrightarrow{\text{细菌作用}} H_2SO_4 \tag{10.18}$$

另一方面，酸溶性硫化物也可以遭到 Fe^{3+} 的攻击，形成 Fe^{2+} 和聚硫化物：

$$MeS + Fe^{3+} + H^+ \longrightarrow Me^{2+} + H_2S_n + Fe^{2+} (n \geqslant 2) \tag{10.19}$$

而 H_2S_n 也可进一步被 Fe^{3+} 氧化产生硫单质。

接着，硫单质可在硫氧化菌的作用下氧化成硫酸，由硫酸解离出的质子可加速矿物的溶解：

$$0.5H_2S_n+Fe^{3+} \longrightarrow 0.125S_8+Fe^{2+}+H^+ \tag{10.20}$$

$$0.125S_8 + 1.5O_2 + H_2O = 2H^+ + SO_4^{2-} \tag{10.21}$$

黄铁矿是酸不溶性的，细菌新陈代谢由于需要能量，必然更多、更快地吸附到黄铁矿表面，因为溶液中缺乏足够的能量；而闪锌矿、黄铜矿等是酸溶性的，溶液中有一定的能量源，于是细菌对矿物的黏附要慢、要少一些。

从以上可以看出，无论是酸溶性矿物还是酸不溶性矿物，有 Fe^{3+} 参与能使矿物快速氧化，而空气氧化 Fe^{2+} 的速率是很慢的，细菌氧化 Fe^{2+} 的速率则快得多，是氧气氧化 Fe^{2+} 速率的 5 万~10 万倍。要使矿物更快地溶解氧化，就需要提供大量 Fe^{3+}，而细菌就能实现从 Fe^{2+} 到 Fe^{3+} 的快速氧化。

10.4 微生物浸矿的热力学

硫化矿的细菌浸出最终的电子受体是氧。尽管细菌浸出过程十分复杂，但从热力学的角度看，体系的状态函数的变化量仅与体系的始态与终态有关，而与所经历的途径无关，所以可以不涉及过程的机理对浸出过程进行热力学上的分析。图 10.4 为主要硫化物的 ε-pH 值图。图中各线对应的反应式与平衡方程式（T=25℃时）如表 10.2 所示。图上叠加了卡普兰（Kaplan）绘制的硫细菌与铁细菌的活动区。

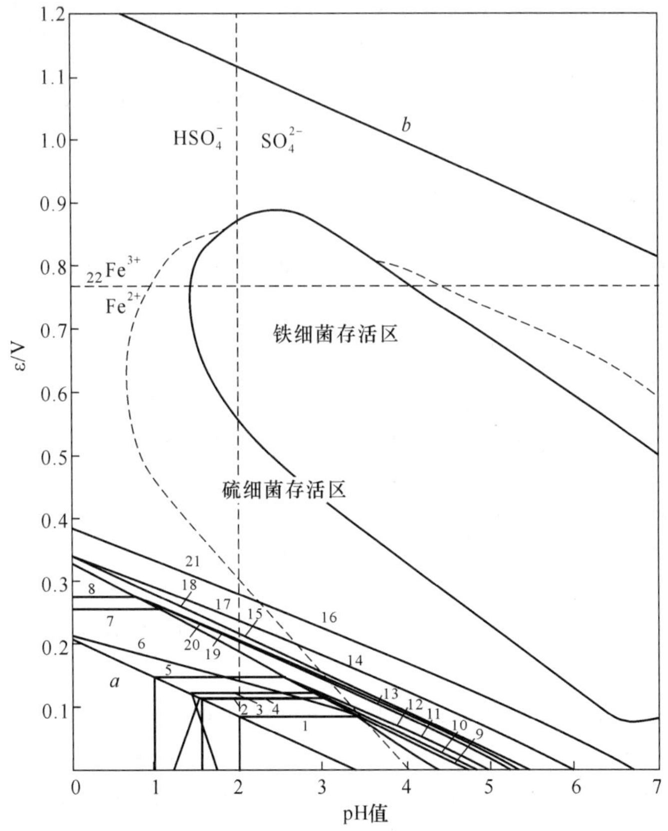

图 10.4 主要金属硫化物 ε-pH 值图

T=25℃，[Me]=[SO_4^{2-}]=[HSO_4^-]=0.1mol/L，[H_2S]=0.01mol/L

表 10.2 主要硫化物电极反应与其平衡方程式（T=25℃）

序号	电极反应式	平衡方程式
a	$2H^{+}+2e = H_2$	$\varepsilon=0-0.0591pH-0.0296\lg p_{H_2}$
b	$\frac{1}{2}O_2+2H^{+}+2e = H_2O$	$\varepsilon=1.229-0.0591pH+0.01478\lg p_{O_2}$
1	$Fe^{2+}+S+2e = FeS$	$\varepsilon=0.114+0.0296\lg[Fe^{2+}]$
2	$Co^{2+}+S+2e = CoS$	$\varepsilon=0.145+0.0296\lg[Co^{2+}]$
3	$7Fe^{2+}+8S+14e = Fe_7S_8$	$\varepsilon=0.146+0.0042\lg[Fe^{2+}]^7$
4	$4.5Fe^{2+}+4.5Ni^{2+}+8S+18e = Fe_{4.5}Ni_{4.5}S_8$	$\varepsilon=0.146+0.0148\lg([Ni^{2+}][Fe^{2+}])$
5	$Ni^{2+}+S+2e = NiS$	$\varepsilon=0.176+0.0296\lg[Ni^{2+}]$
6	$Fe^{2+}+H_3AsO_3+S^0+3H^{+}+5e = FeAsS+3H_2O$	$\varepsilon=0.213-0.0355pH+0.0118\lg\frac{[Fe^{2+}]}{[H_3AsO_3]}$
7	$Zn^{2+}+S+2e = ZnS$	$\varepsilon=0.282+0.0296\lg[Zn^{2+}]$
8	$Fe^{2+}+2Ni^{2+}+4S+6e = FeNi_2S_4$	$\varepsilon=0.304+0.0098\lg([Fe^{2+}][Ni^{2+}]^2)$
9	$Fe^{2+}+SO_4^{2-}+8H^{+}+8e = FeS+4H_2O$	$\varepsilon=0.297-0.0591pH+0.0074\lg([Fe^{2+}][SO_4^{2-}])$
10	$Co^{2+}+SO_4^{2-}+8H^{+}+8e = CoS+4H_2O$	$\varepsilon=0.301-0.0591pH+0.0074\lg([Co^{2+}][SO_4^{2-}])$
11	$7Fe^{2+}+8SO_4^{2-}+64H^{+}+62e = Fe_7S_8+32H_2O$	$\varepsilon=0.310-0.061pH+0.007\lg[Fe^{2+}]+0.008\lg[SO_4^{2-}]$
12	$4.5Fe^{2+}+4.5Ni^{2+}+8SO_4^{2-}+64H^{+}+66e = Fe_{4.5}Ni_{4.5}S_8+32H_2O$	$\varepsilon=0.3-0.057pH+0.004\lg([Fe^{2+}][Ni^{2+}])+0.007\lg[SO_4^{2-}]$
13	$Zn^{2+}+SO_4^{2-}+8H^{+}+8e = ZnS+4H_2O$	$\varepsilon=0.335-0.0591pH+0.0074\lg([Zn^{2+}][SO_4^{2-}])$
14	$Cu^{2+}+Fe^{2+}+2SO_4^{2-}+16H^{+}+16e = CuFeS_2+8H_2O$	$\varepsilon=0.372-0.0591pH+0.0037\lg([Fe^{2+}][Cu^{2+}][SO_4^{2-}]^2)$
15	$Fe^{2+}+2SO_4^{2-}+16H^{+}+14e = FeS_2+8H_2O$	$\varepsilon=0.367-0.067pH+0.0042\lg([Fe^{2+}][SO_4^{2-}]^2)$

续表 10.2

序号	电极反应式	平衡方程式
16	$Cu^{2+}+SO_4^{2-}+8H^++8e=CuS+4H_2O$	$\varepsilon=0.419-0.0591pH+0.0074lg([Cu^{2+}][SO_4^{2-}])$
17	$Cu^{2+}+Fe^{2+}+2HSO_4^-+14H^++16e=CuFeS_2+8H_2O$	$\varepsilon=0.358-0.052pH+0.0037lg([Cu^{2+}][Fe^{2+}][HSO_4^-]^2)$
18	$Fe^{2+}+2HSO_4^-+14H^++14e=FeS_2+8H_2O$	$\varepsilon=0.351-0.0591pH+0.0042lg([Fe^{2+}][HSO_4^-]^2)$
19	$Zn^{2+}+HSO_4^-+7H^++8e=ZnS+4H_2O$	
20	$Fe^{2+}+2Ni^{2+}+4HSO_4^-+28H^++30e=FeNi_2S_4+16H_2O$	$\varepsilon=0.332-0.055pH+0.002lg([Fe^{2+}][Ni^{2+}]^2[HSO_4^-]^4)$
21	$Cu^{2+}+HSO_4^{2-}+7H^++8e=CuS+4H_2O$	
22	$Fe^{3+}+e=Fe^{2+}$	$\varepsilon=0.767+0.0591lg\frac{[Fe^{3+}]}{[Fe^{2+}]}$

从图 10.4 看出，细菌活动区也是各金属硫化矿的氧化区，这样可使细菌的存活与硫化矿的氧化统一在一个环境中。细菌浸出硫化矿时最终的电子受体是氧，而氧的电位比图上所列硫化物均正，从热力学看这些硫化物均可能被细菌浸出。按硫化矿被氧化的热力学趋势的大小可排序如下：

$$FeS > CoS > Fe_{4.3}Ni_{4.5}S_8 \approx Fe_7S_8 > NiS > ZnS > FeNi_2S_4 > CuFeS_2 > FeS_2$$

由于 FeS_2 电位较高，因而它可与其他硫化物组成原电池，FeS_2 作为阴极，促进与之接触的其他硫化矿的浸出，而黄铁矿自身的氧化则较其他矿困难。

10.5　微生物浸矿的动力学

微生物浸出全过程十分复杂，包括了气体的溶解与传输、微生物生长、细菌在矿物表面吸附、液相传质、生化反应等多种过程。这些过程有的并列进行，有的串联进行，整个生物浸出过程包括下面五个重要环节。

（1）气体的溶解与传输。硫化矿物、Fe^{2+}、S^0 等的氧化，最终的电子受体是氧。氧是生物浸出过程必不可少的参与者。除氧外，CO_2 是细菌生长所必需的。在槽浸时氧和 CO_2 是以向矿浆中鼓入空气的方式提供的。在堆浸、原位浸出时则靠这些气体在自然条件下溶解在浸出液中。在某些条件下溶液中溶解的气体向细菌和矿粒表面的扩散有可能成为全过程的速率控制步骤。特别是在槽浸时，当充气速率和搅拌速率低于某值时尤其会如此。但在正常情况下气体的溶解与扩散尚不至于成为速率控制步骤，在原位浸出时溶解有气体的浸矿液的供给有可能成为控制步骤。气体溶解在溶液中的速率可用下式表示：

$$\frac{dC_1}{dt} = K_1 a(C_{sat} - C_1) \tag{10.22}$$

式中　C_1——气体在液相中的浓度；

C_{sat}——气体在液相中的饱和浓度；

K_1——传质系数；

a——气液界面的有效面积。

因为 K_1 与 a 均不易测得，故常把 K_1a 作为一个参数看待，有人称 K_1a 为氧气传输系数。

对于带搅拌的槽浸，Oguz 等给出了氧气传输系数 K_1a 与各因素的关系式：

$$K_1 a = 6.6 \times 10^{-4}(\mu_{rel})^{-0.39}(P/V)^{0.75}Q^{0.5} \tag{10.23}$$

式中　μ_{rel}——矿浆相对黏度（相对于水）；

P——能量输入；

V——矿浆体积；

Q——空气流速。

（2）微生物生长。细菌发挥作用主要靠细菌数量的快速增长，这种增长是靠细菌的繁殖来实现的。细菌的繁殖是通过细胞的分裂—裂殖。大多数细菌表现为横分裂（垂直于其长轴方向分裂），分裂后形成的两个细胞大小相等，称为同型分裂。这一过程分为三步来实现。

第一步是核的分裂和隔膜的形成。细菌从周围环境中吸收营养物质，随之发生一系列生物化合反应，把进入细胞的营养物转变成新的细胞物质——DNA、RNA、蛋白质、酶及其他分子。细菌染色体 DNA 的复制往往先于细胞分裂并随着细胞的生长而分开。与此同时，细胞中部的细胞膜从外向中心做环状推进，逐步闭合形成一垂直于细胞长轴的细胞质隔膜，使细胞质与细胞核均分为二。

第二步是横隔壁的形成。随着细胞膜的向内推进，母细胞的细胞壁也跟着由四周向中心逐渐延伸，把新生成的细胞质膜分为两层，每层分别为两个子细胞的细胞膜，横隔壁也逐渐分为两层，使得每个子细胞各自有自己完整的细胞壁。

第三步是子细胞分离。在纯培养条件下细菌群体生长规律一般具有图 10.5 所示的规律。全过程分四个阶段。第一阶段为延滞期，在该阶段，细胞代谢活跃，细胞体积增长较快，但分裂迟缓。第二阶段为对数期，这一阶段细胞代谢活性最强，生长十分迅速，以对

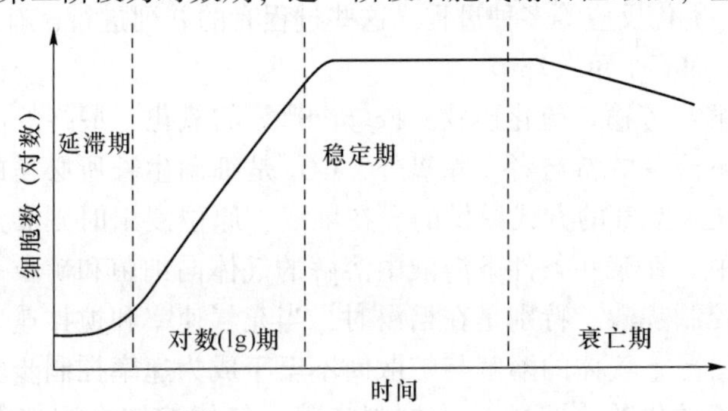

图 10.5　微生物的生长曲线

数增长速率繁殖。第三阶段为稳定期，在细菌的生长与死亡之间达到动态平衡，这时培养基中细菌浓度最大，但活性较差，在进行生产接种时应取处于稳定期但尽量靠近对数期的细菌。第四阶段为衰亡期。细菌生长速率可用 Monod 方程表述。

（3）细菌在矿物表面的吸附。细菌吸附在固体反应物表面是微生物浸出过程最重要的环节。细菌在浸出中的作用有两种，一种是游离细菌，另一种是吸附细菌。在很多情况下吸附细菌在浸出中起主要作用。Gormely 和 Duncan 的研究表明，在硫化锌矿细菌浸出时有65%的氧化亚铁硫杆菌吸附在硫化锌矿的表面，Dispirito 等报道细菌浸出时有 65%氧化亚铁硫杆菌吸附在各种颗粒（包括硫单质与黄铁矿）表面。细菌在矿粒表面上的分布与细菌生长阶段以及矿物氧化程度有关。在矿浆和矿粒表面存在着细菌的吸附与脱附的动态平衡。建立平衡所需时间与菌种、矿物性质、细菌的驯化有关。工业实践也充分证明了细菌在矿物表面的吸附。SaoBento 难处理金矿细菌氧化预处理的 BIOX 工业反应槽中发现有48%的氧化亚铁微螺菌、34%氧化硫硫杆菌和 10%的氧化亚铁硫杆菌未被吸附，其余的则吸附于矿物表面。随着反应槽数的增加、浸出时间的延长，未被吸附的氧化亚铁硫杆菌下降到 5%，然后保持相对稳定。细菌与矿粒表面的相互作用是分阶段进行的。第一步为初级吸附，该阶段主要是物理吸附，物理吸附主要靠两种力，一为静电吸引力，二为疏水力（范德华力），有学者提出过多种吸附机理。第二步是二级吸附，有些学者称其为化学吸附，即在细胞与矿物之间形成了一种特别的联系，有学者认为细胞壁上的蛋白质在这种联系中起着重要作用，也有学者认为在细胞与矿物表面之间发生了特别的生物化学反应。

细菌在矿物表面的吸附是可逆过程，可用 Langmuir 吸附等温方程加以描述：

$$v_a = K_a B(1 - \theta) \tag{10.24}$$

$$v_d = K_d \theta \tag{10.25}$$

式中 v_a——吸附速率；
v_d——脱附速率；
K_a——吸附过程的速率常数；
K_d——脱附过程的速率常数；
θ——被细菌占领的表面积的分数；
B——溶液中细菌的浓度。

在平衡条件下 $v_a=v_d$，可导出：

$$\theta = \frac{K_a B}{K_a B + K_d} \tag{10.26}$$

由式（10.26）可以看出，θ 随 B 增大而增大，当 B 足够大时 θ 趋近于 1。经驯化的细菌与矿物表面之间吸附-脱附平衡很快达到。

（4）液相传质。在细菌浸出过程中需要考虑的液相传质物种有：反应物，如 Fe^{3+} 等；生成物，如 Fe^{2+}、SO_4^{2-}、As（Ⅲ）、As（Ⅴ）以及各种硫化物氧化后产生的金属阳离子；营养物。这些水溶物种均需通过扩散达到细菌或固液反应物表面；或反之，从上述表面扩散到溶液本体。正如一切液-固反应一样，扩散主要是在固液界面处的边界层中进行。当反应生成固体产物时，还有经过固体产物层的扩散。当固体产物是单质硫时，若单质硫层疏松多孔，经过该种层的扩散不会成为速率控制步骤。在一个充分搅拌、扩散物浓度足够高的液-固反应体系中，边界层扩散不会成为过程的速率控制步骤。在静态床浸出过程中，如堆浸、原位浸出等，低的Fe^{3+}与营养液浓度可能使扩散成为速率控制步骤。

(5) 表面化学反应或生化反应。若浸出按各种最佳条件进行，排除了前述各环节成为速率控制步骤的可能后，则浸出过程成为表面生物化学或化学反应控制。其中究竟何种反应起主要作用，这与所处理的矿物原料情况有关。这在微生物浸矿的机理阐述中已经论及了。

微生物浸矿工业应用的日渐推广，自然产生了对这一过程数学模型的需要。先后从不同角度用不同的思路提出了多种数学模型，其中有建立在实验结果上的经验公式，也有从基本的理论出发经过数学的推导而得出的。下面介绍几种数学模型。

(1) Monod 方程。细菌生长速率可用 Monod 方程来表述：

$$\mu = \frac{\gamma_x}{C_x} = \frac{\mu_{max} C_s}{K_s + C_s} \tag{10.27}$$

式中 μ——单位细菌浓度的细菌生长速率（细菌生长比速），个/h；

μ_{max}——细菌生长的最大比速，个/h；

γ_x——细菌生长速率，mol/(L·h)；

C_x——细菌浓度；

K_s——基质饱和常数；

C_s——抑制细菌生长的物质的浓度，mol/L，该处指 Fe（Ⅲ）的摩尔浓度。

以$\frac{1}{\mu}$与$\frac{1}{C_s}$作图为一直线，由其截距可求出μ_{max}，由其斜率与μ_{max}值可求出K_s。该方程适用于以显微镜下计数所表示的细菌浓度。

(2) Hansford 逻辑方程。Hansford 逻辑方程是一个经验公式。硫化矿氧化的速率：

$$\frac{dx}{dt} = K_m X\left(1 - \frac{X}{X_{max}}\right) \tag{10.28}$$

式中 X——黄铁矿浸出分数，无量纲；

X_{max}——黄铁矿最大浸出分数，无量纲，为经验数据；

K_m——逻辑方程中的最大速率常数，1/h。

对于周期性槽浸，式（10.28）积分后得：

$$X_{(t)} = \frac{X_{(0)}\exp(K_m t)}{1 - \frac{X_{(0)}}{X_{max}}[1 - \exp(K_m t)]} \tag{10.29}$$

式中 $X_{(t)}$——时间为t时黄铁矿浸出的分数；

$X_{(0)}$——时间为0时黄铁矿的浸出分数。

式（10.29）可改变为对数方程：

$$\ln\left(\frac{X}{X_{max} - X}\right) = K_m t + \ln\left(\frac{X_{(0)}}{X_{max} - X_{(0)}}\right) \tag{10.30}$$

可以由式（10.30）推导出适用于系列反应器连续浸出的更复杂的方程。在稳定态下单级浸出分数：

$$X_t = X_m\left(1 - \frac{1}{K_1 t}\right) \tag{10.31}$$

对黄铁矿上述逻辑方程的计算结果与试验结果吻合甚好。

（3）Nagpal 模型。假定：黄铁矿、砷黄铁矿的氧化只靠 Fe^{3+}，其速率取决于溶液电位与矿物电位之差；细菌生长速率与 Fe^{2+} 氧化速率成正比；吸附与未吸附细菌均参与 Fe^{2+} 氧化。

细菌生长速率：

$$\gamma_x = -Y_{sx} \cdot \gamma_{Fe^{2+}} \tag{10.32}$$

式中 γ_x——细菌产出速率，mol/(L·h)；

Y_{sx}——单位基质的细菌产出率，mol/(mol·h)；

$\gamma_{Fe^{2+}}$——Fe^{2+} 产出速率，mol/(L·h)。

Fe^{2+} 氧化而造成的 Fe^{2+} 的消耗速率：

$$-\gamma_{Fe^{2+}} = \frac{q_{Fe^{2+}}^{max} \cdot C_x}{1 + \dfrac{K_s}{[Fe^{2+}]} + \dfrac{K_s[As^{5+}]^2}{K_i[Fe^{2+}]}} \tag{10.33}$$

式中 $q_{Fe^{2+}}^{max}$——细菌氧化 Fe^{2+} 的最大比速率，mol/(mol·h)；

C_x——细菌浓度，mol/L；

K_s——基质饱和常数，mol/L；

K_i——Fe^{3+} 抑制常数，mol/L；

$[Fe^{2+}]$——Fe^{2+} 浓度，mol/L；

$[As^{5+}]$——As^{5+} 浓度，mol/L。

Fe^{3+} 浸出黄铁矿与砷黄铁矿的速率：

$$-\gamma_{FeS_2} = \xi_{FeS_2}^{max} a_{FeS_2}[FeS_2](\varepsilon_{aq} - \varepsilon_{FeS_2}) \tag{10.34}$$

式中 γ_{FeS_2}——黄铁矿浸出速率，mmol/(L·h)；

$\xi_{FeS_2}^{max}$——单位面积黄铁矿最大浸出速率，mol/(m²·h)；

a_{FeS_2}——黄铁矿比表面积，m²/mol；

$[FeS_2]$——黄铁矿的浓度，mol/L；

ε_{aq}——溶液电位（SHE），mV；

ε_{FeS_2}——黄铁矿的静电位（SHE），mV。

砷黄铁矿的浸出速率：

$$-\gamma_{FeAsS} = \xi_{FeAsS}^{max} a_{FeAsS}[FeAsS](\varepsilon_{aq} - \varepsilon_{FeAsS}) \tag{10.35}$$

式中 γ_{FeAsS}——砷黄铁矿浸出速率，mmol/(L·h)；

ξ_{FeAsS}^{max}——单位面积砷黄铁矿最大浸出速率，mol/(m²·h)；

a_{FeAsS}——砷黄铁矿比表面积，m²/mol；

$[FeAsS]$——砷黄铁矿的浓度，mol/L；

ε_{aq}——溶液电位（SHE），mV；

ε_{FeAsS}——砷黄铁矿的静电位（SHE），mV。

Nagpol 模型预测砷黄铁矿浸出时铁的浸出不是很准确，但预测砷的浸出则与试验结果吻合甚好。

（4）Boon 两步反应模型。该模型把浸出过程分成两步，以黄铁矿为例。第一步黄铁矿与 Fe^{3+} 作用（化学反应），Fe^{3+} 转化为 Fe^{2+}；第二步，所生成的 Fe^{2+} 在细菌的参与下氧化为 Fe^{3+}（电子受体为 O_2）。这两步通过 Fe^{3+} 与 Fe^{2+} 的互相转化而相关联，第一步 Fe^{2+} 的生成速率：

$$\xi_{Fe^{2+}} = \frac{-\overrightarrow{\gamma}_{Fe^{2+}}}{\alpha[FeS_2]} = \frac{\xi_{Fe^{2+}}^{max}}{1 + B\dfrac{[Fe^{2+}]}{[Fe^{3+}]}} \tag{10.36}$$

$$\overrightarrow{\gamma}_{Fe^{2+}} = \frac{\alpha[FeS_2]\xi_{Fe^{2+}}^{max}}{1 + B\dfrac{[Fe^{2+}]}{[Fe^{3+}]}} \tag{10.37}$$

式中　$\xi_{Fe^{2+}}$——Fe^{3+} 氧化黄铁矿时单位面积 Fe^{2+} 的生成速率，mmol/(L·h)；

$\xi_{Fe^{2+}}^{max}$——单位面积黄铁矿表面上 Fe^{2+} 的最大生成速率，即［Fe^{2+}］=0 时之生成速率，mmol/(L·h)；

$\overrightarrow{\gamma}_{Fe^{2+}}$——$Fe^{2+}$ 的总生成速率，mmol/(L·h)；

［FeS_2］——黄铁矿的浓度，mol/L；

α——固体浓度与其表面积浓度之间的转换系数；

［Fe^{2+}］——溶液中 Fe^{2+} 的浓度，mol/L；

［Fe^{3+}］——溶液中 Fe^{3+} 的浓度，mol/L。

从式（10.37）可以看出 Fe^{2+} 的生成速率与 FeS_2 浓度、温度（与 $\xi_{Fe^{2+}}^{max}$ 有关）、α（与粒度有关）、溶液中 Fe^{3+} 与 Fe^{2+} 的浓度有关。

第二步，Fe^{2+} 在细菌的参与下氧化为 Fe^{3+} 时 Fe^{2+} 的消耗速率：

$$q_{Fe^{2+}} = \frac{-\overleftarrow{\gamma}_{Fe^{2+}}}{C_x} = \frac{q_{Fe^{2+}}^{max}}{1 + K\dfrac{[Fe^{3+}]}{[Fe^{2+}]}} \tag{10.38}$$

$$\overleftarrow{\gamma}_{Fe^{2+}} = \frac{C_x q_{Fe^{2+}}^{max}}{1 + K\dfrac{[Fe^{3+}]}{[Fe^{2+}]}} \tag{10.39}$$

式中　$q_{Fe^{2+}}$——Fe^{2+} 被氧化为 Fe^{3+} 时单位浓度细菌造成的 Fe^{2+} 的消减速率，mmol/(L·h)；

$q_{Fe^{2+}}^{max}$——Fe^{2+} 被氧化为 Fe^{3+} 时单位浓度细菌造成的 Fe^{2+} 的最大消减速率，即［Fe^{3+}］=0 时的消耗速率，mmol/(L·h)；

C_x——细菌浓度，mol/L；

$\overleftarrow{\gamma}_{Fe^{2+}}$——$Fe^{2+}$ 的总消耗速率，mmol/(L·h)；

从式（10.39）可以看出，Fe^{2+} 消耗速率与细菌浓度、细菌种类与温度（决定 $q_{Fe^{2+}}^{max}$）、溶液中 Fe^{3+} 与 Fe^{2+} 的浓度有关，由反应：

$$Fe^{3+} + e = Fe^{2+} \tag{10.40}$$

的能斯特方程：

$$\varepsilon = \varepsilon^{\ominus} - \frac{RT}{F}\ln\frac{[Fe^{2+}]}{[Fe^{3+}]} \tag{10.41}$$

得：

$$\frac{[Fe^{3+}]}{[Fe^{2+}]} = \exp \frac{\varepsilon - \varepsilon^{\ominus}}{\frac{RT}{F}} \tag{10.42}$$

代入式（10.37）和式（10.39）得 Fe^{3+} 氧化黄铁矿时 Fe^{2+} 的生成速率：

$$\vec{\gamma}_{Fe^{2+}} = \frac{\alpha[FeS_2]\xi_{Fe^{2+}}^{max}}{1 + B\exp \frac{\varepsilon^{\ominus} - \varepsilon}{\frac{RT}{F}}} \tag{10.43}$$

Fe^{2+} 被氧化为 Fe^{3+} 时 Fe^{2+} 的消耗速率：

$$\overleftarrow{\gamma}_{Fe^{2+}} = \frac{C_x q_{Fe^{2+}}^{max}}{1 + K\exp \frac{\varepsilon - \varepsilon^{\ominus}}{\frac{RT}{F}}} \tag{10.44}$$

10.6 影响微生物浸出过程的因素

矿物的微生物浸出过程是一个复杂的化学浸出过程，该过程中既有微生物生长繁殖和生物化学反应，又有浸出剂和矿物的化学反应。由于细菌的生长繁殖速度比矿物化学浸出反应慢得多，所以细菌的生长状态是整个细菌浸出过程的制约环节。微生物浸出不仅与微生物本身特性有关，还受浸出环境等诸多因素控制（如矿石性质、环境温度、介质酸度、通气量等）。在诸多影响因素中，微生物与矿物性质是内因且至关重要，而其他因素是外因。

10.6.1 微生物性质

微生物的种类与性质对浸出的影响主要有以下三个“不一样”：

（1）不同的细菌对同一矿物浸出效果不一样；

（2）同一种细菌的不同菌株对同一矿物的浸出效果不一样；

（3）同一种细菌的同一菌株经过不同条件的培养与驯化，其浸出效果也不一样。

在不同条件下培养的细菌其细胞具有不同的表面结构，在浸矿时表现出不同的附着能力，从而具有不同的浸矿活性。已有不少试验结果证明，经过驯化的细菌（在有硫化矿存在的基质中培养过）比未经驯化的细菌在硫化矿表面达到吸附平衡所需的时间要短得多。

同一菌种的菌株经不同条件下培养具有不同的表达差异（即不同的耐酸、耐重金属离子的能力，不同的浸矿速率等）应首先归因于其基因的区别，其次也有细胞壁上发生的某些变化。

实际生产中，由于矿石性质成分复杂多变，多用混合菌液作为浸出剂，以满足浸出矿石中的多种矿物。但重要的是要通过控制条件，使主要细菌能在微生物浸矿过程中占统治地位。

10.6.2 物料的性质

微生物浸出的对象是物料，物料的性质对浸出的过程产生重大影响。

10.6.2.1 *矿物的性质*

Barrett 认为，影响浸出速率的决定因素是矿物的性质。矿物性质对细菌浸出的影响体现在用同一菌种的同一菌株浸出不同的矿物，浸出效果明显不一样。至今对用各种微生物浸出不同的矿物还缺乏系统的试验，无法按浸出的难易程度把矿物排出一个令人信服的顺序。

10.6.2.2 *脉石的性质*

与矿物伴生的脉石的性质对浸出的影响如下：

（1）碱性脉石（钙、镁的碳酸盐等）易溶于酸，由于细菌浸出多在稀酸介质中进行（pH 值为 1~2），这些物质同时溶解从而大大增加了过程的耗酸，提高了运行成本。另外过多的碳酸钙会导致浸矿溶液中 $CaSO_4$ 达到饱和而呈固体析出并沉积于矿石表面，从而阻碍浸出的进一步进行。

（2）堆浸时，由于有用矿物多嵌布在脉石矿物中，所以脉石的可渗透性对于浸出的有效进行十分重要。脉石最好是多孔的，渗透性好的。

（3）不同的硅酸盐脉石对水的吸附能力不同，在堆浸时产生的效果也不同。膨润土吸附水的能力最强，高岭石次之，伊利石和云母最差。各种硅酸盐脉石特别是膨胀性黏土，均严重降低矿堆的渗透能力。

10.6.2.3 *物料粒度及矿浆浓度*

物料粒度越细，比表面积越大，越有利于微生物与矿石接触，对提高浸出率越有利，小粒度物料可获得较快浸出速度和较高浸出率。但矿石粒度太细，矿堆堆积紧密，矿堆内空气的流通和浸出液的渗透性会受到影响；对于含泥矿石来说，粒度过小，泥质成分堵塞孔隙，矿堆的渗透性降低。堆浸中微生物的浸矿深度约为 15mm，主要和矿石裂隙的毛细作用有关。对于搅拌浸出，每种矿石存在一个最佳粒度，一般通过试验可确定。

在微生物堆浸中，大部分微生物吸附于矿石上，从矿石堆中流出的溶液中细菌浓度并不高，说明微生物本身具有较大的表面活性，有吸附于固体物的倾向。搅拌浸出中，大部分微生物也吸附于矿石颗粒表面，固液分离之后，溶液中的微生物数量有限。

在微生物搅拌浸出工艺中，矿浆浓度对矿石浸出过程的影响主要包括以下三个方面：

（1）随着矿浆浓度的增加，矿浆中的离子浓度也随之而上升，当离子浓度超过微生物的极限耐受浓度时，将会导致矿石的浸出速度明显下降。

（2）由于微生物对矿石浸出的接触催化作用，是通过吸附于矿粒表面而实现的，当矿浆中固体浓度升高时，每个矿粒上附着的微生物数目必然下降，从而降低矿石的浸出速度。

（3）随着矿浆浓度的上升，搅动矿浆中矿粒之间的碰撞、摩擦程度加剧，致使吸附于矿粒表面的微生物脱落或损伤，从而导致矿石的浸出速度下降。

由于上述三方面的原因，在微生物浸矿工艺流程中，矿浆浓度一般控制在 10%~20% 之间。当矿浆浓度超过 20%时，金属浸出率明显下降。当矿浆浓度达到 30%以上时，大多数微生物很难生存。

10.6.2.4 *物料的化学成分*

物料的化学成分影响浸出速度。如当黄铁矿与黄铜矿共生时，黄铁矿对黄铜矿的细菌浸出有促进作用，黄铜矿的细菌氧化速度将加快；而黄铜矿与方铅矿共存时，方铅矿的存在反而抑制黄铜矿的细菌浸出。矿石中的一些重金属元素，如汞、砷、铅等的溶解都会影响细菌的生长、繁殖甚至存活。因此，有目的地将矿石混合或除去某些组分，将会提高浸出率。

10.6.2.5 黄铁矿的影响

生物浸出法只限于硫化物含量较高的矿石，并未普遍用于从矿石中提取铀。加拿大东部的一些矿石系黄铁矿与铀伴生的矿石，特别适合于用这种方法提取铀；我国南方某铀矿富含黄铁矿，矿坑水中存在浸矿细菌，也适合用细菌浸出法处理；美国新墨西哥州和得克萨斯州的某铀矿石的黄铁矿含量较低，不太适合采用细菌浸出法处理。研究表明，在这类矿石中添加黄铁矿会产生有益的作用。在葡萄牙和印度的矿石浸出中通常按每吨矿石加入5kg 黄铁矿；而在西班牙的矿石浸出中通常按每吨矿石加入 3kg 黄铁矿。

10.6.3 环境条件

10.6.3.1 矿浆温度

温度是影响细菌生长的最重要的因素之一。它对细菌的影响表现在两个方面：一方面随着温度的上升，细胞中的生物化学反应速率加快，生长速率加快；另一方面温度上升到一定程度，开始对机体产生不利影响，如温度继续提高，细胞功能急剧下降以致死亡，从而影响浸矿过程。例如，微生物浸矿生产实践中应用最多的氧化亚铁硫杆菌的最佳生长温度为 25~30℃；当温度低于 10℃时，这种细菌的活力变得很弱，生长繁殖也很慢；当温度超过 45℃时，它们的生长同样会受到严重影响，甚至会导致它们死亡。

温度对一些浸矿细菌氧化能力的影响研究表明，最适于细菌生长的温度范围，也是细菌氧化能力最强的温度范围，如图 10.6 所示。

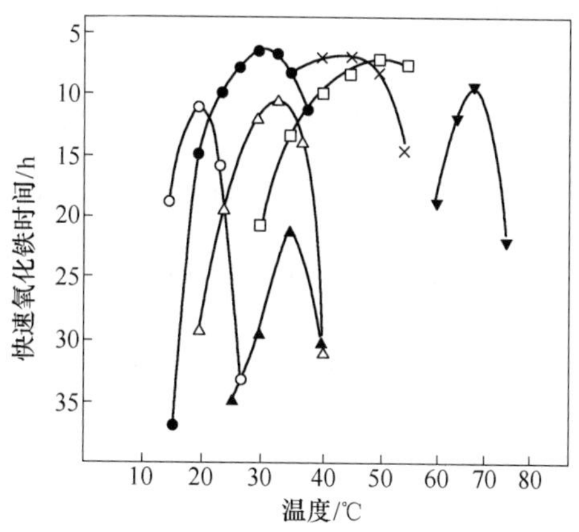

图 10.6 在一定条件下温度对某些嗜酸细菌氧化能力的影响试验

○—氧化亚铁硫杆菌；●—氧化亚铁硫杆菌 DSM583；△—氧化亚铁微螺菌 DSM2706；
□—中度嗜热细菌 BC；×—中度嗜热细菌 ALV；▼—硫化叶菌 LM 菌株；▲—微螺菌 BC 菌株

10.6.3.2 矿浆 pH 值

pH 值也是影响微生物生长繁殖的重要因素之一。每一种微生物都有适宜其生存的 pH 值范围，当环境的 pH 值超出它们适宜的生长范围时，微生物的生长繁殖将受到明显抑制，严重时会导致微生物死亡，因此，为了加快矿石的微生物浸出速度，必须将矿浆的 pH 值调整到所用微生物的适宜生长范围，以保证微生物有较快的生长繁殖速度和较高的活性。

在微生物浸矿工艺中，目前应用最多的氧化亚铁硫杆菌是一种产酸又嗜酸的细菌。环境 pH 值对它的影响尤其明显。图 10.7 所示为 pH 值对氧化亚铁硫杆菌生长情况的影响。

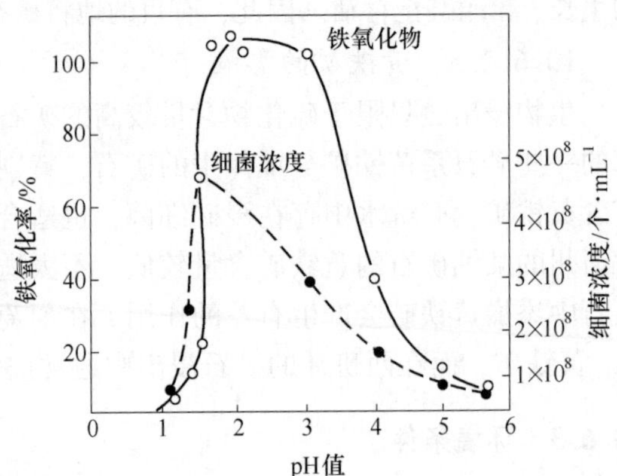

图 10.7 培养液 pH 值对细菌浓度和铁氧化率的影响

矿浆 pH 值对微生物浸矿过程的影响并不仅仅表现在对微生物生长的促进或抑制两个方面，它还对矿浆中的物相平衡有着决定性影响。例如，被氧化亚铁硫杆菌用作能源的 Fe^{2+} 和氧化产物 Fe^{3+} 在矿浆中的浓度就与 pH 值有密切关系（见图 10.8 和图 10.9）。从这两个图中可以看出，随着 pH 值的变化，Fe^{2+} 和 Fe^{3+} 会生成不同形式的沉淀物。当 pH 值较高时，一方面会因矿浆中铁离子浓度下降，而导致微生物的能源匮乏，影响微生物的生长速度及活性；另一方面，Fe^{2+}、Fe^{3+} 水解生成的氢氧化物和铁矾又会覆盖在矿物表面，形成比较致密的包裹层，妨碍微生物与矿石的接触，从而大大降低矿石的浸出速度。因此，矿浆 pH 值是氧化亚铁硫杆菌浸矿过程中的关键影响因素，必须放在重点考虑的位置。

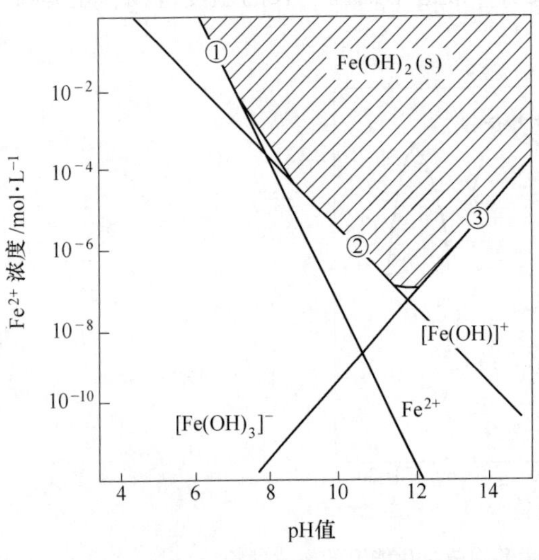

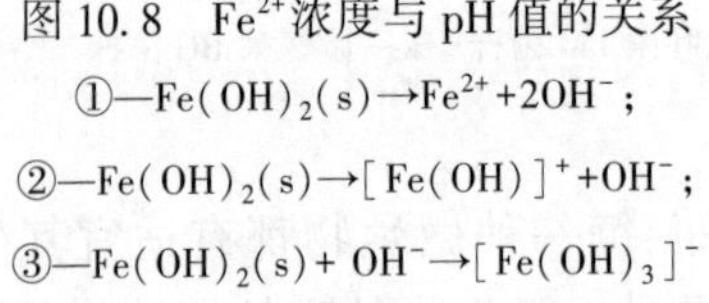

图 10.8 Fe^{2+} 浓度与 pH 值的关系

①—$Fe(OH)_2(s) \rightarrow Fe^{2+} + 2OH^-$；

②—$Fe(OH)_2(s) \rightarrow [Fe(OH)]^+ + OH^-$；

③—$Fe(OH)_2(s) + OH^- \rightarrow [Fe(OH)_3]^-$

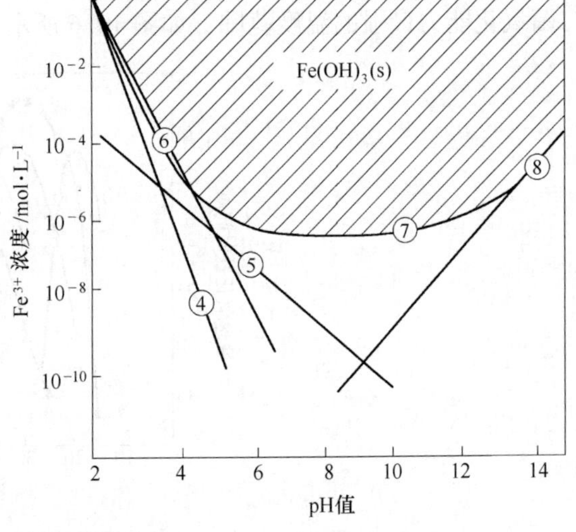

图 10.9 Fe^{3+} 浓度与 pH 值的关系

④—$Fe(OH)_3(s) \rightarrow Fe^{3+} + 3OH^-$；

⑤—$Fe(OH)_3(s) \rightarrow [Fe(OH)_2]^+ + OH^-$；

⑥—$Fe(OH)_3(s) \rightarrow [Fe(OH)]^{2+} + 2OH^-$；

⑦—$Fe(OH)_3(s) \rightarrow Fe(OH)_3(l)$；

⑧—$Fe(OH)_3(s) + OH^- \rightarrow [Fe(OH)_4]^-$

不同 pH 值条件下，各种形态高价铁离子的平衡情况如图 10.10 所示。由图中可以看出，欲使矿浆中含有大量的具有较强氧化能力的 Fe^{3+}和 $FeSO_4^+$，溶液的 pH 值应该控制在 1.5 以下。

10.6.3.3 通气量

浸矿微生物一般为好氧菌，同时吸收大气中的 CO_2作为碳源，所以在这类细菌的培养和浸出作业中，需要供给充足的氧气和二氧化碳，以保证浸出过程正常进行。一般地讲，好氧微生物正常生长时的实际耗氧量，比通常情况下水中溶解的氧要高两个数量级，所以仅靠自然溶解在水中的氧，远远不能满足微生物生长的需要。因此，在绝大部分微生物浸矿工艺中，都采用直接向矿浆（或浸出剂）中充气或借助加快溶液的循环速度等手段，来改善浸出过程的供氧状况。

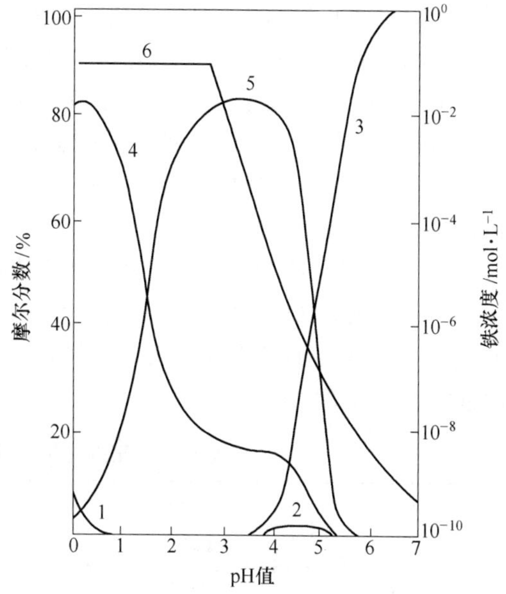

图 10.10 在总铁浓度为 5.6g/L，总 SO_4^{2-}浓度为 9.6g/L 的溶液中，25℃时各种铁离子的平衡图
1—Fe^{3+}；2—$Fe(OH)^{2+}$；3—$Fe(OH)_2^+$；4—$FeSO_4^+$；5—$Fe(SO_4)_2^-$；6—ΣFe

在实际浸矿作业中，通气速度一般为 0.06～0.1m^3/(m^3·min)。通常情况下，空气中的 CO_2量是可以满足微生物需要的。只有在个别情况下，为了加快微生物的繁殖速度，在供给的空气中补加 1%～5%的 CO_2。

10.6.3.4 营养成分

在微生物浸出过程中，金属矿物的浸出速度与浸出介质中微生物的浓度成正比。要取得矿物浸出的高速度，则必须保持细菌生长繁殖的高速度，做到这一点的重要条件之一是提供细菌生长所必需的足够营养。实践证明，在氧和二氧化碳供应充足的情况下，浸矿细菌所需的各种营养中，氮对矿石浸出效果影响最明显。在其他营养成分供应充足的条件下，磷酸盐浓度是浸出速率的限制因素，而铵离子浓度为总浸出率的限制因素，一般浸出液中都缺少 NH_4^+，应适当补充。但加入 NH_4^+后不会立刻看到效果，要过一定时间（数天左右）后，才可观察到细菌生长状况的改善。可以用 $(NH_4)_2SO_4$来补充 NH_4^+，当 NH_4^+质量浓度达到 20～60mg/L 时，细菌增长很显著。浸出环境中氮、磷量应当充足，实践中应根据物料的组成情况，通过试验来确定加入氮、磷的量。

除提供细菌所需的营养外，还要提供细菌进行代谢活动所需的能源。浸矿细菌的能源主要是 Fe^{2+}和 S，在培养细菌时可以适当加入这两种物质，但为了使细菌适应浸矿条件，应当在培育和驯化细菌的培养基中逐渐添加所要浸出的矿物，使细菌逐渐适应浸出矿物的条件，利用矿物中的组分作为代谢活动的能源。

10.6.3.5 离子浓度

在细菌生长环境中存在的各种金属离子当中，铁离子是特别重要的，低价铁是氧化亚铁硫杆菌的能源，细菌将 Fe^{2+} 氧化为 Fe^{3+} 获得能量，Fe^{3+} 是金属矿物的氧化剂。Fe^{3+} 氧化金属矿物后被还原为 Fe^{2+}，细菌又将 Fe^{2+} 氧化为 Fe^{3+}，使氧化还原过程反复进行，一般认为，浸出剂中需要有 Fe^{3+}，但过量 Fe^{3+} 对浸出反而不利，要根据具体情况控制浸出剂中 Fe^{3+} 的质量浓度，Fe^{3+} 质量浓度的变化范围通常为 0.5~10g/L。

细菌营养成分中的微量金属离子对细菌生长也起着重要作用，其中钾离子影响细胞的原生质胶态和细胞的渗透性；钙离子控制细胞的渗透性并调节细胞内的酸度，镁和铁是细胞色素和氧化酶辅基的组成部分。但如果这些微量金属离子含量过多，将对细菌产生毒害作用。表 10.3 是某些金属的盐类对氧化亚铁硫杆菌的影响情况。由表 10.3 中的数据可以看出，F^- 对氧化亚铁硫杆菌氧化 Fe^{2+} 能力的抑制程度最大，每升含 6.7×10^{-3} mol F^- 就可以 100%地抑制细菌对 Fe^{2+} 的氧化能力。因此，硫化矿的微生物浸出过程中应特别注意控制浸出剂中 F^- 的浓度。

表 10.3 某些盐类对氧化亚铁硫杆菌的影响

盐 类	浓度/mol · L^{-1}	抑制氧化 Fe^{2+} 的能力/%
NaCl	0.2	0
	0.5	50
	1.0	90
KCl	0.2	0
	0.5	0
	1.0	90
Na_2SO_4	2.0	0
K_2SO_4	2.0	0
$Al_2(SO_4)_3$	1.0	0
$MnSO_4$	1.0	0
$NaNO_3$	0.35	0
	0.6	40
	0.8	100
NH_4NO_3	0.3	30
	0.8	100
NaF	3×10^{-14}	0
	1.7×10^{-3}	30
	6.7×10^{-3}	100

10.6.3.6 氧化还原电位

氧化还原电位（E_h）对微生物的生长有着明显的影响。氧化环境具有正电位，而还原环境具有负电位。矿浆中 E_h 值与氧分压有关，也受 pH 值的影响，pH 值低时，氧化还原电位高；pH 值高时，氧化还原电位低。

各种微生物生长所要求的 E_h 值不一样。一般好氧性微生物在 E_h 值为+0.1V 以上均可生长，以 E_h 值为+0.3~+0.4V 时为适。厌氧性微生物只能在 E_h 值低于+0.1V 以下生长。

兼性厌氧微生物在 E_h 值为+0.1V 以上时进行好氧呼吸，在 E_h 值为+0.1V 以下时进行发酵。

高铁离子 Fe^{3+}间接氧化硫化矿是一个取决于溶液氧化还原电位的电化学过程，从能斯特方程看，E_h取决于 Fe^{3+} 与 Fe^{2+}之比。当溶液中铁主要以 Fe^{3+}离子形式（即氧化态）存在时，E_h就高。对于黄铁矿的氧化，通过微生物的作用产生较多的 Fe^{3+}，体系必须保持较高的氧化还原电位（E_h>500mV），才能使黄铁矿及毒砂的氧化有效进行。

10.6.3.7 表面活性剂

表面活性剂能改变矿石的表面疏水性和渗透性，所以有些表面活性剂能加快微生物的浸矿速度。系统研究结果表明，对微生物浸矿过程有促进作用的表面活性剂有如下几种：

（1）阳离子型表面活性剂，包括甲基十二苯甲基三甲基氯化铵、双甲基十二基二甲苯、咪唑啉阳离子季铵盐等；

（2）阴离子型表面活性剂，包括辛基磺酸钠、氨基脂肪酸衍生物等；

（3）非离子型表面活性剂，包括聚氧乙烯山梨醇酐单月桂酯、异辛基苯基聚氧乙烯醇、壬基苯氧基聚氧乙烯乙醇等。

表面活性剂可以改变矿物表面性质，增加矿物的亲水性，有利于细菌和矿物接触，但并不能直接促进细菌生长。每种活性剂存在一个最佳使用浓度，在该浓度下活性剂促进浸出效果最明显。

10.6.3.8 光线

由于紫外线具有很强的杀菌作用，所以，若将微生物曝晒在直射的日光下，即使它们不死亡，其活性和生长繁殖也会受到严重影响。经检测发现，在暴露于阳光下的培养池中，距液体表面 0.6m 以内的液层中几乎观察不到微生物的氧化作用；另外，在微生物堆浸工艺中，暴露于阳光之下的矿堆表面，微生物的浸矿作用也非常微弱。

这充分表明，光线对微生物浸出过程有着明显的不利影响。所以，微生物浸矿过程应尽量在避光条件下进行。

10.6.3.9 浮选药剂

许多浮选药剂可溶解细菌细胞的外膜组分，破坏细菌的完整性，导致矿物氧化速度降低。尽管细菌对浮选药剂有一定的适应性，但部分过量的浮选药剂又在氧化槽内对矿物进行二次富集，在浮选药剂的作用下，这部分高品位物料被细菌氧化的概率变小，同时产生大量泡沫，影响氧化槽温度的恒定。因此，最好在生物氧化之前脱除浮选药剂。

10.6.3.10 催化剂

硫化物溶度积很小的金属的阳离子如 Ag^+、Bi^{3+}、Co^{2+}、Hg^{2+}等对金属硫化物的细菌浸出有催化作用。例如用氧化亚铁硫杆菌浸出闪锌矿时，不加催化剂，最大浸出率只能达到50%，加入 Ag^+、Bi^{3+}（质量浓度 0.1g/L）浸出率可达 80%左右；加入质量浓度为1.27g/L 的 Cu^{2+}时的 300h 浸出率比不加 Cu^{2+}时提高 30%以上；Ag^+ 和 Hg^{2+}对复杂金属硫化矿细菌浸出的催化作用也很明显，不加时 300h 铜浸出率仅为 25%，加入 Hg^{2+}、Ag^+后浸出率分别达到 80%和 90%。一些研究者认为，上述金属阳离子的催化机理是它们从硫化矿的晶格中取代出 Fe^{2+}，加速了氧化亚铁硫杆菌对 Fe^{2+}的氧化速度，相当于增加了微生物的能源供应速度，从而大大地增加了微生物的生长繁殖速度和活性。

10.7 微生物浸矿的应用

10.7.1 难处理金矿石的生物氧化

用常规氰化工艺不能将矿石中的金顺利提出的金矿石称为难处理金矿石。造成难处理的主要原因之一是金被包裹。难处理金矿石中的金常被黄铁矿（FeS_2）、砷黄铁矿（FeAsS）等包裹，且以微细粒的形式赋存。采用常规磨矿难以使金暴露，浸金试剂不能有效与金接触，致使金不能被有效回收。

生物氧化处理含砷金矿石时，包裹金的黄铁矿、砷黄铁矿被溶解，金得以暴露。砷黄铁矿的生物氧化过程发生如下反应：

$$4FeAsS + 11O_2 + 2H_2O = 4HAsO_2 + 4FeSO_4 \tag{10.45}$$

$$4FeAsS + 13O_2 + 6H_2O = 4H_3AsO_4 + 4FeSO_4 \tag{10.46}$$

Fe^{2+}被细菌氧化成Fe^{3+}，其反应式为：

$$4FeSO_4 + O_2 + 2H_2SO_4 = 2Fe_2(SO_4)_3 + 2H_2O \tag{10.47}$$

氧化产生的$Fe_2(SO_4)_3$对FeAsS进行化学氧化,生成As(Ⅲ)或者As(Ⅴ)，反应式如下：

$$8FeAsS + 2Fe_2(SO_4)_3 + 21O_2 + 6H_2O = 12FeSO_4 + 8HAsO_2 + 2H_2SO_4 \tag{10.48}$$

$$2FeAsS + Fe_2(SO_4)_3 + 6O_2 + 4H_2O = 4FeSO_4 + 2H_3AsO_4 + H_2SO_4 \tag{10.49}$$

有学者认为氧化所产生的As(Ⅲ) 可被O_2或者Fe^{3+}氧化成As(Ⅴ)，其反应如下：

$$2HAsO_2 + O_2 + 2H_2O = 2H_3AsO_4 \tag{10.50}$$

$$HAsO_2 + Fe_2(SO_4)_3 + 2H_2O = H_3AsO_4 + 2FeSO_4 + H_2SO_4 \tag{10.51}$$

也有学者认为As(Ⅲ) 在微生物氧化过程中是稳定的，要使As(Ⅲ) 氧化成As(Ⅴ)，必须加入较强的氧化剂才行，否则砷仍将保持三价氧化状态。

生物氧化反应过程中还可能发生二次沉淀（主要取决于溶液pH值和组成），生成砷酸铁、氢氧化铁、碱式硫酸铁及黄钾铁矾等沉淀物，反应如下：

$$2H_3AsO_4\ (l) + 2Fe^{3+}(l) = 2FeAsO_4(s) + 6H^+\ (l) \tag{10.52}$$

$$2Fe^{3+}\ (l) + 6H_2O = 2Fe(OH)_3(s) + 6H^+\ (l) \tag{10.53}$$

$$Fe(OH)_3(s) + SO_4^{2-}\ (l) + 2H^+\ (l) = Fe(OH)SO_4(s) + 2H_2O \tag{10.54}$$

$$6Fe^{3+}\ (l) + 4SO_4^{2-}\ (l) + 12H_2O = 2H[Fe(SO_4)_2 \cdot 2Fe(OH)_3]\ (s) + 10H^+\ (l) \tag{10.55}$$

从20世纪80年代以来，难处理金矿生物氧化相继开发了BIOX、BACOX、BIOPRO、Geobiotics等工艺。

（1）BIOX工艺。BIOX工艺是利用中温好氧细菌在搅拌槽内处理难处理金精矿。细菌菌种主要为氧化亚铁硫杆菌、氧化硫硫杆菌和氧化铁螺旋菌组成的混合物，混合的比例视矿石的组成成分不同而不同。

浮选精矿再磨后给入细菌氧化槽，通常将氧化过程分为两段，第一段为3个并联的氧化槽，第二段为3个串联的氧化槽。这样做目的是延长细菌在单槽内的停留时间，以确保细菌的正常繁殖，同时又不至于造成矿浆流的短路。反应槽的连接与组合方式对停留时间与氧化率有很大的影响。实践表明第一级反应槽容积占反应槽总容积的50%时在同样的停留时间下可获得更好的氧化率。

为保证细菌有合适的生存温度，通常要对矿浆进行冷却，以维持细菌生存及活动所必需的40℃左右的温度。冷却方式通常为蛇形管水冷却方式。同时根据矿石含硫量的不同，还应适当加入硫酸或石灰，以调整pH值在细菌需要的1~2范围内。另一重要的控制因素是充气量，充气的目的是为了提供细菌生存所需要的氧气，充气的好坏直接影响细菌的活性。如何合理地进行充气并保证较高的弥散度，是BIOX的技术关键之一。

采用该工艺于1986年在南非Fairview金矿建成了首座生物氧化厂，并先后在巴西、澳大利亚、加纳、乌兹别克斯坦等国家建成多座生物氧化厂，现已成为生物氧化工艺中最具影响力的工艺之一。

（2）BACOX工艺。BACOX工艺采用最佳生长温度（45~55℃）的中等嗜热菌在搅拌槽或生物浸出反应器中处理金精矿。该嗜热细菌菌族的最佳生长温度为46℃，在55℃的温度下可存活3天。此外，这种细菌还有一个突出的特点，就是能耐受较高的盐度，尤其适合在淡水缺乏的地区应用。与BIOX工艺相似，为保证细菌在单槽内有足够的繁殖时间，氧化过程也分为两段，第一段为3个并联的氧化槽，第二段为3个串联的氧化槽。虽然菌种在55℃的温度下可存活3天，但为了维持细菌的活性，仍然由冷却系统对其进行冷却。

BACOX工艺于1994年在澳大利亚Youanmi金矿进行工业应用。

（3）BIOPRO工艺。BIOPRO工艺的特点是难处理金矿堆浸细菌氧化。利用微生物对低品位金矿石（通常为1.0~2.4g/t）进行堆式氧化预处理，卸堆后进行常规的氰化炭浆提金。该工艺于1999年应用于美国Newmont金矿。

（4）Geobiotics工艺。Geobiotics工艺采用的菌种为中温细菌或嗜热细菌，工艺的特点是把难处理金矿的浮选精矿包覆于块状支撑材料表面，然后筑堆进行细菌堆浸氧化。该法兼具了BIOX法的处理速率快、后续金浸出率高与BIOPRO法的基建投资省的优点。预氧化时间比BIOPRO法短得多，一般约为30~90天，低价硫的氧化率可达50%~70%，后续金的氰化浸出率可达80%~95%，可以用常规的浸金方法从经氧化的精矿中提金。该方法还有一大优点，即在对精矿进行细菌堆浸氧化时浸矿液对支撑材料（如果也是难处理金矿的话）也附带进行了氧化处理。

Geobiotics工艺适于处理含硫低品位金矿石和含碳含硫金矿石。该工艺于2003年应用于Agnes金矿，生物浸出时间65~70天，硫氧化率约70%，金回收率约91%。

含砷难处理金矿石的生物氧化—浸出工艺与常规的金矿石氰化浸出工艺相比，是在氰化浸出前增加了生物氧化处理作业。自2000年国内第一座难处理金精矿生物氧化—氰化提金厂投产后，国内运营的生物氧化处理难选冶金矿石冶炼厂已达到10余家。图10.11是某企业金精矿生物氧化—炭浸工艺流程图，主要技术指标和工艺参数见表10.4和表10.5。

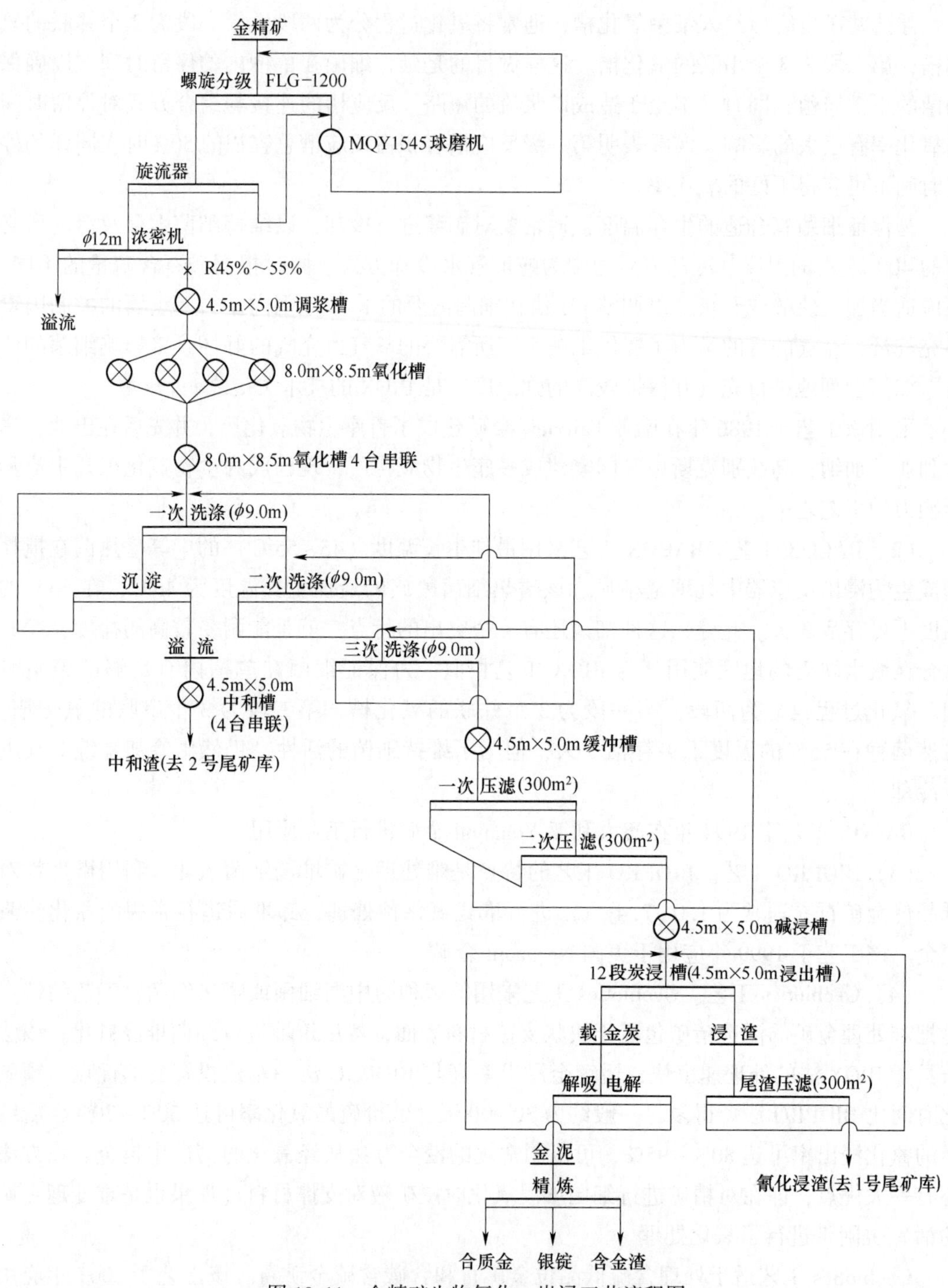

图 10.11 金精矿生物氧化—炭浸工艺流程图

表 10.4 金精矿生物氧化—炭浸工艺主要技术指标

项 目	生产规模/t·d^{-1}	金精矿品位/g·t^{-1}	氧化渣品位/g·t^{-1}	氧化渣金洗涤回收率/%
技术指标	100	77.48	89.98	99.85
项 目	金氰化浸出率/%	金吸附率/%	金总回收率/%	
技术指标	96.00	99.50	95.38	

表 10.5 金精矿生物氧化—炭浸工艺主要工艺参数

项　目	磨矿细度 (-0.045mm)/%	生物氧化矿浆浓度/%	生物氧化矿浆 pH 值	生物氧化矿浆温度/℃
工艺参数	95	18	1.0~2.0	35~52
项　目	氧化还原电位/mV	充气量 $/m^3\cdot(m^3\cdot min)^{-1}$	培养基用量 $/kg\cdot t^{-1}$	生物氧化时间/h
工艺参数	450~550	0.06	4	96

某金精矿生物氧化提金厂采用的工艺是生物氧化—氰化—逆流洗涤—锌粉置换。主要工艺过程包括：磨矿分级、生物氧化、固液分离、中和处理、氰化浸出、逆流洗涤、锌粉置换、冶炼提纯等，主要技术指标及工艺参数见表 10.6 和表 10.7。

表 10.6 金精矿生物氧化—锌粉置换工艺主要技术指标

项　目	生产规模 $/t\cdot d^{-1}$	金精矿品位 $/g\cdot t^{-1}$	氧化渣品位 $/g\cdot t^{-1}$	金浸出率/%	银浸出率/%
技术指标	150	190	220	96.60	89.00
项　目	金置换率/%	银置换率/%	冶炼率/%	金总回收率/%	银总回收率/%
技术指标	99.85	99.50	99.50	95.00	81.00

表 10.7 金精矿生物氧化—锌粉置换主要工艺参数

项　目	磨矿细度 (-0.037mm)/%	生物氧化矿浆浓度 /%	生物氧化矿浆 pH 值	生物氧化矿浆温度/℃
工艺参数	83	24~26	1.0~2.0	38~52
项　目	生物氧化时间/h	培养基用量 $/kg\cdot t^{-1}$	氧化钙用量 $/kg\cdot t^{-1}$	中和时间/h
工艺参数	132	3.5	300	6

10.7.2 铜矿石的生物浸出

目前，利用微生物技术处理的铜矿石，绝大多数都是一些含有硫化铜矿物的矿石。在微生物的作用下，矿石中的一些铜硫化物首先被氧化溶解出来，与此同时，生成一些氧化能力较强的物质，例如 H_2SO_4、$Fe_2(SO_4)_3$等，它们可以氧化其他铜硫化物或铜氧化物。微生物浸出不同类型铜矿石时，可能发生的化学反应如下。

黄铜矿（$CuFeS_2$）的生物氧化过程：

$$CuFeS_2 + 4O_2 \xrightarrow{\text{微生物}} CuSO_4 + FeSO_4 \tag{10.56}$$

$$CuFeS_2 + 2Fe_2(SO_4)_3 = CuSO_4 + 5FeSO_4 + 2S \tag{10.57}$$

$$2S + 3O_2 + 2H_2O \xrightarrow{\text{微生物}} 2H_2SO_4 \tag{10.58}$$

斑铜矿（Cu_5FeS_4）的生物氧化过程：

$$2Cu_5FeS_4 + 17O_2 \xrightarrow{\text{微生物}} 6CuSO_4 + 2FeSO_4 + 2Cu_2O \tag{10.59}$$

$$Cu_5FeS_4 + 9O_2 + 2H_2SO_4 \xrightarrow{\text{微生物}} 5CuSO_4 + FeSO_4 + 2H_2O \tag{10.60}$$

$$Cu_5FeS_4 + 6Fe_2(SO_4)_3 = 5CuSO_4 + 13FeSO_4 + 4S \quad (10.61)$$

硫砷铜矿（Cu_3AsS_4）的生物氧化过程：

$$4Cu_3AsS_4 + 10H_2O + 35O_2 \xrightarrow{\text{微生物}} 4H_3AsO_4 + 12CuSO_4 + 4H_2SO_4 \quad (10.62)$$

$$2Cu_3AsS_4 + Fe_2(SO_4)_3 + 6H_2O + 17O_2 = 2H_3AsO_4 + 6CuSO_4 + 2FeSO_4 + 3H_2SO_4 \quad (10.63)$$

$$2H_3AsO_4 + Fe_2(SO_4)_3 = 2FeAsO_4 + 3H_2SO_4 \quad (10.64)$$

蓝铜矿（$2CuCO_3 \cdot Cu(OH)_2$）的生物氧化过程：

$$2CuCO_3 \cdot Cu(OH)_2 + 3H_2SO_4 = 3CuSO_4 + 2CO_2\uparrow + 4H_2O \quad (10.65)$$

孔雀石（$CuCO_3 \cdot Cu(OH)_2$）的生物氧化过程：

$$CuCO_3 \cdot Cu(OH)_2 + 2H_2SO_4 = 2CuSO_4 + CO_2\uparrow + 3H_2O \quad (10.66)$$

硅孔雀石（$CuSiO_3 \cdot 2H_2O$）的生物氧化过程：

$$CuSiO_3 \cdot 2H_2O + H_2SO_4 = CuSO_4 + SiO_2 + 3H_2O \quad (10.67)$$

黑铜矿（CuO）的生物氧化过程：

$$CuO + H_2SO_4 = CuSO_4 + H_2O \quad (10.68)$$

$$3CuO + Fe_2(SO_4)_3 + 3H_2O = 3CuSO_4 + 2Fe(OH)_3 \quad (10.69)$$

$$4CuO + 4FeSO_4 + 6H_2O + O_2 = 4CuSO_4 + 4Fe(OH)_3 \quad (10.70)$$

自然铜（Cu）的生物氧化过程：

$$Cu + Fe_2(SO_4)_3 = CuSO_4 + 2FeSO_4 \quad (10.71)$$

细菌渗滤浸出—萃取—电积是铜矿石生物浸出的主要工艺之一。图 10.12 是生物渗滤浸出提铜工艺的基本流程，表 10.8 是成功应用的部分生物堆浸提铜矿山。

表 10.8 部分生物堆浸提铜矿山

矿 山	运行年限	铜矿物
澳大利亚 Gunpowder Mammoth	1991 年至今	辉铜矿/斑铜矿
智利 Cerro Colorado	1993 年至今	辉铜矿/铜蓝
智利 Quebrada Blanca	1994 年至今	辉铜矿
中国德兴铜矿	1997 年至今	黄铜矿
缅甸 S&K Copper	1999 年至今	辉铜矿
中国紫金山铜矿	2005 年至今	蓝辉铜矿/铜蓝

某铜矿的主要铜矿物以蓝辉铜矿和铜蓝为主，采用生物浸出工艺，具体生物提铜工艺流程如下：

（1）破碎。采出块度为 -1000mm 的矿石经两段开路破碎，破碎产品粒度为 P_{80} = -40mm。破碎后的矿石用胶带输送机运至粉矿仓。

（2）筑堆。粉矿经自卸汽车运至堆场，采用“汽车+推土机”方式筑堆。堆场底部整平后铺上 1m 厚的黄土和细沙，压实后铺设 PE 薄膜，然后再铺上网格状的塑料缓冲膜，随后开始筑堆，采用逐层叠加筑堆方式，每层堆高 8~10m。筑堆完成后用推土机对矿堆表面松堆。

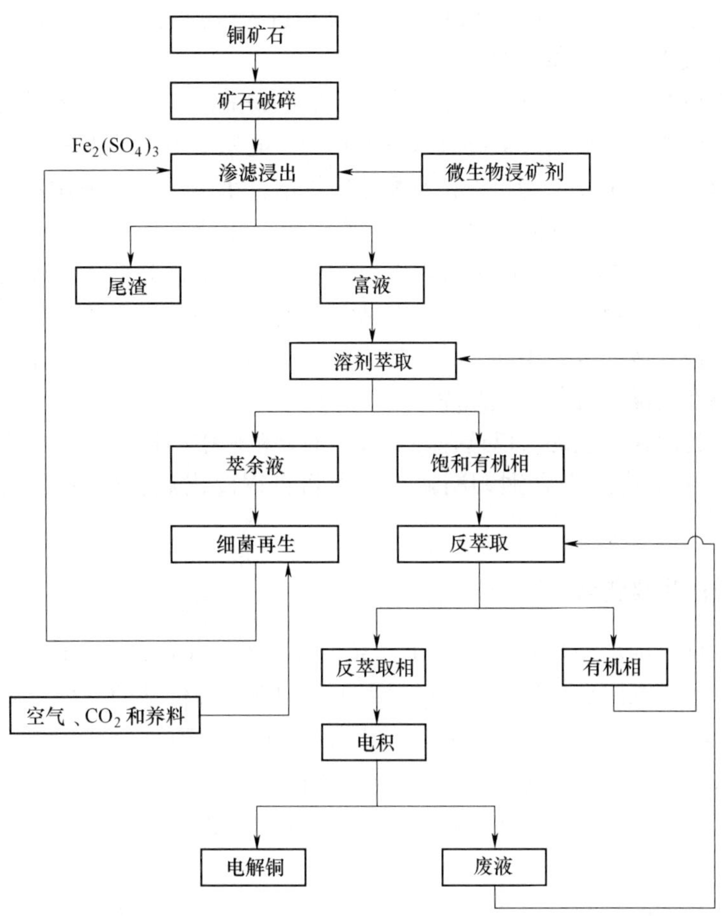

图 10.12 铜矿石细菌渗滤浸出—萃取—电积工艺流程图

(3) 生物浸出。浸出初期引入人工孵化的驯化菌液，然后利用采矿形成的酸性矿坑水配适量的工业硫酸，调 pH 值约为 2 后喷淋浸出。浸出后期用喷淋泵将萃余液扬至堆场喷淋，采用雨鸟式和旋转喷头布成 3m 管间距的网格状后进行喷淋，喷淋强度为 12~16L/(m^2·h)，采用定期喷淋和休闲的作业制度，初期 7 天喷淋 4 天休闲，中期 7 天喷淋 7 天休闲，末期 2 天喷淋 7 天休闲，矿堆底部无需充气。喷淋 2~3 个月后，生物浸出结束。浸出后不卸堆，直接在旧堆上筑新堆，开始下一轮生物堆浸作业。矿堆共筑三层，堆场面积 20 万平方米。

(4) 萃取—电积。各矿堆浸出液合并进富液池（Cu^{2+}浓度不小于 1.5g/L）后进萃取作业。萃取工段采用两级萃取、一级洗涤、一级反萃流程，处理能力为 700m^3/h；萃取剂为 ZJ988，稀释剂为 260 号煤油，萃取剂浓度 6%~10%；混合相比（O/A）为 1∶1；反萃液采用电积贫液，硫酸浓度 180g/L，Cu^{2+}浓度 35g/L；吨铜消耗萃取剂 4.5~6.0kg、煤油 105kg、硫酸 250kg；有机相定期排放絮凝物，絮凝物经三相澄清槽、离心机分离后回收的有机相返回有机相循环槽，三相渣用活性黏土搅拌后堆存。反萃富液经双介质过滤器脱除残余有机相后进电积车间；部分萃余液经石灰石中和系统中和自由酸后进贫液池返回堆浸作业。萃余液中和系统由中和搅拌槽、浓密机和底流渣浆泵送系统组成，处理规模为

$200m^3/h$。萃余液用石灰石粉中和至pH值为1.2后进入浓密机，上清液返回喷淋池循环喷淋，底流用渣浆泵送至尾渣库堆存。

脱除残余有机相后的反萃富液送至电积工段的电积前液贮槽，泵至板式换热器加热至45℃左右进入高位槽和分液槽，最终进入各电积槽。电积槽内供液采用下进上出的循环方式，电积贫液返回萃取工段。为了保持电积液中铁浓度小于5g/L，采用定期开路一部分电积后液（$50m^3/d$），通过酸渗析器除铁回收的酸送反萃作业，富铁残液返回萃取作业。铜始极片做阴极，阳极为Pb-Ca-Sn不溶阳极板；种板系统阴极为钛板，种板槽8个，种板槽生产周期1天，同极距100mm，生产出的铜始极片经压纹、钉耳等工序制成阴极片。铜始极片和不溶阳极板按同极距100mm排列，电积生产周期5~7天，经过一个阴极生产周期，产品阴极铜经洗漆、打包送成品库。

此外，用生物浸铜工艺还可以选择性地浸出混合精矿中的铜矿物，可使未浸出的矿物得到富集。比如用生物浸出含铜钼精矿，微生物将铜浸出后，可得到高品位的硫化钼精矿。

10.7.3 铀矿石的生物浸出

在铀矿冶领域，细菌浸出最初应用于低品位铀矿石（0.04%~0.4%U）中铀的回收。在耐酸的亚铁、还原态硫氧化细菌存在的情况下，加强了四价铀的氧化，从而提高了铀的浸出率。Fe^{3+}是经常采用的、有效的四价铀氧化剂，Fe^{3+}被还原为Fe^{2+}后可利用耐酸的亚铁氧化细菌（如*T.f*、*L.f*等）进行氧化再生，再生的Fe^{3+}又可以将四价铀氧化为六价铀。铀矿石中都不同程度地含有黄铁矿，*T.f*等细菌能氧化黄铁矿，代谢产物Fe^{3+}和H_2SO_4可为铀浸出提供浸出试剂。

具体地讲，在铀矿石的细菌浸出过程中，细菌的主要作用表现在以下两个方面。

（1）依靠细菌实现铀矿石中的黄铁矿等硫化矿物的氧化，解除硫化矿物对铀等有价金属的包裹，同时利用硫化矿物氧化代谢产物H_2SO_4和Fe^{3+}为铀提供浸出剂和氧化剂。其主要反应为：

$$U_3O_8 + Fe_2(SO_4)_3 + 2H_2SO_4 \Longrightarrow 3UO_2SO_4 + 2FeSO_4 + 2H_2O \tag{10.72}$$

$$UO_2 + Fe_2(SO_4)_3 \Longrightarrow UO_2SO_4 + 2FeSO_4$$

（2）依靠细菌作用完成贫铀浸出剂的氧化再生，将溶液中的Fe^{2+}氧化为Fe^{3+}，提高氧化还原电位后返回用作浸出剂，而不必再补充氧化剂。

细菌浸铀工艺流程由以下几个基本工序组成：

（1）矿石准备工序。对于堆浸和渗滤浸出，该工序包括配矿、破碎、堆矿或装矿；搅拌浸出包括配矿、破碎和磨矿；地浸包括钻孔施工、安装等。

（2）浸出工序。该工序有细菌浸出剂制备、粗矿块或细矿粒的堆浸和渗滤浸出作业以及磨细矿浆的搅拌浸出作业。

（3）固液分离工序。堆浸和渗滤浸出可直接得到用以回收金属的澄清浸出液；搅拌浸出必须进行固液分离，可以用过滤的办法得到清液或者通过逆流倾析和洗涤得到含固量很低的浸出液回收金属，也可以经粗砂分离后直接用矿浆吸附工艺回收金属；对地浸采铀而言，由于浸出液含砂（泥）量少，只需通过澄清或砂滤处理即可。

(4) 铀回收工序。可以通过多种方法由浸出液中回收金属，其中有沉淀、离子交换和溶剂萃取等。

(5) 细菌浸出剂再生工序。该工序是将回收金属后含 Fe^{2+} 吸附尾液，全部或部分地氧化再生以便返回浸出工序。细菌浸出剂的再生过程和细菌培养过程基本相似。在实际生产中，经常使用的操作过程，主要是使浸出剂不断再生和循环利用。浸出剂再生的办法有两种：一种是将提取金属后的尾液经过生物反应器氧化再生，然后返回浸出工序继续使用，整个流程实现浸出剂的闭路循环；另一种是将部分尾液再生循环使用，其余部分处理后排放。部分再生可以控制循环液中的铁和其他杂质的含量，使其不至于在循环中积累而影响浸出和金属回收过程的正常运转。此外，在生产实践中，还可以将部分澄清浸出液，不经过金属回收工序而直接由细菌氧化，提高电位值后返回浸出工序。这样可以维持浸出所需氧化电位，并可节省氧化剂。地浸采铀工艺一般采用离子交换法回收浸出液中金属铀，吸附尾液全部返回利用，经过生物反应器后，吸附尾液中的 Fe^{2+} 被氧化为 Fe^{3+} 作为新的菌液注入矿体，实现整个流程浸出剂的闭路循环。

对低品位铀矿石的生物浸出，常采用堆浸法或槽浸法。对于高品位铀矿石的生物浸出，多采用搅拌浸出工艺，基本流程如图 10.13 所示。

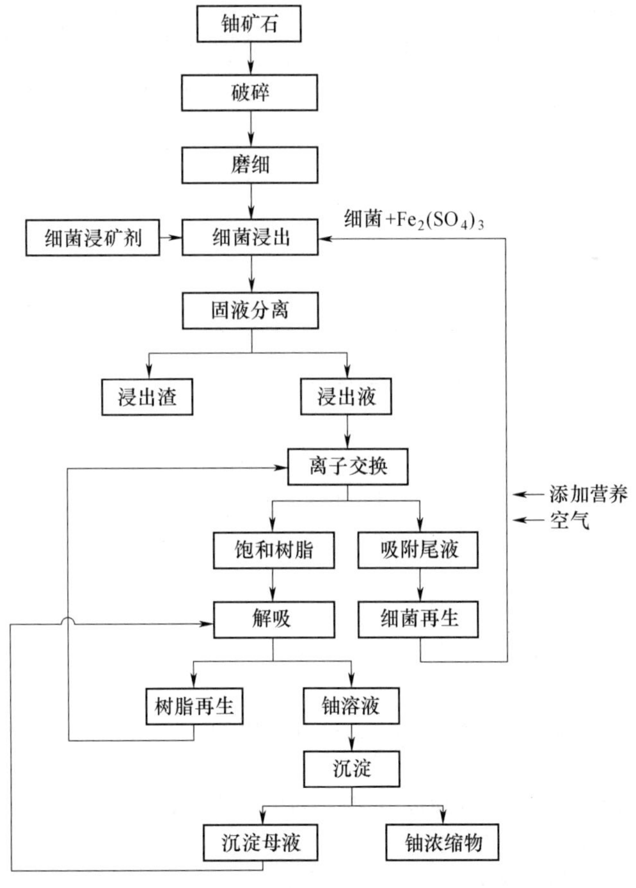

图 10.13 高品位铀矿石细菌搅拌浸出工艺流程图

某铀矿矿石类型主要有三种：第一种是花岗岩，矿化类型为单铀，铀矿物的存在形式是沥青铀矿和铀石，脉石矿物主要有石英、钾长石、斜长石、赤铁矿、黄铁矿、萤石以及方解石等；第二种是砾岩，矿化类型为单铀，铀矿物的存在形式是沥青铀矿，脉石矿物主要有石英、黑云母、水云母等；第三种是安山岩，矿化类型为铜-铀，铀矿物的存在形式是沥青铀矿和铀石，脉石矿物主要有石英、长石、黄铁矿、黄铜矿等。

该矿铀的存在形式主要以沥青铀矿为主，要想提高铀浸出率，必须有足够的氧化剂参与。该矿石含有黄铁矿，这就为细菌生长繁殖提供了能源。细菌生长所需的其他主要元素除氮源外，在矿石中都有一定的含量，都能满足细菌的要求。

现场生产采用生物堆浸工艺，堆浸结果见表 10.9。表 10.9 表明，矿石中的铀得到了有效浸出，铀平均浸出率达到 90%以上。

表 10.9 某铀矿细菌堆浸生产结果

堆 号	浸出时间/d	液计浸出率/%	渣计浸出率/%	平均铀浓度/$g \cdot L^{-1}$	酸用量/%	液固比
1	92	92.73	88.65	0.364	1.25	2.65
2	95	92.82	87.94	0.400	1.27	2.48
3	94	90.23	87.29	0.411	1.30	2.35
4	85	91.05	89.14	0.389	0.97	2.46
5	90	91.52	91.52	0.313	1.32	3.28
6	87	92.64	92.59	0.384	1.36	3.35
7	91	92.14	92.14	0.353	1.35	3.42
8	98	90.11	90.00	0.345	1.32	3.84
9	96	90.71	91.86	0.377	1.13	3.10

复习思考题

10-1 浸矿微生物类型有哪些，如何采集、分离和纯化？

10-2 浸矿微生物都有哪些保藏方法，各有什么优缺点？

10-3 微生物代谢铁和硫的机理是什么？

10-4 金属硫化矿物生物浸出的途径有哪些，主要区别是什么？

10-5 微生物浸出过程主要包括哪五个环节？

10-6 微生物的生长过程可分为哪几个阶段，各阶段对生产有什么指导意义？

10-7 影响微生物浸出过程的因素有哪些？

10-8 生物氧化 BIOX 工艺和 Geobiotics 工艺的特点是什么？

参考文献

[1] 孙体昌，寇珏，徐承焱，等．难处理铁矿石煤基直接还原磁选技术［M］．北京：冶金工业出版社，2017.

[2] 何东升．化学选矿［M］．北京：化学工业出版社，2020.

[3] 黄礼煌．化学选矿［M］．北京：冶金工业出版社，2012.

[4] Wang Weiwei，Li Zhengyao. Recovery and kinetics of gold and iron from cyanide tailings by one-step chlorination-reduction roasting［J］. Minerals Engineering，2020，155：106453.

[5] Wu Shichao，Li Zhengyao，Sun Tichang，et al. Effect of additives on iron recovery and dephosphorization by reduction roasting-magnetic separation of refractory high-phosphorus iron ore［J］. International Journal of Minerals，Metallurgy and Materials，2021，28（12）：1908~1916.

[6] 孙体昌．固液分离［M］．长沙：中南大学出版社，2011.

[7] 王连勇，张井凡，蔡九菊，等．钼精矿氧化焙烧机理研究［J］．中国钼业，2011，35（2）：17~19.

[8] 杨新华，李涛，王书春，等．树脂矿浆法提金工艺研究及应用［J］．黄金科学技术，2011，19（1）：71~73.

[9] 沈旭，彭芬兰．化学选矿技术［M］．北京：冶金工业出版社，2011.

[10] 王义平，任雨华，姚香．大型堆浸工艺设计施工及应用经验［J］．金属矿山，2005（增刊）：169~173.

[11] 刘慧纳．化学选矿［M］．北京：冶金工业出版社，1995.

[12] 陈敏恒，丛德滋，方图南，等．化工原理［M］．北京：化学工业出版社，2000.

[13] 樊保团，孟运生，刘建，等．铀矿石细菌堆浸新工艺及其在赣州铀矿的工业化应用［J］．中国核科技报告，2006（1）：164~179.

[14] 蔡殿忱，徐志明．金矿石化学处理工艺学［M］．沈阳：东北大学出版社，1996.

[15] 韩晓光，郭普金，具滋范．生物氧化提金技术工业生产实践［J］．黄金，2006，27（11）：38~41.

[16] 杨显万，沈庆峰，郭玉霞．微生物湿法冶金［M］．北京：冶金工业出版社，2003.

[17] 汪家鼎，陈家镛．溶剂萃取手册［M］．北京：化学工业出版社，2001.

[18] 阮仁满．紫金山铜矿生物堆浸工业案例分析：相关动力学研究与多因素匹配［D］．长沙：中南大学，2011.

[19] 魏德洲．资源微生物技术［M］．北京：冶金工业出版社，1996.

[20] 童雄．微生物浸矿的理论与实践［M］．北京：冶金工业出版社，1997.

[21] 杨显万，邱定蕃．湿法冶金［M］．2 版．北京：冶金工业出版社，2011.